崔兆华 编著

数控车床编程与操作从入门到精通

（FANUC、SIEMENS系统）

化学工业出版社
·北京·

内容简介

本书是依据国家职业技能标准对中、高级数控车工的知识要求和技能要求，按照岗位培训需要的原则编写的。本书通过大量实例详细介绍了数控车床编程基础知识、数控车削加工工艺、FANUC 0i系统与SINUMERIK 802D系统的编程与操作、CAXA CAM数控车2020自动编程软件的应用以及数控车床的故障与维修。

本书结合企业实际，反映岗位需求，突出新知识、新技术、新工艺、新方法，注重职业能力的培养。本书可用作企业培训部门、各级职业技能鉴定培训机构的培训教材，也可作为读者技能鉴定的考前复习用书，还可作为职业技术院校、技工学校的专业课教材。

图书在版编目（CIP）数据

数控车床编程与操作从入门到精通：FANUC、SIEMENS系统/崔兆华编著．—北京：化学工业出版社，2021.10（2025.3重印）

ISBN 978-7-122-39800-0

Ⅰ.①数… Ⅱ.①崔… Ⅲ.①数控机床-车床-程序设计 Ⅳ.①TG519.1

中国版本图书馆CIP数据核字（2021）第169222号

责任编辑：王　烨　　　　文字编辑：王　硕

责任校对：王鹏飞　　　　装帧设计：刘丽华

出版发行：化学工业出版社（北京市东城区青年湖南街13号　邮政编码100011）

印　　装：大厂回族自治县聚鑫印刷有限责任公司

787mm×1092mm　1/16　印张19¾　字数539千字　2025年3月北京第1版第4次印刷

购书咨询：010-64518888　　　　售后服务：010-64518899

网　　址：http://www.cip.com.cn

凡购买本书，如有缺损质量问题，本社销售中心负责调换。

定　　价：79.80元

机械制造业是技术密集型行业，历来高度重视技术工人的素质。在市场经济条件下，企业要想在激烈的市场竞争中立于不败之地，必须有一支高素质的技术工人队伍，有一群技术过硬、技艺精湛的能工巧匠。为了适应新形势，我们编写了《数控车床编程与操作从入门到精通（FANUC、SIEMENS系统）》一书，以满足广大数控车床操作者学习的需要，帮助他们提高相关理论知识和技能操作水平。

本书本着以职业活动为导向，以职业技能为中心的指导思想，以国家人力资源和社会保障部制定的《数控车工国家职业技能标准》中的中、高级内容为主，以“实用、够用”为宗旨，按照岗位培训需要编写。本书内容包括：数控车床编程基础知识、数控车削加工工艺、FANUC 0i系统数控车床编程与操作、SINUMERIK 802D系统数控车床编程与操作、CAXA CAM数控车2020自动编程和数控车床的故障与维修。本书具有如下特点：

1. 在编写原则上，突出以职业能力为核心。贯穿“以职业标准为依据，以企业需求为导向，以职业能力为核心”的理念，依据国家职业标准，结合企业实际，反映岗位需求，突出新知识、新技术、新工艺、新方法，注重职业能力培养。凡是职业岗位工作中要求掌握的知识和技能，均作详细介绍。

2. 在使用功能上，注重服务于培训和鉴定。根据职业发展的实际情况和培训需求，力求体现职业培训的规律，反映职业技能鉴定考核的基本要求，满足培训对象参加鉴定考试的需要。

3. 在内容安排上，强调提高学习效率。为便于培训、鉴定部门在有限的时间内把最重要的知识和技能传授给培训对象，同时也便于培训对象迅速抓住重点，提高学习效率，在书中精心设置了数控车床编程基础知识、CAXA CAM数控车2020自动编程及数控车床的故障与维修等内容，便于读者系统掌握数控车床编程与操作技术。

本书由临沂市技师学院崔兆华编著。在编写过程中，引用了一些参考文献，并邀请了部分技术高超、精湛的高技能人才进行示范操作，在此谨向有关文献的作者、参与示范操作的人员表示最诚挚的谢意。崔人凤、付荣在本书的编写过程中给予指导和帮助，在此表示感谢。

由于笔者水平有限，编写时间仓促，书中难免有疏漏和不当之处，敬请广大读者批评指正，在此表示衷心的感谢。

编著者

第1章 数控车床编程基础知识 1

第2章 数控车削加工工艺 35

第3章 FANUC 0i系统数控车床编程与操作 66

第4章　SINUMERIK 802D系统数控车床的编程与操作　157

第5章　CAXA CAM数控车2020自动编程　206

第1章 数控车床编程基础知识

1.1 数控车床概述

1.1.1 基本概念

（1）数字控制

数字控制（numerical control）简称数控（NC），是一种借助数字、字符或其他符号对某一工作过程（如加工、测量等）进行可编程控制的自动化方法。

（2）数控技术

数控技术（numerical control technology）是指用数字量及字符发出指令并实现自动控制的技术，它已经成为制造业实现自动化、柔性化、集成化生产的基础技术。

（3）数控系统

数控系统（numerical control system）是指采用数字技术的控制系统。

（4）计算机数控系统

计算机数控（CNC，computer numerical control）系统是以计算机为核心的数控系统。

（5）数控机床

数控机床（numerical control machine tools）是指采用数字控制技术对机床的加工过程进行自动控制的一类机床。国际信息处理联合会（IFIP）第五技术委员会对数控机床定义如下：数控机床是一个装有程序控制系统的机床，该系统能够逻辑地处理具有使用号码或其他符号编码指令规定的程序。定义中所说的程序控制系统即数控系统。

也可以这么说：把数字化了的刀具移动轨迹的信息输入数控装置，经过译码、运算，从而实现控制刀具与工件相对运动，加工出所需要的零件的一种机床即为数控机床。

（6）数控车床

数控车床又称 CNC 车床，即用计算机数字控制的车床，图 1-1 为一台常见的数控车床实物图。数控车床是目前国内外使用量最大、覆盖面最广的一种数控机床，它主要用于旋转体工件的加工，一般能自动完成内外圆柱面、内外圆锥面、复杂回转内外曲面、圆柱圆锥螺纹等轮廓的切削加工，并能进行车槽、钻孔、车孔、扩孔、铰孔、攻螺纹等加工。

图 1-1 数控车床外观图

1.1.2 数控车床的组成

数控车床一般由输入输出设备、CNC 装置（或称 CNC 单元）、伺服单元、驱动装置（或称执行机构）及电气控制装置、辅助装置、机床本体、测量反馈装置等组成。图 1-2 是数控车床的组成框图，其中除机床本体之外的部分统称为计算机数控（CNC）系统。

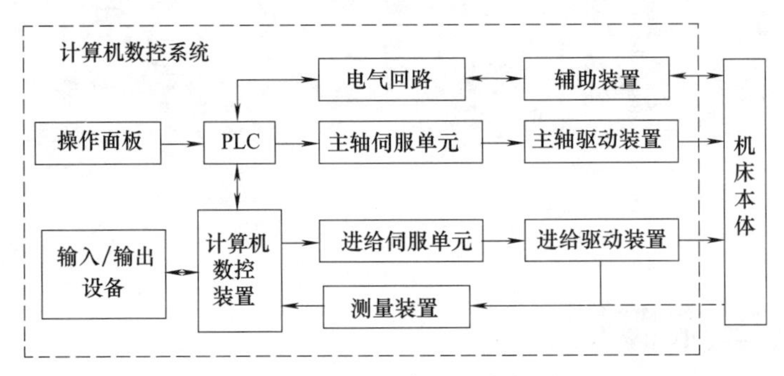

图 1-2 数控车床的组成框图

(1) 输入/输出设备

键盘是数控车床的典型输入设备。除此以外，还可以用串行通信的方式输入。数控系统一般配有 CRT 显示器或点阵式液晶显示器，显示信息丰富，有些还能显示图形，操作人员可通过显示器获得必要的信息。

(2) 数控装置

数控装置是数控车床的核心，主要包括 CPU、存储器、局部总线、外围逻辑电路以及与数控系统的其他组成部分联系的各种接口等。数控车床的数控系统完全由软件处理输入信息，可处理逻辑电路难以处理的复杂信息，使数字控制系统的性能大大提高。图 1-3 所示是某数控车床的数控装置。

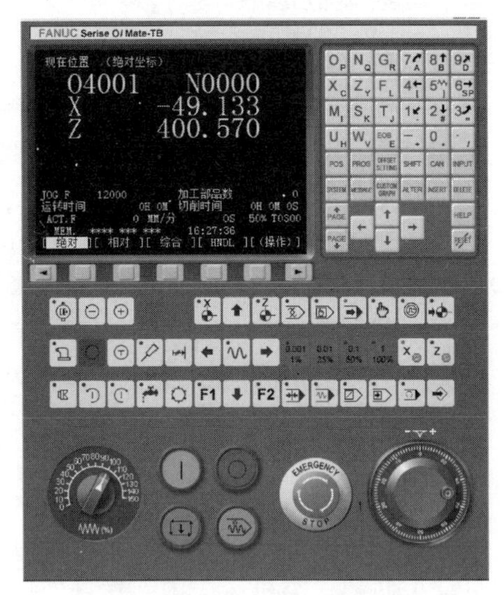

图 1-3 数控装置

(3) 伺服系统

伺服系统由驱动装置和执行部件（如伺服电动机）组成，它是数控系统的执行机构，如图 1-4 所示。伺服系统分为进给伺服系统和主轴伺服系统。伺服系统的作用是把来自 CNC 的指令信号转换为机床移动部件的运动，它相当于手工操作人员的手，使工作台（或溜板）精确定位或按规定的轨迹做严格的相对运动，最后加工出符合图样要求的零件。伺服系统作为数控车床的重要组成部分，其本身的性能直接影响整个数控车床的精度和速度。从某种意义上说，数控机床功能的强弱主要取决于数控装置，而数控机床性能的好坏主要取决于伺服驱动系统。

(4) 测量反馈装置

测量反馈装置的作用是通过测量元件将机床移动的实际位置、速度参数检测出来，转换成电信号，并反馈到CNC装置中，使CNC能随时判断机床的实际位置、速度是否与指令一致，并发出相应指令，纠正所产生的误差。测量反馈装置安装在数控机床的工作台或丝杠上，相当于普通机床的刻度盘和人的眼睛。

(a) 伺服电动机　　(b) 驱动装置

图 1-4　伺服系统

(5) 机床本体

机床主体是数控机床的本体，主要包括床身、主轴、进给机构等机械部件，还有冷却、润滑、转位部件，如换刀装置、夹紧装置等辅助装置。

数控机床由于切削用量大、连续加工发热量大等因素对加工精度有一定影响，加工中又是自动控制，不能像普通机床那样由人工进行调整、补偿，所以其设计要求比普通机床更严格，制造要求更精密，采用了许多新结构，以增强机床刚度、减小热变形、提高加工精度。

1.1.3 数控车床的工作原理

使用数控车床加工零件时，根据零件图样要求及加工工艺，将所用刀具、刀具运动轨迹与速度、主轴转速与旋转方向、冷却等辅助操作以及相互间的先后顺序，以规定的数控代码形式编制成程序，并输入到数控装置中，在数控装置内部的控制软件支持下，经过处理、计算后，向机床伺服系统及辅助装置发出指令，驱动机床各运动部件及辅助装置进行有序的动作与操作，实现刀具与工件的相对运动，加工出所要求的零件，如图1-5所示。

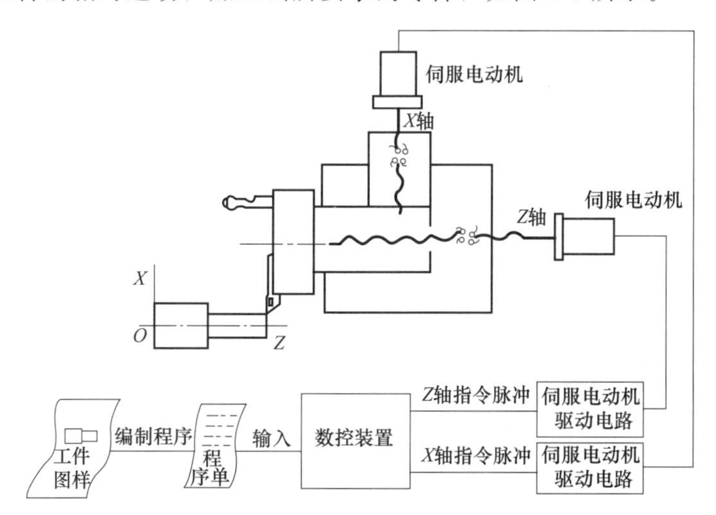

图 1-5　数控车床的基本工作原理

1.1.4 数控车床的分类

数控车床的类别较多，通常都以和普通车床相似的方法进行分类。

(1) 按数控车床主轴位置分类

① 立式数控车床。立式数控车床简称数控立车，如图1-6所示。其主轴垂直于水平面，并有一个直径很大的圆形工作台，供装夹工件用。这类机床主要用于加工径向尺寸大、轴向尺寸相对较小的大型复杂工件。

② 卧式数控车床。卧式数控车床又分为卧式数控水平导轨车床（图 1-1）和卧式数控倾斜导轨车床（图 1-7）。倾斜导轨可使数控车床具有更大的刚度，并易于排除切屑。

图 1-6　立式数控车床

图 1-7　卧式数控倾斜导轨车床

（2）按刀架数量分类

① 单刀架数控车床。数控车床一般都配置有各种形式的单刀架，如图 1-8（a）所示的四刀位卧式回转刀架，或图 1-8（b）所示的多刀位转塔式自动转位刀架。

(a) 四刀位卧式回转刀架

(b) 多刀位回转刀架

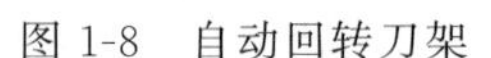

图 1-8　自动回转刀架

图 1-9　双刀架数控车床

② 双刀架数控车床。这类车床的双刀架配置平行分布，如图 1-9 所示；也可以是相互垂直分布。

（3）按控制方式分类

数控车床按照对被控量有无检测装置可分为开环控制数控车床和闭环控制数控车床两种。在闭环系统中，根据检测装置安放的部位不同，数控车床又分为全闭环控制数控车床和半闭环控制数控车床两种。

① 开环控制数控车床。开环控制系统框图如图 1-10 所示。开环控制系统中没有检测反馈装置。数控装置将工件加工程序处理后，输出数字指令信号给伺服驱动系统，驱动机床运动，但不检测运动的实际位置，即没有位置反馈信号。开环控制的伺服系统主要使用步进电动机，受步进电动机的步距精度和工作频率以及传动机构的传动精度影响，开环系统的速度和精度都较低。但由于开环控制结构简单，调试方便，容易维修，成本较低，仍被广泛应用于经济型数控机床上。

② 闭环控制数控车床。图 1-11 所示为闭环控制系统框图，安装在工作台上的检测元件将工作台实际位移量反馈到计算机中，与所要求的位置指令进行比较，用比较的差值进行控制，

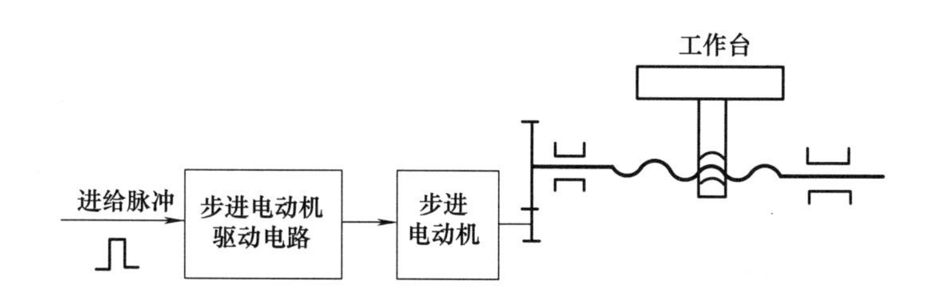

图 1-10　开环控制系统框图

直到差值消除为止。由此可见，闭环控制系统可以消除机械传动部件的各种误差和工件加工过程中产生的干扰的影响，从而使加工精度大大提高。

闭环控制的特点是加工精度高，移动速度快。但这类数控车床采用直流伺服电动机或交流伺服电动机作为驱动元件，电动机的控制电路比较复杂，检测元件价格昂贵，因此调试和维修比较复杂，成本高。

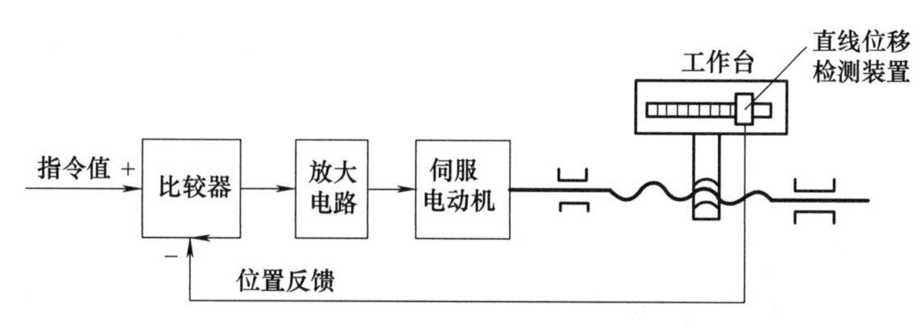

图 1-11　闭环控制系统框图

③ 半闭环控制数控车床。半闭环控制系统框图如图 1-12 所示，它不是直接检测工作台的位移量，而是采用转角位移检测元件，如光电编码器，测出伺服电动机或丝杠的转角，推算出工作台的实际位移量，反馈到计算机中进行位置比较，用比较的差值进行控制。由于反馈环内没有包含工作台，故称半闭环控制。半闭环控制精度较闭环控制差，但稳定性好，成本较低，调试维修也较容易，兼顾了开环控制和闭环控制两者的特点，因此应用比较普遍。

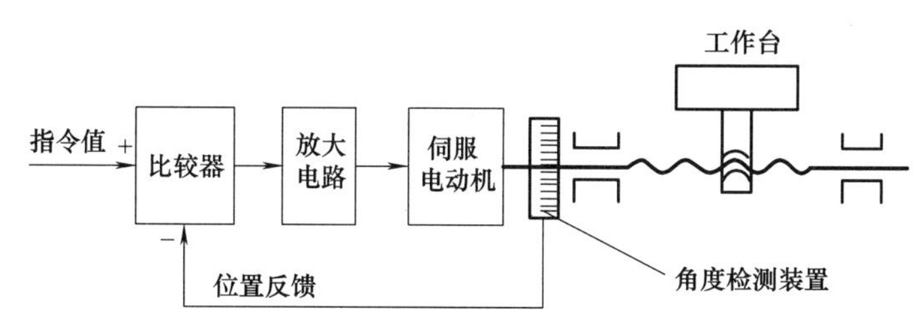

图 1-12　半闭环控制系统框图

(4) 按数控系统的功能分类

① 经济型数控车床，如图 1-13 所示。这类数控车床常常是基于普通车床进行数控改造的产物。它一般采用开环或半闭环伺服系统；主轴一般采用变频调速，并安装有主轴脉冲编码器用于车削螺纹。经济型数控车床一般刀架前置（位于操作者一侧）。机床主体结构与普通车床无大的区别，一般较简单，且功能简化、针对性强、精度适中，主要用于精度要求不高，有一定复杂性的工件。

② 全功能型数控车床，如图 1-14 所示。这类车床的总体结构先进、控制功能齐全、辅助功能完善、加工的自动化程度比经济型数控车床高，稳定性和可靠性也较好，适宜于加工精度高、形状复杂、工序多、品种多变的单件或中小批量工件。

图 1-13 经济型数控车床

图 1-14 全功能型数控车床

③ 车削中心，如图 1-15 所示。车削中心是以全功能型数控车床为主体，增加动力刀座（C 轴控制）和刀库后，除具备一般的车削功能外，还具备在零件的端面和外圆面上进行铣加工的功能，如图 1-16 所示。

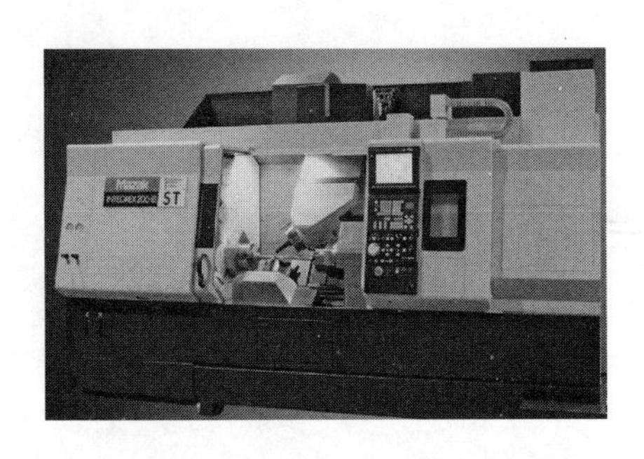

图 1-15 车削中心

(a) 铣削端面　　(b) 铣削外圆

图 1-16 车削中心铣削端面和外圆

1.1.5 数控车床的特点

数控车床是实现柔性自动化的重要设备，与普通车床相比，数控车床具有如下特点：

(1) 适应性强

数控车床在更换产品（生产对象）时，只需要改变数控装置内的加工程序、调整有关的数据就能满足新产品的生产需要，不需改变机械部分和控制部分的硬件。这一特点不仅可以满足当前产品更新更快的市场竞争需要，而且较好地解决了单件、中小批量和多变产品的加工问题。适应性强是数控车床最突出的优点，也是数控车床得以产生和迅速发展的主要原因。

(2) 加工精度高

数控车床本身的精度都比较高，中小型数控车床的定位精度可达 0.005mm，重复定位精度可达 0.002mm，而且还可利用软件进行精度校正和补偿，因此可以获得比车床本身精度还要高的加工精度和重复定位精度。加之数控车床是按预定程序自动工作的，加工过程不需要人工干预，工件的加工精度全部由机床保证，消除了操作者的人为误差，因此加工出来的工件精度高、尺寸一致性好、质量稳定。

(3) 生产效率高

数控车床具有良好的结构特性，可进行大切削用量的强力切削，有效节省了基本作业时间，还具有自动变速、自动换刀和其他辅助操作自动化等功能，使辅助作业时间大为缩短，所以一般比普通车床的生产效率高。

(4) 自动化程度高，劳动强度低

数控车床的工作是按预先编制好的加工程序自动连续完成的，操作者除了输入加工程序或操作键盘、装卸工件、关键工序的中间检测以及观察机床运行之外，不需要进行繁杂的重复性手工操作，劳动强度与紧张程度均可大为减轻，加上数控车床一般都具有较好的安全防护、自动排屑、自动冷却和自动润滑装置，因此操作者的劳动条件也大为改善。

1.2 数控车床坐标系

为了便于描述数控车床的运动，数控研究人员引入了数学中的坐标系，用机床坐标系来描述机床的运动。为了准确地描述机床的运动、简化程序的编制方法及保证记录数据的互换性，数控车床的坐标和运动方向均已标准化。

1.2.1 坐标系确定原则

(1) 刀具相对于静止工件运动的原则

这一原则使编程人员在不知道是刀具移近工件还是工件移近刀具的情况下，就可根据零件图样，确定零件的加工过程。

(2) 标准坐标（机床坐标）系的规定

数控车床的动作是由数控装置来控制的，为了确定机床上的成形运动和辅助运动，必须先确定机床上运动的方向和运动的距离，这就需要一个坐标系才能实现，这个坐标系就称为机床坐标系。

标准的机床坐标系是一个右手笛卡儿直角坐标系，如图 1-17 所示，图中规定了 X、Y、Z 三个直角坐标轴的方向。伸出右手的大拇指、食指和中指，并互为 90°，大拇指代表 X 坐标轴，食指代表 Y 坐标轴，中指代表 Z 坐标轴。大拇指的指向为 X 坐标轴的正方向，食指的指向为 Y 坐标轴的正方向，中指的指向为 Z 坐标轴的正方向。围绕 X、Y、Z 坐标轴的旋转坐标分别用 A、B、C 表示，根据右手螺旋定则，大拇指的指向为 X、Y、Z 坐标轴中任意轴的正向，则其余四指的旋转方向即为旋转坐标 A、B、C 的正向。

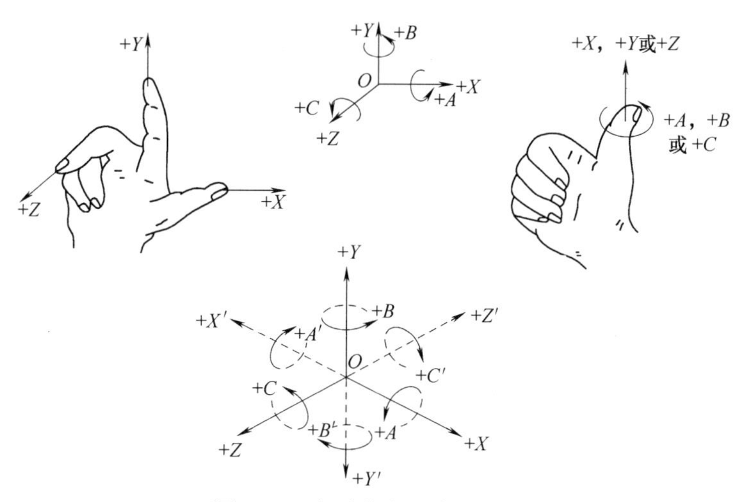

图 1-17 右手笛卡儿直角坐标系

(3) 运动方向的规定

对于各坐标轴的运动方向，均将增大刀具与工件距离的方向确定为各坐标轴的正方向。

1.2.2 坐标轴的确定

(1) Z 坐标轴

Z 坐标轴的运动方向是由传递切削力的主轴所决定的，与主轴轴线平行的标准坐标轴即为

Z 坐标轴，其正方向是增加刀具和工件之间距离的方向，如图 1-18 所示。

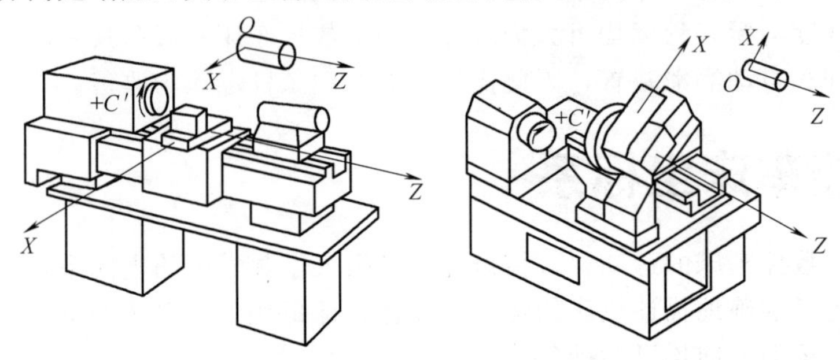

图 1-18 卧式数控车床的坐标系

（2）X 坐标轴

X 坐标轴平行于工件装夹面，一般在水平面内，它是刀具或工件定位平面内运动的主要坐标轴。对于数控车床，X 坐标的方向是在工件的径向上，且平行于横向滑座。X 的正方向是安装在横向滑座的主要刀架上的刀具离开工件回转中心的方向，如图 1-18 所示。

（3）Y 坐标轴

在确定了 X 和 Z 坐标轴后，可根据 X 和 Z 坐标轴的正方向，按照右手笛卡儿坐标系来确定 Y 坐标轴及其正方向。

1.2.3 机床坐标系

机床坐标系是数控车床的基本坐标系，它是以机床原点为坐标原点建立起来的 X、Z 轴直角坐标系，如图 1-19 所示。机床原点是由生产厂家决定的，是数控车床上的一个固定点。卧式数控车床的机床原点一般取在主轴前端面与中心线交点处，但这个点不是一个物理点，而是一个定义点，它是通过机床参考点间接确定的。机床参考点是一个物理点，其位置由 X、Z 向的挡块和行程开关确定。对某台数控车床来讲，机床参考点与机床原点之间有严格的位置关系，机床出厂前已调试准确，确定为某一固定值，这个值就是机床参考点在机床坐标系中的坐标。

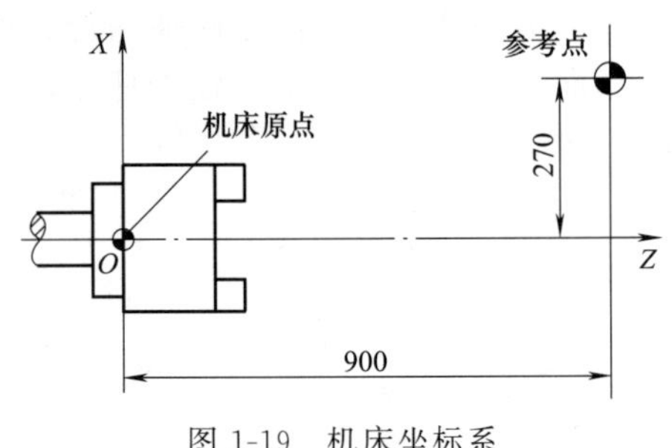

图 1-19 机床坐标系

在机床每次通电之后，必须进行回机床零点操作（简称回零操作），使刀架运动到机床参考点，其位置由机械挡块确定。通过机床回零操作，确定了机床原点，从而准确地建立机床坐标系。

1.2.4 工件坐标系

使用数控车床加工工件时，可以通过卡盘将工件夹持于机床坐标系下的任意位置。这样一来，用机床坐标系描述刀具轨迹就显得不大方便。为此编程人员在编写零件加工程序时通常要选择一个工件坐标系，也称编程坐标系，这样刀具轨迹就变为工件轮廓在工件坐标系下的坐标了。编程人员就不用考虑工件上的各点在机床坐标系下的位置，从而使问题大大简化。

工件坐标系是人为设定的，设定的依据是既要符合尺寸标注的习惯，又要便于坐标计算和编程。一般工件坐标系的原点最好选择在工件的定位基准、尺寸基准或夹具的适当位置上。根据数控车床的特点，工件原点通常设在工件左、右端面的中心或卡盘前端面的中心。如图 1-20 所示，是以工件右端面为工件原点。实际加工时考虑加工余量和加工精度，工件原点应选择在精加工后的端面上或精加工后的夹紧定位面上，如图 1-21 所示。

1.2.5　刀具相关点

（1）刀位点

刀具在机床上的位置是由“刀位点”的位置来表示的。所谓刀位点，是指刀具的定位基准点。不同刀具的刀位点不同，各类车刀的刀位点如图 1-22 所示。

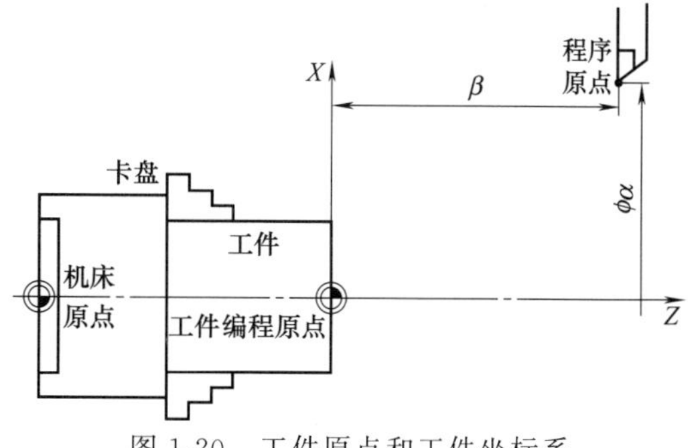

图 1-20　工件原点和工件坐标系

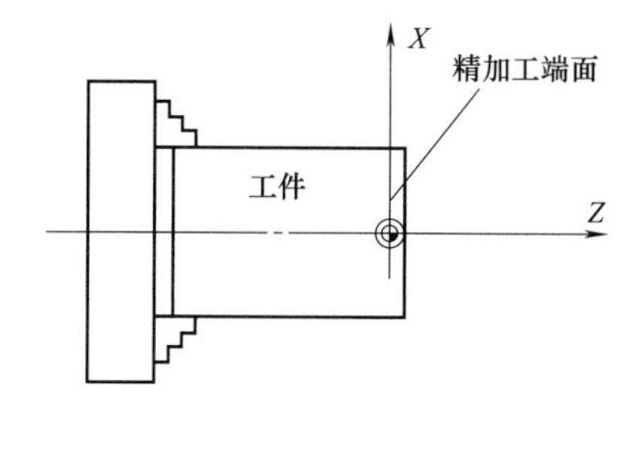

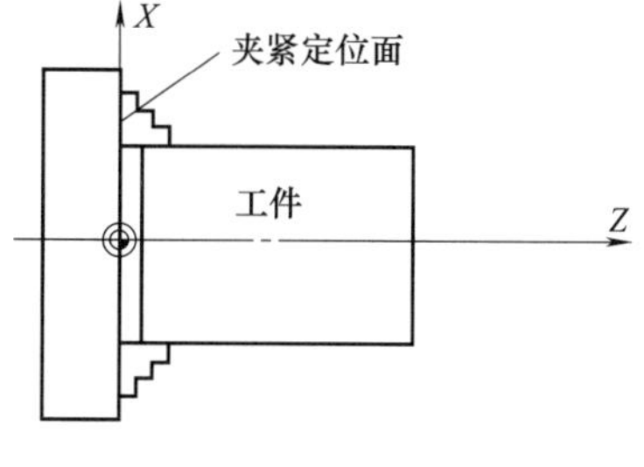

(a)　　(b)

图 1-21　实际加工时的工件坐标系

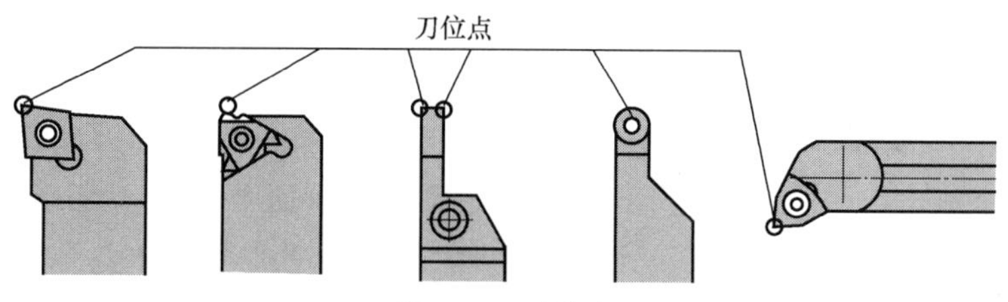

图 1-22　刀位点

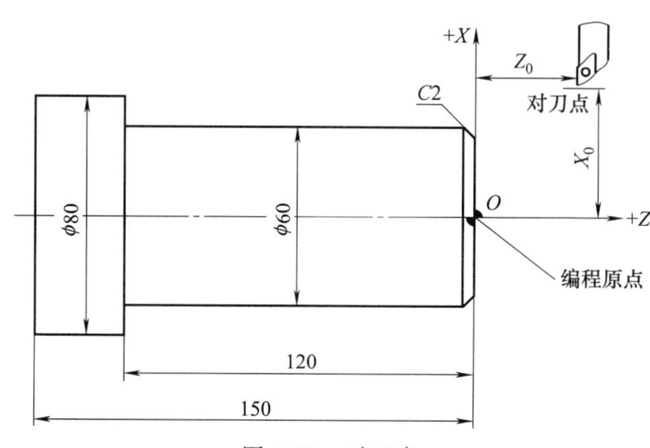

图 1-23　对刀点

（2）对刀点

对刀点是数控加工中刀具相对工件运动的起点，也可以叫作程序起点或起刀点。通过对刀点，可以确定机床坐标系和工件坐标系之间的相互位置关系。对刀点可选在工件上，也可选在工件外面（如夹具上或机床上），但必须与工件的定位基准有一定的尺寸关系。某车削零件的对刀点如图 1-23 所示。对刀点选择的原则：找正容易，编程方便，对刀误差小，加工时检查方便、可靠。

对刀是数控加工中一项很重要的准备工作。所谓对刀，是指使“刀位点”与“对刀点”重合的操作。

(3) 换刀点

换刀点是零件程序开始加工时或是加工过程中更换刀具的相关点（图 1-24）。设立换刀点的目的是在更换刀具时让刀具处于一个比较安全的区域，对刀点可在远离工件和尾座处，也可在便于换刀的任何地方，但该点与程序原点之间必须有确定的坐标关系。

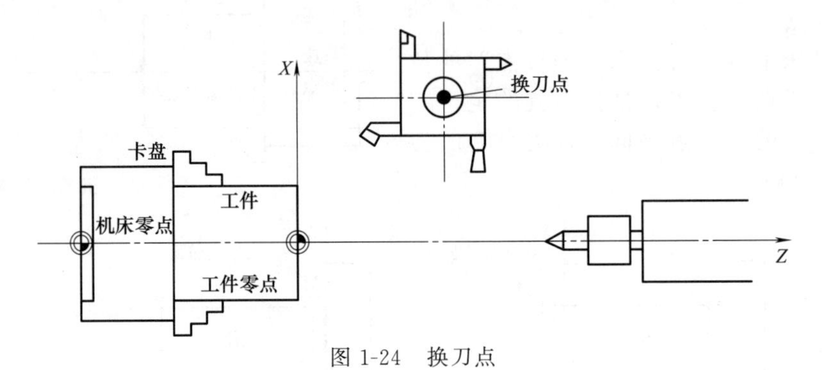

图 1-24 换刀点

1.3 数控车床编程基础

1.3.1 数控编程概述

(1) 数控编程的概念及步骤

数控编程就是根据零件的外形尺寸、加工工艺过程、工艺参数、刀具参数等信息，按照CNC 专用的编程代码编写加工程序的过程。数控编程的主要步骤如图 1-25 所示。

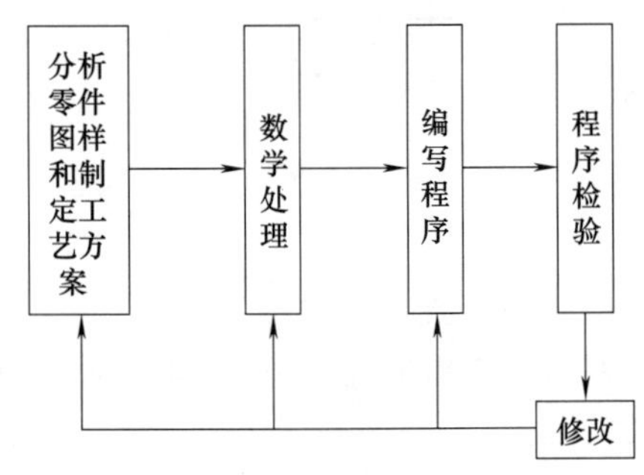

图 1-25 数控程序编制的内容及步骤

① 分析零件图样和制定工艺方案。这项工作的内容包括：对零件图样进行分析，明确加工的内容和要求；确定加工方案；选择适合的数控机床；选择或设计刀具和夹具；确定合理的走刀路线及选择合理的切削用量等。这一工作要求编程人员能够对零件图样的技术特性、几何形状、尺寸及工艺要求进行分析，并结合数控机床使用的基础知识，如数控机床的规格、性能、数控系统的功能等，确定加工方法和加工路线。

② 数学处理。在确定了工艺方案后，就需要根据零件的几何尺寸、加工路线等，计算刀具中心运动轨迹，以获得刀位数据。数控系统一般均具有直线插补与圆弧插补功能，对于加工由圆弧和直线组成的较简单的平面零件，只需要计算出零件轮廓上相邻几何元素交点或切点的坐标值，得出各几何元素的起点、终点、圆弧的圆心坐标值等，就能满足编程要求。当零件的几何形状与控制系统的插补功能不一致时，就需要进行较复杂的数值计算，一般需要使用计算机辅助计算，否则难以完成。

③ 编写零件加工程序。在完成上述工艺处理及数值计算工作后，即可编写零件加工程序。程序编制人员使用数控系统的程序指令，按照规定的程序格式，逐段编写加工程序。程序编制人员应对数控机床的功能、程序指令及代码十分熟悉，才能编写出正确的加工程序。

④ 程序检验。将编写好的加工程序输入数控系统，就可控制数控机床的加工工作。一般在正式加工之前，要对程序进行检验。通常可采用机床空运转的方式，来检查机床动作和运动轨迹的正确性，以检验程序。在具有图形模拟显示功能的数控机床上，可通过显示走刀轨迹或

模拟刀具对工件的切削过程，对程序进行检查。对于形状复杂和要求高的零件，也可采用铝件、塑料或石蜡等易切材料进行试切来检验程序。通过检查试件，不仅可确认程序是否正确，还可知道加工精度是否符合要求。若能采用与被加工零件材料相同的材料进行试切，则更能反映实际加工效果。当发现加工的零件不符合加工技术要求时，可修改程序或采取尺寸补偿等措施。

(2) 数控程序编制的方法

数控加工程序的编制方法主要有两种：手工编制程序和自动编制程序。

① 手工编程。手工编程是指编程的各个阶段均由人工完成。手工编程的意义在于加工形状简单的零件（如直线与直线或直线与圆弧组成的轮廓）时，编程快捷、简便，不需要具备特别的条件（如价格较高的自动编程机及相应的硬件和软件等），机床操作或程序员不受特殊条件的制约，还具有较大的灵活性和编程费用少等优点。手工编程的缺点是耗费时间较长，容易出现错误，无法胜任复杂形状零件的编程。

手工编程在目前仍是广泛采用的编程方式，即使在自动编程高速发展的现在与将来，手工编程的重要地位也难以取代。在先进的自动编程方法中，许多重要的经验都来源于手工编程。手工编程一直是自动编程的基础，并不断丰富和推动自动编程的发展。

② 自动编程。自动编程是利用计算机专用软件来编制数控加工程序。编程人员只需根据零件图样的要求，使用数控语言，由计算机自动地进行数值计算及后置处理，编写出零件加工程序单。自动编程使得一些计算烦琐、手工编程困难或无法编出的程序能够顺利地完成。

按计算机专用软件的不同，自动编程可分为数控语言自动编程、图形交互自动编程和语音提示自动编程等。

目前应用较广泛是图形交互自动编程。它直接利用CAD模块生成几何图形，采用人机交互的实时对话方式，在计算机屏幕上指定被加工部位，输入相应的加工参数，计算机便可自动进行必要的数学处理并编制出数控加工程序，同时在计算机屏幕上动态显示出刀具的加工轨迹。

1.3.2 数控加工代码及程序段格式

(1) 字符

字符是一个关于信息交换的术语，它的定义是：用来组织、控制或表示数据的各种符号，如字母、数字、标点符号和数学运算符号等。字符是计算机进行存储或传送的信号，也是这里所要研究的加工程序的最小组成单位。常规加工程序用的字符分四类：第一类是字母，它由26个大写英文字母组成；第二类是数字和小数点，它由0～9共10个阿拉伯数字及一个小数点组成；第三类是符号，由正号（＋）和负号（－）组成；第四类是功能字符，它由程序开始（结束）符、程序段结束符、跳过任选程序段符、机床控制暂停符、机床控制恢复符和空格符等组成。

(2) 程序字

数控机床加工程序由若干“程序段”组成，每个程序段由按照一定顺序和规定排列的程序字组成。程序字是一套有规定次序的字符，可以作为一个信息单元（即信息处理的单位）存储、传递和操作，如X1234.56就是由8个字符组成的一个程序字。

(3) 地址和地址字

地址又称为地址符，在数控加工程序中，它是指位于程序字头的字符或字符组，用以识别其后的数据；在传递信息时，它表示其出处或目的地。常用的地址有N、G、X、Z、U、W、I、K、R、F、S、T、M等字符，每个地址都有它的特定含义，见表1-1。

由带有地址的一组字符组成的程序字，称为地址字。例如“N200 M30”这一程序段中，就有N200及M30这两个地址字。加工程序中常见的地址字有以下几种。

表 1-1 常用地址符含义

功能	代码	备注
程序名	O	程序名
程序段号	N	顺序号
准备功能	G	定义运动方式
坐标地址	X、Y、Z U、V、W A、B、C R I、J、K	轴向运动指令 附加轴运动指令 旋转坐标轴 圆弧半径 圆心坐标
进给速度	F	定义进给速度
主轴转速	S	定义主轴转速
刀具功能	T	定义刀具号
辅助功能	M	机床的辅助动作
子程序名	P	子程序名
重复次数	L	子程序的循环次数

1）程序段号

程序段号也称顺序号字，一般位于程序段开头，可用于检索，便于检查交流或指定跳转目标等，它由地址符 N 和随后的 1～4 位数字组成。它是数控加工程序中用得最多，但又不容易引起人们重视的一种程序字。

使用顺序号字应注意如下问题：数字部分应为正整数，所以最小顺序号是 N1，建议不使用 N0；顺序号字的数字可以不连续使用，也可以不从小到大使用；顺序号字不是程序段中的必用字，对于整个程序而言，可以每个程序段均有顺序号字，也可以均没有顺序号字，也可以部分程序段设有顺序号字。

2）准备功能字

准备功能字的地址符是 G，所以又称 G 功能，它是设立机床工作方式或控制系统工作方式的一种命令。所以在程序段中 G 功能字一般位于尺寸字的前面。G 指令由字母 G 及其后面的两位数字组成，从 G00 到 G99 共 100 种代码，如表 1-2 所示。

表 1-2 准备功能 G 代码

代码	功能	程序指令类别	功能仅在出现段内有效
G00	点定位	a	
G01	直线插补	a	
G02	顺时针圆弧插补	a	
G03	逆时针圆弧插补	a	
G04	暂停		*
G05	不指定	#	#
G06	抛物线插补	a	
G07	不指定	#	#
G08	自动加速		*
G09	自动减速		*
G10～G16	不指定	#	#
G17	*XY* 面选择	c	
G18	*ZX* 面选择	c	
G19	*YZ* 面选择	c	
G20～G32	不指定	#	#
G33	等螺距螺纹切削	a	
G34	增螺距螺纹切削	a	

续表

代 码	功 能	程序指令类别	功能仅在出现段内有效
G35	减螺距螺纹切削	a	
G36～G39	永不指定	#	#
G40	注销刀具补偿或刀具偏置	d	
G41	刀具左补偿	d	
G42	刀具右补偿	d	
G43	刀具正偏置	#(d)	#
G44	刀具负偏置	#(d)	#
G45	刀具偏置(Ⅰ象限)+/+	#(d)	#
G46	刀具偏置(Ⅳ象限)+/-	#(d)	#
G47	刀具偏置(Ⅲ象限)-/-	#(d)	#
G48	刀具偏置(Ⅱ象限)-/+	#(d)	#
G49	刀具偏置(*Y* 轴正向)0/+	#(d)	#
G50	刀具偏置(*Y* 轴负向)0/-	#(d)	#
G51	刀具偏置(*X* 轴正向)+/0	#(d)	#
G52	刀具偏置(*X* 轴负向)-/0	#(d)	#
G53	直线偏移，注销	f	
G54	沿 *X* 轴直线偏移	f	
G55	沿 *Y* 轴直线偏移	f	
G56	沿 *Z* 轴直线偏移	f	
G57	*XY* 平面直线偏移	f	
G58	*XZ* 平面直线偏移	f	
G59	*YZ* 平面直线偏移	f	
G60	准确定位 1(精)	h	
G61	准确定位 2(中)	h	
G62	快速定位(粗)	h	
G63	攻螺纹方式		*
G64～G67	不指定	#	#
G68	内角刀具偏置	#(d)	#
G69	外角刀具偏置	#(d)	#
G70～G79	不指定	#	#
G80	注销固定循环	e	
G81～G89	固定循环	e	
G90	绝对尺寸	j	
G91	增量尺寸	j	
G92	预置寄存，不运动	j	
G93	时间倒数，进给率	k	
G94	每分钟进给	k	
G95	主轴每转进给	k	
G96	主轴恒线速度	i	
G97	主轴每分钟转速，注销 G96	i	
G98、G99	不指定	#	#

注：1. “#”号表示如选作特殊用途，必须在程序格式解释中说明。

2. 指定功能代码中，程序指令类别标有 a、c、h、e、f、j、k 及 i，为同一类别代码。在程序中，这种代码为模态指令，可以被同类字母指令所代替或注销。

3. 指定了功能的代码，不能用于其他功能。

4. “*”号表示功能仅在所出现的程序段内有用。

5. 永不指定代码，在本标准内不指定，将来也不指定。

在程序编制时，对所要进行的操作，必须预先了解所使用的数控装置本身所具有的 G 功能指令。对于同一台数控车床的数控装置来说，它所具有的 G 功能指令只是标准中的一部分，而且各机床由于性能要求不同，所具有的 G 功能指令也各不一样。

3）坐标尺寸字

坐标尺寸字在程序段中主要用来指令机床的刀具运动到达的坐标位置。尺寸字是由规定的地址符及后续的带正、负号或者带正、负号又有小数点的多位十进制数组成。地址符用得较多的有三组：第一组是X、Y、Z、U、V、W、P、Q、R，主要是用来指令到达点坐标值或距离；第二组是A、B、C、D、E，主要用来指令到达点角度坐标；第三组是I、J、K，主要用来指令零件圆弧轮廓圆心点的坐标尺寸。

尺寸字可以使用公制，也可以使用英制，多数系统用准备功能字选择。例如，FANUC系统用G21/G20、美国A-B公司系统用G71/G70切换；也有一些系统用参数设定来选择是公制是英制。尺寸字中数值的具体单位，采用公制时一般用1μm、10μm、1mm；采用英制时常用0.0001in[1]和0.001in。选择何种单位，通常用参数设定。现代数控系统在尺寸字中允许使用小数点编程，有的允许在同一程序中有小数点和无小数点的指令混合使用，给用户带来方便。无小数点的尺寸字指令的坐标长度等于数控机床设定单位与尺寸字中后续数字的乘积。例如，所采用公制单位若设定为1μm，当指令Y向尺寸为360mm时，应写成Y360.或Y360000。

4）进给功能字

进给功能字的地址符为F，所以又称为F功能或F指令，它的功能是指令切削的进给速度。现在CNC机床一般都能使用直接指定方式（也称直接指定法），即可用F后的数字直接指定进给速度，为用户编程带来方便。

FANUC数控系统：进给量单位用G98和G99指定，系统开机默认G99。G98表示进给速度与主轴速度无关的每分钟进给量，单位为mm/min或in/min；G99表示与主轴速度有关的主轴每转进给量，单位为mm/r或in/r。西门子数控系统：进给量单位用G94和G95指定，系统开机默认G95。G94表示进给速度与主轴速度无关的每分钟进给量，单位为mm/min或in/min；G95表示与主轴速度有关的主轴每转进给量，单位为mm/r或in/r。

5）主轴转速功能字

主轴转速功能字的地址符用S，所以又称为S功能或S指令，它主要用于指定主轴转速或速度，单位为r/min或m/min。中档以上的数控车床的主轴驱动已采用主轴伺服控制单元，其主轴转速采用直接指定方式，例如S1500表示转速为1500r/min。

对于中档以上的数控机床，还有一种使切削速度保持不变的恒线速度功能。这意味着在切削过程中，如果切削部位的回转直径不断变化，那么主轴转速也要不断地做相应变化，此时S指令是指定车削加工的线速度。在程序中是用G96或G97指令配合S指令来指定主轴的速度。G96为恒线速控制指令，如用“G96 S200”表示主轴的速度为200m/min，“G97 S200”表示取代G96，即主轴不是恒线速功能，其转速为200r/min。

6）刀具功能字

刀具功能字用地址符T及随后的数字代码表示，所以也称为T功能或T指令，它主要用于指令加工中所用刀具号及自动补偿编组号。其自动补偿内容主要指刀具的刀位偏差或长度补偿及刀具半径补偿。

数控车床的T的后续数字可分为1、2、4、6位四种。T后随1位数字的形式用得比较少，在少数车床（如CK0630）的数控系统中（如HN-100T）中，因除了刀具的编码（刀号）之外，其他如刀具偏置、刀具半径的自动补偿值，都不需要填入加工程序段内，故只需用一位数表示刀具编码号即可。在经济型数控车床系统中，普遍采用2位数的规定，一般前位数字表示刀具的编码号，常用0～8共9个数字，其中“0”表示不转刀；后位数字表示刀具补偿的编组号，常用0～8共9个数字，其中“0”表示补偿量为零，即撤销其补偿。T后随4位数字的

[1] in，即英寸，英美制长度单位，1in=2.54cm。

形式用得比较多，一般前两位数为所选择刀具的编码号，后两位为刀具补偿的编组号。T后随6位数字的形式用得比较少，一般前两位数为所选择刀具的编码号，中间两位表示刀尖圆弧半径补偿号，后两位为刀具长度补偿的编组号。

7）辅助功能字

辅助功能又称M功能或M指令，用以指令数控机床中辅助装置的开关动作或状态。例如，主轴启、停，切削液通、断，更换刀具，等等。与G指令一样，M指令由字母M和其后的两位数字组成，从M00至M99共100种，如表1-3所示。M指令又分为模态指令与非模态指令。

表1-3 辅助功能M代码

代码(1)	功能开始时间		模态(4)	非模态(5)	功能(6)
	同时(2)	滞后(3)			
M00	—	*	—	*	程序停止
M01	—	*	—	*	计划停止
M02	—	*	—	*	程序结束
M03	*	—	*	—	主轴顺时针方向运转
M04	*	—	*	—	主轴逆时针方向运转
M05	—	*	*	—	主轴停止
M06	#	#	—	*	换刀
M07	*	—	*	—	2号切削液开
M08	*	—	*	—	1号切削液开
M09	—	*	*	—	切削液关
M10	#	#	*	—	夹紧
M11	#	#	*	—	松开
M12	#	#	#	#	不指定
M13	*	—	*	—	主轴顺时针方向运转,切削液开
M14	*	—	*	—	主轴逆时针方向运转,切削液开
M15	*	—	—	*	正运动
M16	*	—	—	*	负运动
M17、M18	#	#	#	#	不指定
M19	—	*	*	—	主轴定向停止
M20～M29	#	#	#	#	永不指定
M30	—	*	—	*	纸带结束
M31	#	#	—	*	互锁旁路
M32～M35	#	#	#	#	不指定
M36	*	—	#	—	进给范围1
M37	*	—	#	—	进给范围2
M38	*	—	#	—	主轴速度范围1
M39	*	—	#	—	主轴速度范围2
M40～M45	#	#	#	#	不指定或齿轮换挡
M46、M47	#	#	#	#	不指定
M48	—	*	*	—	注销M49
M49	*	—	#	—	进给率修正旁路
M50	*	—	#	—	3号切削液开
M51	*	—	#	—	4号切削液开
M52～M54	#	#	#	#	不指定
M55	*	—	#	—	刀具直线位移,位置1
M56	*	—	#	—	刀具直线位移,位置2
M57～M59	#	#	#	#	不指定
M60	—	*	—	*	更换工件
M61	*	—	*	—	工件直线位移,位置1

续表

代码(1)	功能开始时间		模态(4)	非模态(5)	功能(6)
	同时(2)	滞后(3)			
M62	*	—	*	—	工件直线位移,位置 2
M63～M70	#	#	#	#	不指定
M71	*	—	*	—	工件角度位移,位置 1
M72	*	—	—	—	工件角度位移,位置 2
M73～M89	#	#	#	#	不指定
M90～M99	#	#	#	#	永不指定

注：1. “#”号表示若选作特殊用途，必须在程序中注明。
2. “*”号表示对该具体情况起作用。

1.3.3 程序段的组成

(1) 程序段基本格式

程序段是程序的基本组成部分，每个程序段由若干个数据字构成，而数据字又由表示地址的英文字母、特殊文字和数字构成，如 X30.0、G50 等。

程序段格式是指一个程序段中字、字符、数据的排列、书写方式和顺序。通常情况下，程序段格式有使用地址符程序段格式、使用分隔符的程序段格式、固定程序段格式三种。后两种程序段格式除在线切割机床中的“3B”或“4B”指令中还能见到外，已很少使用了。因此，这里主要介绍使用地址符程序段格式。

地址符程序段格式如下：

N_	G_	X_ Y_ Z_	F_	S_	T_	M_	LF
程度段号	准备功能	尺寸字	进给功能	主轴功能	刀具功能	辅助功能	结束标记

如 N50 G01 X30.0 Z30.0 F100 S800 T01 M03；

(2) 程序段的组成

1）程序段号

程序段号由地址符“N”开头，其后为若干位数字。在大部分系统中，程序段号仅作为“跳转”或“程序检索”的目标位置指示。因此，它的大小及次序可以颠倒，也可以省略。程序段在存储器内以输入的先后顺序排列，而程序的执行是严格按信息在存储器内的先后顺序一段一段地执行，也就是说执行的先后次序与程序段号无关。但是，当程序段号省略时，该程序段将不能作为“跳转”或“程序检索”的目标程序段。

程序段号也可以由数控系统自动生成，程序段号的递增量可以通过“机床参数”进行设置，一般可设定增量值为 10。

2）程序段内容

程序段的中间部分是程序段的内容，程序段内容应具备六个基本要素，即准备功能字、尺寸功能字、进给功能字、主轴功能字、刀具功能字、辅助功能字等，但并不是所有程序段都必须包含所有功能字，有时一个程序段内可仅包含其中一个或几个功能字。

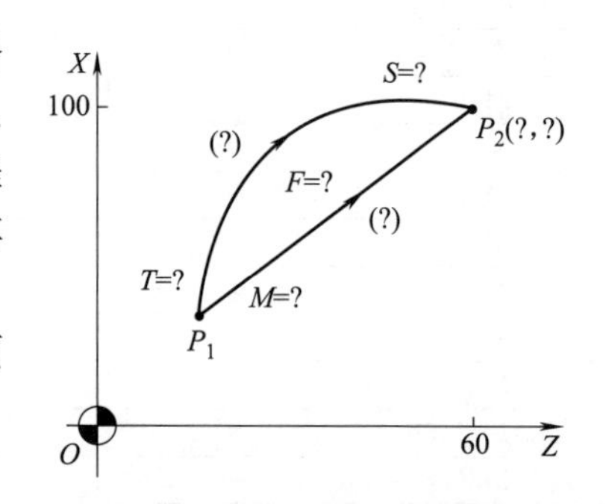

图 1-26 程序段的内容

如图 1-26 所示，为了将刀具从 P_1 点移到 P_2 点，必须在程序段中明确以下几点：

① 移动的目标是哪里？

② 沿什么样的轨迹移动？

③ 移动速度有多大？

④ 刀具的切削速度是多少？

⑤ 选择哪一把刀移动？

⑥ 机床还需要哪些辅助动作？

对于图 1-26 中的直线刀具轨迹，其程序段可写成如下格式：

N10 G90 G01 X100.0 Z60.0 F100 S300 T01 M03；

如果在该程序段前已指定了刀具功能、转速功能、辅助功能，则该程序段可写成：

N10 G01 X100.0 Z60.0 F100；

3）程序段结束

程序段以结束标记“LF”（或“CR”）结束，实际使用时，常用符号“;”或“*”表示“LF”（或“CR”）。

(3) 程序的斜杠跳跃

有时，在程序段的前面有“/”符号，该符号称为斜杠跳跃符号，该程序段称为可跳跃程序段。如下列程序段：

/N10 G00 X100.0；

对于这样的程序段，可以由操作者对程序段和执行情况进行控制。当操作机床使系统的“跳过程序段”信号生效时，程序执行时将跳过这些程序段；当“跳过程序段”信号无效时，程序段照常执行，该程序段和不加“/”符号的程序段相同。

(4) 程序段注释

为了方便检查、阅读数控程序，在许多数控系统中允许对程序进行注释，注释可以作为对操作者的提示显示在屏幕上，但注释对机床动作没有丝毫影响。

程序的注释应放在程序的最后，不允许将注释插在地址和数字之间。FANUC 系统的程序注释用“（）”括起来，SIEMENS 系统的程序注释则跟在“;”之后。本书为了便于读者阅读，一律用“;”表示程序段结束，而用“（）”表示程序注释。

1.3.4 加工程序的组成与结构

(1) 加工程序的组成

一个完整的数控加工程序由程序号、程序内容和程序结束三部分组成，如表 1-4 所示。

表 1-4　数控加工程序的组成

数控加工程序	注　释
O9999；	程序号
N0010　G92　X100　Z50； N0020　S300　M03； N0030　G00　X40　Z0； …… N0120　M05；	程序内容
N0130　M30；	程序结束

1）程序号

每一个存储在系统存储器中的程序都需要指定一个程序号以相互区别，这种用于区别零件加工程序的代号称为程序号。因为程序号是加工程序开始部分的识别标记（又称为程序名），所以同一数控系统中的程序号（名）不能重复。

程序号写在程序的最前面，必须单独占一行。

FANUC 系统程序号的书写格式为 O××××，其中 O 为地址符，其后为四位数字，数值从 0000 到 9999，在书写时其数字前的零可以省略不写，如 O0020 可写成 O20。

SIEMENS 系统中，程序号由任意字母、数字和下划线组成，一般情况下，程序号的前两位多以英文字母开头，如 AA123、BB456 等。

2）程序内容

程序内容部分是整个程序的核心部分，由若干程序段组成。一个程序段表示零件的一段加工信息，若干个程序段的集合则完整地描述了一个零件加工的所有信息。

3）程序结束

结束部分由程序结束指令构成，它必须写在程序的最后。可以作为程序结束标记的 M 指令有 M02 和 M30，它们代表零件加工程序的结束。为了保证最后程序段的正常执行，通常要求 M02/M30 单独占一行。

此外，子程序结束的结束标记因不同的系统而各异，如 FANUC 系统中用 M99 表示子程序结束后返回主程序，而在 SIEMENS 系统中则通常用 M17、M02 或字符“RET”作为子程序的结束标记。

（2）加工程序的结构

数控加工程序的结构形式，随数控系统功能的强弱而略有不同。对功能较强的数控系统而言，加工程序可分为主程序和子程序，其结构见表 1-5。

表 1-5 主程序与子程序的结构形式

主程序		子程序	
O2001；	主程序名	O2002；	子程序名
N10 G92 X100.0 Z50.0；		N10 G01 U−12.F0.1；	
N20 S800 M03 T0101；		N20 G04 X1.0；	
……		N30 G01 U12.F0.2；	
N80 M98 P2002 L2；	调用子程序	N40 M99；	程序返回
……			
N200 M30；	程序结束		

1）主程序

主程序即加工程序，它由指定加工顺序、刀具运动轨迹和各种辅助动作的程序段组成，它是加工程序的主体结构。在一般情况下，数控机床是按其主程序的指令执行加工的。

2）子程序

在编制加工程序时会遇到一组程序段在一个程序中多次出现或在几个程序中都要用到的情况，这时就可把这一组加工程序段编制成固定程序，并单独为其命名，这组程序段即称为子程序。

使用子程序可以减少不必要的编程重复，从而达到简化编程的目的。子程序可以在存储器方式下调出使用。即主程序可以调用子程序，一个子程序也可以调用下一级子程序。

在主程序中，调用子程序指令是一个程序段，其格式随具体的数控系统而定，FANUC 0i 系统子程序调用格式见表 1-6。

表 1-6 子程序调用格式

格式		字地址含义	注意事项	举例说明
格式一	M98 P×××× L××××；	①地址 P 后的四位数字为子程序名 ②地址 L 后的四位数字为重复调用次数，取值范围：1～9999	①子程序名及调用次数前的 0 可省略 ②若子程序只调用一次，则可省略 L 及其后的数字	①“M98 P200 L3；”表示调用子程序 O200 三次 ②“M98 P200；”表示调用子程序 O200 一次
格式二	M98 P××××××××；	地址 P 后的前四位数字为重复调用次数，后四位数字为子程序名	调用次数前的 0 可省略，但子程序名前的 0 不可省略	①“M98 P30200；”表示调用子程序 O200 三次 ②“M98 P200；”表示调用子程序 O200 一次

1.3.5 常用功能指令的属性

(1) 指令分组

所谓指令分组，就是将系统中不能同时执行的指令分为一组，并以编号区别。例如 G00、G01、G02、G03 就属于同组指令，其编号为 01 组。类似的同组指令还有很多，详见 FANUC 与 SIEMENS 指令一览表。

同组指令具有相互取代作用，同一组指令在一个程序段内只能有一个生效，当在同一程序段内出现两个或两个以上的同组指令时，一般以最后输入的指令为准，有的机床还会出现机床系统报警。因此，在编程过程中要避免将同组指令编入同一程序段内，以免引起混淆。对于不同组的指令，在同一程序段内可以进行不同的组合。

① G98 G40 G21；

该程序段是规范的程序段，所有指令均为不同组指令。

② G01 G02 X30.0 Z30.0 R30.0 F100；

该程序段是不规范的程序段，其中 G01 与 G02 是同组指令。

(2) 模态指令

模态指令（又称为续效指令）表示该指令在一个程序段中一经指定，在接下来的程序段中一直有效，直到出现同组的另一个指令时，该指令才失效。与其对应的仅在编入的程序段内才有效的指令称为非模态指令（或称为非续效指令），如 G 指令中的 G04 指令、M 指令中的 M00、M06 等指令。

模态指令的出现，避免了在程序中出现大量的重复指令，使程序变得清晰明了。同样，尺寸功能字如果出现前后程序段的重复，则该尺寸功能字也可以省略。例如以下程序段中有下划线的指令可以省略。

G01 X20.0 Z20.0 F150；

G01 X30.0 Z20.0 F150；

G02 X30.0 Z−20.0 R20.0 F100；

上例中有下划线的指令可以省略。因此，以上程序可写成如下形式：

G01 X20.0 Z20.0 F150.0；

X30.0；

G02 Z−20.0 R20.0 F100.0；

对于模态指令与非模态指令的具体规定：通常情况下，绝大部分的 G 指令与所有的 F、S、T 指令均为模态指令；M 指令的情况比较复杂，请查阅有关系统出厂说明书。

(3) 开机默认指令

为了避免编程人员出现指令遗漏，数控系统中对每一组的指令，都选取其中的一个作为开机默认指令，该指令在开机或系统复位时可以自动生效，因而在程序中允许不再编写。

常见的开机默认指令有 G01、G18、G40、G54、G99、G97 等。如当程序中没有 G96 或 G97 指令时，用指令“M03 S200；”指定的主轴正转转速是 200r/min。

1.3.6 坐标功能指令规则

(1) 绝对坐标与增量坐标

1）FANUC 系统数控车床的绝对坐标与增量坐标

在 FANUC 车床系统及部分国产系统中，不采用指令 G90/G91 来指定绝对坐标与增量坐标，直接以地址符 X、Z 组成的坐标功能字表示绝对坐标，而用地址符 U、W 组成的坐标功能字表示增量坐标。绝对坐标地址符 X、Z 后的数值表示工件原点至该点间的矢量值，增量坐标地址符 U、W 后的数值表示轮廓上前一点到该点的矢量值。在图 1-27 所示的 *AB* 与 *CD* 轨迹中，其 *B* 点与 *D* 点的坐标如下：

B 点的绝对坐标为 X20.0 Z10.0，增量坐标为 U－20.0 W－20.0；

D 点绝对坐标为 X40.0 Z0，增量坐标为 U40.0 W－20.0。

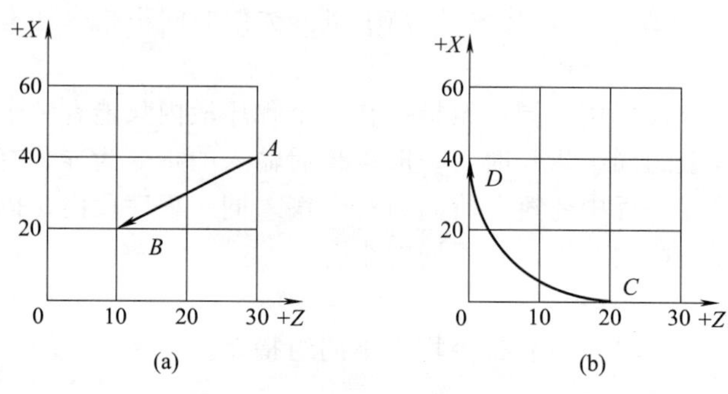

图 1-27 绝对坐标与增量坐标

2）SIEMENS 系统中的绝对坐标与增量坐标

在 SIEMENS 数控车床和数控铣床/加工中心系统中，绝对坐标用指令 G90 表示，增量坐标用 G91 表示。这两个指令可以相互切换，但不允许混合使用。在图 1-27 中，*B* 点与 *D* 点的坐标如下：

B 点的绝对坐标为 G90 X20 Z10，增量坐标为 G91 X－20 Z－20；

D 点的绝对坐标为 G90 X40 Z0，增量坐标为 G91 X40 Z－20。

在西门子系统中，除采用 G90 和 G91 分别表示绝对坐标和增量坐标外，有些系统（如 802D）还可用符号“AC”和“IC”通过赋值的形式来表示绝对坐标和增量坐标，该符号可与 G90 和 G91 混合使用。其格式如下：

＝AC（ ） （绝对坐标，赋值必须要有一个等于符号，数值写在括号中）

＝IC（ ） （增量坐标）

例 图 1-27 中的轨迹 *AB* 与 *CD*，若采用混合编程则其程序段分别为：

AB：G90 G01 X20 Z＝IC（－20）F100；

CD：G91 G02 X40 Z＝AC（0）CR＝20 F100；

（2）公制与英制编程

坐标功能字是使用公制还是英制，多数系统用准备功能字来选择，如 FANUC 系统采用 G21/G20 来进行公、英制的切换，而 SIEMENS 系统和 A-B 系统则采用 G71/G70 来进行公、英制的切换。其中 G21 或 G71 表示公制，而 G20 或 G70 表示英制。

例 G91 G20 G01 X20.0；（或 G91 G70 G01 X20.0；）表示刀具向 *X* 正方向移动 20 英寸。

G91 G21 G01 X50.0；（或 G91 G71 G01 X50.0；）则表示刀具向 *X* 正方向移动 50 毫米。

公、英制对旋转轴无效，旋转轴的单位总是度（°）。

（3）小数点编程

以公制为例，数字单位分为两种，一种是以毫米为单位，另一种是以脉冲当量即机床的最小输入单位为单位，现在大多数机床常用的脉冲当量为 0.001mm。

对于数字的输入，有些系统可省略小数点，有些系统则可以通过系统参数来设定是否可以省略小数点，而有些系统的小数点则不可省略。对于编程时不可省略小数点的系统，当使用小数点进行编程时，数字以毫米，即 mm［英制为英寸，即 in；角度为度（°）］为输入单位，而当不用小数点编程时，则以机床的最小输入单位作为输入单位。

如从 *A* 点（0，0）移动到 *B* 点（50，0）有以下三种表达方式：

X50.0

X50.　　　　（小数点后的零可省略）

X50000　　　（脉冲当量为 0.001mm）

以上三组数值均表示 X 坐标值为 50 毫米，从数学角度上看 50.0 与 50000 两者相差了 1000 倍。因此，在进行数控编程时，不管哪种系统，为保证程序的正确性，最好不要省略小数点的输入。此外，脉冲当量为 0.001mm 的系统采用小数点编程时，其小数点后的位数超过三位时，数控系统按四舍五入对小数点后第四位数进行处理。例如，当输入 X50.1234 时，经系统处理后的数值为 X50.123。

1.4 数控车床的刀具补偿功能

1.4.1 数控车床用刀具的交换功能

（1）FANUC 系统刀具交换指令

T××××；

T 后跟四位数，前两位为刀具号，后两位为刀具补偿号（简称刀补号）。如 T0101，前面的 01 表示换 1 号刀，后面的 01 表示使用 1 号刀具补偿。刀具号与刀补号可以相同，也可以不同。

（2）SIEMENS 系统刀具交换指令

T××D××；

T 后跟两位数，表示刀具号；D 后跟两位数，表示刀具补偿值编号。如 T04D01，表示更换 04 号刀具，并采用 1 号刀具补偿值。

1.4.2 刀具补偿功能

在数控编程过程中，为使编程工作更加方便，通常将数控刀具的刀尖假想成一个点，该点称为刀位点或刀尖点。在编程时，一般不考虑刀具的长度与刀尖圆弧半径，只需考虑刀位点与编程轨迹是否重合。但在实际加工过程中，由于刀尖圆弧半径与刀具长度各不相同，在加工中会产生很大的加工误差。因此，实际加工时必须通过刀具补偿指令，使数控机床根据实际使用的刀具尺寸，自动调整各坐标轴的移动量，确保实际加工轮廓和编程轨迹完全一致。数控机床根据刀具实际尺寸，自动改变机床坐标轴或刀具刀位点位置，使实际加工轮廓和编程轨迹完全一致的功能，称为刀具补偿（系统画面上为“刀具补正”）功能。

数控车床的刀具补偿分为刀具偏移补偿（亦称为刀具长度补偿）和刀尖圆弧半径补偿两种。

1.4.3 刀具偏移补偿

（1）刀具偏移的含义

刀具偏移是用来补偿假定刀具长度与基准刀具长度之长度差的功能。车床数控系统规定 *X* 轴与 *Z* 轴可同时实现刀具偏移。

刀具偏移分为刀具几何偏移和刀具磨损偏移两种。由于刀具的几何形状不同和刀具安装位置不同而产生的刀具偏移称为刀具几何偏移，由刀具刀尖的磨损产生的刀具偏移则称为刀具磨损偏移（又称磨耗，系统画面显示为“摩耗”）。以下叙述中的刀具偏移主要指刀具几何偏移。

刀具偏移补偿功能示例如图 1-28 所示。以 1 号刀作为基准刀具，工件原点采用 G54 设定，则其他刀具与基准刀具的长度差值（短则用负值表示）及转刀后刀具从刀位点到 *A* 点的移动

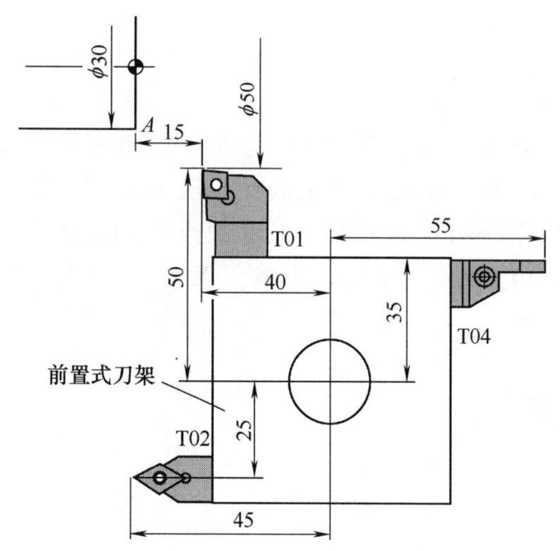

图 1-28　刀具偏移补偿功能示例

距离见表 1-7。

当转为 2 号刀后，由于 2 号刀比基准刀具短 5mm，直径方向短 10mm，Z 方向比基准刀具远 15mm（40mm－25mm＝15mm），因此，与基准刀具相比，2 号刀具的刀位点从转刀点移动到 A 点时，在 X 方向要多移动 10mm，而在 Z 方向要多移动 15mm。4 号刀具移动的距离计算方法与 2 号刀具相同。

FANUC 系统的刀具几何偏移参数设置如图 1-29 所示，如要进行刀具磨损偏移设置则只需按下软键［摩耗］即可进入相应的设置画面。具体参数设置过程请参阅本书 FANUC 系统机床操作部分的有关内容。图中的代码“T”指刀沿类型，不是指刀具号，也不是指刀补号。

表 1-7　刀具偏移补偿功能示例　　单位：mm

项目	T01(基准刀具)		T02		T04	
	X(直径)	Z	X(直径)	Z	X(直径)	Z
长度差值	0	0	－10	15	10	5
刀具移动距离	20	15	30	30	10	20

(2) 利用刀具几何偏移进行对刀操作

1）对刀操作的定义

调整每把刀的刀位点，使其尽量重合于某一理想基准点，这一过程称为对刀。

采用 G54 设定工件坐标系后进行对刀时，必须精确测量各刀具安装后相对于基准刀具的刀具长度差值，给对刀带来了诸多不便，而且基准刀具的对刀误差还会直接影响其他刀具的加工精度。当采用 G50 设定工件坐标系后进行对刀时，原设定的坐标系如遇关机即丢失，并且程序起点还不能为任意位置。所以，在数控车床的对刀操作中，目前普遍采用刀具几何偏移的方法。

工具补正/形状　　O0001 N0000

番号	X	Z	R	T
G01	0.000	0.000	0.000	0
G02	−10.000	5.000	0.000	0
G03	0.000	0.000	0.000	0
G04	10.000	10.000	1.500	3
G05	0.000	0.000	0.000	0
G06	0.000	0.000	0.000	0
G07	0.000	0.000	0.000	0
G08	0.000	0.000	0.000	0

现在位置(绝对坐标)

X50.000　Z30.000

S　0　T0000

[摩耗] [形状] [工件移动] [ ] [ ]

图 1-29　FANUC 系统刀具补偿参数设定

2）对刀操作的过程

直接利用刀具几何偏移进行对刀操作的过程如图 1-30 所示。首先手动操作加工端面，记录下这时刀位点的 Z 向机械坐标值（图中 Z 值为相对于机床原点的坐标值）。再用手动操作方式加工外圆，记录下这时刀位点的机械坐标值 X_1，停机测量工件直径 D，并计算出主轴中心的机械坐标值 X。再将 X、Z 值输入相应的刀具几何偏移存储器中，完成该刀具的对刀操作。

其余刀具的对刀操作与上述方法相似，不过不能采用试切法进行，而是用刀具的刀位点靠到工件表面，记录下相应的 Z 及 X_1 尺寸，通过测量计算后将相应的 X、Z 值输入相应的刀具几何偏移存储器（图 1-29）中。

3）利用刀具几何偏移进行对刀操作的实质

利用刀具几何偏移进行对刀操作的实质就是利用刀具几何偏移使工件坐标系原点与机床原点重合。这时，假想的基准刀具位于机床原点，长度为零，刀架上的实际刀具则在对刀操作及刀具几何偏移设置后，每把刀具比基准刀具在长度上相差一个对应的 X 与 Z 值（X 与 Z 的绝对值为机床回参考点后，工件坐标系原点相对于刀架工作位置上各刀具刀位点的轴向距离），每把刀具如要移到机床原点则必须多移动相应的 X 与 Z 值，从而使刀位点移到工件坐标系原点处。此时程序中所有坐标值均为相对于机床原点的坐标值。

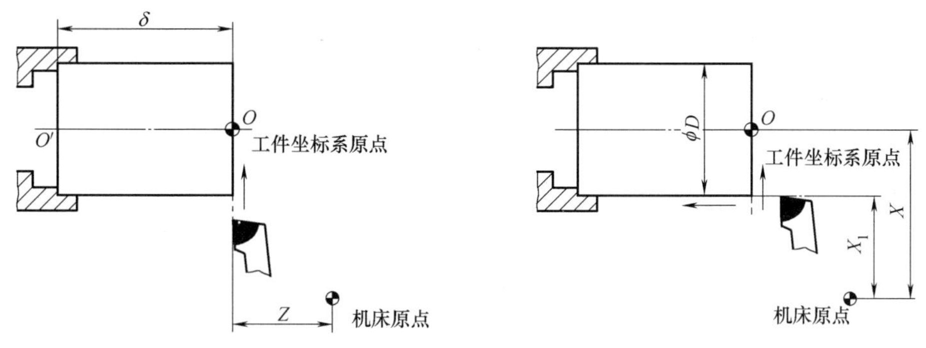

图 1-30　数控车床的对刀过程

(3) 刀具偏移的应用

利用刀具偏移功能，可以修整对刀不正确或刀具磨损等原因造成的工件加工误差。

例　加工外圆表面时，如果外圆直径比要求的尺寸大了 0.2mm，此时只需将刀具偏移存储器中的 X 值减小 0.2，并用原刀具及原程序重新加工该零件，即可修整该加工误差。同样，如出现 Z 方向的误差，则其修整办法相同。

1.4.4　刀尖圆弧半径补偿（G40、G41、G42）

(1) 刀尖圆弧半径补偿的定义

在实际加工中，由于刀具产生磨损及精加工的需要，常将车刀的刀尖修磨成半径较小的圆弧，这时的刀位点为刀尖圆弧的圆心。为确保工件轮廓形状符合要求，加工时不允许刀具刀尖圆弧的圆心运动轨迹与被加工工件轮廓重合，而应与工件轮廓相比偏移一个半径值，这种偏移称为刀尖圆弧半径补偿。圆弧形车刀的刀刃半径偏移也与其相同。

目前，较多车床数控系统都具有刀尖圆弧半径补偿功能。在编程时，只要按工件轮廓进行编程，再通过系统补偿一个刀尖圆弧半径即可。但有些车床数控系统却没有刀尖圆弧补偿功能。对于这些系统（机床），如要加工精度较高的圆弧或圆锥表面，则要通过计算来确定刀尖圆心运动轨迹，再进行编程。

(2) 假想刀尖与刀尖圆弧半径

在理想状态下，总是将尖形车刀的刀位点假想成一个点，该点即为假想刀尖（图 1-31 中的 A 点），在对刀时也是以假想刀尖进行对刀。但实际加工中的车刀，由于工艺或其他要求，刀尖往往不是一个理想的点，而是一段圆弧（图 1-31 中的 BC 圆弧）。

所谓刀尖圆弧半径，是指车刀刀尖圆弧所构成的假想圆半径（图 1-31 中的 r）。实践中，所有车刀均有大小不等或近似的刀尖圆弧，假想刀尖在实际加工中是不存在的。

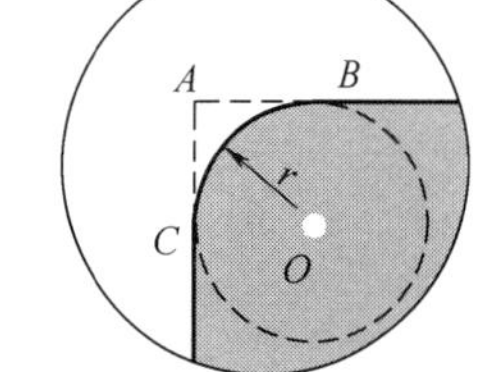

图 1-31　假想刀尖示意图

(3) 未使用刀尖圆弧半径补偿时的加工误差分析

用圆弧刀尖的外圆车刀切削加工时，圆弧刃车刀（图 1-31）的对刀点分别为 B 点和 C 点，所形成的假想刀位点为 A 点。但在实际加工过程中，刀具切削点在刀尖圆弧上变动，从而在加工过程中可能产生过切或少切现象。因此，在不使用刀尖圆弧半径补偿功能的情况下，采用圆弧刃车刀加工工件会出现以下几种误差情况。

① 加工台阶面或端面时，未使用刀尖圆弧半径补偿对加工表面的尺寸和形状影响不大，但在端面的中心位置和台阶的清角位置会产生残留误差，如图 1-32（a）所示。

② 加工圆锥面时，未使用刀尖圆弧半径补偿对圆锥的锥度不会产生影响，但对锥面的大小端尺寸会产生较大的影响，通常情况下，会使外锥面的尺寸变大［图 1-32（b）］，而使内锥面的尺寸变小。

③ 加工圆弧时，未使用刀尖圆弧半径补偿会对圆弧的圆度和圆弧半径产生影响。加工外凸圆弧时，会使加工后的圆弧半径变小，其值＝理论轮廓半径 R－刀尖圆弧半径 r，如图 1-32（c）所示。加工内凹圆弧时，会使加工后的圆弧半径变大，其值＝理论轮廓半径 R＋刀尖圆弧半径 r，如图 1-32（d）所示。

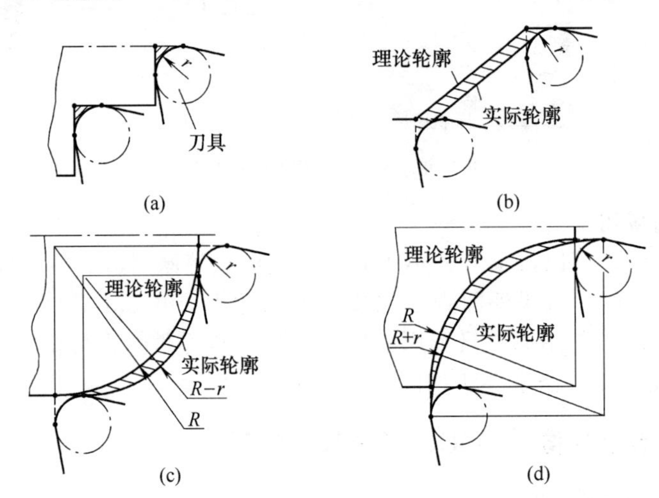

图 1-32 未使用刀尖圆弧补偿功能时的误差分析

（4）刀尖圆弧半径补偿指令

1）指令格式

G41 G01/G00 X __ Y __ F __；　（刀尖圆弧半径左补偿）

G42 G01/G00 X __ Y __ F __；　（刀尖圆弧半径右补偿）

G40 G01/G00 X __ Y __；　（取消刀尖圆弧半径补偿）

2）指令说明

编程时，刀尖圆弧半径补偿偏置方向的判别如图 1-33 所示。向着 Y 坐标轴的负方向并沿刀具的移动方向看，当刀具处在加工轮廓左侧时，称为刀尖圆弧半径左补偿，用 G41 表示；当刀具处在加工轮廓右侧时，称为刀尖圆弧半径右补偿，用 G42 表示。

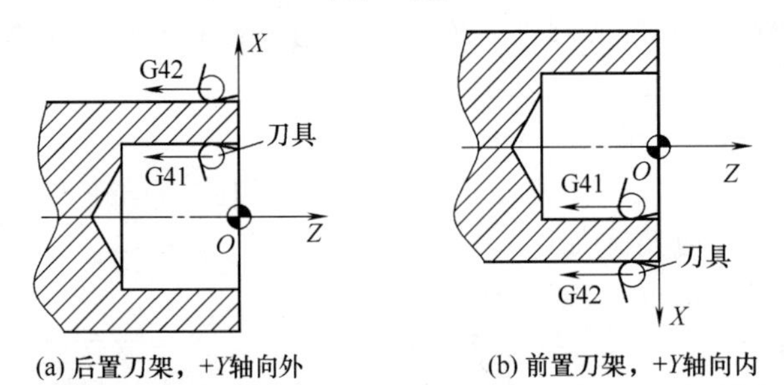

图 1-33 刀尖圆弧半径补偿偏置方向的判别

在判别刀尖圆弧半径补偿偏置方向时，一定要沿 Y 轴由正向负观察刀具所处的位置，故应特别注意后置刀架［图 1-33（a）］和前置刀架［图 1-33（b）］的刀尖圆弧半径补偿偏置方向的区别。对于前置刀架，为防止判别过程中出错，可在图样上将工件、刀具及 X 轴同时绕 Z 轴旋转 180°后再进行偏置方向的判别，此时正 Y 轴向外，刀补的偏置方向则与后置刀架的判别方向相同。

（5）圆弧车刀刀沿位置的确定

数控车床采用刀尖圆弧半径补偿进行加工时，如果刀具的刀尖形状和切削时所处的位置

（即刀沿位置）不同，那么刀具的补偿量与补偿方向也不同。根据刀尖形状及刀尖位置的不同，数控车刀的刀沿位置如图 1-34 所示，共有 9 种。部分典型刀具的刀沿位置号如图 1-35 所示。

除 9 号刀沿外，数控车床的对刀均是以假想刀位点来进行的。也就是说，在刀具偏移存储器中或 G54 坐标系中设定的值是通过假想刀尖点［图 1-34（c）中 P 点］进行对刀后所得的机床坐标系中的绝对坐标值。

数控车床刀尖圆弧半径补偿 G41/G42 的指令后不带任何补偿号。在 FANUC 系统中，该补偿号（代表所用刀具对应的刀尖半径补偿值）由 T 指令指定，其刀尖圆弧半径补偿号与刀具偏置补偿号对应，如图 1-29 中的“G04”设置。在 SIEMENS 系统中，其补偿号由 D 指令指定，其后的数字表示刀具偏移存储器号，其设置请参阅第 5 章。

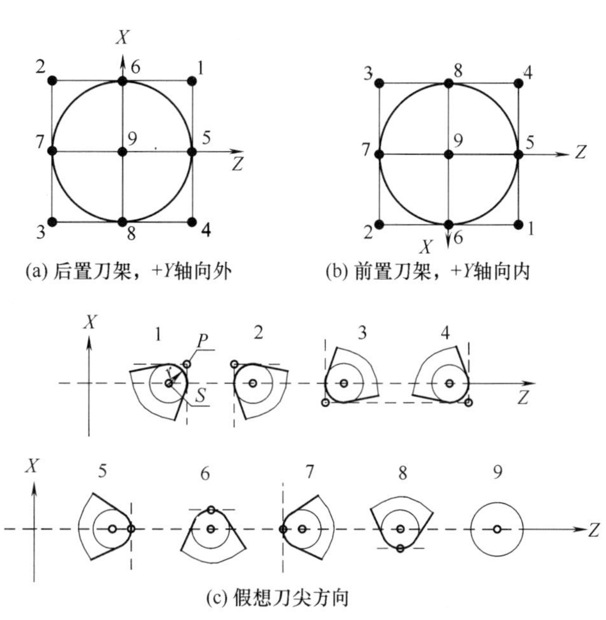

图 1-34 数控车床的刀沿位置

P—假想刀尖点；S—刀沿圆心位置；r—刀尖圆弧半径

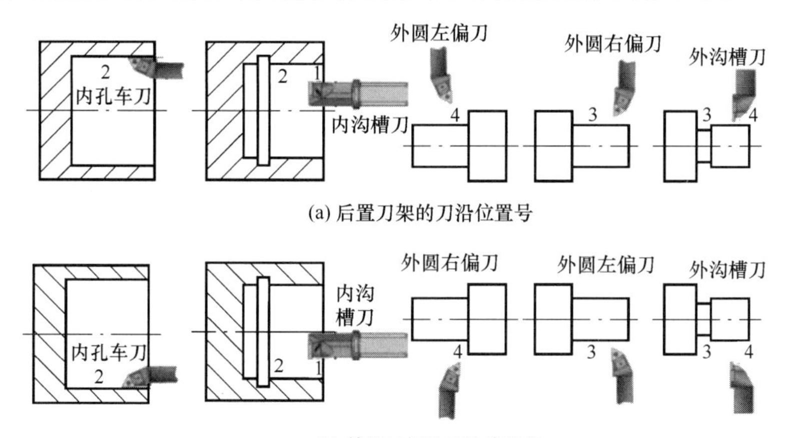

图 1-35 部分典型刀具的刀沿位置号

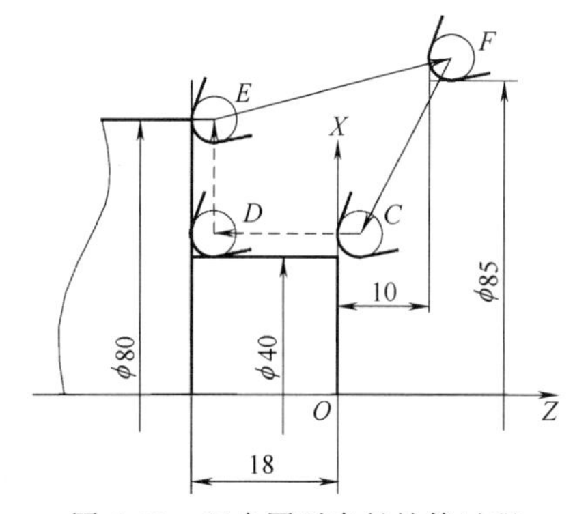

图 1-36 刀尖圆弧半径补偿过程

FC—刀补建立；CDE—刀补进行；EF—刀补取消

在判别刀沿位置时，同样要沿 Y 轴由正向负方向观察刀具，同时也要特别注意前、后置刀架的区别。前置刀架的刀沿位置判别方法与刀尖圆弧半径补偿偏置方向判别方法相似，也可将刀具、工件、X 轴绕 Z 轴旋转 180°，使 Y 轴正方向向外，从而使前置刀架转换成后置刀架来进行判别。例如当刀尖靠近卡盘侧时，不管是前置刀架还是后置刀架，其外圆车刀的刀沿位置号均为 3 号。

（6）刀尖圆弧半径补偿过程

刀尖圆弧半径补偿（简称刀补）的过程分为三步，即刀补的建立，刀补的进行和刀补的取消。其补偿过程通过图1-36（外圆车刀的刀沿号为3号）和加工程序O0010共同说明。

图1-36所示补偿过程的加工程序如下：

```
O0010；
N10 G99 G40 G21；                    （程序初始化）
N20 T0101；                          （转1号刀，执行1号刀补）
N30 M03 S1000；                      （主轴按1000r/min正转）
N40 G00 X85.0 Z10.0；                （快速点定位）
N50 G42 G01 X40.0 Z5.0 F0.2；        （刀补建立）
N60 Z－18.0；                    }
N70 X80.0；                      }   （刀补进行）
N80 G40 G00 X85.0 Z10.0；            （刀补取消）
N90 G28 U0 W0；                      （返回参考点）
N100 M30；
```

1）刀补的建立

刀补的建立指刀具从起点接近工件时，车刀圆弧刃的圆心从与编程轨迹重合过渡到与编程轨迹偏离一个偏置量的过程。该过程的实现必须与G00或G01功能在一起才有效。

刀具补偿过程通过N50程序段建立。当执行N50程序段后，车刀圆弧刃的圆心坐标位置由以下方法确定：将包含G42语句的下边两个程序段（N60、N70）预读，连接在补偿平面内最近两移动语句的终点坐标（图1-36中的*CD*连线），其连线的垂直方向为偏置方向，根据G41或G42来确定偏向哪一边，偏置的大小由刀尖圆弧半径值（设置在图1-29所示画面中）决定。经补偿后，车刀圆弧刃的圆心位于图1-36中的*C*点处，其坐标值为（40＋刀尖圆弧半径×2，5.0）。

2）刀补进行

在G41或G42程序段后，程序进入补偿模式，此时车刀圆弧刃的圆心与编程轨迹始终相距一个偏置量，直到刀补取消。

在该补偿模式下，机床同样要预读两段程序，找出当前程序段所示刀具轨迹与下一程序段偏置后的刀具轨迹交点，以确保机床把下一段工件轮廓向外补偿一个偏置量，如图1-36中的*D*点、*E*点等。

3）刀补取消

刀具离开工件，车刀圆弧刃的圆心轨迹过渡到与编程轨迹重合的过程称为刀补取消，如图1-36中的*EF*段（即N80程序段）。

刀补的取消用G40来执行，需要特别注意的是，G40必须与G41或G42成对使用。

（7）进行刀具半径补偿时应注意的事项

① 刀具半径补偿模式的建立与取消程序段只能在G00或G01移动指令模式下才有效。虽然现在有部分系统也支持G02、G03模式，但为防止出现差错，在半径补偿建立与取消程序段最好不使用G02、G03指令。

② G41/G42不带参数，其补偿号（代表所用刀具对应的刀尖半径补偿值）由T指令指定。该刀尖圆弧半径补偿号与刀具偏置补偿号对应。

③ 采用切线切入方式或法线切入方式建立或取消刀补。当不便于沿工件轮廓线方向切向或法向切入切出时，可根据情况增加一个过渡圆弧的辅助程序段。

④ 为了防止在刀具半径补偿建立与取消过程中刀具产生过切现象，在建立与取消补偿时，程序段的起始位置与终点位置最好与补偿方向在同一侧。

⑤ 在刀具补偿模式下，一般不允许存在连续两段以上的补偿平面内非移动指令，否则刀

具也会出现过切等危险动作。补偿平面非移动指令通常指：仅有G、M、S、F、T指令的程序段（如G90，M05）及程序暂停程序段（G04 X10.0）。

⑥ 在选择刀尖圆弧偏置方向和刀沿位置时，要特别注意前置刀架和后置刀架的区别。

1.5 手工编程的数学处理

在手工编程工作中，数学处理占有相当大的比例，有时甚至成为零件加工成败的关键。它不仅要求编程人员具有较扎实的数学基础知识，还要求编程人员掌握一定的计算技巧，并具有灵活处理问题的能力，才能准确和快捷地完成计算处理工作。

对图形的数学处理一般包括两个方面：一方面，要根据零件图给出的形状、尺寸和公差等直接通过数学方法（如三角函数计算法、平面几何解析计算法等）计算出编程时所需要的有关各点的坐标值、圆弧插补所需要的圆弧圆心的坐标；另一方面，当按照零件图给出的条件还不能直接计算出编程所需要的所有坐标值，也不能按零件图给出的条件直接根据工件轮廓几何要素来进行自动编程时，那么就必须根据所采用的具体工艺方法、工艺装备等加工条件，对零件原图形及有关尺寸进行必要的数学处理或改动，才可以进行各点的坐标计算和编程工作。

1.5.1 数值换算

(1) 标注尺寸换算

在很多情况下，因图样上的尺寸基准与编程所需要的尺寸基准不一致，故应首先将图样上的基准尺寸换算为编程坐标系中的尺寸（即要选择编制加工程序时所使用的编程原点来确定编程坐标系中的尺寸），再进行下一步数学处理工作。

1）直接换算

直接换算指直接通过图样上的标注尺寸，即可获得编程尺寸的一种方法。

进行直接换算时，对图样上给定的基本尺寸或极限尺寸的中值，进行简单的加、减运算即可完成。

例如：在图1-37（b）中，除尺寸42.1mm外，其余均属直接按图1-37（a）标注尺寸经换算而得到的编程尺寸。其中，ϕ59.94mm、ϕ20mm及140.08mm三个尺寸为分别取两极限尺寸平均值后得到的编程尺寸。

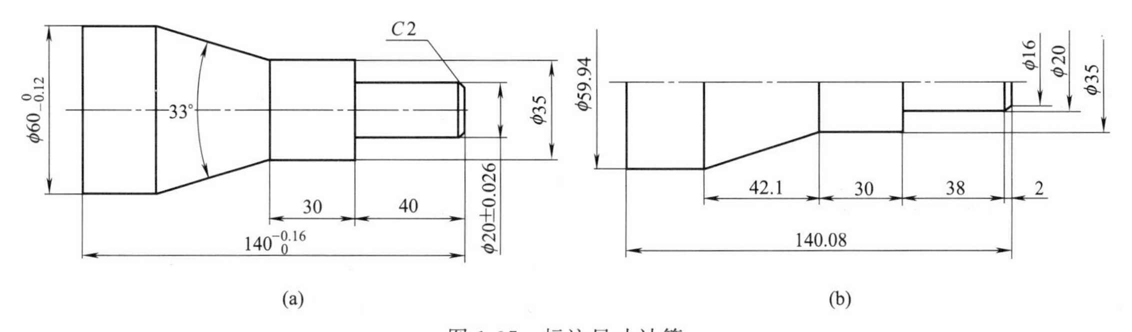

图1-37　标注尺寸计算

在取极限尺寸中值时，如果有第三位小数值（或更多位小数），基准孔按照“四舍五入”的方法处理，基准轴则将第三位进上一位，例如：

① 当孔尺寸为$\phi20_{0}^{+0.05}$mm时，其中值尺寸值取ϕ20.03mm；

② 当轴尺寸为$\phi16_{-0.07}^{0}$mm时，其中值尺寸取ϕ15.97mm；

③ 当孔尺寸为 $\phi 16^{+0.07}_{0}$ mm 时，其中值尺寸取 ϕ16.04mm。

2）间接换算

间接换算指需要通过平面几何、三角函数等计算方法进行必要计算后，才能得到其编程尺寸的一种方法。用间接换算方法所换算出来的尺寸，可以是直接编程时所需的基点坐标尺寸，也可以是计算某些基点坐标值所需要的中间尺寸。例如，图 1-37（b）中所示的尺寸 42.1mm 就是属于间接换算后所得到的编程尺寸。

(2) 坐标值计算

编制加工程序时，需要进行的坐标值计算工作有：基点的直接计算、节点的拟合计算及刀具中心轨迹的计算等。

1.5.2 基点与节点的计算

(1) 基点的含义

构成零件轮廓的不同几何素线的交点或切点称为基点（图 1-38），它可以直接作为运动轨迹的起点或终点。如图 1-38 中所示的 *A*、*B*、*C*、*D*、*E* 和 *F* 各点都是该零件轮廓上的基点。

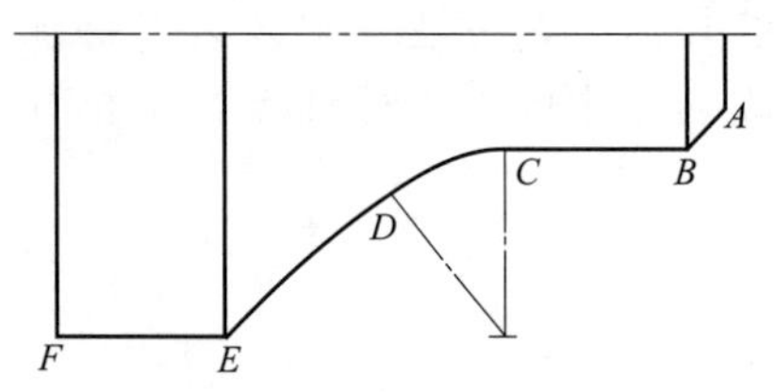

图 1-38 零件轮廓上的基点

(2) 基点直接计算的内容

根据直接填写加工程序时的要求，该内容主要有：每条运动轨迹（线段）的起点或终点在选定坐标系中的坐标值和圆弧运动轨迹的圆心坐标值。基点直接计算的方法比较简单，一般根据零件图样所给已知条件人工完成。

(3) 节点的拟合计算

1）节点的含义

当采用不具备非圆曲线插补功能的数控机床加工非圆曲线轮廓的零件时，在加工程序的编制工作中，常常需要用直线或圆弧去近似代替非圆曲线，称为拟合处理。拟合线段的交点或切点就称为节点。如在数控机床上加工椭圆、双曲线、抛物线、阿基米德螺旋线或用一系列坐标点表示的列表曲线时，就要用直线或圆弧去逼近被加工曲线。这时，逼近线段与被加工曲线的交点就称为节点。当用直线逼近图 1-39 中的曲线时，*A*、*B*、*C*、*D*、*E* 等即为节点。

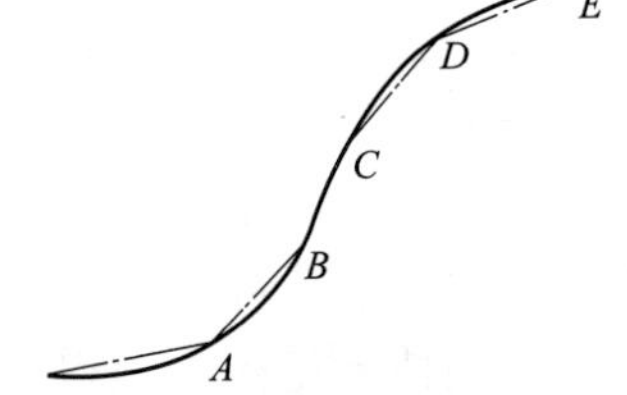

图 1-39 零件轮廓的节点

2）节点拟合计算的内容

节点拟合计算的难度及工作量都很大，故宜通过计算机完成；必要时，也可由人工计算完成，但对编程者的数学处理能力要求较高。拟合结束后，还必须通过相应的计算，对每条拟合线段的拟合误差进行分析。

1.5.3 三角函数计算法

三角函数计算法简称三角计算法。在手工编程工作中，这种方法因为比较容易被掌握，所以应用十分广泛，是进行数学处理时应重点掌握的方法之一。三角计算法主要应用三角函数关系式及部分定理，现将有关定理的表达式列出如下：

(1) 对于直角三角形

角的正弦：$\sin\alpha=\dfrac{\text{对边}}{\text{斜边}}$　　角的余弦：$\cos\alpha=\dfrac{\text{邻边}}{\text{斜边}}$

角的正切：$\tan\alpha=\dfrac{\text{对边}}{\text{邻边}}$　　角的余切：$\cot\alpha=\dfrac{\text{邻边}}{\text{对边}}$

勾股定理：$a^2+b^2=c^2$

式中，a、b、c 为直角三角形的边长，其中 c 为斜边。

由勾股定理公式可得：$a=\sqrt{c^2-b^2}$；$b=\sqrt{c^2-a^2}$；$c=\sqrt{a^2+b^2}$。

(2) 对于任意三角形

正弦定理：$\frac{a}{\sin A}=\frac{b}{\sin B}=\frac{c}{\sin C}=2R$

式中，a、b、c 分别为角 A、B、C 所对边的边长；R 为三角形外接圆半径。

余弦定理：$\cos A=\frac{b^2+c^2-a^2}{2bc}$

正弦定理一般用于已知两边一角求另两个角度，或已知两角一边求另两边；而余弦定理一般用于已知三边求角度。

例　零件如图1-40所示，现用三角计算法求基点及圆心的坐标。

1）分析

① 图1-40（b）中的直线 BC 与 $R7$ 圆弧相切，$R7$ 圆弧与 $R4$ 圆弧相切，$R4$ 圆弧与 $\phi44$ 外圆相切。

② 根据图中的关系作相关的辅助线：连接 $R4$、$R7$ 的圆心，作 D 关于 BA 延长线的垂线，垂足为 G，过 $R7$ 的圆心作相应直线的垂线，垂足为点 C；再将相关的辅助线连起来［图1-40（b）］。

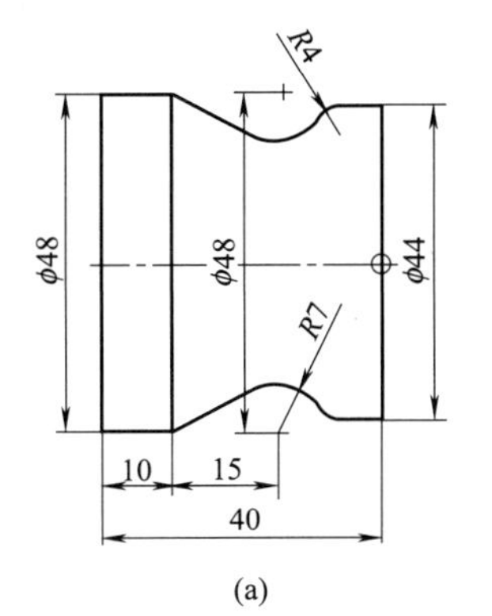

(a)

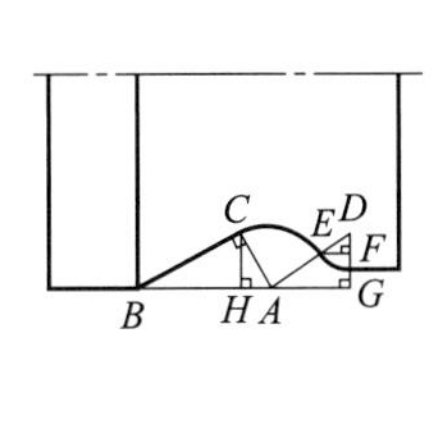

(b)

图1-40　基点计算

③ 如图1-40（b）所示，此例没给出 C、E 两点的坐标，就必须求出 AG、DE、EF、AC、AH 的长度。

2）解题方法

根据已知条件，可利用三角形相似和勾股定理来计算。

3）解题步骤

① 求 AG 的长度。

已知 $AE=7$，$DE=4$，那么 $AD=AE+DE=7+4=11$。

同时，$DG=\frac{48-44}{2}+4=6$。

在 $\triangle ADG$ 中，根据直角三角形的勾股定理可得：

$$AG=\sqrt{AD^2-DG^2}=\sqrt{11^2-6^2}=9.220$$

② 求 DF、FE 的长度。

在 $Rt\triangle ADG$ 与 $Rt\triangle EDF$ 中，$\angle ADG=\angle EDF$，

$\therefore \triangle ADG \backsim \triangle EDF$，

那么$\frac{DF}{DG}=\frac{ED}{AD}$，即$\frac{DF}{6}=\frac{4}{11}$，

$\therefore DF=2.182$；

$\frac{EF}{AG}=\frac{ED}{AD}$，即$\frac{EF}{9.220}=\frac{4}{11}$，

$\therefore EF=3.353$。

③ 求AH、CH的长度。

在$Rt\triangle ACH$与$Rt\triangle ABC$中，$\angle ACH=\angle ACB$，

$\therefore \triangle ACH \backsim \triangle ABC$，

那么$\frac{AH}{AC}=\frac{AC}{AB}$，

$\because$已知$AC=7$，$AB=15$，

$\therefore \frac{AH}{7}=\frac{7}{15}$，

$\therefore AH=3.267$。

在$\triangle ACH$中，根据勾股定理可得：

$CH=\sqrt{AC^2-AH^2}=\sqrt{7^2-3.267^2}=6.191$

④ E点坐标：

$$X_E=36+2DF=36+4.364=40.364$$

$$Z_E=-(40-10-AB-AG+EF)=-(40-10-15-9.220+3.353)=-9.133$$

$\therefore E$点坐标为（X40.364，Z−9.133）。

⑤ C点坐标：

$$X_C=48-2CH=48-12.382=35.618$$

$$Z_C=-[40-(10+AB-AH)]=-[40-(10+15-3.267)]=-40+21.733=-18.267$$

$\therefore C$点坐标为（X35.618，Z−18.267）。

1.5.4 平面几何解析计算法

三角计算法虽然在应用中具有分析直观、计算简便等优点，但有时为计算一个简单图形，却需要添加若干条辅助线，并分析数个三角形间的关系后才能进行。而应用平面几何解析计算法可省掉对一些复杂的三角形关系的分析，用简单的数学方程即可准确地描述零件轮廓的几何图形，使分析和计算的过程都得到简化，并可减少多层次的中间运算，使计算误差大大减小，计算结果更加准确，且不易出错。因此，在数控车床的手工编程中，平面几何解析计算法是应用较普遍的计算方法之一。

平面几何解析主要采用直线和圆弧的方程解基点的计算法，有关定理的表达式如下。

(1) 直线方程的形式

$$Ax+By+C=0$$

式中，A、B、C 为任意实数，并且 A、B 不能同时为零。

(2) 直线方程的标准形式（斜截式）

$$y=kx+b$$

式中，k 为直线的斜率，即直线与 X 轴正向夹角的正切值 $\tan\theta$（图 1-41）；b 为直线在 Y 轴上的截距。

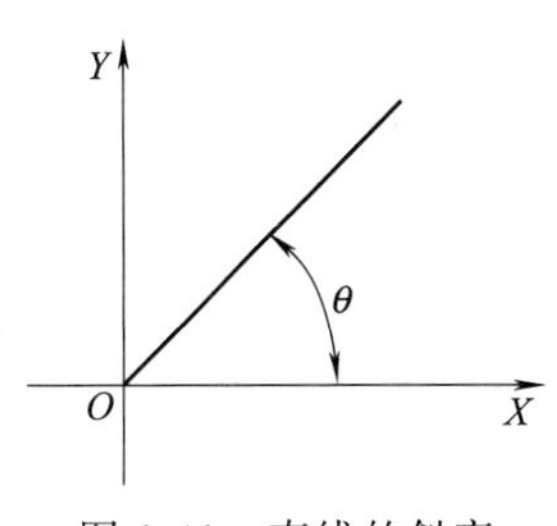

图 1-41 直线的斜率

(3) 直线方程的点斜式

$$y-y_1=k(x-x_1)$$

式中，x_1、y_1 为直线通过已知点的坐标。

(4) 直线方程的截距式

$$\frac{x}{a}+\frac{y}{b}=1$$

式中，a、b 分别为直线在 X、Y 轴上的截距。

(5) 点到直线的距离公式

点 $P(x_1, y_1)$ 到直线 $Ax+By+C=0$ 的距离（图 1-42）：

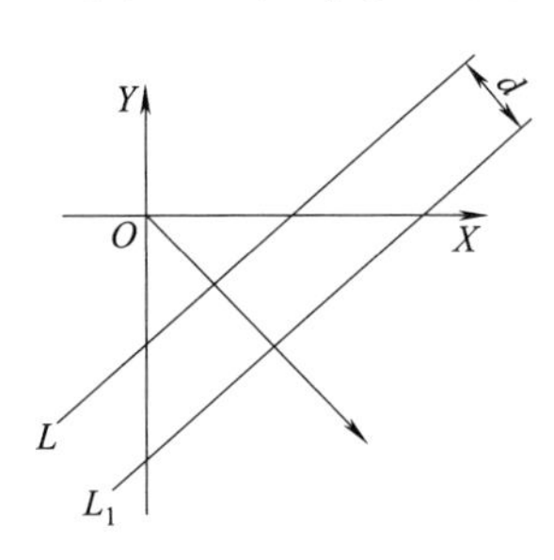

图 1-42 点到直线距离

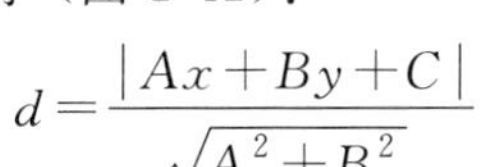

$$d=\frac{|Ax+By+C|}{\sqrt{A^2+B^2}}$$

化简后得：

$$Ax+By+C\pm d\sqrt{A^2+B^2}=0$$

(6) 圆的标准方程

$$(x-a)^2+(y-b)^2=R^2$$

式中，a、b 分别为圆心横、纵坐标；R 为圆的半径。

圆心在坐标原点上的圆方程：

$$x^2+y^2=R^2$$

(7) 一元二次方程 $ax^2+bx+c=0$ $(a\neq 0)$ 的求根公式

$$x=\frac{-b\pm\sqrt{b^2-4ac}}{2a}$$

例 零件如图 1-43 所示，现用平面几何解析计算法求基点及圆心的坐标。

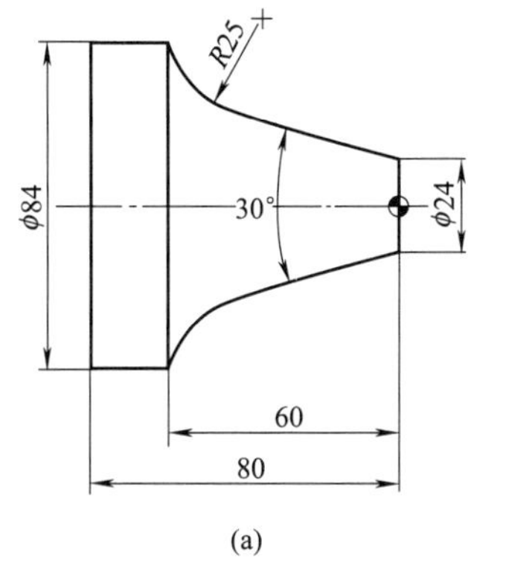

图 1-43 基点计算

1）分析

① 该例为圆弧与直线相切的例子，解题的重点是求出 $R25$mm 圆弧的圆心坐标。

② 将已知直线 AB 向下方平移 25mm（按 R25mm）得直线 L_1，以 O 点为圆心作 R25mm 的圆弧；其圆弧与直线交点则为 R25mm 圆弧的圆心。

2）解题方法

根据已知条件，用 L_1 与 R25mm 圆弧的解析式组成方程组，求出圆心 C 点的坐标，再利用三角函数来计算。

3）解题步骤

① 设直角坐标系（以 O 点为原点）如图 1-43（b）所示，建立 OC 的直线方程的点斜式为：

$$y-30=\tan 15°(x-60)$$

化简得：

$$y=0.268x+13.923$$

② 建立 L_1 的直线方程的点到直线距离式为：

$$y=0.268x+13.923\pm 25\sqrt{1^2+0.268^2}$$

由于直线往上平移，点到直线的距离取正值，即上式中的正负号取负，所以：

$$y=0.268x-11.959$$

③ 建立 R25 圆弧为：

$$x^2+y^2=25^2$$

④ 建立 L_1 与 R25 圆弧方程组：

$$\begin{cases} y=0.268x-11.959 & \text{(a)} \\ x^2+y^2=25^2 & \text{(b)} \end{cases}$$

把（a）式代入（b）式：

$$x^2+(0.268x-11.959)^2=25^2$$

化简得：

$$1.072x^2-6.410x-481.982=0$$

代入求根公式 $x=\dfrac{-b\pm\sqrt{b^2-4ac}}{2a}$，求出 $x_1=24.403$，$x_2=-18.424$。

根据图形尺寸要求，取 x 值为正值，把 x 值代入（b）式求 y 值：

$$y=\sqrt{25^2-x^2}=5.431$$

⑤ 在 Rt$\triangle BCD$ 中，已知 $BC=25$，$\angle CBD=15°$，求 BD、CD。

$\because \sin\angle CBD=\dfrac{CD}{BC}$，

$\therefore CD=\sin\angle CBD\times BC=\sin 15°\times 25=6.470$。

$\because \cos\angle CBD=\dfrac{BD}{BC}$，

$\therefore BD=\cos\angle CBD\times BC=\cos 15°\times 25=24.148$。

⑥ B 点的坐标：

$$X_B=84-2(BD-5.431)=84-2\times 18.717=46.566$$
$$Y_B=-[60-(24.403-CD)]=-42.067$$

∴ B 点坐标为（X46.566，Y−42.067）。

1.5.5 CAD 绘图分析法

（1）常用 CAD 绘图软件

当前在国内常用的 CAD 绘图软件有 AutoCAD 和 CAXA 电子图板等。此外，国内外常用的 CAM 软件也常用作基点和节点分析的软件，常用的 CAM 软件有 UG、Pro/E、Mastercam 和 CAXA 制造工程师等。

AutoCAD 是 Autodesk 公司的主导产品，是当今最为流行的绘图软件之一，具有强大的二维功能，如绘图、编辑、填充和图案绘制、尺寸标注以及二次开发等功能，同时还具有部分三维绘图功能。该软件界面亲和力强，简便易学，因此受到工程技术人员的广泛欢迎。在国内，该软件当前被广泛使用的版本为 AutoCAD2010、AutoCAD2018、AutoCAD2020 等简体中文版。

CAXA 电子图板软件由北航海尔公司研制开发，是我国自行开发的全国产化软件。该软件不仅具有强大的二维绘图功能，还有专门针对机械设计而制作的零件库。因此，该软件受到了大量机械类工程技术人员的青睐。由于 CAXA 电子图板为全国产化软件，因此，全中文界面也特别适用于技校、职校学生和技术工人的学习与使用。当前，该软件常用的版本为 CAXA CAD 电子图板 2018 和 CAXA CAD 电子图板 2020 等。

(2) CAD 绘图分析基点与节点坐标

采用 CAD 绘图来分析基点与节点坐标时，首先应学会一种 CAD 软件的使用方法，然后用该软件绘制出二维零件图并标出相应尺寸（通常是基点与工件坐标系原点间的尺寸），最后根据坐标系的方向及所标注的尺寸确定基点的坐标。

采用这种方法分析基点坐标时，要注意以下几方面的问题：

① 绘图要细致认真，不能出错；

② 图形绘制时应严格按 1∶1 的比例进行；

③ 尺寸标注的精度单位要设置正确，通常为小数点后三位；

④ 标注尺寸时找点要精确，不能捕捉到无关的点上去。

(3) CAD 绘图分析法特点

采用 CAD 绘图分析法可以避免大量复杂的人工计算，操作方便，基点分析精度高，出错概率小。因此，建议尽可能采用这种方法来分析基点与节点坐标。这种方法的不利之处是对技术工人又提出了新的学习要求，同时还增加了设备的投入。

(4) CAD 绘图分析法实例

例　用 CAD 绘图分析法求解图 1-44 中切点 M 和 N 的坐标。

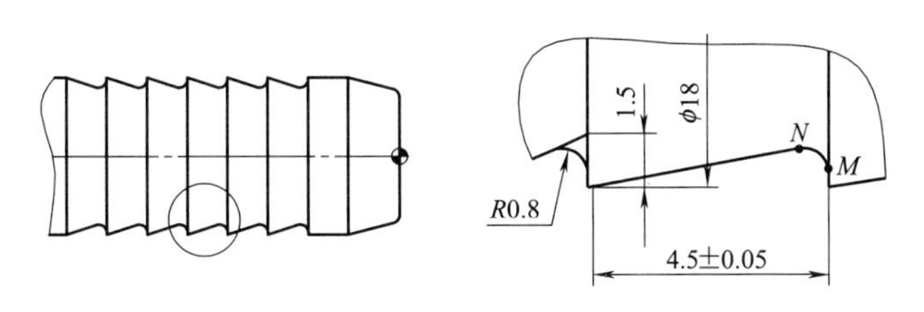

图 1-44　用 CAD 绘图分析法求基点坐标一

解： 按照下列步骤求出切点 M 和 N 的坐标。

① 作一条任意的水平线 H_1 和垂直线 V_1（两直线相交）。

② 将水平线分别偏移 9mm、7.5mm，作出 H_2 和 H_3。

③ 将垂直线偏移 4.5mm 作出 V_2，连接交点 C 和交点 D。

④ 直线 V_1 和 CD 间倒圆角 $R0.8$，完成的草图如图 1-45（a）所示。

⑤ 对曲线进行修剪并删除多余线条。

⑥ 标注切点 M 和 N 相对于工件坐标系原点间的尺寸，完成后如图 1-45（b）所示。

⑦ 根据标注的尺寸，通过分析计算求出 M 点和 N 点的坐标。

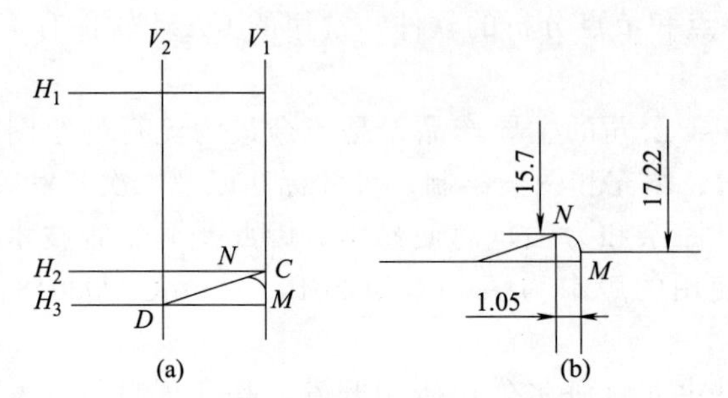

图 1-45 用CAD绘图分析法求基点坐标二

第2章 数控车削加工工艺

2.1 数控车削加工工艺概述

2.1.1 数控车削加工的定义和内容

(1) 数控车削加工的定义

数控车削加工是指在数控车床上自动加工零件的一种工艺方法。数控车削加工的实质是：数控车床按照事先编制好的加工程序并通过数字控制过程，自动地对零件进行加工。

(2) 数控车削加工的内容

一般来说，数控车削加工流程如图 2-1 所示，主要包括分析图样、工件的定位与装夹、刀具的选择与安装、编制数控加工程序、试切削、试运行并校验数控车削加工程序、数控车削加工、工件的验收与质量误差分析等内容。

2.1.2 数控车削加工工艺的基本特点

工艺规程是技术工人在加工时的指导性文件。由于普通车床受控于操作工人，因此，在普通车床上用的工艺规程实际上只是一个工艺过程卡，机床的切削用量、进给路线、工序的工步等，往往都是由操作工人自行选定。数控车削加工程序是数控车床的指令性文件，数控车床受控于程序指令，加工的全过程都是按程序指令自动进行的。因此，数控车削加工程序与普通车床工艺规程有较大差别，涉及的内容也较广。数控车削加工程序不仅要包括零件的工艺过程，还要包括切削用量、进给路线、刀具尺寸以及机床的运动过程。因此，要求编程人员对数控车床的性能、特点、运动方式、刀具系统、切削规范以及工件的装夹方法都非常熟悉。工艺方案的好坏不仅会影响机床效率的发挥，而且将直接影响到零件的加工质量。

2.1.3 数控车削加工工艺的主要内容

虽然数控车削加工工艺内容较多，但有些内容与普通车床加工工艺非常相似。概括起来，

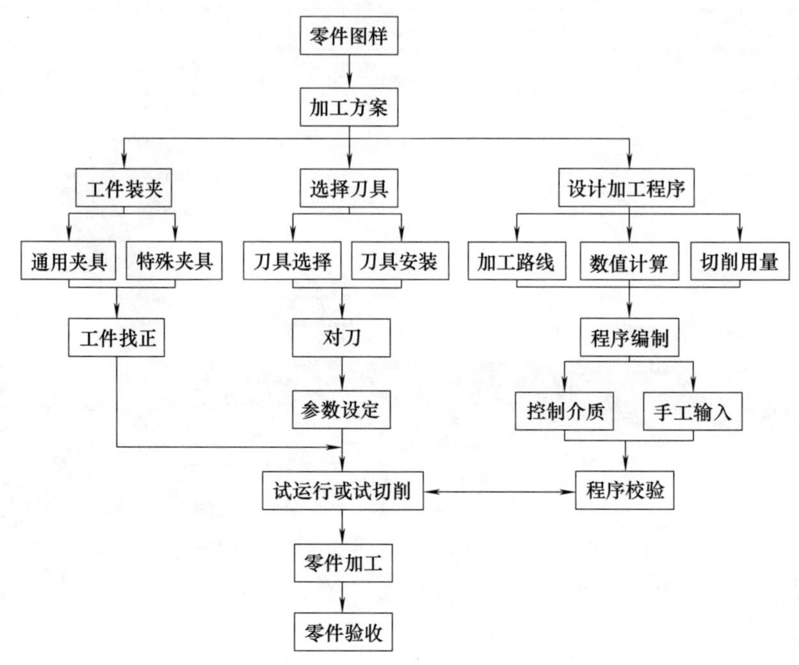

图 2-1 数控车削加工流程图

数控车削加工工艺主要包括以下内容：

① 选择适合在数控车床上加工的零件，确定工序内容。

② 分析被加工零件的图样，明确加工内容及技术要求。

③ 确定零件的加工方案，制定数控车削加工工艺路线。如划分工序、安排加工顺序、处理与非数控车削加工工序的衔接等。

④ 加工工序的设计。如选取零件的定位基准、夹具方案的确定、划分工步、选取刀辅具、确定切削用量等。

⑤ 数控车削加工程序的调整。选取对刀点和换刀点，确定刀具补偿，确定加工路线。

⑥ 分配数控车削加工中的容差。

⑦ 处理数控车床上的部分工艺指令。

2.2 加工顺序的安排与加工路线的确定

2.2.1 加工阶段的划分

对重要的零件，为了保证其加工质量和合理使用设备，零件的加工过程可划分为四个阶段，即粗加工阶段、半精加工阶段、精加工阶段和精密加工（包括光整加工）阶段。

(1) 加工阶段的性质

1）粗加工阶段

粗加工的任务是切除毛坯上大部分多余的金属，使毛坯在形状和尺寸上接近零件成品，减小工件的内应力，为精加工做好准备。因此，粗加工的主要目标是提高生产率。

2）半精加工阶段

半精加工的任务是使主要表面达到一定的精度并留有一定的精加工余量，为主要表面的精加工做好准备，并可完成一些次要表面的加工（如攻螺纹等）。热处理工序一般放在半精加工的前后。

3）精加工阶段

精加工是从工件上切除较少的余量，所得精度比较高、表面粗糙度值比较小的加工过程。其任务是全面保证工件的尺寸精度和表面粗糙度等加工质量。

4）精密加工阶段

精密加工主要用于加工精度和表面粗糙度要求很高（IT6 级以上，表面粗糙度 $Ra0.4\mu m$ 以下）的零件，其主要目标是进一步提高尺寸精度，减小表面粗糙度。精密加工对位置精度影响不大。

并非所有零件的加工都要经过四个加工阶段。因此，加工阶段的划分不应绝对化，应根据零件的质量要求、结构特点、毛坯情况和生产纲领灵活掌握。

（2）划分加工阶段的目的

1）保证加工质量

工件在粗加工阶段，切削的余量较多。因此，切削力和夹紧力较大，切削温度也较高，零件的内部应力也将重新分布，从而产生变形。如果不进行加工阶段的划分，将无法避免上述原因产生的误差。

2）合理使用设备

粗加工可采用功率大、刚度好和精度低的机床加工，车削用量也可取较大值，从而能够充分发挥设备的潜力；精加工则切削力较小，对机床破坏小，从而保持了设备的精度。因此，划分加工过程阶段既可提高生产率，又可延长精密设备的使用寿命。

3）便于及时发现毛坯缺陷

对于毛坯的各种缺陷（如铸件、夹砂和余量不足等），在粗加工后即可发现，便于及时修补或决定报废，避免造成浪费。

4）便于组织生产

通过划分加工阶段，便于安排一些非切削加工工艺（如热处理工艺、去应力工艺等），从而有效地组织生产。

2.2.2 加工顺序的安排

（1）加工顺序安排原则

1）基准面先行原则

用作精基准的表面应优先加工出来，因为定位基准的表面越精确，装夹误差就越小。

2）先粗后精原则

各个表面的加工顺序按照粗加工→半精加工→精加工→精密加工的顺序依次进行，逐步提高表面的加工精度，减小表面粗糙度。

3）先主后次原则

零件的主要工作表面、装配基面应先加工，从而能及早发现毛坯中主要表面可能出现的缺陷。次要表面可穿插进行，放在主要加工表面加工到一定程度后，最终在精加工之前进行。

4）先面后孔原则

对箱体、支架类零件而言，平面轮廓尺寸较大，一般先加工平面，再加工孔和其他尺寸。这样安排加工顺序，一方面用加工过的平面定位，稳定可靠；另一方面在加工过的平面上加工孔，比较容易，并能提高孔的加工精度，特别是钻孔，孔的轴线不易偏斜。

（2）工序的划分

1）工序的定义

工序是工艺过程的基本单元。它是一个（或一组）工人在一个工作地点，对一个（或同时几个）工件连续完成的那一部分加工过程。划分工序的要点是工人、工件及工作地点三不变并连续加工完成。

2）工序划分原则

工序划分原则主要有两种，即工序集中原则和工序分散原则。在数控车床、车削中心上加工的零件，一般按工序集中原则划分工序。

3）工序划分的方法

常用的工序划分方法主要有以下几种。

① 按所用刀具划分。以同一把刀具完成的那一部分工艺过程为一道工序，这种方法适用于工件的待加工表面较多，机床连续工作时间较长，加工程序的编制和检查难度较大等情况。加工中心常用这种方法划分。

② 按安装次数划分。以一次安装完成的那一部分工艺过程为一道工序。这种方法适用于加工内容不多的工件，加工完成后就能达到待检状态。

③ 按粗、精加工划分。即粗加工中完成的那部分工艺过程为一道工序，精加工中完成的那一部分工艺过程为一道工序。这种划分方法适用于加工后变形较大，需粗、精加工分开的零件，如毛坯为铸件、焊接件或锻件的情况。

④ 按加工部位划分。即以完成相同型面的那一部分工艺过程为一道工序，对于加工表面多而复杂的零件，可按其结构特点（如内形、外形、曲面和平面等）划分多道工序。

4）数控车削工序划分示例

① 图 2-2（a）所示工件按所用刀具划分加工工序时，工序一为钻头钻孔，去除加工余量，工序二为采用外圆车刀粗、精加工外形轮廓，工序三为内孔车刀粗、精车内孔。

② 图 2-2（b）所示工件按安装次数划分加工工序时，工序一为以外形毛坯定位装夹加工左端轮廓，工序二为以加工好的外圆表面定位加工右端轮廓。

③ 图 2-2（a）所示工件按加工部位划分加工工序时，工序一为工件外轮廓的粗、精加工，工序二为工件内轮廓的粗、精加工。

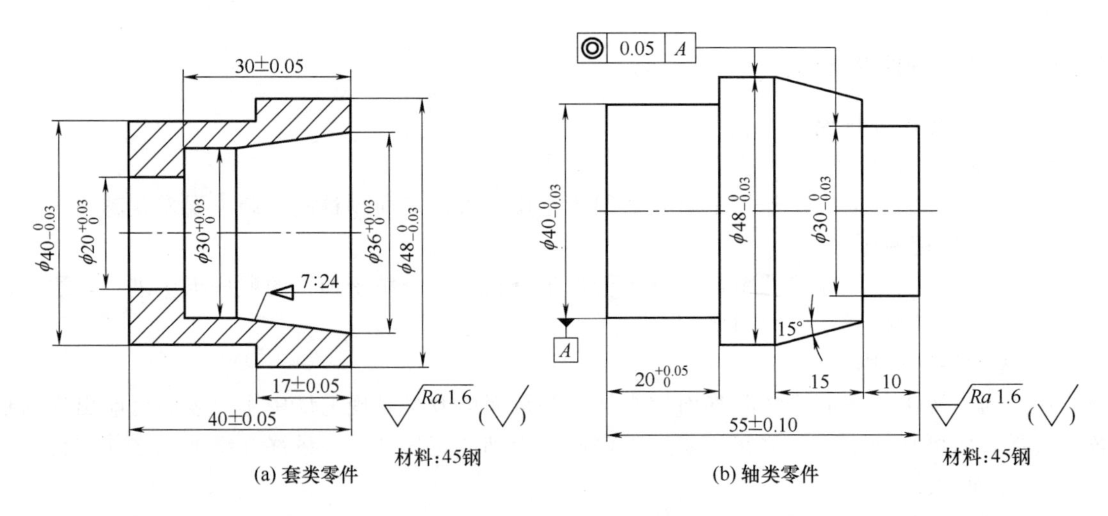

图 2-2 数控车削工序划分示例

(3) 工步的划分

工步是指在一次装夹中，加工表面、切削刀具和切削用量都不变的情况下所进行的那部分加工。划分工步的要点是工件表面、切削刀具和切削用量三不变。同一工步中可能有几次走刀。

通常情况下，可分别按粗、精加工分开，由近及远，先面后孔的加工方法来划分工步。在划分工步时，要根据零件的结构特点、技术要求等情况综合考虑。

2.2.3 加工工艺路线的拟定

(1) 加工路线的确定原则

在数控加工中，刀具刀位点相对于零件运动的轨迹称为加工路线。加工路线的确定与工件的加工精度和表面粗糙度直接相关，其确定原则如下：

① 加工路线应保证被加工零件的精度和表面粗糙度，且效率较高。

② 使数值计算简便，以减少编程工作量。

③ 应使加工路线最短，这样既可减少程序段，又可减少空刀时间。

④ 加工路线还应根据工件的加工余量和机床、刀具的刚度等具体情况确定。

(2) 圆弧车削加工路线

① 车锥法［图 2-3（a）］。根据加工余量，采用圆锥分层切削的办法将加工余量去除后，再进行圆弧精加工。采用这种加工路线时，加工效率高，但计算麻烦。

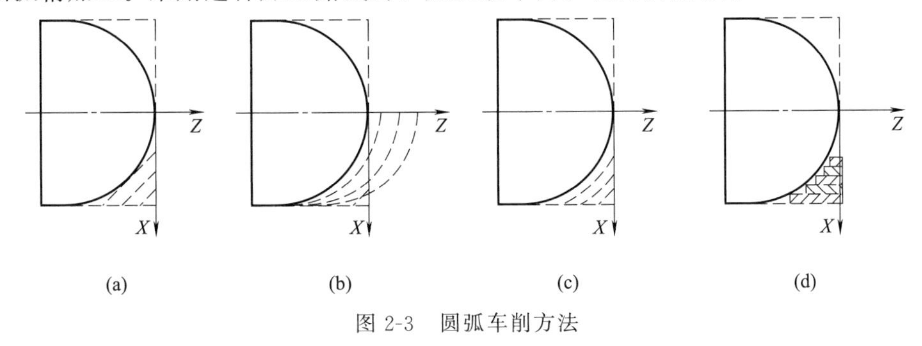

图 2-3 圆弧车削方法

② 移圆法［图 2-3（b）］。根据加工余量，采用相同的圆弧半径，渐进地向机床的某一坐标轴方向移动，最终将圆弧加工出来。采用这种加工路线时，编程简便，但若处理不当，会导致较多的空行程。

③ 车圆法［图 2-3（c）］。在圆心不变的基础上，根据加工余量，采用大小不等的圆弧半径，最终将圆弧加工出来。

④ 台阶车削法［图 2-3（d）］。先根据圆弧面加工出多个台阶，再车削圆弧轮廓。这种加工方法在复合固定循环中被广泛使用。

(3) 圆锥车削加工路线

① 平行车削法［图 2-4（a）］。刀具每次切削的背吃刀量相等，但编程时需计算刀具的起点和终点坐标。采用这种加工路线时，加工效率高，但计算麻烦。

② 终点车削法［图 2-4（b）］。采用这种加工路线时，刀具的终点坐标相同，故无需计算终点坐标，计算方便，但每次切削过程中，背吃刀量是变化的。

③ 台阶车削法［图 2-4（c）］。先根据圆弧面加工出多个台阶，再车削圆弧轮廓。这种加工方法在复合固定循环中被广泛使用。

(4) 螺纹加工路线的确定

1) 螺纹的加工方法

① 直进法。螺纹车刀 X 向间歇进给至牙深处［图 2-5（a）］。采用此种方法加工梯形螺纹时，螺纹

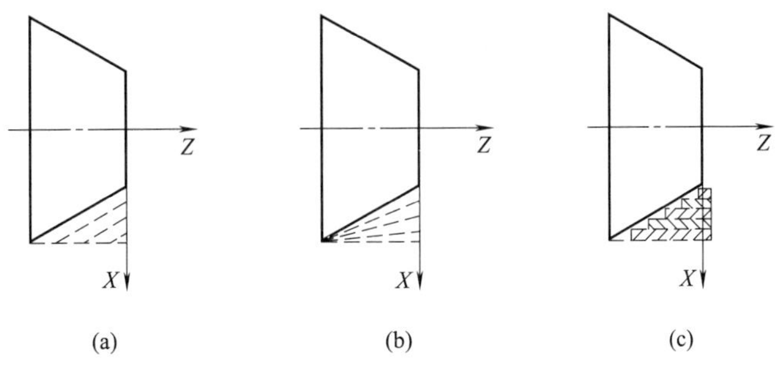

图 2-4 圆锥车削方法

车刀的三面都参加切削，导致加工排屑困难，切削力和切削热增加，刀尖磨损严重。当进刀量过大时，还可能产生“扎刀”和“爆刀”现象。

② 斜进法。螺纹车刀沿牙型角方向斜向间歇进给至牙深处［图 2-5（b）］。采用此种方法加工梯形螺纹时，螺纹车刀始终只有一个侧刃参加切削，从而使排屑比较顺利，刀尖的受力和受热情况有所改善，在车削中不易引起“扎刀”现象。

③ 交错切削法。螺纹车刀沿牙型角方向交错间隙进给至牙深处［图 2-5（c）］，这种方法类似于斜进法。

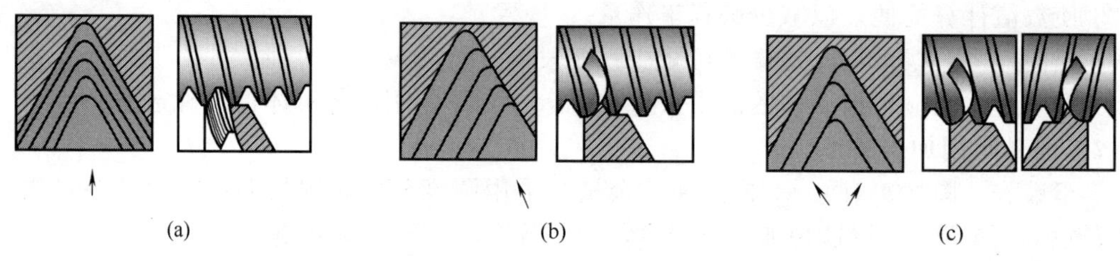

图 2-5 螺纹的几种切削方法

2）螺纹轴向起点和终点尺寸的确定

在数控机床上车螺纹时，沿螺距方向的 Z 向进给应和机床主轴的旋转保持严格的速比关系，但在实际车削螺纹的开始阶段，伺服系统不可避免地有一个加速的过程，结束前也相应有一个减速的过程。在这两段时间内，螺距得不到有效保证。为了避免在进给机构加速或减速过程中切削，在安排其工艺时要尽可能考虑合理的导入距离 δ_1 和导出距离 δ_2，如图 2-6 所示。

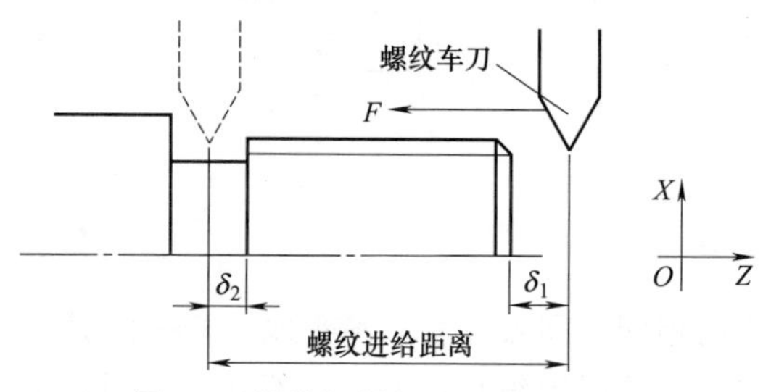

图 2-6 螺纹切削的导入/导出距离

δ_1 和 δ_2 的数值与机床拖动系统的动态特性有关，还与螺纹的螺距和螺纹的精度有关。δ_1 一般取（2～3）P，对大螺距和高精度的螺纹则取较大值；δ_2 一般取（1～2）P。螺纹退尾处没有退刀槽时，其 $\delta_2=0$。这时，该处的收尾形状由数控系统的功能设定或确定。

3）螺纹加工的多刀切削

如果螺纹牙型较深或螺距较大，可分多次进给。每次进给的背吃刀量用实际牙型高度减精加工背吃刀量后所得的差，并按递减规律分配。常用公制螺纹切削时的进给次数与实际背吃刀量（直径量）可参考表 2-1 选取。

表 2-1 常用普通螺纹切削的进给次数与背吃刀量

螺距/mm		1.0	1.5	2.0	2.5
总切深量/mm		1.3	1.95	2.6	3.25
每次背吃刀量/mm	1 次	0.8	1.0	1.2	1.3
	2 次	0.4	0.6	0.7	0.9
	3 次	0.1	0.25	0.4	0.5
	4 次		0.1	0.2	0.3
	5 次			0.1	0.15
	6 次				0.1

（5）大余量毛坯切削循环加工路线

在数控车削加工过程中，考虑毛坯的形状、零件的刚度和结构工艺性、刀具形状、生产效率和数控系统具有的循环切削功能等因素，大余量毛坯切削循环加工路线主要有“矩形”复合循环进给路线和“仿形车”复合循环进给路线两种形式。

“矩形”复合循环进给路线如图 2-7 所示，为切除图示的双点画线部分加工余量，粗加工走的是一条类似于矩形的轨迹。粗加工完成后，为避免在工件表面出现台阶形轮廓，还要沿工件轮廓并按编程要求的精加工余量走一条半精加工的轨迹。“矩形”复合循环轨迹加工路线较短，加工效率较高，通常通过数控车床系统的轮廓粗车循环指令来实现。

“仿形车”复合循环进给路线如图 2-8 所示，为切除图示的双点画线部分加工余量，粗加工和半精加工走的是一条与工件轮廓相平行的轨迹，虽然加工路线较长，但避免了加工过程中的空行程。这种轨迹主要适用于铸造成形、锻造成形或已粗车成形工件的粗加工和半精加工，通常通过数控车床系统的轮廓型车复合循环指令来实现。

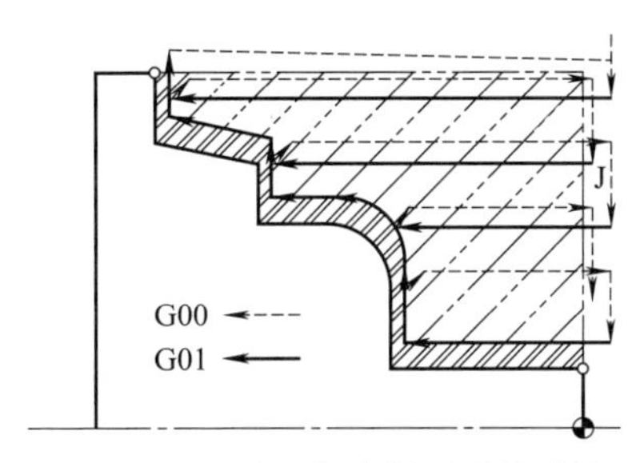

图 2-7 “矩形”复合循环进给路线

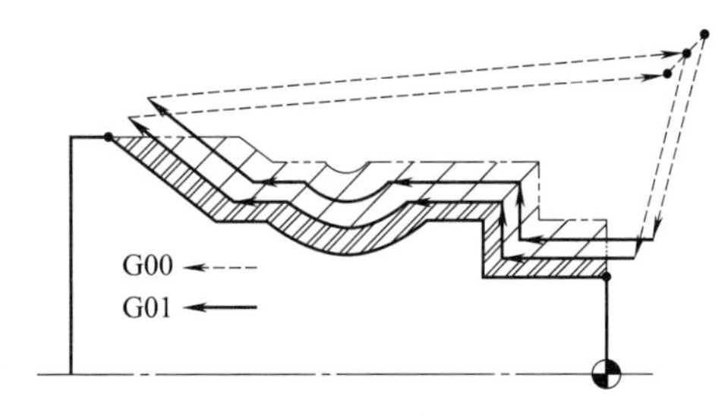

图 2-8 “仿形车”复合循环进给路线

(6) 车削非圆曲线的加工路线

当采用不具备非圆曲线插补功能的数控系统编制程序以加工非圆曲线轮廓的零件时，往往采用短直线或圆弧去近似替代非圆曲线，这种处理方式称为拟合处理，如图 2-9 所示。拟合线段中的交点或切点就称为节点。

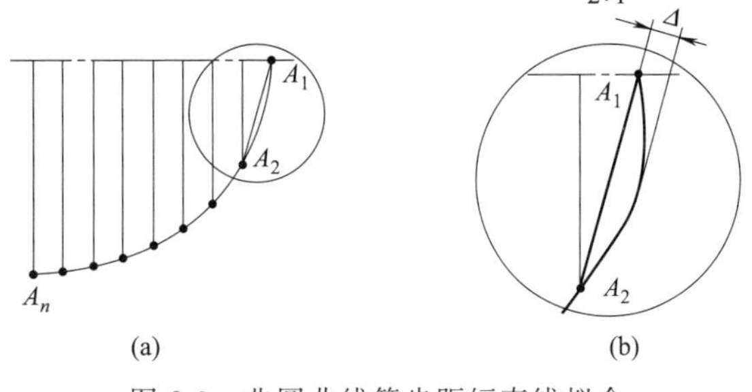

图 2-9 非圆曲线等步距短直线拟合

非圆曲线拟合的方法很多，主要包括直线法和圆弧法两种。其中直线法包括等步距法、等误差法、等弦长法等；圆弧法包括单圆弧法、双圆弧法和三圆弧法。其中等步距法和等误差法的应用较为广泛。

2.3 数控车削刀具

2.3.1 数控车削刀具的特点

与普通车削刀具相比，数控车削刀具具有“三高一专”——高效率、高精度、高可靠性和专用化的特点，具体表现在：

① 刀具切削性能稳定，断屑或卷屑可靠，耐磨性好。

② 尽量采用先进的高效结构，能迅速、精确地调整刀具，能快速自动换刀。

③ 刀具的标准化、系列化和通用化结构体系，必须与数控车削的特点和数控车床的发展相适应。数控车削刀具系统应是一种模块化、层次式的可分级更换组合的结构体系。

④ 应有完善的刀具组装、预调、编码标识与识别系统。应建立切削数据库。对于刀具及其工具系统的信息，应建立完整的数据库及其管理系统。

⑤ 将刀具的结构信息，包括刀具类型、规格，刀片、刀夹、刀杆及刀座的构成，工艺数

据等给予详尽完整的描述，以便合理地使用机床与刀具，获得良好的综合效益。

⑥ 可靠的刀具工作状态监控系统。

2.3.2 数控车削刀具材料及其选用

(1) 常用数控车削刀具材料

刀具材料是决定刀具切削性能的根本因素，对于加工质量、加工效率、加工成本以及刀具寿命都有着重大的影响。当前使用较为广泛的数控车削刀具材料主要有高速钢、硬质合金、陶瓷、立方氮化硼和金刚石等五类，其性能指标（表 2-2）差别很大，每一种类的刀具材料都有其特定的加工范围。

表 2-2 各种刀具材料的主要性能指标

刀具材料	主要性能指标					
	硬度		抗弯强度/MPa	耐热性/℃		热导率/[W/(m·K)]
高速钢	62～70HRC	低↑高	4500～2000	高↓低	600～700	15.0～30.0
硬质合金	89～93.5HRA		2350～800		800～1100	20.9～87.9
陶瓷	91～95HRA		1500～700		>1200	15.0～38.0
立方氮化硼	4500HV		800～500		1300～1500	130
聚晶金刚石	>9000HV		1100～600		700～800	210

(2) 高速钢刀具材料及其选用

高速钢俗称锋钢或白钢，是一种含有较多的 W、Cr、V、Mo 等合金元素的高合金工具钢。高速钢在强度、韧性及工艺性等方面有优良的综合性能，而且制造工艺简单，成本低，容易刃磨成锋利的切削刃，锻造、热处理变形小，因此在复杂刀具（如麻花钻、丝锥、成形刀具、拉刀、齿轮刀具等）制造中仍占有主要地位。

高速钢可分为普通高速钢、高性能高速钢和粉末冶金高速钢等类型。普通高速钢主要以 W18Cr4V（T1）和 W6Mo5Cr4V2（M2）为代表，主要用于加工普通钢、合金钢和铸件。高性能高速钢主要包括高碳高速钢、高钒高速钢、钴高速钢和铝高速钢，其性能比普通高速钢提高了许多，可用于切削高强度钢、高温合金、钛合金等难加工材料。但要注意钴高速钢的韧性较差，不适于断续切削或在工艺系统刚度不足的条件下使用。

(3) 硬质合金刀具材料及其选用

硬质合金是用高硬度、高熔点的金属碳化物（如 WC、TiC、TaC、NbC 等）粉末和金属黏结剂（如 Co、Ni、Mo 等），经过高压成形，并在 1500℃左右的高温下烧结而成。由于金属碳化物硬度很高，因此其热硬性、耐磨性好，但其抗弯强度低于高速钢，韧性较差。

依据国际标准化组织颁布的硬质合金分类标准 ISO 513：1975（E），可将切削用硬质合金按用途分为 P（以蓝色作标志）、M（以黄色作标志）和 K（以红色作标志）三类。而根据其合金元素的含量，常用硬质合金又分成钨钴类、钨钛钴类和钨钛钽（铌）钴类三类。钨钴类（WC-Co）硬质合金，代号为 YG，相当于 ISO 标准的 K 类。这类硬质合金代号后面的数字代表 Co 含量的质量分数。钨钛钴类（WC-TiC-Co）硬质合金，代号为 YT，相当于 ISO 标准的 P 类。这类硬质合金代号后面的数字代表 TiC 含量的质量分数。钨钛钽（铌）钴类［WC-TiC-TaC(NbC)-Co］硬质合金，代号为 YW，相当于 ISO 标准的 M 类。

硬质合金刀具具有良好的切削性能。与高速钢刀具相比，硬质合金刀具加工效率很高，使用的主轴转速通常为高速钢刀具的 3～5 倍。而且刀具的寿命可提高几倍到几十倍，被广泛地用来制作可转位刀片。但硬质合金是脆性材料，容易碎裂。使用较低的主轴转速会使硬质合金刀具崩刃甚至损坏。此外，硬质合金刀具价格昂贵，使用时需要特殊的加工环境。

硬质合金刀具的应用范围相当广泛，在数控刀具材料中占主导地位，覆盖大部分常规加工的领域。它既可用于加工各种铸铁，又可用于加工各种钢和耐热合金等，还可用于加工淬硬钢及许多高硬度难加工材料。在现代的被加工材料中，90%～95%的材料可以使用 P 和 K 类硬质合金加工，其余 5%～10%的材料可以使用 M 和 K 类硬质合金加工。

(4) 陶瓷刀具材料及其选用

陶瓷是含有金属氧化物或氮化物的无机非金属材料，具有高硬度、高强度、高热硬性、高耐磨性及优良的化学稳定性和低的摩擦因数等特点。陶瓷刀具的最佳切削速度可比硬质合金刀具高 2～10 倍，而且刀具寿命长，减少换刀次数，可大大提高生产效率。但是，陶瓷刀具最大的缺点是脆性大，抗弯强度和冲击韧度都比硬质合金低得多。此外，陶瓷的导热性很差（高温时则更差），热导率仅为硬质合金的 1/5～1/2，热膨胀系数却比硬质合金高 10%～30%。因此，陶瓷的耐热冲击性能很差，当温度变化较大时，容易产生裂纹。这些缺点大大限制了陶瓷刀具的使用范围。

目前陶瓷刀具主要用于硬质合金刀具不能加工的普通钢和铸铁的高速加工，以及难加工材料的加工。陶瓷材料的各种机夹可转位车刀应用于高强度、高硬度、耐磨铸铁（钢）、锻钢、高锰钢、淬火钢、粉末冶金、工程塑料、耐磨复合材料等零部件生产线上，可满足高速、高效、硬质、干式机加工技术的要求。

只有使用转速高、功率大和刚度好的数控机床，才能发挥陶瓷刀具的优越性能。陶瓷刀具适合于高速切削，至少能达到 200～800m/min 或更高一些的切削速度，因此要求机床应具有足够高的转速、足够大的功率和较高的刚度。此外，硬铸件毛坯上的严重夹砂和砂眼将会损坏刀具，因此加工前最好对缺陷部分进行清理和修正。

(5) 聚晶金刚石刀具材料及其选用

人造聚晶金刚石（polycrystalline diamond，PCD）的硬度、耐磨性在各个方向都是均匀的，因此，它具有极高的硬度和耐磨性、优良的导热性和较低的热膨胀系数，刀刃非常锋利和耐磨。PCD 刀具在断续切削时不易崩刃或碎裂，刀刃上不易形成积屑瘤。

金刚石刀具常用于加工铝、铜、镁、锌及其合金，还有纤维增塑材料、木材复合材料、陶瓷和玻璃等非金属材料；不适合于加工钢铁类材料，因为金刚石与铁有很强的化学亲和力，刀具极易损坏。金刚石的热稳定性比较差，切削温度达到 800℃时，就会失去其原有硬度。金刚石的热膨胀系数小，不会产生很大的热变形，可以实现尺寸精度很高的精密、超精密加工。

(6) 立方氮化硼刀具材料及其选用

立方氮化硼是以软六方氮化硼为原料，利用超高温高压技术获得的一种新型无机超硬材料。其硬度很高，仅次于金刚石；耐热温度可达 1300～1500℃，几乎比金刚石高 1 倍；化学稳定性好，在 1000℃以下不发生氧化现象，与铁族金属在 1200～1300℃时也不易发生化学反应，是高速切削黑色金属较理想的刀具材料。它非常适合于干式切削、硬态和高速切削加工工艺。立方氮化硼刀具寿命长，非常适合于数控机床和专用机床使用，可大大减少换刀次数。

立方氮化硼刀具在加工塑性大的钢铁金属、镍基合金、铝合金和铜合金时，容易产生严重的积屑瘤，使已加工表面质量恶化，故立方氮化硼刀具适合于加工硬度在 45HRC 以上的淬硬钢、冷硬铸铁、硬质合金、轴承钢及其他难加工材料。被加工材料的硬度越高，越能体现立方氮化硼刀具的优越性。在淬硬模具钢的加工中，用立方氮化硼刀具进行高速切削，可以起到以车代磨的作用，大大减少手工修光的工作量，极大地提高了加工效率。

2.3.3 机夹可转位刀具

由于精密、高效、可靠的优质硬质合金可转位刀具对提高加工效率和产品质量、降低制造成本显示出越来越大的优越性，因此机夹可转位刀具已成为数控刀具发展的主流。对机夹可转位刀片的运用是数控机床操作人员必须了解的内容之一。

可转位刀具是使用可转位刀片的机夹刀具，由刀片、刀垫、刀体（或刀把）及刀片夹紧机构组成。刀片是含有数个切削刃的多边形，用夹紧元件、刀垫，以机械夹固的方法夹紧在刀体上。当刀片的一个切削刃用钝后，只要把夹紧元件松开，将刀片转一个角度，换另一个新切削刃并重新夹紧，就可以继续使用。

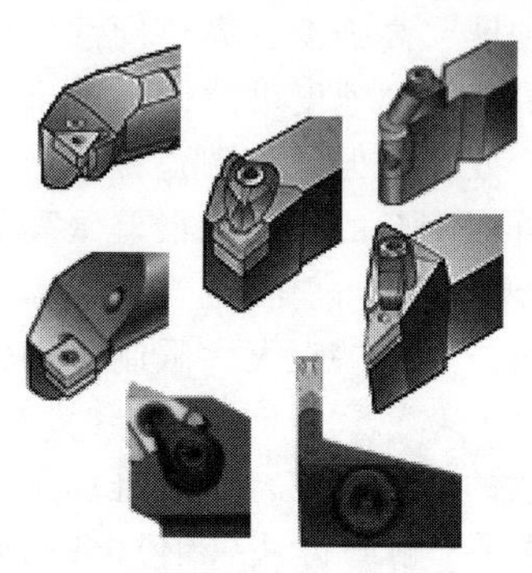

图 2-10 机夹可转位式车刀结构形式

（1）机夹可转位刀具结构

数控车床常用的机夹可转位式车刀结构形式如图 2-10 所示。国际上对可转位刀片和刀杆统一采用 ISO 标准进行编码，我国也制定了与国际标准等效的国家标准，即 GB/T 2076—2021、GB/T 5343.1—2007 和 GB/T 5343.2—2007 等标准。

（2）刀片形状

机夹可转位刀片的具体形状也已标准化，且每一种形状均有一个相应的代码表示，图 2-11 列出的是一些常用的可转位刀片形状。

在选择刀片形状时要特别注意，有些刀片，虽然其形状和刀尖角度相等，但由于同时参加切削的切削刃数不同，则其型号也不相同，如图 2-11 中的 T 型和 V 型刀片。另有一些刀片，虽然刀片形状相似，但其刀尖角度不同，其型号也不相同，如图 2-11 中的 D 型和 C 型刀片。

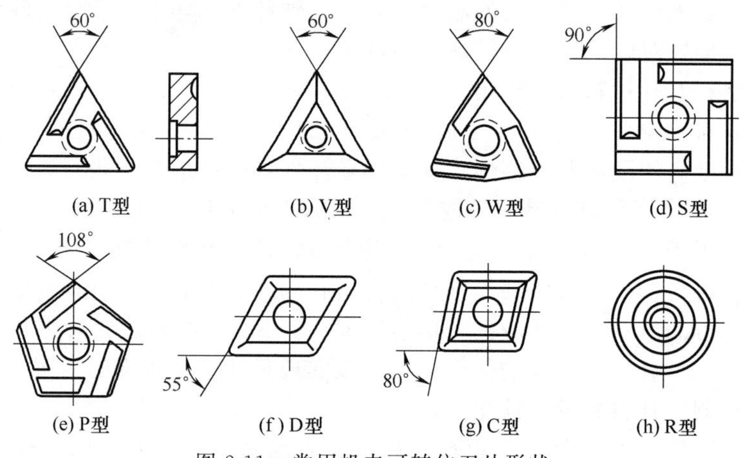

图 2-11 常用机夹可转位刀片形状

（3）机夹可转位刀片的代码

硬质合金可转位刀片的国家标准与 ISO 国际标准相同。共用 10 个号位的内容来表示品种规格、尺寸系列、制造公差以及测量方法等主要参数的特征。按照规定，任何一个型号刀片都必须用前七个号位，后三个号位只在必要时才使用。其中第 10 号位前要加一横线“—”与前面号位隔开，第八、九两个号位如只使用其中一位，则写在第八号位上，中间不需要空格。

可转位刀片型号表示方法编制如表 2-3 所示。十个号位表示的内容见表 2-4。刀片型号的具体含义请查阅相关数控刀具手册。

表 2-3 可转位刀片型号表示方法

C	N	M	G	12	04	04	E	N	—	TF
1	2	3	4	5	6	7	8	9		10

例如，TBHG120408EL—CF：T 表示三角形刀片；B 表示刀具法向主后角为 5°；H 表示刀片厚度公差为±0.013mm；G 表示圆柱孔夹紧；12 表示切削刃长为 12mm；04 表示刀片厚

度为 4.76mm；08 表示刀尖圆弧半径为 0.8mm；E 表示刀刃倒圆；L 表示切削方向向左；CF 为制造商代号。

表 2-4　可转位刀片十个号位表示的内容

位号	表 示 内 容	代表符号	备注
1	刀片形状	一个英文字母	具体含义应查有关标准
2	刀片主切削刃法向后角	一个英文字母	
3	刀片尺寸精度	一个英文字母	
4	刀片固定方式及有无断屑槽型	一个英文字母	
5	刀片主切削刃长度	二位数	
6	刀片厚度，主切削刃到刀片定位底面的距离	二位数	
7	刀尖圆角半径或刀尖转角形状	二位数或一个英文字母	
8	切削刃形状	一个英文字母	
9	刀片切削方向	一个英文字母	
10	制造商选择代号(断屑槽型及槽宽)	英文字母或数字	

(4) 机夹可转位刀片的紧固方式

根据加工方法、加工要求和被加工型面的不同，可转位刀片可采用不同的夹紧方式与结构。国家标准 GB/T 5343.1—2007 规定的刀片与刀杆固定方式有如图 2-12 所示的四种，即压板式压紧、复合式压紧、螺钉式压紧和销钉杠杆式压紧。

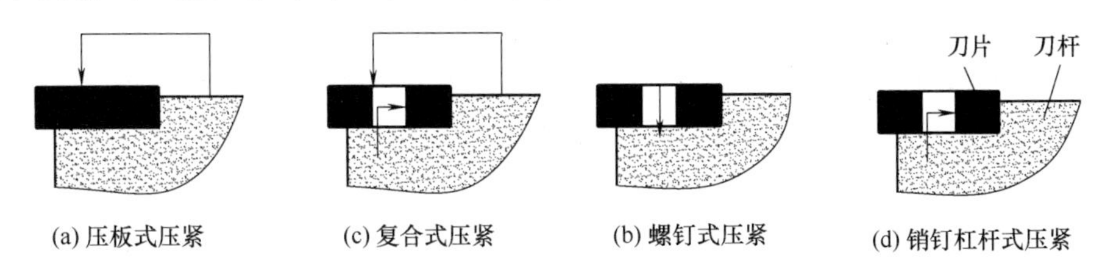

图 2-12　刀片与刀杆的固定方式

① 压板式压紧（标准代号 C）。如图 2-13 所示，采用无孔刀片，由压板从刀片上方将其压紧在刀槽内。这种紧固方式结构简单，制造容易。夹紧力与切削力方向一致，夹紧可靠。刀片在刀槽内能两面靠紧，可获得较高的刀尖位置精度，刀片转位和装卸比较方便。但排屑空间窄会阻碍切屑流动，夹固元件易被损伤。且刀头体积大，影响操作。

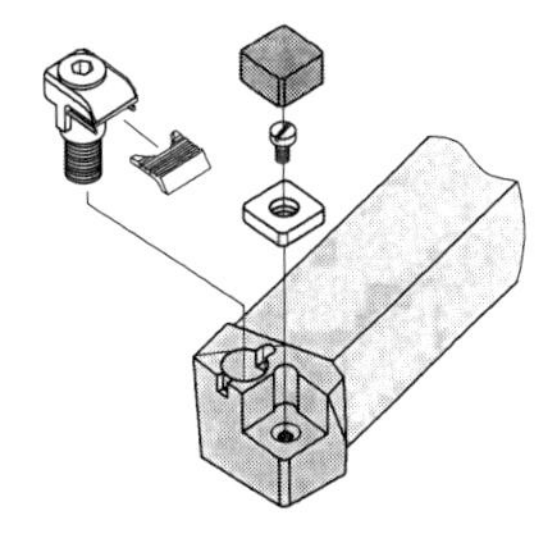

图 2-13　压板式压紧

② 螺钉式压紧（标准代号 S）。如图 2-14 所示，采用沉孔刀片，用锥形沉头螺钉将刀片压紧。螺钉的轴线与刀片槽底面的法向有一定的倾角，旋紧螺钉时，螺钉头部锥面将刀片压向刀片槽的底面及定位侧面。这种紧固方式结构简单、紧凑，紧固可靠，切屑流动通畅，但刀片转位性能较差。螺钉紧固式适用于车刀、小孔加工刀具、深孔钻、套料钻、铰刀，及单、双刃镗刀等。

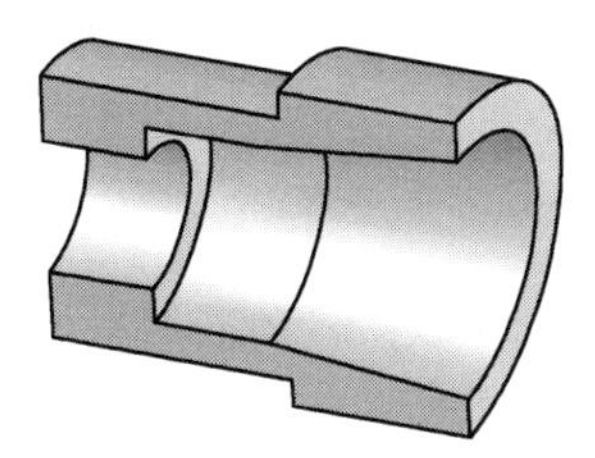

图 2-14　螺钉式压紧

③ 销钉杠杆式压紧（标准代号 P）。如图 2-15 所示，主要有杠杆式紧固［图 2-15（a）］和销钉式紧固［图 2-15（b）］两种形式。杠杆式紧固利用压紧螺钉下移时杠杆的受力摆动，将带孔刀片压紧在刀把上。该方式定位精确，受力合理，夹紧稳定可靠，刀片转位或更换迅速、方便，排屑通畅。但夹固元件多，结构较复杂，制造困难。销钉式紧固多用旋转偏心夹紧，结构简单紧凑、零件少、刀片转位迅速方便，不阻碍切屑流动。

④ 复合式压紧（标准代号 M）。如图 2-16 所示，主要有上压式与销钉复合夹紧［图 2-16（a）］和楔形紧固［图 2-16（b）］两种形式。复合式压紧结构比较简单，夹紧力大，夹紧可靠，操作方便，排屑通畅，能承受较大的切削负荷和冲击，适用于重切削。

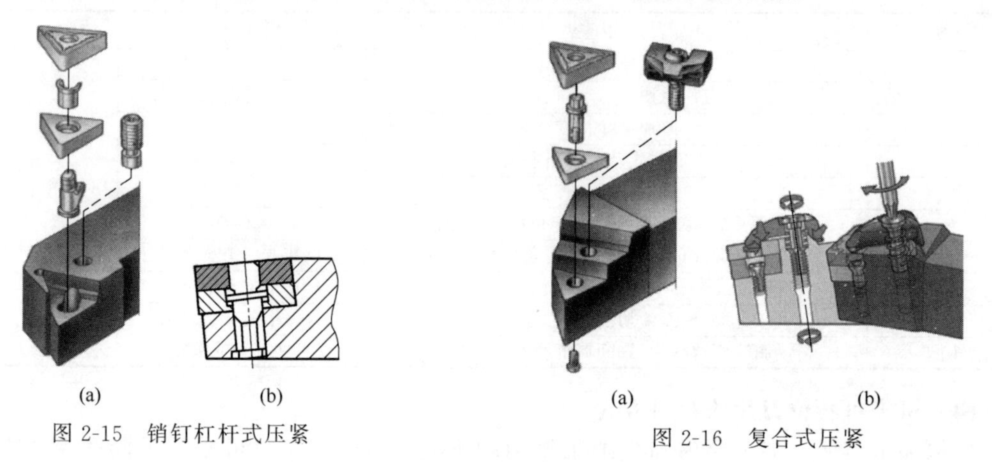

图 2-15 销钉杠杆式压紧

图 2-16 复合式压紧

（5）机夹可转位刀片的选用

1）刀片外形的选择

刀片外形与加工对象、刀具的主偏角、刀尖角和有效刃数有关。不同的刀片形状有不同的刀尖强度，一般刀尖角越大，刀尖强度越大，加工中引起的振动也越大。如图 2-17 所示，圆形刀片（R 型）刀尖角最大，35°菱形刀片（V 型）刀尖角最小。在选用时，应根据加工条件恶劣与否，按重、中、轻切削有针对性地选择。在机床刚度、功率允许的情况下，大余量、粗加工应选择刀尖角较大的刀片。反之，机床刚度和功率较小，小余量、精加工应选择刀尖角较小的刀片。

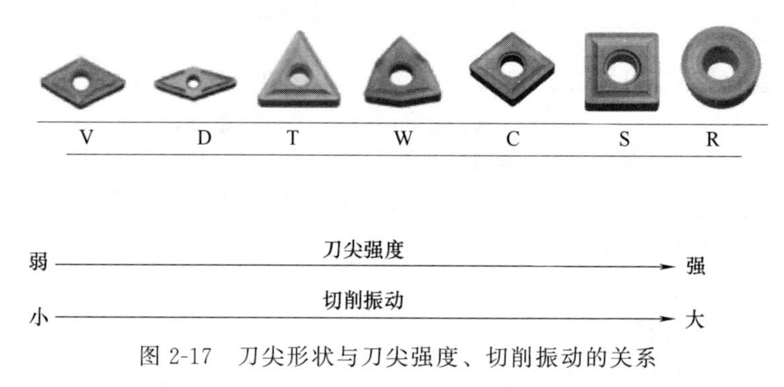

图 2-17 刀尖形状与刀尖强度、切削振动的关系

2）后角的选择

常用的刀片后角有 N（0°）、C（7°）、P（11°）和 E（20°）等。一般 N 型后角的刀片用于粗加工、半精加工工序，带断屑槽的 N 型刀片也可用于精加工工序，可加工铸铁、硬钢等材料和大尺寸孔。C、P 型后角的刀片用于半精加工、精加工工序，可加工不锈钢材料和一般孔加工。P、E 型刀片可用于加工铝合金。弹性恢复性好的材料可选用较大后角。

3）断屑槽型的选择

断屑槽的参数直接影响着切屑的卷曲和折断。目前刀片断屑槽形式较多，各种断屑槽的使用情况也不尽相同。各生产厂商表示方法不一样，但思路基本一致，选择时可参照具体的产品样本。槽型可根据加工类型和加工对象的材料特性来确定。基本槽型按加工类型分为精加工、普通加工和粗加工三类，加工材料有铸铁、钢、有色金属和耐热合金等。当断屑槽型和参数确定后，不同进给量的断屑情况如图 2-18 所示。

4）刀尖圆弧半径的选择

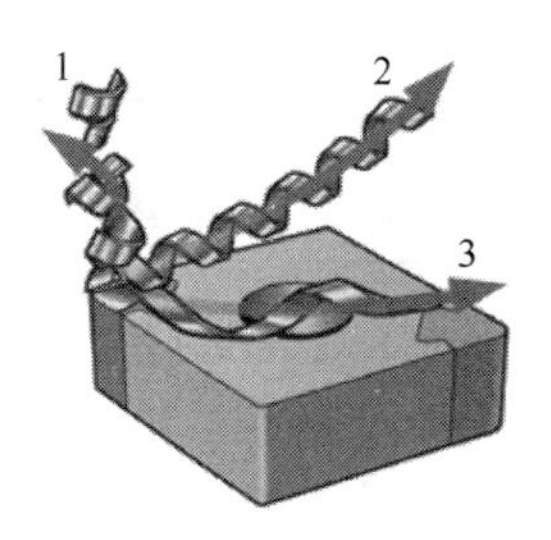

图 2-18 不同进给量时的断屑
1—F=0.05mm/r；2—F=0.1mm/r；3—F=0.2mm/r

刀尖圆弧半径影响切削效率、被加工表面的粗糙度和断屑的可靠性。从刀尖圆弧半径与最大进给量的关系来看，最大进给量不应超过刀尖圆弧半径的80%，否则将恶化切削条件，甚至出现螺纹状表面。从断屑的可靠性出发，通常对小余量、小进给车削加工采用小的刀尖圆弧半径，反之宜采用大的刀尖圆弧半径。粗加工时宜采用大的刀尖圆弧半径，以提高刀刃强度，实现大进给。从被加工表面来看，刀尖圆弧半径应当小于或等于零件凹形轮廓上的最小曲率半径，以免发生加工干涉。刀尖半径不宜选择太小，否则刀具既难以制造，还会因其刀头强度弱而易损坏。

2.3.4 机夹可转位车刀刀把

(1) 可转位车刀刀把的标记方法

1）方形刀把的表示方法

方形刀把主要用于可转位外圆车刀、端面车刀和仿形车刀的刀把，其代码是由十位字符串组成，排列如表 2-5 所示。

表 2-5 方形刀把的代码位号及其含义

位号	1	2	3	4	5	6	7	8	9	10
含义	紧固方式	刀片形状	头部形状	刀片后角	切削方向	刀把高度	刀把宽度	刀把全长	切刃长度	其他

第 1 位代码表示刀片的夹紧方式，用一位字母标记。

第 2 位代码表示刀片的形状，用一位字母标记。

第 3 位代码表示车刀头部的形状，用一位字母标记。刀把头部形式按主偏角和直头、侧头分类，有 15～18 种。

第 4 位代码表示车刀刀片法后角的大小，用一位字母标记。

第 5 位代码表示车刀的切削方向，用一位字母标记。R 表示切削方向为右，常用于前置式刀架；L 表示切削方向为左，常用于后置式刀架。

第 6 位代码表示刀把的高度，用两位数字（取车刀刀尖高度的数值）表示。如车刀刀尖高度为 25mm，则第 6 位代号为 25。

第 7 位代码表示刀把的宽度，用两位数字（取车刀刀把宽度的数值）表示。如刀把宽度为 20mm，则第 7 位代号为 20。如果宽度数值不足两位，则在该位数值前加“0”。

第 8 位代码表示刀把的长度，用一位字母标记。

第 9 位代码表示车刀切刃的长度，用两位数字（取刀片切刃长度或理论长度的整数部分）表示。如切刃长度为 16.7mm，则第 9 位代号为 16。如果舍去小数部分后只剩一位数字，则必须在该位数字前加“0”。

第 10 位代码仅用于精密级车刀。精密级车刀尺寸的极限偏差较小，在其第 10 位上加 Q 以示区别。

2）圆形刀把的标记方法

圆形刀把主要用于镗孔车刀，其代码是由十一位字符串组成，排列如表 2-6 所示。其中第 1 位代码表示刀把材质，用一位字母标记；第 2 位代码表示刀把的直径，用两位数字标记；第 10 位代码表示最小加工直径，用两位数字表示。其余参数只是排列位数与方形刀把有所不同，但标注方法与方形刀把完全相同。

表 2-6 圆形刀把的代码位号及其含义

位号	1	2	3	4	5	6	7	8	9	10	11
含义	刀把材质	刀把直径	刀把长度	紧固方式	刀片形状	头部形状	刀片后角	切削方向	切刃长度	最小直径	其他

(2) 刀把的选择

选择刀把时，首先要考虑刀把头部形式。国家标准规定了各种形式刀头的代码，可根据实际情况选择。例如有直角台阶的工件可选主偏角≥90°的刀把，粗车可选主偏角为45°～90°的刀把，精车可选主偏角为45°～70°的刀把，仿形车则选主偏角为45°～107.5°的刀把。工艺系统刚度好时主偏角可选较小值，工艺系统刚度差时主偏角可选较大值。

镗孔刀具的选择，主要的问题是刀把的刚度，要尽可能防止或消除振动。选择时要考虑如下几个要点：

① 尽可能选择大的刀把直径，接近镗孔直径。

② 尽可能选择短的刀把长度。当刀把长度小于4倍刀把直径时可采用钢制刀把，加工要求高的孔时最好采用硬质合金刀把；当刀把长度为4～7倍刀把直径时，小孔用硬质合金刀把，大孔用减震刀把；当刀把长度大于7倍且小于或等于10倍刀把直径时，要采用减震刀把。

③ 选择主偏角，大于75°，接近90°。

④ 选择无涂层刀片品种（刀刃圆弧小）和小的刀尖半径（$r_\varepsilon=0.2$）。

⑤ 精加工采用正切削刃（正前角）刀片和刀具。

⑥ 镗较深的盲孔时，采用压缩空气（气冷）或切削液（排屑和冷却）。

⑦ 选择正确的、快速的镗刀柄夹具。

2.4 数控车削加工刀具选用及切削用量的选择

2.4.1 数控车削刀具系统及刀具

(1) 模块式车削工具系统

图2-19所示为模块式车削工具系统。主柄模块有较多的结构形式，根据刀具安装方向的不同，有轴向模块［如图2-19（a）所示，用于外轮廓加工］和径向模块［如图2-19（b）所示，用于内轮廓加工］；根据刀具与主轴的位置不同，有右切模块和左切模块；等等。

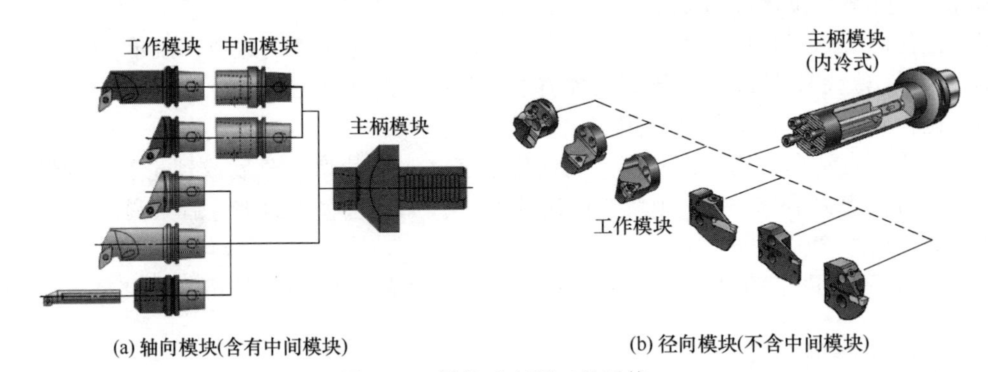

图 2-19 模块式车削工具系统

轴向模块含有中间模块，由主柄模块、中间模块和工作模块组成。径向模块不含有中间模块，其目的是适应机床较小的切削区空间、提高工件的刚度。主柄模块通常有切削液通道。

(2) 刀具的装夹方法

刀具装夹方法主要根据车床刀塔形式而定，刀塔形式一般分为直插式刀塔和 VDI 式刀塔。

直插式刀塔如图 2-20 所示，它是将刀具直接装在刀架上。由于直插式刀塔中间转接件少，因此刀具装夹后刚度很好，但换刀费时。选择刀具时，要依据刀塔插刀槽的宽度确定刀具形式和尺寸。安装镗孔和钻孔刀具时，需转接刀座。刀座是自镗孔制成，不具有互换性，安装时要注意必须对机床、对刀号配装。镗刀和钻头的尺寸要参考转接刀座的形式和尺寸，必要时可增加过渡套。

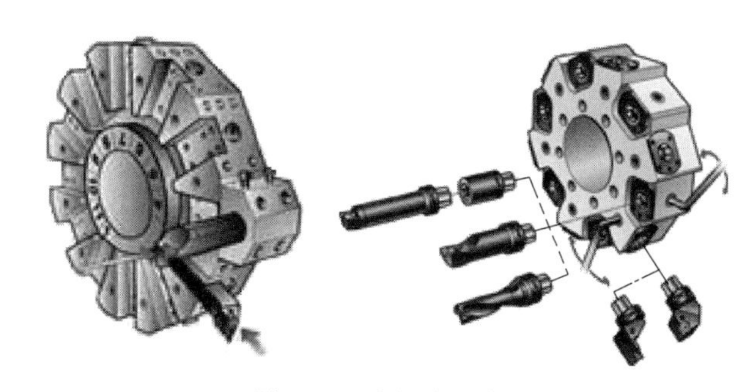

图 2-20 直插式刀塔

VDI 式刀塔如图 2-21 所示，它不能直接装刀，而需采用各种形式的 VDI 转接刀座。由于这些刀座装在刀塔面上，因此悬臂较长，刚度不如直插式。选择 VDI 刀塔的刀座时应注意有左右刀座、正反刀座之分。VDI 式刀座的种类很多，已采用标准化，应用比较灵活方便，所以刀具也可多样化，适用范围很广，现已大量采用。

图 2-21 VDI 式刀塔

(3) 常用数控车削刀具的选择

1）刀具类型的选择

数控车床的刀具类型主要是根据零件的加工形状进行选择，常用的刀具类型如图 2-22 所示，主要有外轮廓加工刀具、孔加工刀具、槽加工刀具和内外螺纹加工刀具等。对于内外形轮廓的加工刀具，其刀片的形状主要是根据轮廓的外形进行选择，以防止加工过程中刀具后刀面对工件的干涉。

2）数控车刀的刀具参数

对于机夹可转位刀具，其刀具参数已设置成标准化参数。选择这些刀具参数时，主要应考虑工件材料、硬度、切削性能、具体轮廓形状和刀具材料等诸多因素。以硬质合金外圆精车刀为例，数控车刀的刀具角度参数如图 2-23 所示，具体角度的定义方法请参阅有关切削手册。硬质合金刀具切削碳素钢时的角度参数参考取值见表 2-7。

2.4.2 数控车削过程中的切削用量选择

数控车削过程中的切削用量是指切削速度、进给速度（进给量）和背吃刀量三者的总称，不同车削加工方法的切削用量如图 2-24 所示。

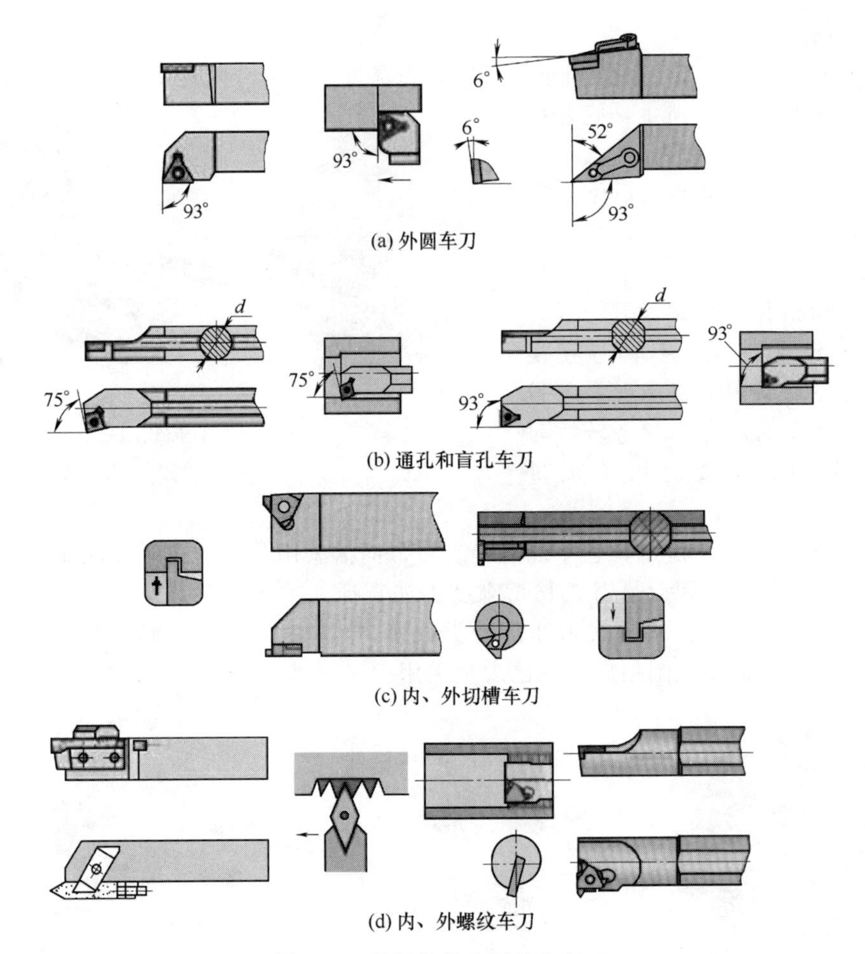

(a) 外圆车刀

(b) 通孔和盲孔车刀

(c) 内、外切槽车刀

(d) 内、外螺纹车刀

图 2-22 常用的机夹可转位车刀

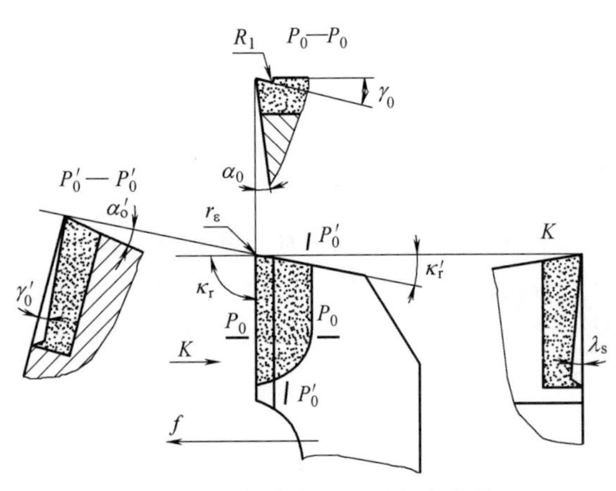

图 2-23 数控车刀刀具角度参数

切削用量的选择原则是在保证零件加工精度和满足表面粗糙度要求的情况下，充分发挥刀具的切削性能，保证合理的刀具寿命，并充分发挥机床的性能，最大限度提高生产率，降低加工成本。另外，在切削用量的选择过程中，应充分考虑切削用量各参数之间的关联性。例如，用同一刀具加工同一零件时，若选用较大的背吃刀量，则应取较小的进给速度；反之，若选用较小的背吃刀量，则可选取较大的进给速度。

(1) 背吃刀量的选择

粗加工时，除留下精加工余量外，一次走刀应尽可能切除全部余量。在加工余量过大、工艺系统刚度较低、机床功率不足、刀具强度不够等情况下，可分多次走刀。切削表面有硬皮的铸锻件时，应尽量使 a_p 大于硬皮层的厚度，以保护刀尖。精加工的加工余量一般较小，可一次切除。

在中等功率机床上，粗加工的背吃刀量可达 8～10mm；半精加工的背吃刀量取 0.5～5mm；精加工的背吃刀量取 0.2～1.5mm。

表 2-7　常用硬质合金数控车刀切削碳素钢时的角度参数推荐值

刀具	前角 γ_0	后角 $\alpha_0(\kappa)$	副后角 α_0'	主偏角 κ_r	副偏角 κ_r'	刃倾角 λ_s	刀尖半径 r_ε /mm
外圆粗车刀	0°～10°	6°～8°	1°～3°	75°左右	6°～8°	0°～3°	0.5～1
外圆精车刀	15°～30°	6°～8°	1°～3°	90°～93°	2°～6°	3°～8°	0.1～0.3
外切槽刀	15°～20°	6°～8°	1°～3°	90°	1°～1°30′	0°	0.1～0.3
三角螺纹车刀	0°	4°～6°	2°～3°	—	—	0°	0.12P
通孔车刀	15°～20°	8°～10°	磨出双重后角	60°～75°	15°～30°	−6°～−8°	1～2
盲孔车刀	15°～20°	8°～10°		90°～93°	6°～8°	0°～2°	0.5～1

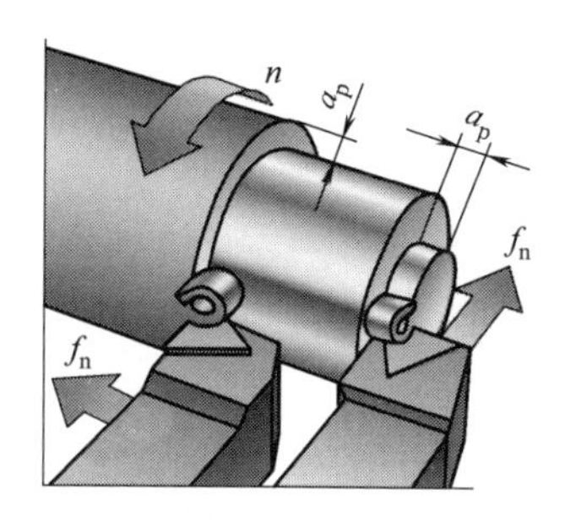

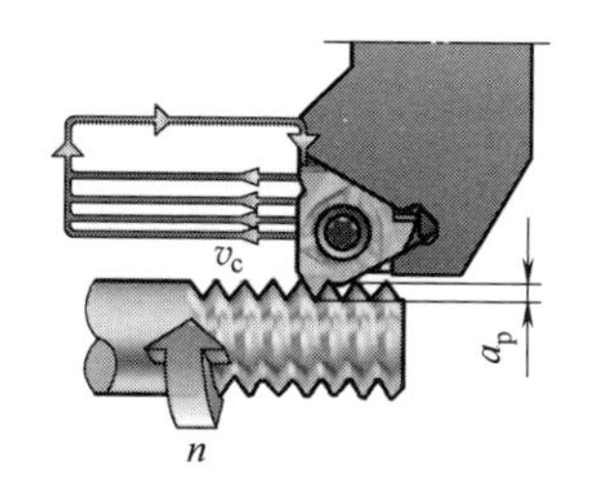

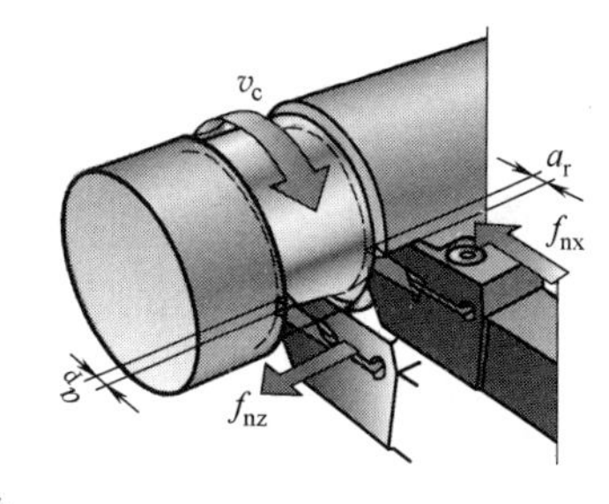

图 2-24　车削加工的切削用量

(2) 进给速度（进给量）的确定

进给速度是数控机床切削用量中的重要参数，主要根据零件的加工精度和表面粗糙度要求以及刀具、工件的材料性质选取，最大进给速度受机床刚度和进给系统的性能限制。

粗加工时，由于对工件的表面质量没有太高的要求，这时主要根据机床进给机构的强度和刚度、刀杆的强度和刚度、刀具材料、刀杆和工件尺寸以及已选定的背吃刀量等因素来选取进给速度。精加工时，则按表面粗糙度要求、刀具及工件材料等因素来选取进给速度。

(3) 切削速度的确定

对切削速度 v_c 可根据已经选定的背吃刀量、进给量及刀具使用寿命进行选取。实际加工过程中，也可根据生产实践经验和查表的方法来选取。

粗加工或工件材料的加工性能较差时，宜选用较低的切削速度。精加工或刀具材料、工件材料的切削性能较好时，宜选用较高的切削速度。

切削速度 v_c 确定后，可根据刀具或工件直径（D）按公式 $n=1000v_c/(\pi D)$ 来确定主轴转速 n（r/min）。

在工厂的实际生产过程中，切削用量一般是根据经验并通过查表的方式来进行选取。常用硬质合金或涂层硬质合金刀具切削不同材料时的切削用量推荐值见表 2-8。

2.4.3　切削液的选择

(1) 切削液的作用

切削液的主要作用是冷却和润滑，加入特殊添加剂后，还可以起清洗和防锈作用，以保护机床、刀具、工件等不被周围介质腐蚀。

(2) 切削液的种类

1）水溶液

水溶液的主要成分是水和防腐剂、防霉剂等。为了提高清洗能力，可加入清洗剂。为获得润滑性，还可加入油性添加剂。

2）乳化液

表 2-8 常用硬质合金或涂层硬质合金刀具切削用量的推荐值

刀具材料	工件材料	粗加工			精加工		
		切削速度/(m/min)	进给量/(mm/r)	背吃刀量/mm	切削速度/(m/min)	进给量/(mm/r)	背吃刀量/mm
硬质合金或涂层硬质合金	碳钢	220	0.2	3	260	0.1	0.4
	低合金钢	180	0.2	3	220	0.1	0.4
	高合金钢	120	0.2	3	160	0.1	0.4
	铸铁	80	0.2	3	140	0.1	0.4
	不锈钢	80	0.2	2	120	0.1	0.4
	钛合金	40	0.2	1.5	60	0.1	0.4
	灰铸铁	120	0.3	2	150	0.15	0.5
	球墨铸铁	100	0.3	2	120	0.15	0.5
	铝合金	1600	0.2	1.5	1600	0.1	0.5

注：当进行切深进给时，进给量取表中相应取值之半。

乳化液是水和乳化油经搅拌后形成的乳白色液体。乳化油是一种油膏，由矿物油和表面活性乳化剂（石油磺酸钠、磺化蓖麻油等）配制而成，表面活性剂的分子上带极性一端与水亲和，不带极性一端与油亲和，使水油均匀混合。

3）合成切削液

合成切削液是国内外推广使用的高性能切削液，由水、各种表面活性剂和化学添加剂组成。它具有良好的冷却、润滑、清洗和防锈性能，热稳定性好，使用周期长。

4）切削油

切削油主要起润滑作用，常用的有 10 号机械油、20 号机械油、轻柴油、煤油、豆油、菜籽油、蓖麻油等矿物油、植物油。

5）极压切削液

极压切削液是在矿物油中添加氯、硫、磷等极压添加剂配制而成。它在高温下不破坏润滑膜，具有良好的润滑效果，故被广泛使用。

6）固体润滑剂

固体润滑剂主要以二硫化钼（MoS_2）为主。二硫化钼形成的润滑膜具有极低的摩擦因数和高的熔点（1185℃）。因此，高温不易改变它的润滑性能，它具有很高的抗压性能和牢固的附着能力，还具有较高的化学稳定性和温度稳定性。

(3) 切削液的选用

1）根据加工性质选用

粗加工时，由于加工余量及切削用量均较大，因此，在切削过程中产生大量的切削热，易使刀具迅速磨损。这时应降低切削区域温度，所以应选择以冷却作用为主的乳化液或合成切削液。

精加工时，为了减少切屑、工件与刀具之间的摩擦，保证工件的加工精度和表面质量，应选用润滑性能较好的极压切削油或高浓度极压乳化液。

半封闭加工（如钻孔、铰孔或深孔加工）时，排屑、散热条件均非常差，不仅使刀具磨损严重，容易退火，而且切屑容易拉毛已加工表面。为此，须选用黏度较小的极压切削液或极压切削油，并调整切削液的流量和压力。

2）根据工件材料选用

① 对一般钢件，粗加工时选择乳化液；精加工时选用硫化乳化液。

② 加工铸铁、铸铝等脆性金属时，为了避免细小切屑堵塞冷却系统或黏附在机床上难以清除，一般不用切削液。也可选用 7％～10％的乳化液或煤油。

③ 加工有色金属或铜合金时，不宜采用含硫的切削液，以免腐蚀工件。

④ 加工镁合金时，不用切削液，以免燃烧起火。必要时，可用压缩空气冷却。

⑤ 加工不锈钢、耐热钢等难加工材料时，应选用10%～15%的极压切削油或极压乳化液。

3）根据刀具材料选用

① 高速钢刀具：粗加工时，选用乳化液；精加工时，选用极压切削油或浓度较高的极压乳化液。

② 硬质合金刀具：为避免刀片因骤冷骤热产生崩刃，一般不用切削液。如使用切削液，须连续充分浇注切削液。

(4) 切削液的使用方法

切削液的使用普遍采用浇注法。对于深孔加工、难加工材料的加工以及高速或强力切削加工，应采用高压冷却法。切削时切削液工作压力约为1～10MPa，流量为50～150L/min。喷雾冷却法也是一种较好的使用切削液的方法，加工时，切削液受到高压并通过喷雾装置雾化，被高速喷射到切削区。

2.5 装夹与校正

2.5.1 数控车床夹具的基本知识

数控车床夹具是指安装在数控车床上，用以装夹工件或引导刀具，使工件和刀具具有正确的相互位置关系的装置。

(1) 数控车床夹具的组成

数控车床夹具如图2-25所示，按其作用和功能，通常可由定位元件、夹紧元件、连接元件和夹具体等几个部分组成。

定位元件是夹具的主要元件之一，其定位精度将直接影响工件的加工精度。常用的定位元件有V形块、定位销、定位块等。

夹紧元件的作用是保持工件在夹具中的原定位置，使工件不因加工时受外力而改变原定位置。

连接元件用于确定夹具在机床上的位置，从而保证工件与机床之间的正确加工位置。

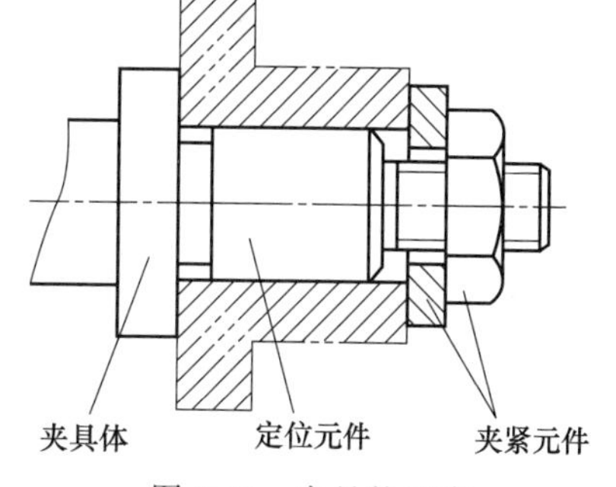

图2-25 夹具的组成

(2) 数控车床夹具的基本要求

1）精度和刚度要求

数控车床具有多型面连续加工的特点，所以对数控车床夹具的精度和刚度的要求也同样比一般车床要高，这样可以减少工件在夹具上的定位和夹紧误差以及粗加工的变形误差。

2）定位要求

工件相对夹具一般应完全定位，且工件的基准相对于机床坐标系原点应具有严格的确定位置，以满足刀具相对于工件正确运动的要求。同时，夹具在机床上也应完全定位，夹具上的每个定位面相对于数控车床的坐标系原点均应有精确的坐标尺寸，以满足数控车床简化定位和安装的要求。

3）敞开性要求

数控车床加工为刀具自动进给加工。夹具及工件应为刀具的快速移动和换刀等快速动作提供较宽敞的运行空间。尤其对于需多次进出工件的多刀、多工序加工，夹具的结构更应尽量简单、开敞，使刀具容易进入，以防刀具运动中与夹具工件系统相碰撞。此外，夹具的敞开性还体现为排屑通畅，清除切屑方便。

4）快速装夹要求

为适应高效、自动化加工的需要，夹具结构应符合快速装夹的要求，以尽量减少工件装夹辅助时间，提高机床切削运转利用率。

(3) 数控车床夹具的分类

夹具的种类很多，按其通用化程度可分为以下几类。

1）通用夹具

三爪卡盘、四爪卡盘、顶尖等均属于通用夹具，这类夹具已实现了标准化。其特点是通用性强、结构简单，装夹工件时无需调整或稍加调整即可，主要用于单件小批量生产。

2）专用夹具

专用夹具是专为某个零件的某道工序设计的，其特点是结构紧凑，操作迅速方便。但这类夹具的设计和制造的工作量大、周期长、投资大，只有在大批量生产中才能充分发挥它的经济效益。专用夹具有结构可调式和结构不可调式两种类型。

3）成组夹具

成组夹具是随着成组加工技术的发展而产生的，它是根据成组加工工艺，把工件按形状尺寸和工艺的共性分组，针对每组相近工件而专门设计的。其特点是使用对象明确、结构紧凑和调整方便。

4）组合夹具

组合夹具是由一套预先制造好的标准元件组装而成的专用夹具。它具有专用夹具的优点，用完后可拆卸存放，从而缩短了生产准备周期，减少了加工成本。因此，组合夹具既适用于单件及中、小批量生产，又适用于大批量生产。

2.5.2 数控车床常用装夹与校正方法

(1) 三爪卡盘及其装夹校正

三爪卡盘如图 2-26 所示，是数控车床最常用的通用夹具。三爪卡盘的三个卡爪在装夹过程中是联动的，所以其具有装夹简单、夹持范围大和自动定心的特点，因此，三爪卡盘主要用于数控车床装夹加工圆柱形轴类零件和套类零件。三爪卡盘的夹紧方式主要有机械螺旋式、气动式或液压式等多种形式。其中气动卡盘和液压卡盘装夹迅速、方便，适合于批量加工。

图 2-26 三爪卡盘

在使用三爪卡盘时，要注意三爪卡盘的定心精度不是很高。因此，当需要二次装夹加工同轴度要求较高的工件时，须对装夹好的工件进行同轴度的校正。工件的找正方法如图 2-27 所示，将百分表固定在工作台面上，触头触压在圆柱侧母线的上方，然后轻轻手动转动卡盘，根据百分表的读数用铜棒轻敲工件进行调整，当在主轴再次旋转的过程中百分表读数不变时，工件装夹表面的轴心线与主轴轴心线同轴。

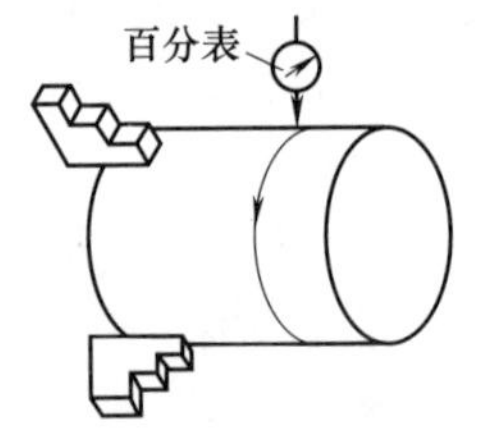

图 2-27 三爪卡盘的校正

(2) 四爪卡盘及其装夹校正

四爪卡盘如图 2-28 所示，在装夹工件过程中每一个卡爪可以单独进行装夹，因此，四爪卡盘不仅适用于圆柱形轮廓的轴、套类零件的加工，还适用于偏心轴、套类零件和长度较短的方形表面的加工。在数控车床上使用四爪卡盘进行工件的装夹时，必须进行工件的找正，以保证所加工表面的轴心线与主轴的轴心线重合。

四爪卡盘装夹圆柱工件的找正方法和三爪卡盘的找正方法相同。方形工件的装夹与校正以图 2-29（a）加工正中心孔为例：校正时，将百分表固定在数控车床拖板上，触头接触侧平面［图 2-29（b）］，前后移动百分表，调节工件，保证百分表读数一致，将工件转动 90°，再次前后移动百分表，从而校正侧平面与主轴轴线垂直。工件中心（即所要加工孔的中心）的找正方法如图 2-29（c）所示，触头接触外圆上侧素线，轻微转动主轴，找正外圆的上侧素线，读出此时的百分表读数，将卡盘转动 180°，仍然用百分表找正外圆的上侧素线，读出相应的百分表读数，根据两次百分表的读数差值调节上下两个卡爪。左右两卡爪的找正方法相同。

图 2-28 四爪卡盘

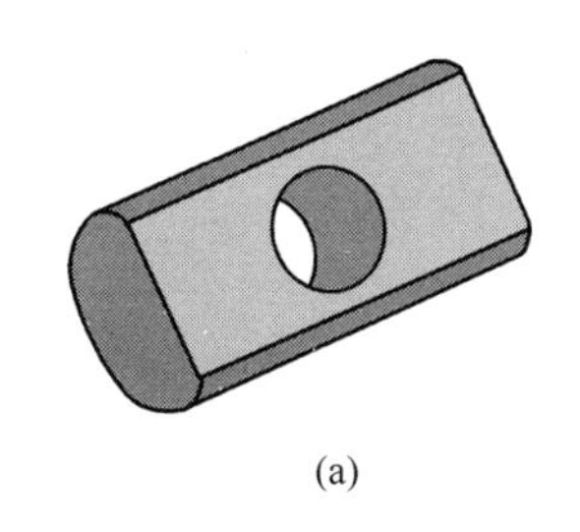

(a)

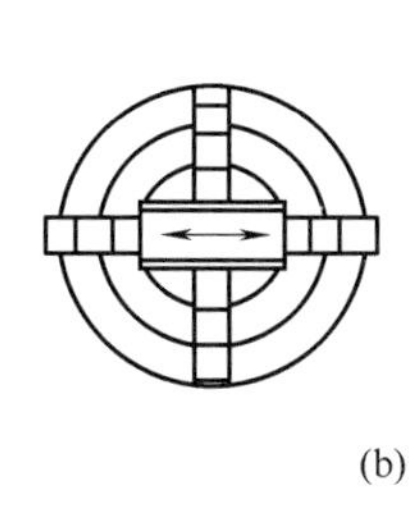

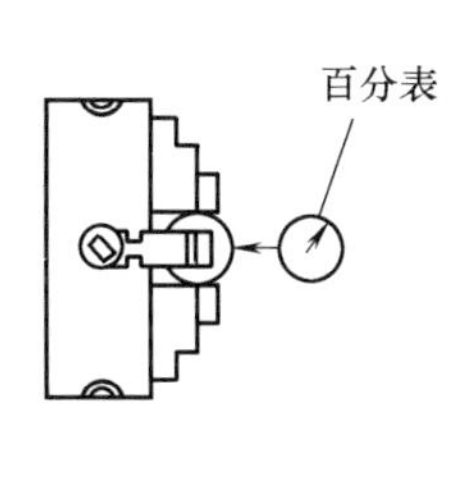

(b)

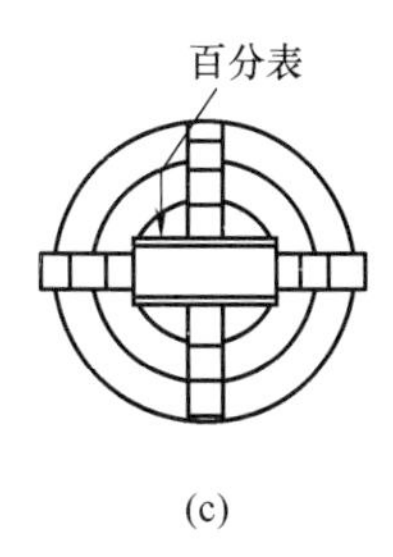

(c)

图 2-29 四爪卡盘装夹与校正方法

(3) 软爪

软爪从外形来看和三爪卡盘无大的区别，不同之处在于卡爪硬度。普通的三爪卡盘的卡爪为了保证刚度要求和耐磨性要求，通常要经过淬火等热处理，硬度较高，很难用常用刀具材料切削加工。而软爪的卡爪通常在夹持部位焊有铜等软材料，是一种可以切削的卡爪，它是为了配合被加工工件而特别制造的。

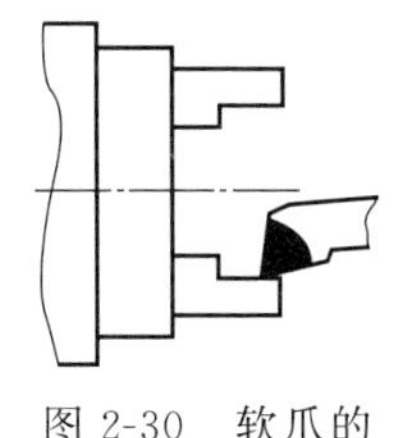

图 2-30 软爪的自镗加工

软爪主要用于同轴度要求高且需要二次装夹的工件的加工，它可以在使用前进行自镗加工（图 2-30），从而保证卡爪中心与主轴中心同轴，因此，工件的装夹表面也应是精加工表面。

(4) 弹簧夹套

弹簧夹套的定心精度高，装夹工件快速方便，常用于精加工的外圆表面定位。在实际生产中，如果没有弹簧夹套，可根据工件夹持表面直径自制薄壁套（图 2-31）来代替弹簧夹套，自制的薄壁套内孔直径与工件夹持表面直径相等，侧面锯出一条锯缝，并用三爪卡盘夹持薄壁套外壁。

图 2-31 自制薄壁套

(5) 两顶尖拨盘

两顶尖拨盘包括前、后顶尖和对分夹头或鸡心夹头拨杆三部分。两顶尖定位的优点是定心正确可靠，安装方便。顶尖的作用是定心、承受工件重量和切削力。

前顶尖［图 2-32（a）］与主轴的装夹方式有两种，一种是插入主轴锥孔内，另一种是夹在卡盘上。前顶尖与主轴一起旋转，与主轴中心孔不产生摩擦。

后顶尖［图 2-32（b）］插入尾座套筒。后顶尖有两种，一种是固定的，另一种是回转的，其中回转顶尖使用较为广泛。

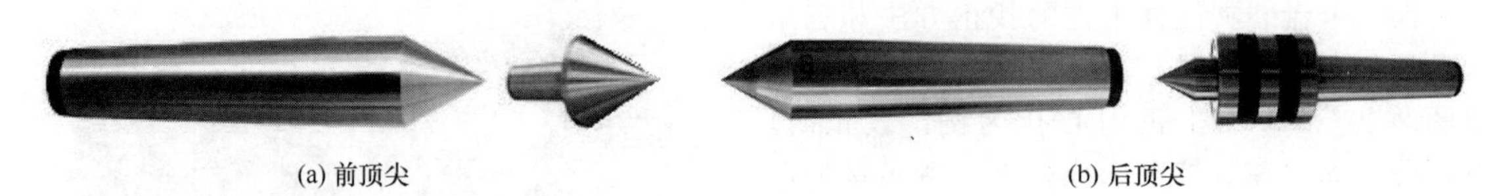

图 2-32　前、后顶尖

两顶尖对工件只有定心和支承作用，工件的转动必须通过对分夹头或鸡心夹头的拨杆（图 2-33）带动。对分夹头或鸡心夹头夹紧工件一端。

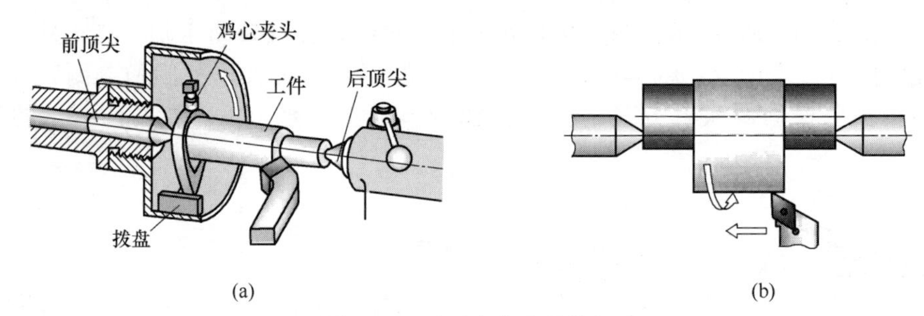

图 2-33　两顶尖支承用拨杆

（6）拨动顶尖

常用的拨动顶尖有内、外拨动顶尖和端面拨动顶尖。与两顶尖拨盘相比，拨动顶尖不使用拨杆而直接由自身带动工件旋转。端面拨动顶尖如图 2-34 所示，利用端面拨爪带动工件旋转，适合装夹工件的直径在 ϕ50～150mm 之间。

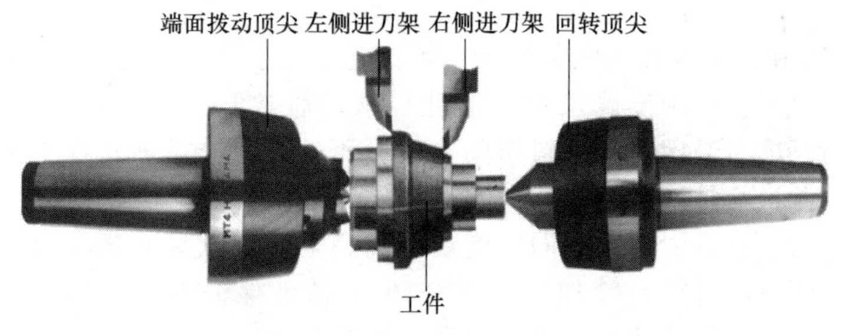

图 2-34　拨动顶尖

（7）定位心轴

在数控车床上加工齿轮、套筒、轮盘等零件时，为了保证外圆轴线和内孔轴线的同轴度要求，常以心轴定位加工外圆和端面。当工件内孔为圆柱孔时，常用间隙配合心轴［图 2-35（a）］、过盈配合心轴［图 2-35（b）］定位；而当工件内孔为圆锥孔、螺纹孔和花键孔时，则采用相应的圆锥心轴［图 2-35（c）］、螺纹心轴［图 2-35（d）］、花键心轴［图 2-35（e）］定位。

（8）花盘与角铁

数控车削时，常会遇到一些形状复杂和不规则零件，不能用卡盘和顶尖进行装夹，这时，可借助花盘、角铁等辅助夹具进行装夹。花盘、角铁及常用的附件见图 2-36。

加工表面的回转轴线与基准面垂直、外形复杂的零件可以装夹在花盘上加工，如图 2-37 所示的双孔连杆工件的加工。而一些加工表面的回转轴线与基准面平行、外形复杂的零件则可以装夹在角铁上加工，如图 2-38 所示的轴承座孔的加工。

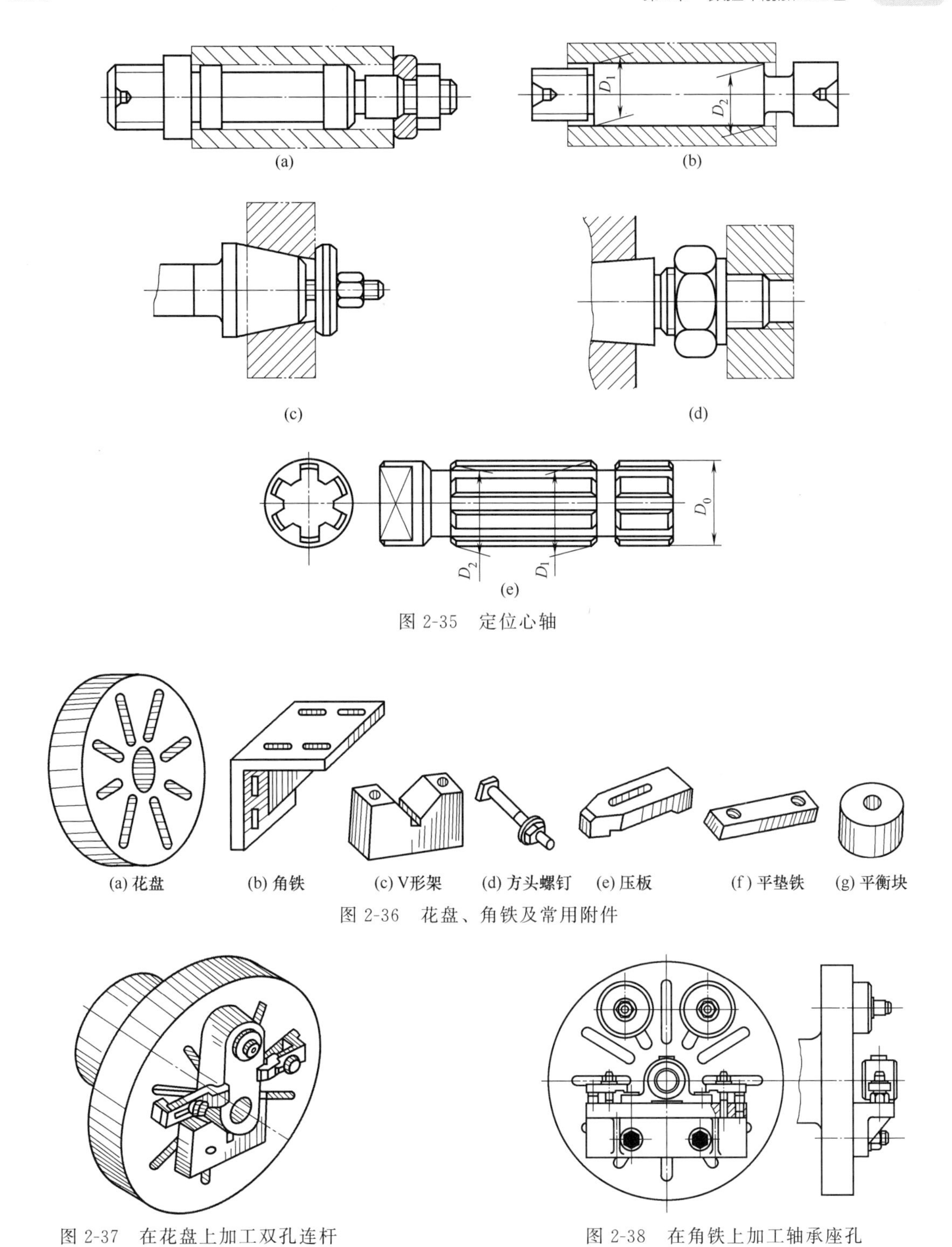

图 2-35 定位心轴

图 2-36 花盘、角铁及常用附件

图 2-37 在花盘上加工双孔连杆

图 2-38 在角铁上加工轴承座孔

2.6 数控车削加工常用量具及加工质量分析

2.6.1 量具的类型

根据特点的不同，量具可分为三种类型。

(1) 万能量具

这类量具一般都有刻度，在测量范围内可以测量零件的形状和尺寸的具体数值，如游标卡尺、千分尺、百分表和游标万能角度尺等。

(2) 专用量具

这类量具不能测出实际尺寸，只能测定零件形状和尺寸是否合格，如卡规、塞规、塞尺等。

(3) 标准量具

这类量具只能制成某一固定尺寸，通常用来校对和调整其他量具，也可作为标准与被测零件进行比较，如量块。

2.6.2 数控车削常用量具

(1) 外形轮廓测量用量具

外形轮廓类零件常用的测量量具主要有游标卡尺［图 2-39（a）］、千分尺［图 2-39（b）］、游标万能角度尺［图 2-39（c）］、直角尺［图 2-39（d）］、R 规［图 2-39（e）］、百分表［图 2-39（f）］等。

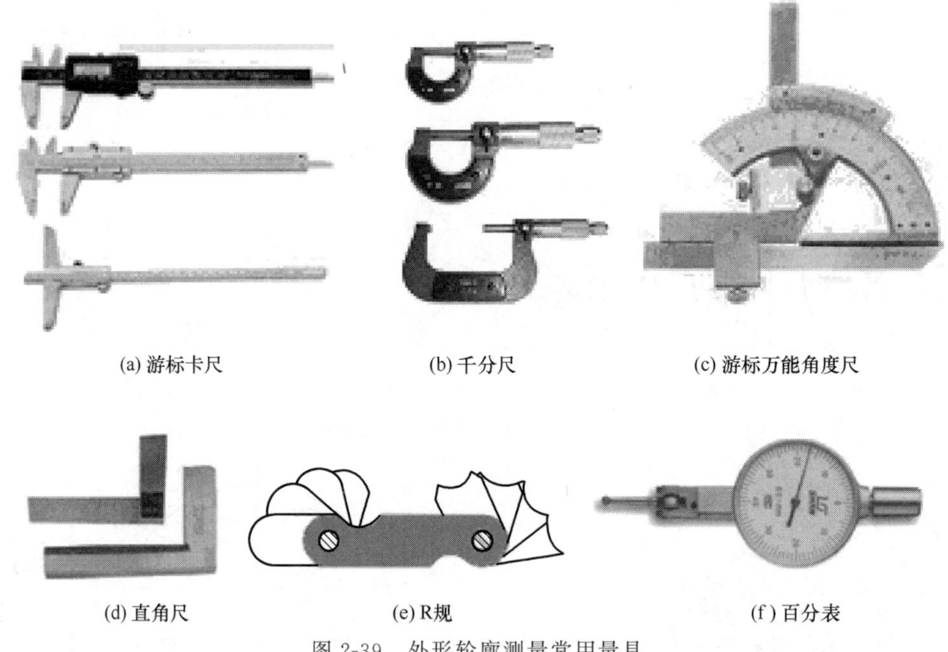

(a) 游标卡尺　(b) 千分尺　(c) 游标万能角度尺

(d) 直角尺　(e) R规　(f) 百分表

图 2-39　外形轮廓测量常用量具

① 用游标卡尺测量工件时，对工人的手感要求较高，测量时卡尺夹持工件的松紧程度对测量结果影响较大。因此，其实际测量时的测量精度不是很高。游标卡尺的测量范围有 0～125mm、0～150mm、0～200mm、0～300mm 等多种。

② 千分尺的测量精度通常为 0.01mm，测量灵敏度要比游标卡尺高，而且测量时也易控制其夹持工件的松紧程度。因此，千分尺主要用于较高精度的轮廓尺寸的测量。千分尺在 500mm 范围内每 25mm 一挡，如 0～25mm、25～50mm 等。

③ 游标万能角度尺和直角尺主要用于各种角度和垂直度的测量，通常采用透光检查法进行测量。万能角度尺的测量范围是 0°～320°。

④ R 规主要用于各种圆弧的测量，采用透光检查法进行测量。常用的规格有 $R7$～$R14.5$、$R15$～$R25$ 等，每隔 0.5mm 为一挡。

⑤ 百分表则借助于磁性表座进行同轴度、跳动度、平行度等形位公差的测量。

⑥ 刀口角尺主要用于平面度和垂直度的测量，采用透光检查法进行测量。

(2) 内孔测量用量具

孔径尺寸精度要求较低时，可采用直尺、内卡钳或游标卡尺进行测量。当孔的精度要求较高时，可以用以下几种量具进行测量。

1) 塞规

塞规如图 2-40（a）所示，是一种专用量具，一端为通端，另一端为止端。使用塞规检测孔径时，若通端能进入孔内，而止端不能进入孔内，则说明孔径合格，否则为不合格孔径。与此相类似，轴类零件也可采用光环规［图 2-40（b）］测量。

2) 内径百分表

内径百分表如图 2-41 所示，测量内孔时，图中左端触头在孔内摆动，读出直径方向的最大尺寸即为内孔尺寸。内径百分表适用于深度较大内孔的测量。

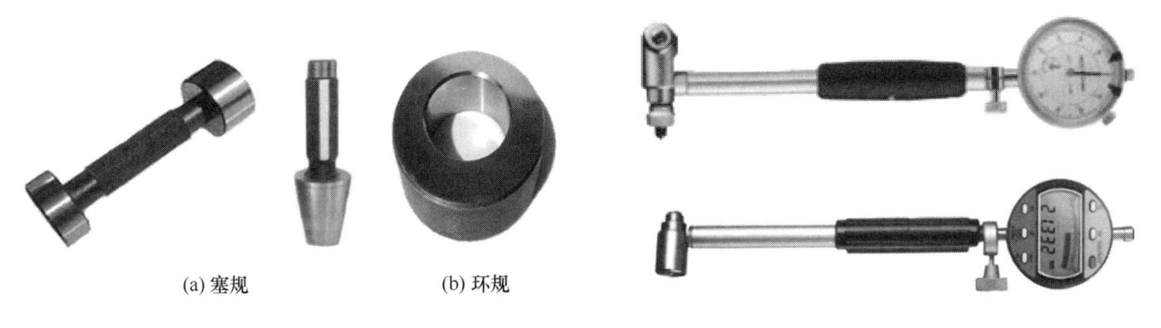

(a) 塞规　(b) 环规

图 2-40 塞规和环规　　图 2-41 内径百分表

3) 内径千分尺

内径千分尺如图 2-42 所示，它的测量方法和外径千分尺的测量方法相同，但其刻线方向和外径千分尺相反，相应地，其测量时的旋转方向也相反。

图 2-42 内径千分尺

(3) 螺纹测量用量具

螺纹的主要测量参数有螺距、大径、小径和中径尺寸。

外螺纹大径和内螺纹的小径的公差一般较大，可用游标卡尺或千分尺测量。螺距一般可用钢直尺或螺距规测量。由于普通螺纹的螺距一般较小，所以采用钢直尺测量时，最好测量 10 个螺距的长度，然后除以 10，就得出一个较正确的螺距尺寸。

对精度较高的普通螺纹中径，可用螺纹千分尺（图 2-43）直接测量，所测得的千分尺的读数就是该螺纹中径的实际尺寸；也可用“三针测量法”进行间接测量（三针测量法仅适用于外螺纹的测量），但需通过计算，才能得到其中径尺寸。

此外，还可采用综合测量法检查内、外普通螺纹是否合格。综合测量使用的量具是如图

2-44 所示的螺纹塞规或螺纹环规。螺纹塞规或螺纹环规的测量方法类似于光塞规和光环规，使用螺纹塞规检测内螺纹时，当通端能旋入而止端不能旋入时，说明内螺纹合格，否则为不合格。

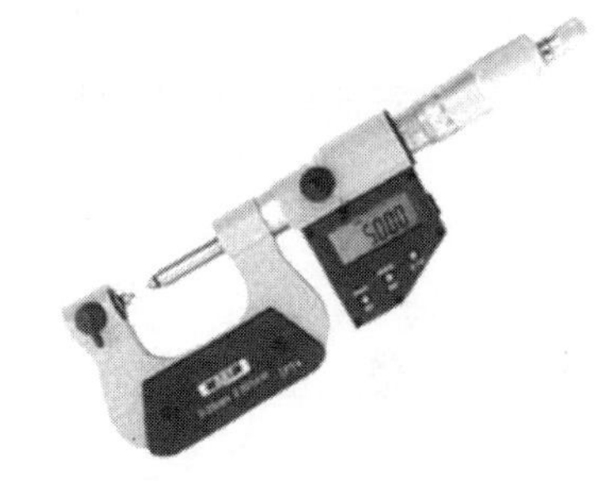

图 2-43 外螺纹千分尺

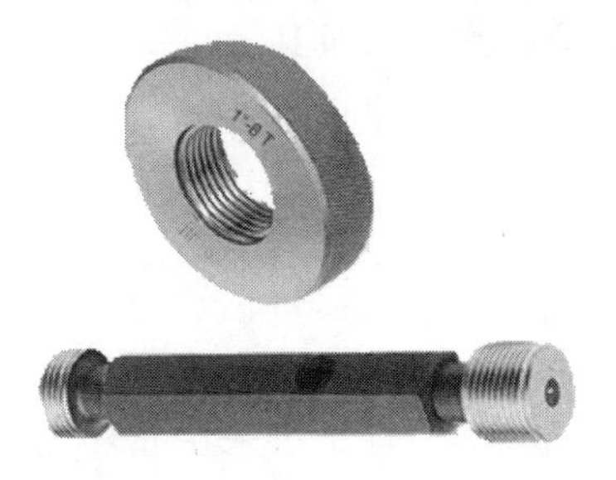

图 2-44 螺纹塞规与螺纹环规

(4) 间隙测量及量块比较测量

1) 间隙测量

在配合类零件的加工过程中，经常要进行配合间隙测量，由于间隙较小，无法采用游标卡尺或千分尺进行测量，只能采用如图 2-45 所示塞尺（又叫厚薄规）进行测量。

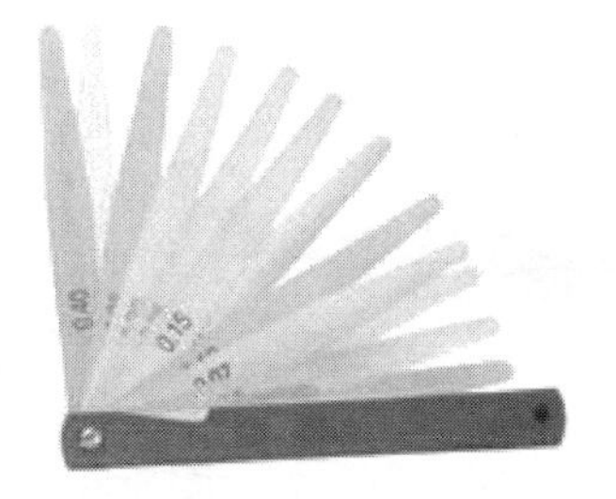

图 2-45 塞尺

塞尺由多种厚度不同的片状体叠合而成，每个片状体的厚度规定如下：在 0.02～0.1mm 范围内，每片厚度相隔为 0.01mm；在 0.1～1mm 范围内，每片厚度相隔为 0.05mm。

使用塞尺时，根据间隙的大小，可用一片或数片叠在一起插入间隙内。例如用 0.52mm 的塞尺可以插入而 0.58mm 的塞尺不能插入，表示其间隙在 0.52～0.58mm 之间。

2) 量块比较测量

量块是由不易变形的耐磨材料（如铬锰钢）制成的长方形六面体，它有两个工作表面和四个非工作表面。

如图 2-46 所示，量块有 42 块一套、87 块一套等几种。采用量块测量工件尺寸时，首先选用不同的量块叠合在一起组成所需测量的尺寸，再与所测量的尺寸进行比较，两者之间的差值即为所测尺寸的误差。

选用量块组合尺寸时，为了减少积累误差，应尽量采用最少的块数。87 块一套的量块，一般不要超过 4 块；42 块一套的量块，一般不超过 5 块。

图 2-46 成套量块

2.6.3 数控车削加工质量分析

(1) 轮廓加工质量分析

轮廓加工过程中尺寸精度降低的原因是多方面的，在实际加工过程中，尺寸精度降低的原因见表 2-9；形位精度降低的原因见表 2-10；表面粗糙度影响因素分析见表 2-11。

(2) 内孔加工质量分析

内孔加工质量问题及可能的产生原因见表 2-12。

(3) 切槽质量分析

切槽时常见的质量问题及产生原因见表 2-13。

(4) 车削螺纹加工质量分析

数控车床加工螺纹过程中螺纹精度降低的原因是多方面的，具体原因参见表 2-14。

表 2-9 数控车削尺寸精度降低原因分析

影响因素	序号	产生原因
装夹与校正	1	工件校正不正确
	2	工件装夹不牢固，加工过程中产生松动与振动
刀具	3	对刀不正确
	4	刀具在使用过程中产生磨损
	5	刀具刚度差，刀具加工过程中产生振动
加工	6	背吃刀量过大，导致刀具发生弹性变形
	7	刀具长度补偿参数设置不正确
	8	精加工余量选择过大或过小
	9	切削用量选择不当，导致切削力、切削热过大，从而产生热变形和内应力
工艺系统	10	机床原理误差
	11	机床几何误差
	12	工件定位不正确或夹具与定位元件制造误差

表 2-10 数控车削加工形位精度降低原因分析

影响因素	序号	产生原因
装夹与校正	1	工件装夹不牢固，加工过程中产生松动与振动
	2	夹紧力过大，产生弹性变形，切削完成后变形恢复
	3	工件校正不正确，造成加工面与基准面不平行或不垂直
刀具	4	刀具刚度差，刀具加工过程中产生振动
	5	对刀不正确，产生位置精度误差
加工	6	背吃刀量过大，导致刀具发生弹性变形，加工面呈锥形
	7	切削用量选择不当，导致切削力过大，而产生工件变形
工艺系统	8	夹具本身的精度误差
	9	机床几何误差
	10	工件定位不正确或夹具与定位元件制造误差

表 2-11 表面粗糙度影响因素分析

影响因素	序号	产生原因
装夹与校正	1	工件装夹不牢固，加工过程中产生振动
刀具	2	刀具磨损后没有及时修磨
	3	刀具刚度差，刀具加工过程中产生振动
	4	主偏角、副偏角等刀具参数选择不当
加工	5	进给量选择过大，残留面积高度增高
	6	切削速度选择不合理，产生积屑瘤
	7	背吃刀量（精加工余量）选择过大或过小
	8	粗、精加工没有分开或没有精加工
	9	切削液选择不当或使用不当
	10	加工过程中刀具停顿
加工工艺	11	工件材料热处理不当或热处理工艺安排不合理
	12	采用不适当的进给路线

表 2-12 车孔误差原因分析

误差种类	序号	可能的产生原因
尺寸不对	1	测量不正确
	2	车刀安装不对，刀柄与孔壁相碰
	3	产生积屑瘤，增加刀尖长度，使孔车大
	4	工件的热胀冷缩
内孔有锥度	5	刀具磨损
	6	刀柄刚度差，产生让刀现象
	7	刀柄与孔壁相碰
	8	车头轴线歪斜、床身不水平、床身导轨磨损等机床原因

续表

误差种类	序号	可能的产生原因
内孔不圆	9	孔壁薄，装夹时产生变形
	10	轴承间隙太大，主轴颈成椭圆
	11	工件加工余量和材料组织不均匀
内孔不光	12	车刀磨损
	13	车刀刃磨不良，表面粗糙度值大
	14	车刀几何角度不合理，装刀低于中心
	15	切削用量选择不当
	16	刀柄细长，产生振动

表 2-13　切槽加工误差原因分析

误差现象	序号	产生原因
槽底倾斜	1	刀具安装不正确
槽的侧面呈现凹凸面	2	刀具刃磨角度不对称
	3	刀具刃磨前小后大
	4	刀具安装角度不对称
	5	刀具两刀尖磨损不对称
槽底出现振动现象，有振纹	6	工件安装不正确
	7	刀具刚度差或刀具伸出太长
	8	切削用量选择不当，导致切削力过大
	9	刀具刃磨参数不正确
	10	在槽底的程序延时时间太长
切削过程中出现扎刀现象	11	进给量过大
	12	切削阻塞
槽直径或槽宽尺寸不正确	13	对刀不正确
	14	刀具磨损或修改刀具磨损参数不当
	15	编程出错

表 2-14　车削螺纹尺寸精度降低原因分析

问题现象	序号	产生原因
螺纹牙顶呈刀口状或过平	1	刀具角度选择不正确
	2	工件外径尺寸不正确
	3	螺纹切削过深或切削深度不够
	4	刀具中心错误
刀具牙底圆弧过大或过宽	5	刀具选择错误
	6	刀具磨损严重
	7	螺纹有乱牙现象
螺纹牙型半角不正确	8	刀具安装不正确
	9	刀具角度刃磨不正确
螺纹表面粗糙度差	10	切削速度过低
	11	刀具中心过高
	12	切削液选用不合理
	13	刀尖产生积屑瘤
	14	刀具与工件安装不正确，产生振动
	15	切削参数选用不正确，产生振动
螺距误差	16	伺服系统滞后效应
	17	加工程序不正确

2.7 数控加工工艺文件

2.7.1 数控加工工艺文件的概念

将工艺规程的内容填入一定格式的卡片中，用于生产准备、工艺管理和指导工人操作等的各种技术文件称为工艺文件。它是编制生产计划、调整劳动组织、安排物资供应、指导工人加工操作及技术检验等的重要依据。编写数控加工技术文件是数控加工工艺设计的内容之一。这些文件既是数控加工和产品验收的依据，也是需要操作者遵守和执行的规程。有的数控加工技术文件则是加工程序的具体说明或附加说明，其目的是让操作者更加明确程序的内容、安装与定位方式、各加工部位所选用的刀具及其他需要说明的事项，以保证程序的正确运行。

2.7.2　数控加工工艺文件种类

数控加工工艺文件的种类和形式多种多样，主要包括数控加工工序卡、数控加工进给路线图、数控刀具调整卡、数控加工程序单、数控加工程序说明卡等。然而，这些文件目前尚无统一的国家标准，但在各企业或行业内部已有一定的规范可循。这里仅选几例，供读者自行设计时参考。

（1）数控加工工序卡

数控加工工序卡与普通加工工序卡有许多相似之处，但不同的是该卡中应反映使用的辅具、刀具切削参数、切削液等，它是操作人员配合数控程序进行数控加工的主要指导性工艺资料，主要包括：工步顺序、工步内容、各工步所用刀具及切削用量等。工序卡应按已确定的工步顺序填写。当在数控机床上只加工零件的一个工步时，也可不填写工序卡。在工序加工内容不十分复杂时，可把零件草图反映在工序卡上。

图 2-47 所示为轴承套零件，该零件表面由内外圆柱面、内圆锥面、顺圆弧、逆圆弧及外螺纹等表面组成，其中多个直径尺寸与轴向尺寸有较高的尺寸精度和表面质量要求。零件图尺寸标注完整，符合数控加工尺寸标注要求，轮廓描述清楚完整，零件材料为 45 钢，切削加工性能较好，无热处理和硬度要求。表 2-15 为轴承套数控加工工序卡。

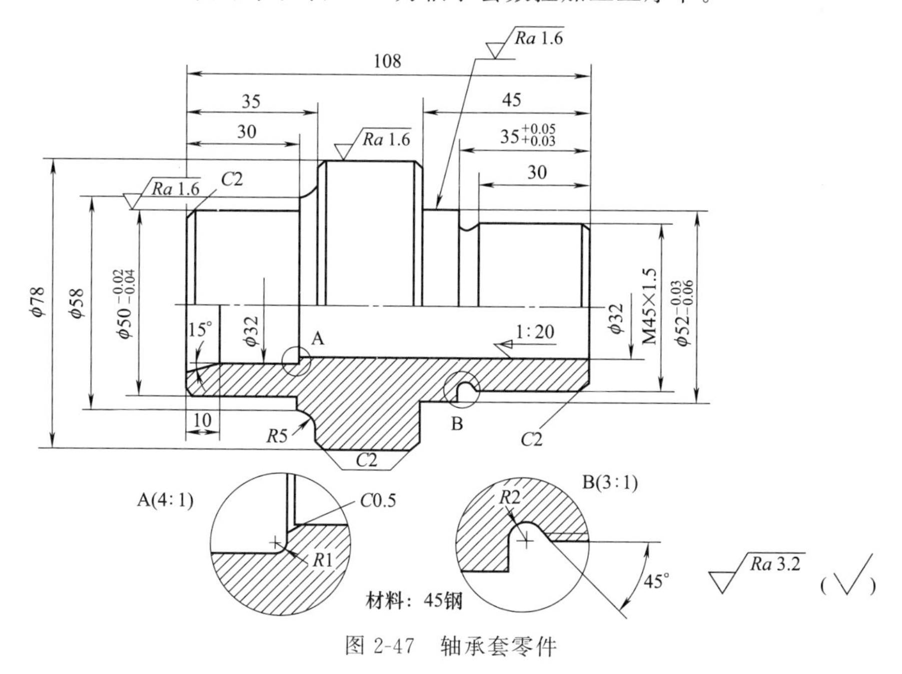

图 2-47　轴承套零件

（2）数控加工进给路线图

在数控加工中，特别要防止刀具在运动中与夹具、工件等发生意外碰撞，为此必须设法告诉操作者程序中的刀具路线图，如从哪里进刀、退刀或斜进刀等，使操作者在加工前就了解并计划好夹紧位置及控制夹紧元件的尺寸，以避免发生事故。

表 2-15 轴承套数控加工工序卡

单位名称			产品名称或代号		零件名称		零件图号	
					轴承套			
工序号		程序编号	夹具名称		使用设备		车间	
001			三爪卡盘和自制心轴		CJK6240		数控中心	
工步号	工步内容		刀具号	刀具规格/mm	主轴转速/(r/min)	进给速度/(mm/min)	背吃刀量/mm	备注
1	平端面		T01	25×25	320		1	手动
2	钻 $\phi5$ 中心孔		T02	$\phi5$	950		2.5	手动
3	钻底孔		T03	$\phi26$	200		13	手动
4	粗镗 $\phi32$ 内孔、15°斜面及 $C0.5$ 倒角		T04	20×20	320	40	0.8	自动
5	精镗 $\phi32$ 内孔、15°斜面及 $C0.5$ 倒角		T04	20×20	400	25	0.2	自动
6	掉头装夹粗镗 1∶20 锥孔		T04	20×20	320	40	0.8	自动
7	精镗 1∶20 锥孔		T04	20×20	400	20	0.2	自动
8	心轴装夹从右至左粗车外轮廓		T05	25×25	320	40	1	自动
9	从左至右粗车外轮廓		T06	25×25	320	40	1	自动
10	从右至左精车外轮廓		T05	25×25	400	20	0.1	自动
11	从左至右精车外轮廓		T06	25×25	400	20	0.1	自动
12	卸心轴，改为三爪装夹，粗车 M45 螺纹		T07	25×25	320	480	0.4	自动
13	精车 M45 螺纹		T07	25×25	320	480	0.1	自动
编制		审核		批准		年 月 日	共 页	第 页

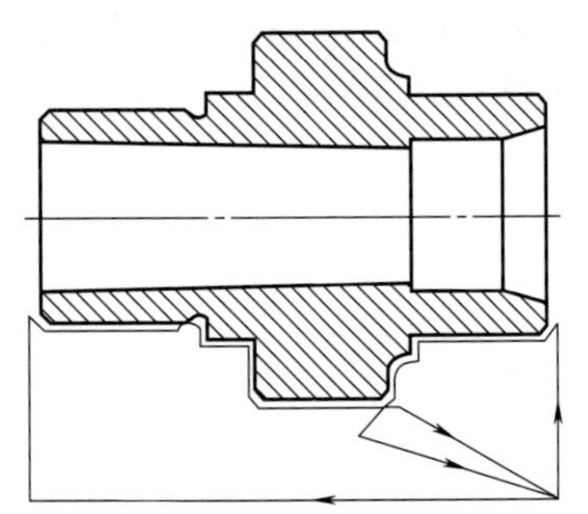
图 2-48 外轮廓加工进给路线图

根据图 2-47 所示轴承套零件的结构特征，可先加工内孔各表面，然后加工外轮廓表面。由于该零件为小批量生产，进给路线设计不必考虑最短进给路线或最短空行程路线，外轮廓表面车削进给路线可沿零件轮廓顺序进行（见图 2-48）。

(3) 数控刀具调整卡

数控刀具调整卡主要包括数控刀具卡片（简称刀具卡）和数控刀具明细表（简称刀具表）两部分。

数控加工时，对刀具的要求十分严格，一般要在机外对刀仪上，事先调整好刀具直径和长度。刀具卡主要反映刀具编号、刀具结构、加工部位、刀片型号和材料等，它是组装刀具和调整刀具的依据。数控刀具明细表是调刀人员调整刀具输入的主要依据。表 2-16 所示为轴承套数控加工刀具明细表。

表 2-16 轴承套数控加工刀具明细表

产品名称或代号			零件名称		轴承套	零件图号	
序号	刀具号	刀具规格名称	数量	加工表面		刀尖半径/mm	备注
1	T01	45°硬质合金端面车刀	1	车端面		0.5	25×25
2	T02	$\phi5$ 中心钻	1	钻 $\phi5$ 中心孔			
3	T03	$\phi26$ 钻头	1	钻底孔			
4	T04	镗刀	1	镗内孔各表面		0.4	20×20
5	T05	93°右手偏刀	1	从右至左车外表面		0.3	25×25
6	T06	93°左手偏刀	1	从左至右车外表面		0.2	25×25
7	T07	60°外螺纹车刀	1	车 M45 螺纹		0.1	25×25
编制	审核		批准		年 月 日	共 页	第 页

(4) 数控加工程序单

数控加工程序单是编程员根据工艺分析情况，经过数值计算，按照机床特点的指令代码编制的。它是记录数控加工工艺过程、工艺参数、位移数据的清单，以及手动数据输入（MDI）和制备控制介质、实现数控加工的主要依据。数控加工程序单是数控加工程序的具体体现，通常应做出硬拷贝或软拷贝保存，以便于检查、交流或下次加工时调用。

(5) 数控加工程序说明卡

实践证明，仅用加工程序单和工艺规程来指导实际数控加工会有许多问题。由于操作者对程序的内容不够清楚，对编程人员的意图理解不够，经常需要编程人员在现场说明和指导。因此，对加工程序进行详细说明是必要的，特别是对那些需要长时间保存和使用的程序而言尤其重要。

根据实践，一般应作说明的主要内容如下：

① 所用数控设备型号及控制器型号。

② 对刀点与编程原点的关系以及允许的对刀误差。

③ 加工原点的位置及坐标方向。

④ 所用刀具的规格、型号及其在程序中所对应的刀具号，必须按刀具尺寸加大或缩小补偿值的特殊要求（如用同一个程序，同一把刀具，用改变刀具半径补偿值方法进行粗精加工），更换刀具的程序段序号等。

⑤ 整个程序加工内容的顺序安排（相当于工步内容说明与工步顺序）。

⑥ 子程序的说明。对程序中编入的子程序应说明其内容。

⑦ 其他需要特殊说明的问题。如需要在加工中调整夹紧点的计划停机程序段号，中间测量用的计划停机程序段号，允许的最大刀具半径和位置补偿值，切削液的使用与开关。

第3章

FANUC 0i系统数控车床编程与操作

3.1 FANUC 0i 系统编程基础

3.1.1 准备功能

FANUC 0i 数控系统常用的准备功能，如表 3-1 所示。

表 3-1 准备功能

G 指令	组别	功 能	程序格式及说明	备注
▲G00	01	快速点定位	G00 X(U)__ Z(W)__;	模态
G01		直线插补	G01 X(U)__ Z(W)__ F__;	模态
G02		顺时针圆弧插补	G02 X(U)__ Z(W)__ R__ F__; G02 X(U)__ Z(W)__ I__ K__ F__;	模态
G03		逆时针圆弧插补	G03 X(U)__ Z(W)__ R__ F__; G03 X(U)__ Z(W)__ I__ K__ F__;	模态
G04	00	暂停	G04 X__;或 G04 U__;或 G04 P__;	非模态
G20	06	英制输入	G20;	模态
▲G21		公制输入	G21;	模态
G27	00	返回参考点检查	G27 X__ Z__;	非模态
G28		返回参考点	G28 X__ Z__;	非模态
G30		返回第 2、3、4 参考点	G30 P3 X__ Z__; 或 G30 P4 X__ Z__;	非模态
G32	01	螺纹插补	G32 X__ Z__ F__;(F 为导程)	模态
G34		变螺距螺纹插补	G34 X__ Z__ F__ K__;	模态

续表

G 指令	组别	功　　能	程序格式及说明	备注
▲G40	07	刀具圆弧半径补偿取消	G40 G00 X(U)_ Z(W)_;	模态
G41		刀具圆弧半径左补偿	G41 G01 X(U)_ Z(W)_ F_;	模态
G42		刀具圆弧半径右补偿	G42 G01 X(U)_ Z(W)_ F_;	模态
G50	00	坐标系设定 主轴最大速度设定	G50 X_ Z_; G50 S_;	非模态
G52		局部坐标系设定	G52 X_ Z_;	非模态
G53		选择机床坐标系	G53 X_ Z_;	非模态
▲G54	14	选择工件坐标系 1	G54;	模态
G55		选择工件坐标系 2	G55;	模态
G56		选择工件坐标系 3	G56;	模态
G57		选择工件坐标系 4	G57;	模态
G58		选择工件坐标系 5	G58;	模态
G59		选择工件坐标系 6	G59;	模态
G65	00	宏程序调用	G65 P_ L_ ＜自变量指定＞;	非模态
G66	12	宏程序模态调用	G66 P_ L_ ＜自变量指定＞;	模态
▲G67		宏程序模态调用取消	G67;	模态
G70	00	精加工循环	G70 P_ Q_;	非模态
G71		内外圆粗车循环	G71 U_ R_; G71 P_ Q_ U_ W_ F_;	非模态
G72		端面粗车循环	G72 W_ R_; G72 P_ Q_ U_ W_ F_;	非模态
G73		固定形状粗车循环	G73 U_ W_ R_; G73 P_ Q_ U_ W_ F_;	非模态
G74		镗孔复合循环与深孔钻削循环	G74 R_; G74 X(U)_ Z(W)_ P_ Q_ R_ F_;	非模态
G75		内/外圆切槽复合循环	G75 R_; G75 X(U)_ Z(W)_ P_ Q_ R_ F_;	非模态
G76		螺纹切削复合循环	G76 P_ Q_ R_; G76 X(U)_ Z(W)_ R_ P_ Q_ F_;	非模态
G90	01	内/外圆切削循环	G90 X(U)_ Z(W)_ F_; G90 X(U)_ Z(W)_ R_ F_;	模态
G92		螺纹车削循环	G92 X(U)_ Z(W)_ F_; G92 X(U)_ Z(W)_ R_ F_;	模态
G94		端面切削循环	G94 X(U)_ Z(W)_ F_; G94 X(U)_ Z(W)_ R_ F_;	模态
G96	02	恒线速度控制	G96 S_;	模态
▲G97		取消恒线速度控制	G97 S_;	模态
G98	05	每分钟进给	G98 F_;	模态
▲G99		每转进给	G99 F_;	模态

注：1. 标记▲的为开机默认指令。
2. 00 组 G 代码都是非模态指令。
3. 不同组的 G 代码能够在同一程序段中指定。如果同一程序段中指定了同组 G 代码，则最后指定的 G 代码有效。
4. G 代码按组号显示，对于表中没有列出的功能指令，请参阅有关厂家的编程说明书。

3.1.2 辅助功能

FANUC 0i 数控车床系统常用的辅助功能，如表 3-2 所示。

3.1.3 F、S 功能

(1) F 功能

F 功能表示进给速度，它是用地址 F 与其后面的若干位数字来表示的。

表 3-2 FANUC 0i 数控车床系统常用的辅助功能

序号	代码	功　能	序号	代码	功　能
1	M00	程序暂停	7	M08	切削液开启
2	M01	选择性停止	8	M09	切削液关闭
.3	M02	结束程序运行	9	M30	结束程序运行且返回程序开头
4	M03	主轴正转	10	M98	子程序调用
5	M04	主轴反转	11	M99	子程序结束
6	M05	主轴停止			

① 每分钟进给：G98。数控系统在执行了 G98 指令后，遇到 F 指令时，便认为 F 所指定的进给速度单位为 mm/min，如 F200，表示进给速度是 200mm/min。

G98 被执行一次后，数控系统就保持 G98 状态，直至数控系统执行了含有 G99 的程序段，G98 才被取消，而 G99 将发生作用。

② 每转进给：G99。数控系统在执行了 G99 指令后，遇到 F 指令时，便认为 F 所指定的进给速度单位为 mm/r，如 F0.2，表示进给速度是 0.2mm/r。

要取消 G99 状态，须重新指定 G98，G98 与 G99 相互取代。要注意的是 FANUC 数控系统通电后一般默认为 G99 状态。

(2) S 功能

S 功能指定主轴转速或速度。

① 恒线速度控制：G96。G96 是恒线速切削控制有效指令。系统执行 G96 指令后，S 后面的数值表示切削速度。如 G96 S100，表示切削速度是 100m/min。

② 主轴转速控制：G97。G97 是恒线速切削控制取消指令。系统执行 G97 后，S 后面的数值表示主轴每分钟的转数。如 G97 S800，表示主轴转速为 800r/min。系统开机状态为 G97 状态。

③ 主轴最高速度限定：G50。G50 除了具有坐标系设定功能外，还有主轴最高转速设定功能，即用 S 指定的数值设定主轴每分钟的最高转速。如 G50 S2000，表示主轴转速最高为 2000r/min。

用恒线速控制加工端面、锥面和圆弧时，由于 X 坐标值不断变化，当刀具逐渐接近工件的旋转中心时，主轴转速会越来越高，工件有从卡盘飞出的危险，所以为防止事故的发生，有时必须限定主轴的最高转速。

3.1.4 数控车床编程规则

(1) 直径编程和半径编程

因为车削零件的横截面一般都为圆形，所以尺寸有直径指定和半径指定两种方法。当用直径指定时称为直径编程，当用半径指定时称为半径编程。具体是用直径指定还是半径指定，可以用参数设置。当 X 轴用直径指定时，注意表 3-3 中所列的规定。

表 3-3 X 轴用直径指定时的注意事项

项　目	注 意 事 项
Z 轴指令	与直径指定、半径指定无关
X 轴指令	用直径指定
用地址 U 的增量值指令	用直径指定
坐标系设定(G50)	用直径指定 X 轴坐标值
刀具位置补偿量 X 值	用参数设定是直径值还是半径值
用 G90～G94 的 X 轴切深(R)	用半径指定
圆弧插补的半径指令(R,I,K)	用半径指定
X 轴方向进给速度	用半径指定
X 轴位置显示	用直径值显示

注意：

① 在后面的说明中，凡是没有特别指出是直径指定还是半径指定的，均为直径指定。

② 当切削外径时，刀具位置偏置值用直径指定，其变化量与零件外径的直径变化量相同。例如：刀具补偿量变化 10mm，则零件外径的直径也变化 10mm。

(2) 绝对值编程、增量值编程和混合值编程

进行数控车床编程时，可以采用绝对值编程、增量（也称相对）值编程和混合值编程。绝对值编程是根据已设定的工件坐标系计算出工件轮廓上各点的绝对坐标值来进行编程的方法，程序中常用 X、Z 表示。增量值编程是用相对前一个位置的坐标增量来表示坐标值的编程方法，FANUC 系统用 U、W 表示，其正负由行程方向确定，当行程方向与工件坐标轴方向一致时为正，反之为负。混合值编程是将绝对值编程和增量值编程混合起来进行编程的方法。对于如图 3-1 所示的位移，三种方式编程如下：

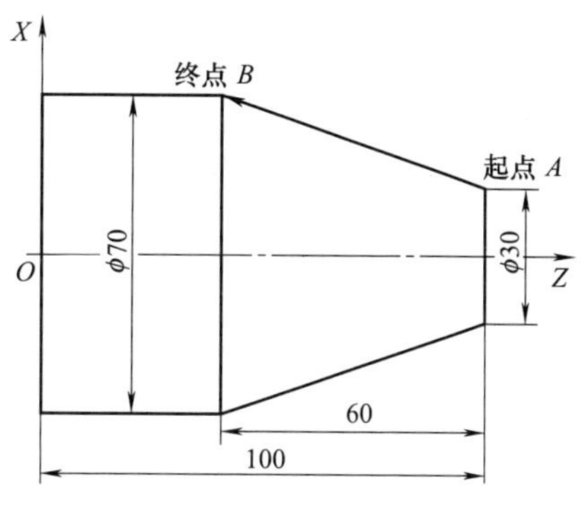

图 3-1 绝对值/增量值/混合值编程

绝对值编程：X70.0 Z40.0；

增量值编程：U40.0 W－60.0；

混合值编程：X70.0 W－60.0；或 U40.0 Z40.0；

当 X 和 U 或 Z 和 W 在一个程序段中同时指令时，后面的指令有效。

3.2 外轮廓加工

3.2.1 外圆与端面加工

(1) 常用外圆与端面加工指令

1）快速点定位 G00 指令

G00 指令使刀具以点定位控制方式从刀具所在点快速运动到下一个目标位置。它一般用于加工前的快速定位或加工后的快速退刀。

① 指令格式：

G00 X（U）__ Z（W）__；

式中，X、Z 为刀具目标点的绝对坐标值；U、W 为刀具目标点相对于起始点的增量坐标值。

② 指令说明：

a. G00 为模态指令，可由 01 组中代码（如 G01、G02、G03、G32 等）注销。

b. 移动速度不能用程序指令设定，而是由厂家通过机床参数预先设置的，它可由面板上的进给修调旋钮修正。

c. 执行 G00 时，*X*、*Z* 两轴同时以各轴的快进速度从当前点开始向目标点移动，一般各轴不能同时到达终点，其行走路线可能为折线，如图 3-2 所示。使用时注意刀具是否和工件发生干涉。

③ 示例。如图 3-2 所示，要求刀具快速从 *A* 点移动到 *B* 点，编程格式如下：

a. 绝对值编程为：G00 X50.0 Z2.0；

b. 增量值编程为：G00 U－50.0 W－48.0；

2）直线插补 G01 指令

G01 指令是直线插补指令，规定刀具在两坐标间以插补联动方式按指定的进给速度做任意斜率的直线运动。

① 指令格式：

G01 X(U)__ Z(W)__ F __；

式中，X、Z 为刀具目标点的绝对坐标值[1]；U、W 为刀具目标点相对于起始点的增量坐标值；F 为刀具切削进给速度，单位可以是 mm/min 或 mm/r。

② 指令说明：

a. G01 程序中的进给速度由 F 指令决定，且 F 指令是模态指令。如果在 G01 之前的程序段没有 F 指令，且现在的 G01 程序段中也没有 F 指令，则机床不运动。

b. G01 为模态指令，可由 01 组中代码（如 G01、G02、G03、G32 等）注销。

③ 示例。用 G01 编写如图 3-3 所示从 $B \to C$ 的刀具轨迹。

绝对值编程为：G01 Z－50.0 F0.1；

增量值编程为：G01 W－52.0 F0.1；

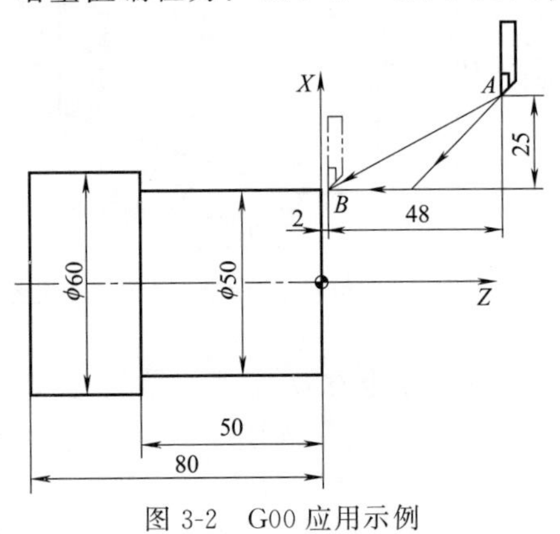

图 3-2　G00 应用示例

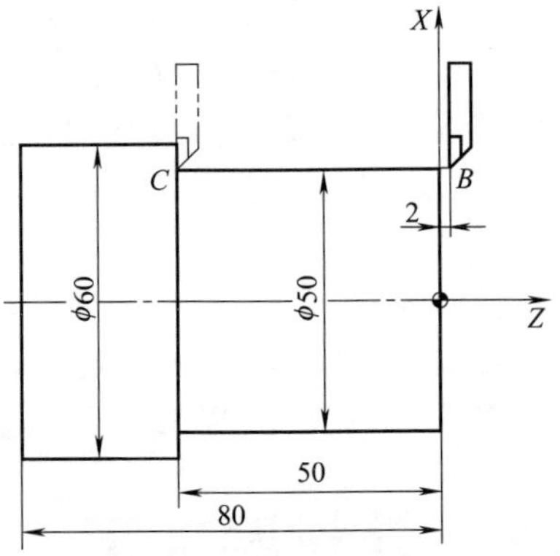

图 3-3　G01 应用示例

3）内/外圆切削循环 G90 指令

当零件的直径落差比较大，加工余量大时，需要多次重复同一路径循环加工，才能去除全部余量。这样造成程序所占内存较大，为了简化编程，数控系统提供了不同形式的固定循环功能，以缩短程序的长度，减少程序所占内存。

① 指令格式：

G90 X(U)__ Z(W)__ F __；

式中，X、Z 为绝对值编程时，切削终点坐标值；U、W 为增量值编程时，切削终点相对循环起点的增量坐标值；F 为切削进给速度。

② 指令说明：图 3-4 所示为 G90 指令的运动轨迹，刀具从循环起点出发，第 1 段沿 X 轴负方向快速进刀，到达切削始点，第 2 段以 F 指令的进给速度切削到达切削终点，第 3 段沿

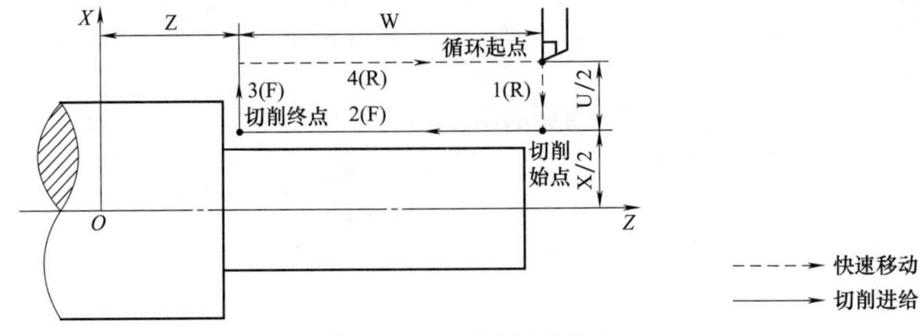

图 3-4　G90 指令运动轨迹

[1] “刀具目标点的绝对坐标值”实际上是指 X、Z 后横线位置待输入的内容，这里为表述方便而用 X、Z 代替。后文也将采用类似表述。

X 轴正方向切削退刀，第 4 段快速退回到循环起点，完成一个切削循环。G90 循环每一次切削加工结束后刀具均返回循环起点。

③ 示例。如图 3-5 所示，其加工程序如下：

……

N50 G90 X40.0 Z20.0 F0.1；$A \to B \to C \to D \to A$

N60 X30.0；　　　　　　　$A \to E \to F \to D \to A$

N70 X20.0；　　　　　　　$A \to G \to H \to D \to A$

……

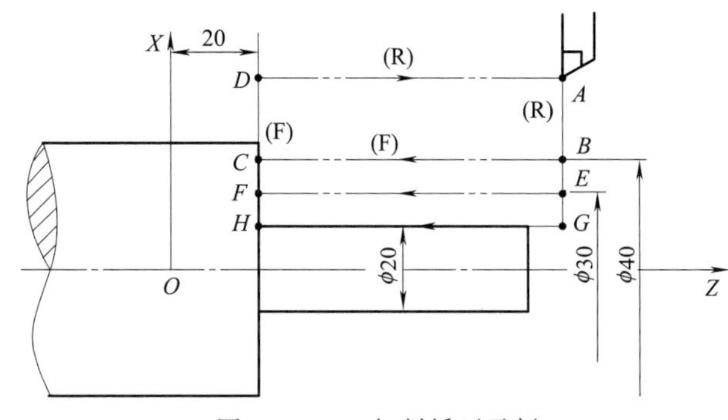

图 3-5　G90 切削循环示例

4）端面切削循环 G94 指令

这里的端面是指与 X 坐标轴平行的端面。G94 与 G90 指令的使用方法类似，它主要用于径向尺寸较大而轴向尺寸较短的盘类工件的端面切削。

① 指令格式：

G94 X(U)__ Z(W)__ F__；

式中，X（U）、Z（W）、F 的含义与 G90 格式中各参数含义相同。

② 指令说明：

a. 图 3-6 所示为刀具的运动轨迹，刀具从循环起点出发，第 1 段沿 Z 轴负方向快速进刀，到达切削始点，第 2 段以 F 指令的进给速度切削到达切削终点，第 3 段沿 Z 轴正方向切削退刀，第 4 段快速退回到循环起点，完成一个切削循环。

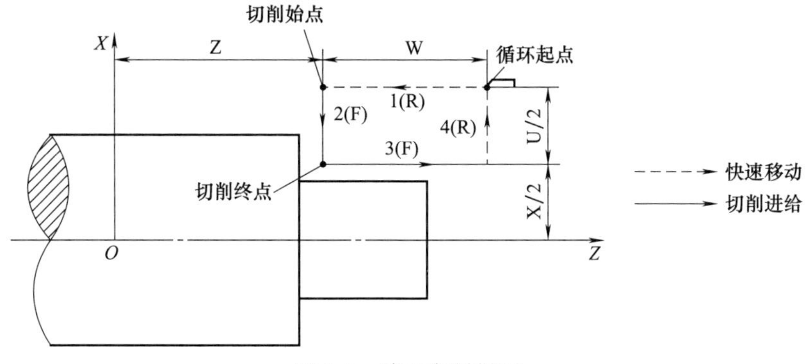

图 3-6　端面车削循环

b. G94 的特点是选用刀具的端面切削刃作为主切削刃，以车端面的方式进行循环加工。G90 与 G94 的区别在于 G90 是在工件径向做分层粗加工，而 G94 是在工件轴向做分层粗加工。G90 第一步先沿 X 轴进给，而 G94 第一步先沿 Z 轴进给。

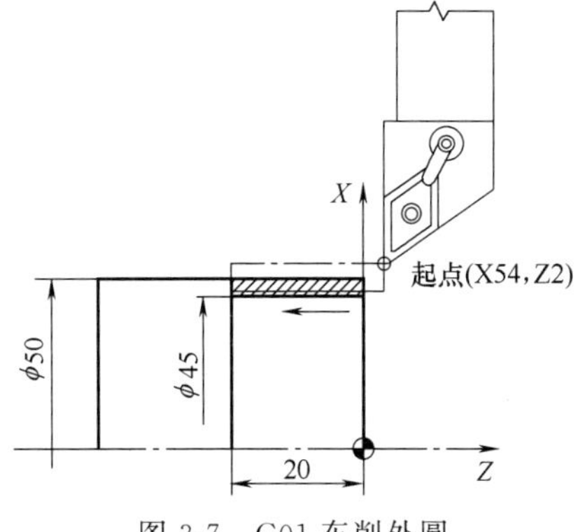

图 3-7　G01 车削外圆

（2）外圆加工

1）G01 车削外圆

如图 3-7 所示，用 G01 车削 ϕ45mm 外圆，工件毛坯直径为 50mm，外圆有 5mm 的余量。工件右端面中心为编程坐标系原点，选用 90°车刀，刀具初始点在换刀点（X100，Z100）处。

① 刀具切削起点。编程时，对刀具快速接近工件加

工部位的点应精心设计，应保证刀具在该点与工件的轮廓具有足够的安全间隙。如图 3-7 所示，可设计刀具切削起点为（X54，Z2）。

② 刀具靠近工件。首先将刀具以 G00 的方式运动到点（X54，Z2），然后 G00 移动 *X* 轴到切深，准备粗加工。

N10 T0101；　　（选 1 号刀具，执行 1 号刀补）
N20 M03 S700；　　（主轴正转，转速为 700r/min）
N30 G00 X54.0 Z2.0 M08；　　（快速靠近工件）
N40 X46.0；　　（*X* 向进刀）

③ 粗车：

N50 G01 Z－20.0 F0.2；　　（粗车）

刀具以 0.2mm/r 进给速度切削到指定的长度位置。

④ 刀具的返回。刀具返回时，先沿＋*X* 向退到工件之外，再沿＋*Z* 向以 G00 方式回到起点。

N60 G01 X54.0；　　（沿 *X* 轴正向返回）
N70 G00 Z2.0；　　（沿 *Z* 轴正向返回）

程序段 N50 为实际切削运动，切削完成后执行程序段 N60，刀具将快速脱离工件。

⑤ 精车：

N80 X45.0；　　（沿 *X* 轴负向进刀）
N90 G01 Z－20.0 S900 F0.1；　　（精车，主轴转速为 900r/min，进给速度为 0.1mm/r）
N100 X54.0；　　（沿 *X* 轴正向退刀）

⑥ 返回换刀点：

N110 G00 X100.0 Z100.0；　　（刀具返回到初始点）

⑦ 程序结束：

N120 M30；　　（程序结束）

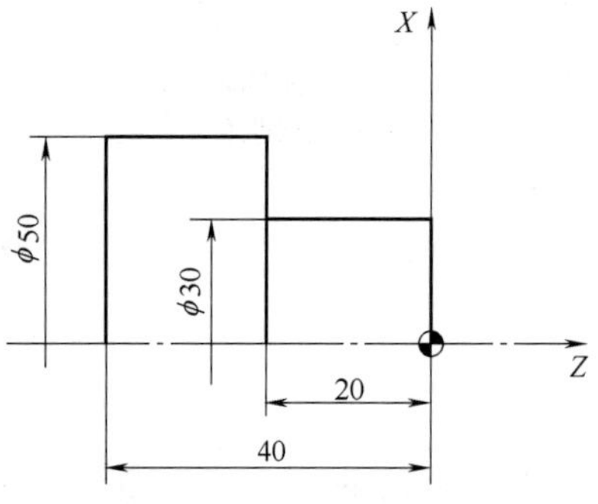

图 3-8　G90 车台阶轴

2）G90 车削外圆

如图 3-8 所示，用 G90 车削 ϕ30mm 外圆，工件毛坯为 ϕ50mm×40mm，ϕ30mm 外圆有 20mm 的余量。设工件右端面中心为编程坐标系原点，选用 90°车刀，刀具起始点设在换刀点（X100，Z100）处，刀具切削起点设在与工件具有安全间隙的（X55，Z2）点。

其加工参考程序见表 3-4。

(3) 端面加工

1）G01 单次车削端面

如图 3-9 所示，工件毛坯直径为 50mm，工件右端面为 Z0，右端面有 0.5mm 的余量，工件右端面中心为编程坐标系原点，选用 90°偏刀，刀具初始点在换刀点（X100，Z100）处。

表 3-4　G90 车台阶轴参考程序

参考程序	注　　释
O3001；	程序名
N10 T0101；	换 1 号刀具，执行 1 号刀补
N20 S800 M03；	主轴正转，转速为 800r/min
N30 G00 X55.0 Z2.0；	快速运动至循环起点
N40 G90 X46.0 Z－19.8 F0.2；	*X* 向单边切深量 2mm，端面留余量 0.2mm

续表

参考程序	注释
N50 X42.0；	G90 模态有效，X 向切深至 42mm
N60 X38.0；	G90 模态有效，X 向切深至 38mm
N70 X34.0；	G90 模态有效，X 向切深至 34mm
N80 X31.0；	X 向留单边余量 0.5mm 用于精加工
N90 G00 M03 S1200；	提高主轴转速
N90 G90 X30.0 Z－20.0 F0.1；	精车
N100 G00 X100.0 Z100.0；	快速退至安全点
N110 M30；	程序结束

① 刀具切削起点。编程时，对刀具快速接近工件加工部位的点应精心设计，应保证刀具在该点与工件的轮廓有足够的安全间隙。如图 3-9 所示，可设计刀具切削起点为（X55，Z0）。

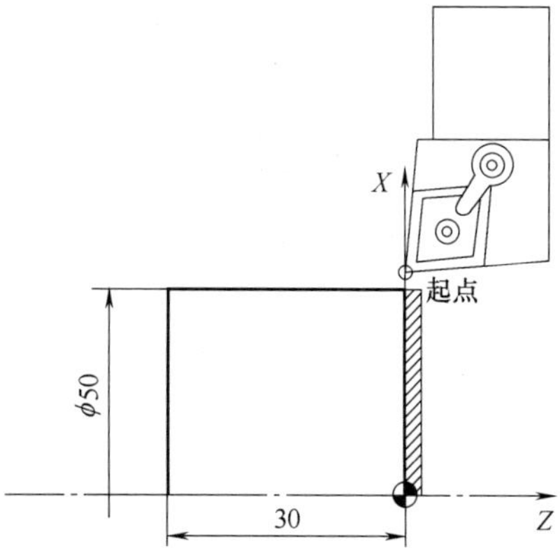

② 刀具靠近工件。首先 Z 向移向起点，然后 X 向移向起点。这样可减小刀具趋近工件时发生碰撞的可能性。

N10 T0101；　　　（选 01 号刀具，执行 01 号刀偏）

N20 S700 M03；　　（主轴正转，转速为 700r/min）

N30 G00 Z0 M08；（Z 向移向切削起点）

N40 X55；　　　　（X 向移向切削起点）

若把 N30、N40 合写成“G00 X55 Z0”可简便一些，但必须保证定位路线上没有障碍物。

图 3-9　G01 单次车削端面

③ 刀具切削程序段：

N50 G01 X－1 F0.1；　　　　（车端面）

④ 刀具的返回运动。刀具返回运动时，宜首先 Z 向退出：

N60 G00 Z2.0；　　　　　　（Z 向退出）

N70 X100.0 Z100.0；　　　　（返回至参考点）

⑤ 程序结束：

N80 M30；　　　　　　　　（程序结束）

2）G94 单一循环切削端面

用 G94 循环编写如图 3-10 所示工件的端面切削程序。设刀具的起点为与工件具有安全间隙的 S 点（X54，Z2）。加工程序见表 3-5。

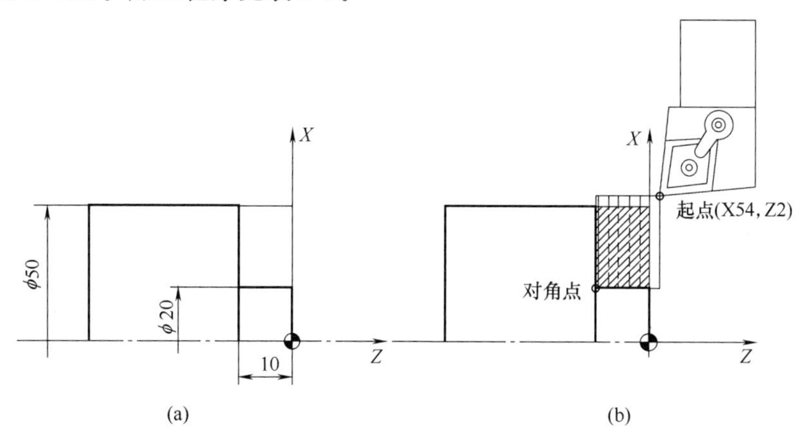

图 3-10　G94 端面加工图例

表 3-5　G94 车端面参考程序

参考程序	注　释
O3002；	程序名
N10 G99 T0101；	换 01 号刀具，执行 01 号刀偏
N20 G00 X54.0 Z2.0 S500 M03；	快速靠近工件
N30 G94 X20.2 Z－2.0 F0.1；	粗车第一刀，Z 向切深 2mm，X 向留 0.2mm 的余量
N40 Z－4.0；	粗车第二刀
N50 Z－6.0；	粗车第三刀
N60 Z－8.0；	粗车第四刀
N70 Z－9.8；	粗车第五刀
N80 X20.0 Z－10.0 F0.08 S900；	精加工
N90 G00 X100.0 Z100.0 M05；	返回换刀点，主轴停
N100 M30；	程序结束

3.2.2 外圆锥面加工

(1) 常用锥面加工指令

圆锥加工中，当切削余量不大时，可以直接使用 G01 指令进行编程加工，如果切削余量较大，这时一般采用圆锥面切削循环指令值 G90、G94。G01 指令格式在前面已讲述，在此不再赘述。

1）圆锥面切削循环 G90 指令

① 指令格式：

G90 X(U)__ Z(W)__ R__ F__；

式中，X、Z 为圆锥面切削终点绝对坐标值，即图 3-11 所示 C 点在编程坐标系中的坐标值；U、W 为圆锥面切削终点相对循环起点的增量值，即图 3-11 所示 C 点相对于 A 点的增量坐标值；R 为车削圆锥面时起点半径与终点半径的差值；F 为切削进给速度。

② 指令说明：图 3-11 所示为圆锥面切削循环运动轨迹，刀具从 $A \to B$ 为快速进给，因此在编程时，A 点在轴向和径向上要离开工件一段距离，以保证快速进刀时的安全；刀具从 $B \to C$ 为切削进给，按照指令中的 F 值进给；刀具从 $C \to D$ 时也为切削进给，为了提高生产率，D 点在径向上不要离工件太远；刀具从 D 快速返回起点 A，循环结束。

2）圆锥端面切削循环 G94 指令

① 指令格式：

G94 X(U)__ Z(W)__ R__ F__；

式中，X、Z 为圆锥面切削终点绝对坐标值，即图 3-12 所示 C 点在编程坐标系中的坐标值；U、W 为圆锥面切削终点相对循环起点的增量值，即图 3-12 所示 C 点相对于 A 点的增量

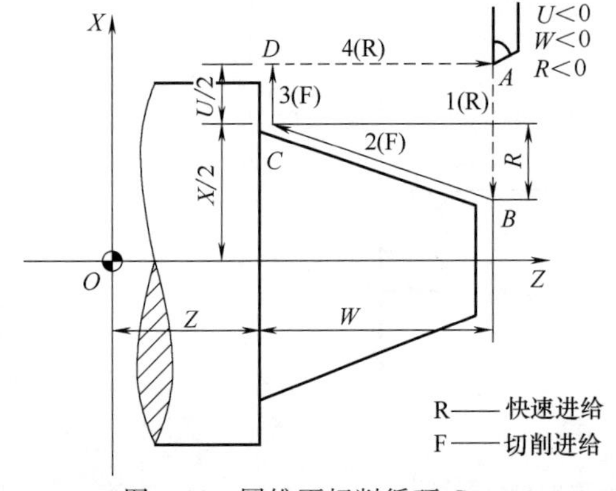

图 3-11　圆锥面切削循环 G90

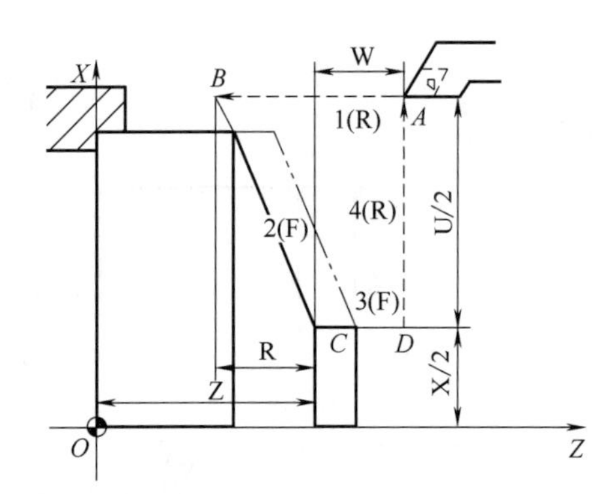

图 3-12　圆锥端面切削循环 G94

坐标值；R 为切削起点与切削终点 Z 轴绝对坐标的差值，当 R 与 U 的符号不同时，要求 $|R| \leqslant |W|$；F 为切削进给速度。

② 格式说明：

a. 图 3-12 所示为圆锥端面车削循环运动轨迹，刀具从 $A \rightarrow B$ 为快速进给，因此在编程时，A 点在轴向和径向上要离开工件一段距离，以保证快速进刀时的安全；刀具从 $B \rightarrow C$ 为切削进给，按照指令中的 F 值进给；刀具从 $C \rightarrow D$ 时也为切削进给，为了提高生产率，D 点在轴向上不要离工件太远；刀具从 D 快速返回起点 A，循环结束。

b. 进行编辑时，应注意 R 的符号，确定的方法是：锥面起点坐标大于终点坐标时为正，反之为负。

(2) 外圆锥面加工

1) G01 加工锥体

可以应用直线插补 G01 指令加工圆锥工件，但在加工中一定要注意刀尖圆弧半径补偿，否则加工的锥体将会有加工误差。如图 3-13 所示工件，应用 G01 来完成锥面的加工。

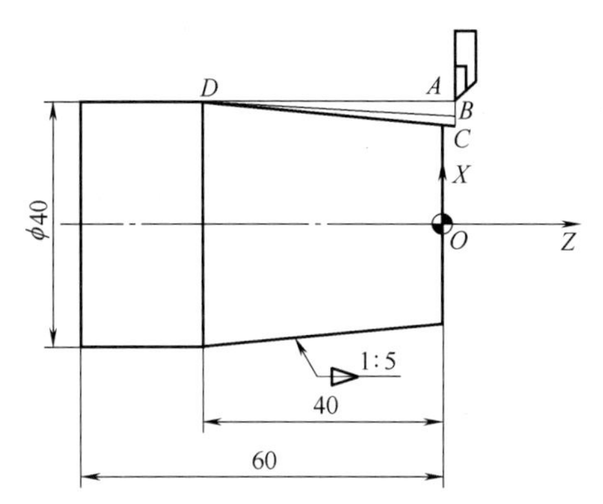

图 3-13 圆锥面车削加工路线

由图可知，C 点 $X = d = D - CL = 40 - \frac{1}{5} \times 42 = 31.6$ (mm)。

由此，可以确定粗车第一刀起点坐标值为（X35，Z2.0），粗车第二刀起点坐标值为（X32.6，Z2.0），精车起点坐标为（X31.6，Z2.0）。参考程序见表 3-6。

表 3-6 G01 加工锥体参考程序

参考程序	注释
O3003;	程序名
N5 T0101;	调用 01 号刀具，执行 01 号刀补
N10 S500 M03;	主轴正转，转速 500r/mm
N20 G00 X40.0 Z2.0;	快速进刀至起刀点
N30 X35.0;	进刀至切入点
N40 G01 X40.0 Z−40.0 F0.2;	第一层粗车，进给量 0.2mm/r
N50 G00 Z2.0;	Z 向退刀
N60 X32.6;	X 向进刀至切入点
N70 G01 X40.0 Z−40.0 F0.2;	第二层粗车
N80 G00 Z2.0;	Z 向退刀
N90 M03 S1000;	主轴变速，主轴转速为 1000r/min
N100 G42 X31.6;	进刀至精加工切入点，并建立刀尖圆弧半径右补偿
N110 G01 X40.0 Z−40.0 F0.1;	精车锥体
N120 X45.0;	X 向退刀
N130 G40 G00 X100.0 Z100.0;	取消刀尖圆弧半径补偿，刀具退至换刀点
N140 M30;	程序结束

2) G90 加工锥面

对如图 3-14 所示圆锥面，用循环方式编制一个粗车圆锥面的加工程序，其加工程序见表 3-7。

注意：N40 程序段中的 R 值计算，必须考虑刀具 Z 向起点（Z2.0），否则将导致加工锥度不正确。

3) G94 加工锥面

如图 3-15 所示，用端面切削循环方式编制一个图示零件的加工程序（毛坯直径为 50mm），加工程序见表 3-8。

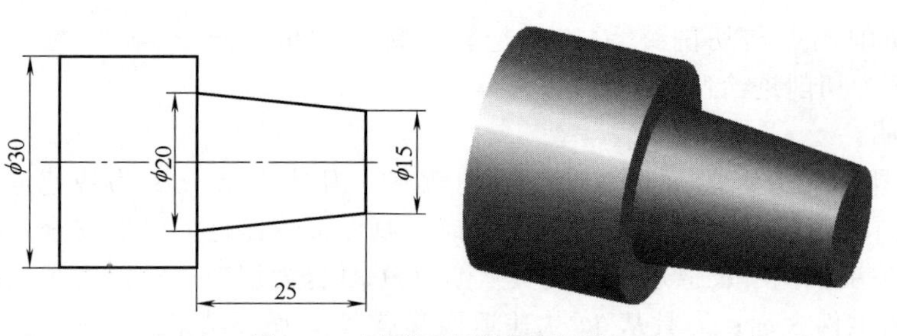

图 3-14 圆锥面切削循环示例

表 3-7 圆锥面切削循环（G90）示例参考程序

参考程序	注释
O3004；	程序名
N10 T0101；	选 1 号刀，执行 1 号刀补
N20 M03 S800；	主轴正转，转速为 800r/min
N30 G00 X35.0 Z2.0；	快速靠近工件
N40 G90 X26.0 Z−25.0 R−2.7 F0.2；	第一次循环加工
N50 X22.0；	第二次循环加工
N60 X20.0；	第三次循环加工
N70 G00 X100.0 Z50.0；	快速回安全点
N80 M30；	程序结束

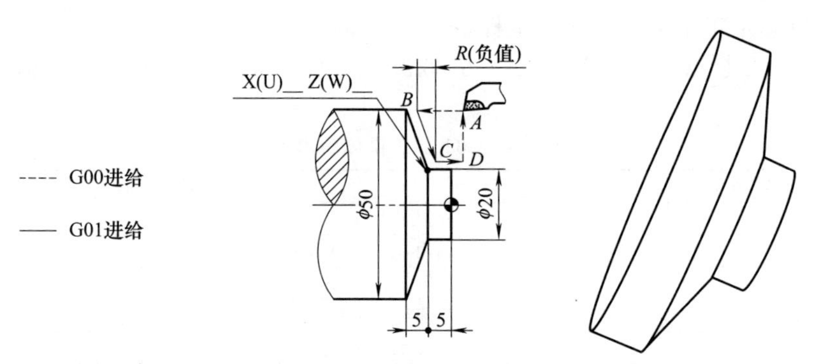

图 3-15 圆锥端面切削循环示例

表 3-8 圆锥端面切削循环（G94）示例参考程序

参考程序	注释
O3005；	程序名
N10 M03 S600；	主轴正转，转速为 600r/min
N20 T0101；	调用 01 号刀，执行 01 号刀补
N30 G00 X52.0 Z2.0；	快速到达循环起点
N40 G94 X20.0 Z5.0 R−5.5 F0.2；	圆锥面循环第一次
N50 Z3.0；	圆锥面循环第二次
N60 Z1.0；	圆锥面循环第三次
N70 Z−1.0；	圆锥面循环第四次
N80 Z−3.0；	圆锥面循环第五次
N90 Z−4.5；	圆锥面循环第六次，留 0.5mm 精车余量
N100 Z−5.0 S1200 F0.1；	精车
N110 G40 G00 X100.0 Z100.0；	快速返回起刀点
N120 M05；	主轴停
N130 M30；	程序结束

3.2.3　圆弧面加工

(1) 圆弧面加工指令

圆弧插补指令使刀具相对工件以指定的速度从当前点（起始点）向终点进行圆弧插补。G02 为顺时针圆弧插补，G03 为逆时针圆弧插补，如图 3-16 所示。

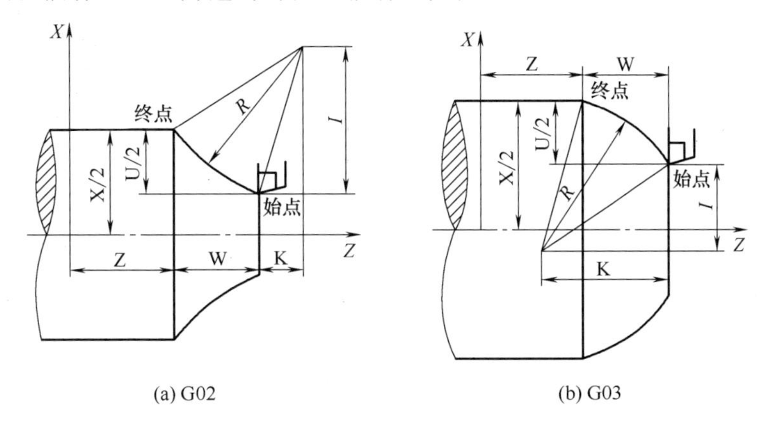

图 3-16　圆弧插补指令

1）指令格式

$$\left.\begin{matrix}G02\\G03\end{matrix}\right\}X(U)\_\ Z(W)\_\ \left\{\begin{matrix}I\_\ K\_\\R\_\end{matrix}\right\}F\_;$$

指令格式中各程序字的含义见表 3-9。

表 3-9　圆弧插补指令各程序字的含义

程序字	指定内容	含　义
X__ Z__	终点位置	圆弧终点的绝对坐标值
U__ W__		圆弧终点相对于圆弧起点的增量坐标值
I__ K__	圆心坐标	圆心在 X、Z 轴方向上相对于圆弧起点的增量坐标值
R__	圆弧半径	圆弧半径

2）顺时针圆弧与逆时针圆弧的判别

在使用圆弧插补指令时，需要判断刀具是沿顺时针还是沿逆时针方向加工零件。判别方法是：沿圆弧所在平面（数控车床为 XZ 平面）的另一个轴（数控车床为 Y 轴）的正方向看该圆弧，顺时针方向为 G02，逆时针方向为 G03。在判别圆弧的顺逆方向时，一定要注意刀架的位置及 Y 轴的方向，如图 3-17 所示。

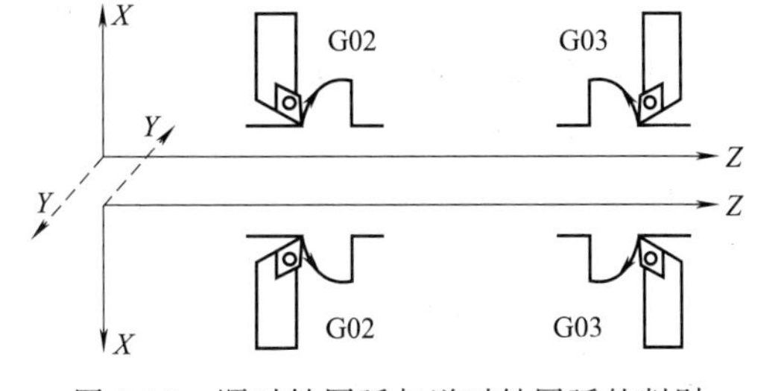

图 3-17　顺时针圆弧与逆时针圆弧的判别

3）圆心坐标的确定

圆心坐标 I、K 值为圆弧起点到圆弧圆心的矢量在 X、Z 轴方向上的投影，如图 3-18 所示。I、K 为增量值，带有正负号，且 I 值为半径值。I、K 的正负取决于该矢量方向与坐标轴方向的异同，相同者为正，相反者为负。若已知圆心坐标和圆弧起点坐标，则 $I=X_{圆心}-X_{起点}$（半径差），$K=Z_{圆心}-Z_{起点}$。图 3-18 中，I 值为 -10，K 值为 -20。

4）圆弧半径的确定

圆弧半径 R 有正值与负值之分。当圆弧所对的圆心角小于或等于 180°时，R 取正值；当圆弧所对的圆心角大于180°并小于360°时，R 取负值，如图3-19所示。通常情况下，在数控车床上所加工的圆弧的圆心角小于180°。

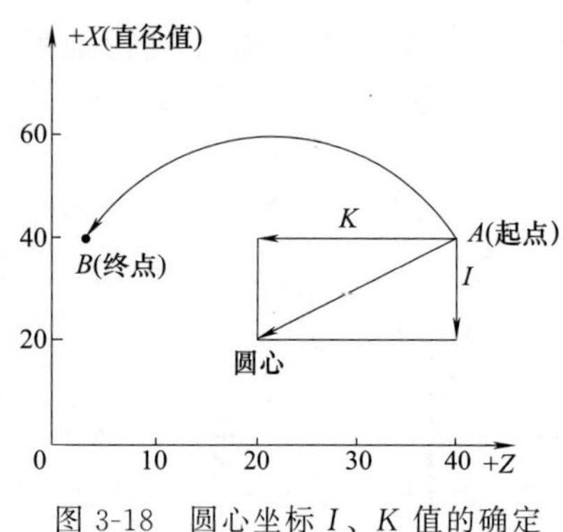

图3-18　圆心坐标 I、K 值的确定

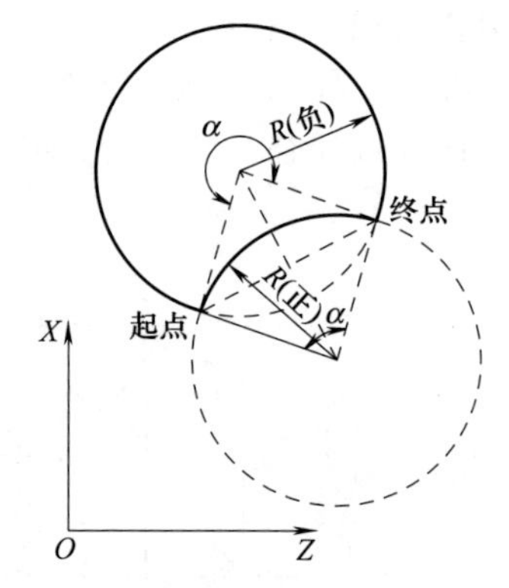

图3-19　圆弧半径 R 正负的确定

5）编程实例

编制如图3-20所示圆弧精加工程序。$P_1 \rightarrow P_2$ 圆弧加工程序见表3-10。

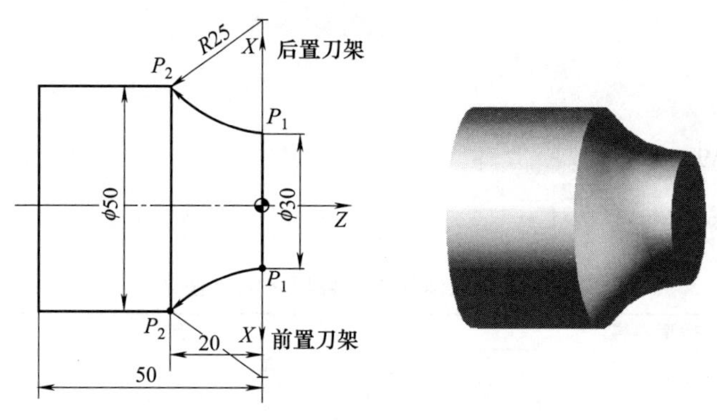

图3-20　圆弧编程实例

表3-10　$P_1 \rightarrow P_2$ 圆弧加工程序

编程方式	指定圆心 I、K	指定半径 R
绝对值编程	G02 X50.0 Z−20.0 I25.0 K0 F0.3;	G02 X50.0 Z−20.0 R25.0 F0.3;
增量值编程	G02 U20.0 W−20.0 I25.0 K0 F0.3;	G02 U20.0 W−20.0 R25.0 F0.3;

（2）圆弧面的车削示例

1）车锥法加工圆弧

如图3-21所示，先用车锥法粗车掉以 AB 为母线的圆锥面外的余量，再用圆弧插补粗车右半球。

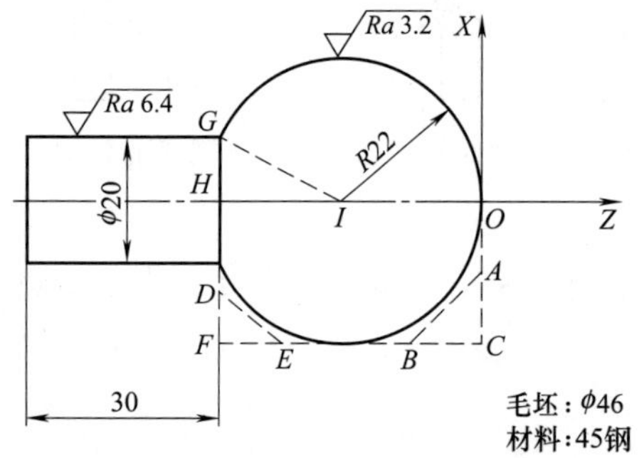

图3-21　车锥法加工圆弧示例

① 相关计算：确定点 A、B 两点坐标。经平面几何的推算，得出一简单公式：

$$CA=CB=\frac{R}{2}\text{，即 } CA=CB=\frac{22}{2}=11(\text{mm})$$

所以 A 点坐标为（22，0），B 点坐标为（44，−11）。

② 参考程序（用车锥法车掉以 AB 为母线的圆锥面外的余量）见表3-11。

表 3-11 车锥法加工圆弧参考程序

程序	说明
O3006；	程序名
……	……
N50 G42 G01 X46.0 Z0.0 F0.2；	车刀右补偿
N60 U－4.0；	进刀，准备车第一刀
N70 X44.0 Z－1.0；	车第一刀锥面
N80 G00 Z0.0；	退刀
N90 G01 U－8.0 F0.2；	进刀，准备车第二刀
N100 X44.0 Z－3.0；	车第二刀锥面
N110 G00 Z0.0；	退刀
N120 G01 U－12.0 F0.2；	进刀，准备车第三刀
N130 X44.0 Z－5.0；	车第三刀锥面
N140 G00 Z0.0；	退刀
N150 G01 U－16.0 F0.2；	进刀，准备车第四刀
N160 X44.0 Z－7.0；	车第四刀锥面
N170 G00 Z0.0；	退刀
N180 G01 U－20.0 F0.2；	进刀，准备车第五刀
N190 X44.0 Z－9.0；	车第五刀锥面
N200 G00 Z0.0；	退刀
N210 G01 U－24.0 F0.2；	进刀，准备车第六刀
N220 X44.0 Z－11.0；	车第六刀锥面
N230 G00 Z0.0；	退刀
N240 G01 X0.0 F100；	退刀
N250 G03 X44.0 Z－22.0 R22.0 F0.1；	圆弧插补右半球
N260 G00 X100.0 ；	*X* 向退刀
N270 G40 G00 Z50.0；	*Z* 向退刀，并取消刀尖圆弧半径补偿
……	……

同样的方法车掉以 *DE* 为母线的圆锥面外的余量，再用圆弧插补车削左半球，留给读者自己做练习，要注意使用车刀的角度。

2）车圆法加工圆弧

圆心不变，圆弧插补半径依次减小（或增大：车凹形圆弧）一个吃刀深度，直到满足尺寸要求，如图 3-22 所示。

① 相关计算。*BC* 圆弧的起点坐标为（X20.0，Z0），终点坐标为（X44.0，Z－12.0），半径为 *R*12；依此类推，可知同心圆的起点、终点及半径为：

（X20.0，Z2），（X48.0，Z－12.0），*R*14；

（X20.0，Z4），（X52.0，Z－12.0），*R*16；

（X20.0，Z6），（X56.0，Z－12.0），*R*18；

（X20.0，Z8），（X60.0，Z－12.0），*R*20。

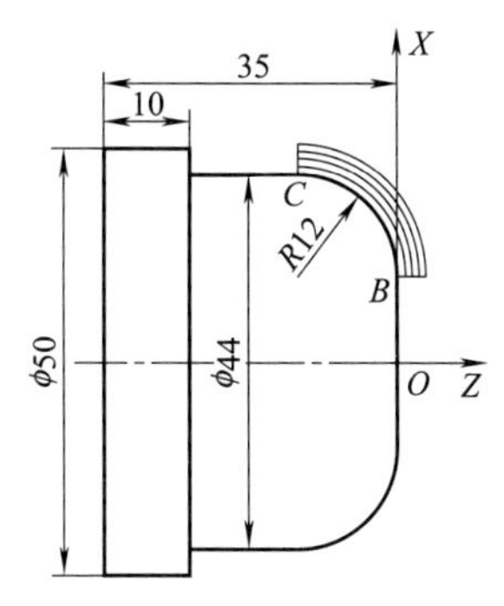

图 3-22 车圆法加工圆弧示例

② 参考程序见表 3-12。

表 3-12 车圆法加工圆弧参考程序

程序	说明
O3007；	程序名
……	……
N130 G42 G01 X20.0 Z8.0 F0.2；	快速到达圆弧加工起点
N140 G03 X60.0 Z－12.0 R20.0；	圆弧插补第一刀
N150 G00 Z6.0；	*Z* 向退刀

续表

程　序	说　明
N160 X20.0；	X 向进刀，准备车第二刀
N170 G03 X56.0 Z－12.0 R18.0 F0.2；	圆弧插补第二刀
N180 G00 Z4.0；	Z 向退刀
N190 X20.0；	X 向进刀，准备车第三刀
N200 G03 X52.0 Z－12.0 R16.0 F0.2；	圆弧插补第三刀
N210 G00 Z2.0；	Z 向退刀
N220 X20.0；	X 向进刀，准备车第四刀
N230 G03 X48.0 Z－12.0 R14.0 F0.2；	圆弧插补第四刀
N240 G00 Z0.0；	Z 向退刀
N250 X20.0；	X 向进刀，准备车第五刀
N260 G03 X44.0 Z－12.0 R12.0 F0.2；	圆弧插补至尺寸要求
N270 G01 Z－25.0；	车削 ϕ44mm 外圆
……	……

这种插补方法适用于起、终点正好为四分之一圆弧或半圆弧，每车一刀 *X*、*Z* 方向分别改变一个吃刀深度。

3）移圆法（圆心偏移）加工圆弧

圆心依次偏移一个吃刀深度，直至满足尺寸要求，如图 3-23 所示。

① 相关计算。由图 3-23 可知：

A 点坐标为（X38.0，Z－13.0），*B* 点坐标为（X38.0，Z－47.0）；

C 点坐标为（X42.0，Z－13.0），*D* 点坐标为（X42.0，Z－47.0）；

E 点坐标为（X46.0，Z－13.0），*F* 点坐标为（X46.0，Z－47.0）。

② 参考程序见表 3-13。

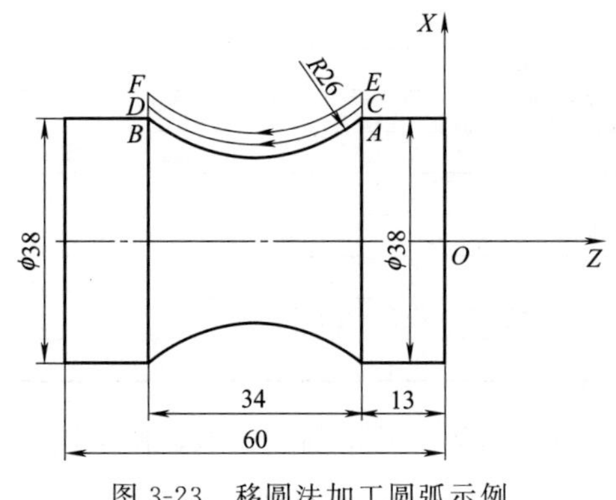

图 3-23　移圆法加工圆弧示例

表 3-13　移圆法加工圆弧参考程序

程　序	说　明
O3008；	程序名
……	……
N90 G00 Z－13.0；	Z 向进刀
N100 G01 X46.0 F0.2；	X 向进刀
N110 G02 X46.0 Z－47.0 R26.0 F0.1；	圆弧插补第一刀
N120 G00 Z－13.0；	Z 向退刀
N130 G01 X42.0 F0.2；	X 向进一个吃刀深度
N140 G02 X42.0 Z－47.0 R26.0 F0.1；	圆弧插补第二刀
N150 G00 Z－13.0；	Z 向退刀
N160 G01 G42 X38.0 F0.2；	X 向进一个吃刀深度
N170 G02 X38.0 Z－47.0 R26.0 F0.1；	圆弧插补第三刀，至尺寸要求
……	……

这种圆弧插补方法中，*Z* 向坐标、圆弧半径 *R* 不需改变，每车一刀，*X* 向改变一个吃刀深度就可以了。

3.2.4　复合固定循环加工

对于铸、锻毛坯的粗车或用棒料直接车削过渡尺寸较大的阶台轴，需要多次重复进行车削，使用 G90 或 G94 指令编程仍然比较麻烦，而用 G71、G72、G73、G70 等复合固定循环指令，只要编写出精加工进给路线，给出每次切除余量或循环次数和精加工余量，数控系统即可自动计算出粗加工时的刀具路径，完成重复切削直至加工完毕。

(1) 内外圆粗车循环 (G71)

G71 指令适用于毛坯余量较大的外径和内径粗车，在 G71 指令后描述零件的精加工轮廓，数控系统根据精加工程序所描述的轮廓形状和 G71 指令内的各个参数自动生成加工路径，将粗加工待切除余料一次性切削完成。

1) 指令格式

G71 U (Δd) R (e)；

G71 P (ns) Q (nf) U (Δu) W (Δw) F _ S _ T _；

式中 Δd——X 向背吃刀量（半径量指定），不带符号，且为模态值；

e——退刀量，其值为模态值；

ns——精车程序第一个程序段的段号；

nf——精车程序最后一个程序段的段号；

Δu——X 方向精车余量的大小和方向，用直径量指定（另有规定则除外）；

Δw——Z 方向精车余量的大小和方向；

F、S、T——粗加工循环中的进给速度、主轴转速与刀具功能。

2) 本指令的运动轨迹及工艺说明

G71 粗车循环的运动轨迹如图 3-24 所示。刀具从循环起点（C 点）开始，快速退刀至 D 点，退刀量由 Δw 和 $\Delta u/2$ 值确定；再快速沿 X 向进刀 Δd（半径值）至 E 点；然后按 G01 进给至 G 点后，沿 45°方向快速退刀至 H 点（X 向退刀量由 e 值确定）；Z 向快速退刀至循环起始的 Z 值处（I 点）；再次 X 向进刀至 J 点（进刀量为 $e+\Delta d$）进行第二次切削；该循环至粗车完成后，再进行平行于精加工表面的半精车（这时，刀具沿精加工表面分别留出 Δw 和 Δu 的加工余量）；半精车完成后，快速退回循环起点，结束粗车循环所有动作。

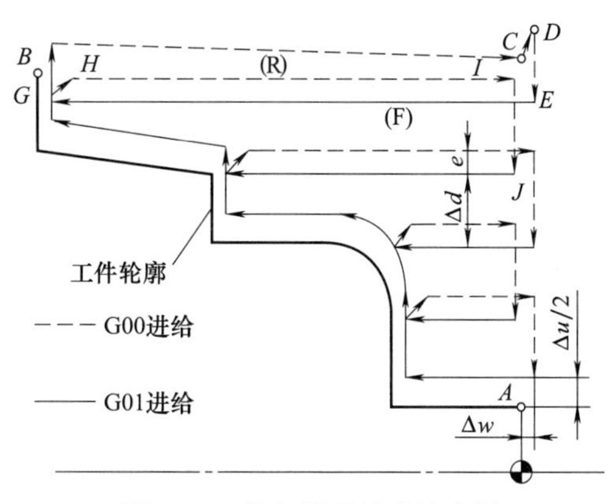

图 3-24 粗车循环运动轨迹图

指令中的 F 和 S 值是指粗加工循环中的进给速度和主轴转速，该值一旦指定，则在程序段段号“ns”和“nf”之间所有的 F 和 S 值均无效。另外，该值也可以不加指定而沿用前面程序段中的 F 值，并可沿用至粗、精加工结束后的程序中去。

通常情况下，FANUC 0i 系统粗加工循环中的轮廓外形必须采用单调递增或单调递减的形式，否则会产生凹形轮廓不是分层切削而是在半精加工时一次性切削的情况（如图 3-25 所示）。当加工图示凹圆弧 AB 段时，阴影部分的加工余量在粗车循环时，因其 X 向的递增与递减形式并存，故无法进行分层切削而在半精车时进行一次性切削。

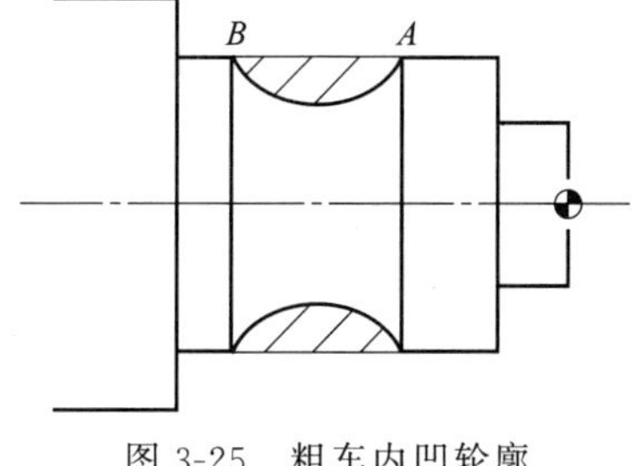

图 3-25 粗车内凹轮廓

在 FANUC 系列的 G71 循环中，顺序号“ns”程序段必须沿 X 向进刀，且不能出现 Z 轴的运动指令，否则系统会出现程序报警。

N100 G01 X30.0； （正确的“ns”程序段）

N100 G01 X30.0 Z2.0；　（错误的“*ns*”程序段，程序段中出现了 *Z* 轴的运动指令）

例　试用复合固定循环指令编写图 3-26 所示工件的粗加工程序。

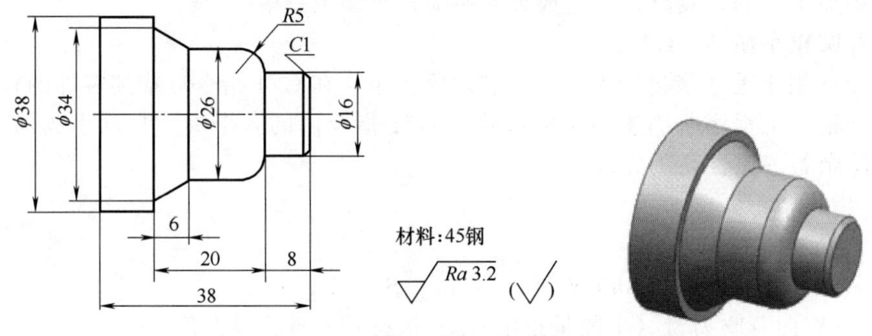

图 3-26　复合固定循环编程实例

编程如下：

```
O3009；
G99 G40 G21；
T0101；
G00 X100.0 Z100.0；
M03 S600；
G00 X42.0 Z2.0；              (快速定位至粗车循环起点)
G71 U1.0 R0.3；               (粗车循环,指定进刀与退刀量)
G71 P10 Q20 U0.3 W0.0 F0.2；  (指定循环所属的首、末程序段,精车余量与进给速度)
N10 G00 X14.0；               (也可用 G01 进刀,不能出现 Z 坐标字)
G01 Z0.0 F0.1 S1200；         (精车时的进给量和转速)
X16.0 Z-1.0；
Z-8.0；
G03 X26.0 Z-13.0 R8.0；
G01 Z-22.0；
X34.0 Z-28.0；
X38.0；
Z-38.0；
N20 G01 X42.0；
G00 X100.0 Z100.0；
M30；
```

(2) 精车循环 (G70)

1) 指令格式

G70 P (*ns*) Q (*nf*)；

式中，*ns* 为精车程序第一个程序段的段号；*nf* 为精车程序最后一个程序段的段号。

2) 本指令的运动轨迹及工艺说明

执行 G70 循环时，刀具沿工件的实际轨迹进行切削，如图 3-24 中轨迹 *A*—*B* 所示。循环结束后刀具返回循环起点。

G70 指令用在 G71、G72、G73 指令的程序内容之后，不能单独使用。

精车之前，如需进行转刀，则应注意转刀点的选择。对于倾斜床身后置式刀架，一般先回机床参考点，再进行转刀，编程时，可在上例的 N20 程序段后插入如下所列“程序一”的内容。而选择水平床身前置式刀架的转刀点时，通常应选择在转刀过程中，刀具不与工件、夹具、顶尖干涉的位置，其转刀程序如“程序二”所示。

程序一：

G28 U0 W0；　（返回机床参考点，如果使用了顶尖，则要考虑先返回 X 参考点，再返回 Z 参考点）

T0202；　（转 2 号精车刀）

G00 X52.0 Z2.0；（返回循环起点）

程序二：

G00 X100.0 Z100.0；或 G00 X150.0 Z20.0；（前一程序段未考虑顶尖位置，后一程序段则已考虑了顶尖位置）

T0202；

G00 X52.0 Z2.0；　（返回循环起点）

G70 执行过程中的 F 和 S 值，由段号“*ns*”和“*nf*”之间给出的 F 和 S 值指定，如前例中 N10 的后一个程序段所示。

精车余量的确定：精车余量的大小受机床、刀具、工件材料、加工方案等因素影响，故应根据前、后工步的表面质量，尺寸、位置及安装精度进行确定，其值不能过大也不宜过小。确定加工余量的常用方法有经验估算法、查表修正法、分析计算法三种。车削内、外圆时的加工余量采用经验估算法一般取 0.2～0.5mm。另外，在 FANUC 系统中，还要注意加工余量的方向性，即外圆的加工余量为正，内孔加工余量为负。

（3）端面粗车循环（G72）

端面粗车循环适用于 Z 向余量小、X 向余量大的棒料粗加工。

1）指令格式

G72 W $\underline{(\Delta d)}$ R $\underline{(e)}$；

G72 P $\underline{(ns)}$ Q $\underline{(nf)}$ U $\underline{(\Delta u)}$ W $\underline{(\Delta w)}$ F__ S__ T__；

式中，Δd 为 Z 向背吃刀量，不带符号，且为模态值；其余参数与 G71 指令中的参数相同。

2）本指令的运动轨迹及工艺说明

G72 循环加工轨迹如图 3-27 所示。该轨迹与 G71 轨迹相似，不同之处在于该循环是沿 Z 向进行分层切削的。

G72 循环所加工的轮廓形状，必须采用单调递增或单调递减的形式。

在 FANUC 系统的 G72 循环指令中，顺序号“*ns*”所指程序段必须沿 Z 向进刀，且不能出现 X 轴的运动指令，否则会出现程序报警。

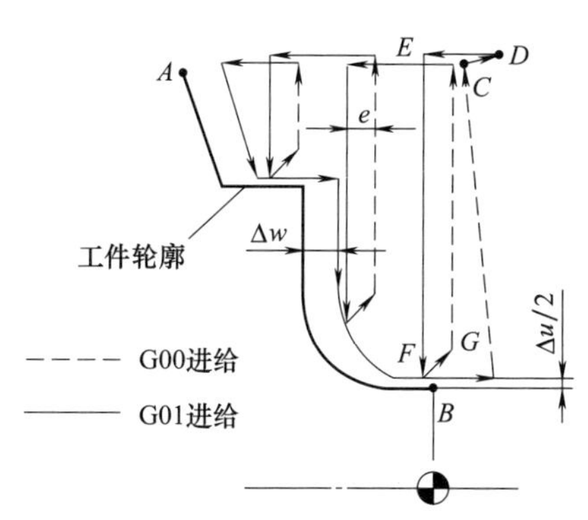

图 3-27　平端面粗车循环轨迹图

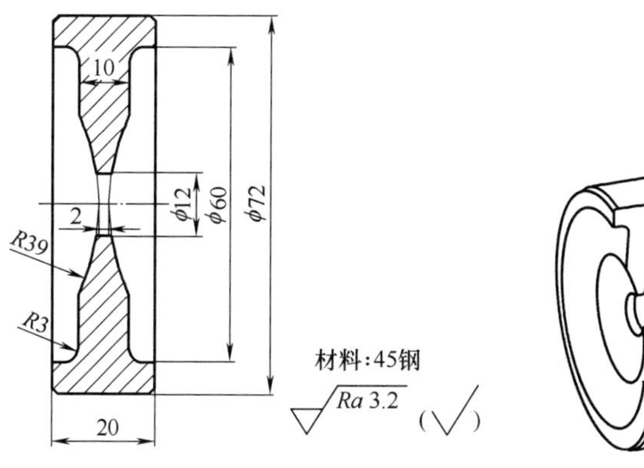

图 3-28　平端面粗车循环示例

N100 G01 Z−30.0；（正确的“ns”程序段）

N100 G01 X30.0 Z−30.0；（错误的“ns”程序段，程序段中出现了 X 轴的运动指令）。

3）编程实例

例 试用 G72 和 G70 指令编写图 3-28 所示内轮廓（ϕ12mm 的孔已钻好）的加工程序。

编程如下：

```
O3010;
G99 G40 G21;
T0101;
G00 X100.0 Z100.0;
M03 S600;
G00 X10.0 Z10;                   (快速定位至粗车循环起点)
G72 W1.0 R0.3;
G72 P10 Q20 U−0.05 W0.3 F0.2;    (精车余量 Z 向取较大值)
N10 G01 Z−8.68 F0.1 S1200;
    G02 X34.40 Z−5.0 R39.0;
    G01 X54.0;
    G02 X60.0 Z−2.0 R3.0;
N20 G01 Z.0;
G70 P10 Q20;
G00 X100.0 Z100.0;
M30;
```

（4）固定形状粗车循环（G73）

G73 指令适用于毛坯轮廓形状与零件轮廓形状基本接近的毛坯件的粗车，如一些锻件、铸件的粗车。

1）指令格式

G73 U $\underline{(\Delta i)}$ W $\underline{(\Delta k)}$ R $\underline{(d)}$；

G73 P $\underline{(ns)}$ Q $\underline{(nf)}$ U $\underline{(\Delta u)}$ W $\underline{(\Delta w)}$ F__ S__ T__；

式中，Δi 为 X 轴方向的退刀量的大小和方向（半径量指定），该值是模态值；Δk 为 Z 轴方向的退刀量的大小和方向，该值是模态值；d 为分层次数（粗车重复加工次数）；其余参数请参照 G71 指令。

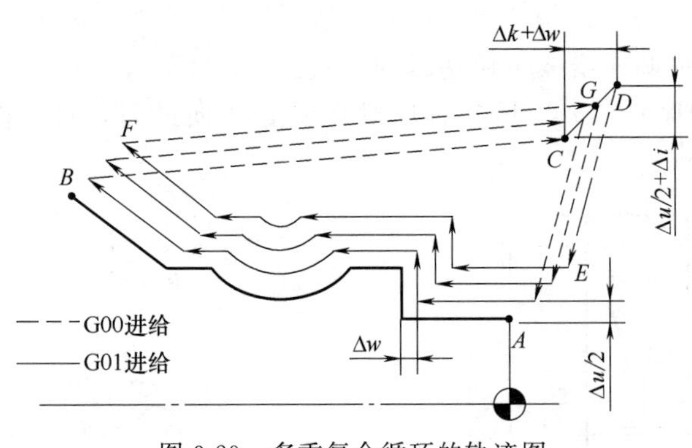

图 3-29 多重复合循环的轨迹图

2）本指令的运动轨迹及工艺说明

G73 复合循环的轨迹如图 3-29 所示。

①刀具从循环起点（C 点）开始，快速退刀至 D 点（在 X 向的退刀量为 $\Delta u/2+\Delta i$，在 Z 向的退刀量为 $\Delta w+\Delta k$）。

② 快速进刀至 E 点（E 点坐标值由 A 点坐标、精加工余量、退刀量 Δi 和 Δk 及粗切次数确定）。

③ 沿轮廓形状偏移一定值后进行切削至 F 点。

④ 快速返回 G 点，准备第二层循环切削。

⑤ 如此分层（分层次数由循环程序中的参数 d 确定）切削至循环结束后，快速退回循环起点（C 点）。

⑥ G73 循环主要用于车削固定轨迹的轮廓。这种复合循环可以高效地切削铸造成形、锻造成形或已粗车成形的工件。对不具备类似成形条件的工件，如采用 G73 进行编程与加工，则反而会增加刀具在切削过程中的空行程，而且也不便于计算粗车余量。

⑦ G73 程序段中，“*ns*”所指程序段可以向 *X* 轴或 *Z* 轴的任意方向进刀。

⑧ G73 循环加工的轮廓形状，没有单调递增或单调递减形式的限制。

3）编程实例

例 试用 G73 指令编写图 3-30 所示工件右侧外形轮廓（左侧加工完成后采用一夹一顶的方式进行装夹）的加工程序，毛坯为 ϕ55mm×80mm。

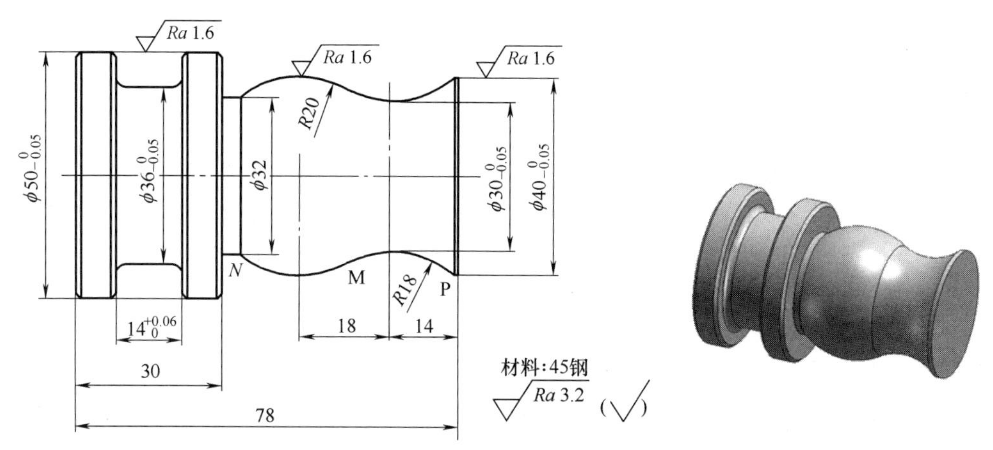

图 3-30 多重复合循环编程示例

分析：完成本例时，应注意刀具及刀具角度的正确选择，以保证刀具在加工过程中不产生过切。本例中，刀具采用菱形刀片可转位车刀，其刀尖角为 35°，副偏角为 52°，适合本例工件的加工要求（加工本例工件所要求的最大副偏角位于图中 *N* 点处，约为 35°）。

计算出局部基点坐标为：*P*(40.0，−0.71)；*M*(34.74，−22.08)；*N*(32.0，−44.0)。另外，本例工件最好采用刀尖圆弧半径补偿进行加工。

编程如下：

```
O3011;
G99 G40 G21;
T0101;
G00 X100.0 Z100.0;
M03 S800;
G00 X52.0 Z2.0;                    (快速定位至粗车循环起点)
G73 U11.0 W0 R8.0;                 (X 向分 8 次切削,直径方向总切深为 24mm)
G73 P100 Q200 U0.3 W0 F0.2;
N100 G42 G00 X20.0 F0.05 S1500;    (刀尖圆弧半径补偿)
     G01 Z-0.71;
     G02 X34.74 Z-22.08 R18.0;
     G03 X32.0 Z-44.0 R20.0;
     G01 Z-48.0;
     X48.0;
     X50.0 Z-49.0;
N200 G40 G01 X52.0;                (取消刀具半径补偿)
```

```
G70 P100 Q200;
G00 X100.0 Z100.0;
M30;
```

注意：采用固定循环加工内外轮廓时，如果编写了刀尖圆弧补偿指令，则仅在精加工过程中才执行刀尖圆弧补偿，在粗加工过程中不执行刀尖圆弧补偿。

3.3 内轮廓加工

3.3.1 孔加工工艺

在数控车床上加工孔的方法有很多种，但最常用的主要有钻孔、车孔等。

(1) 钻孔

钻孔主要用于在实心材料上加工孔，有时也用于扩孔。钻孔刀具较多，有普通麻花钻、可转位浅孔钻及扁钻等，应根据工件材料、加工尺寸及加工质量要求等合理选用。使用数控车床钻孔，大多是采用普通麻花钻，如图 3-31 所示。

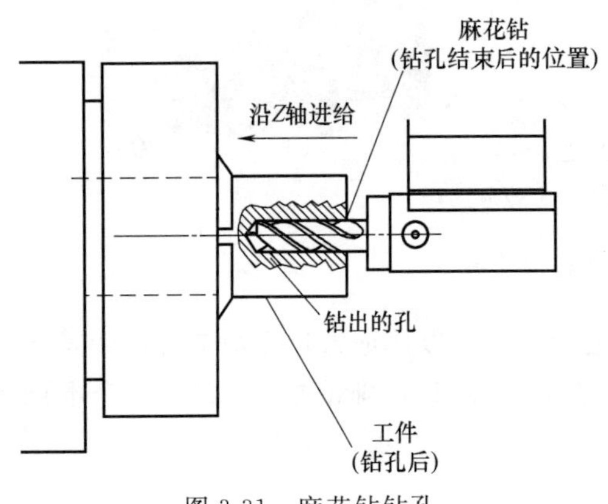

图 3-31 麻花钻钻孔

使用数控机床钻孔时，因无夹具钻模导向，受两切削刃上切削力不对称的影响，容易产生钻孔偏斜，故要求钻头的两切削刃必须有较高的刃磨精度（两刃长度一致，顶角 2ϕ 对称于钻头中心线或先用中心钻定中心，再用钻头钻孔）。

麻花钻钻孔时切下的切屑体积大，排屑困难，产生的切削热大而冷却效果差，使得刀刃容易磨损，因而限制了钻孔的进给量和切削速度，降低了钻孔的生产率。可见，钻孔加工精度低（IT12～IT13）、表面粗糙度值大（Ra12.5μm），一般只能用于粗加工。钻孔后，可以通过扩孔、铰孔或镗孔等方法来提高孔的加工精度和减小表面粗糙度值。

(2) 车孔

对于铸造孔、锻造孔或用钻头钻出的孔，为达到所要求的尺寸精度、位置精度和表面粗糙度，可采用车孔的方法进行半精加工和精加工。车孔后的精度一般可达 IT7～IT8，表面粗糙度可达 Ra1.6～3.2μm，精车可达 Ra0.8μm。

1) 内孔车刀种类

根据不同的加工情况，内孔车刀可分为通孔车刀和盲孔车刀两种（见图 3-32）。

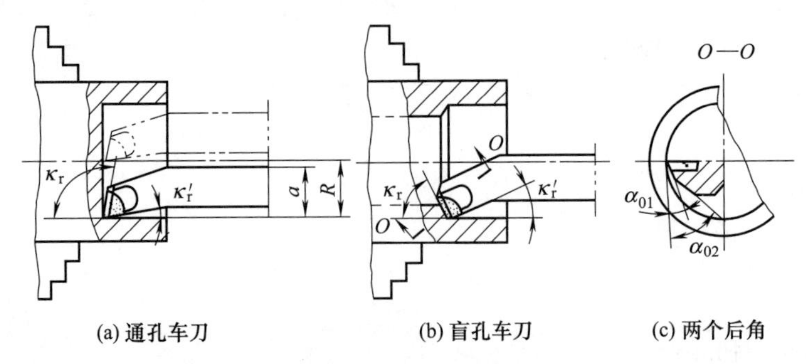

图 3-32 内孔车刀

① 通孔车刀。切削部分的几何形状基本上与外圆车刀相似［见图 3-32（a）］，为了减小径向切削抗力，防止车孔时振动，主偏角 κ_r 应取得大些，一般在 60°～75°之间，副偏角 κ_r' 一般为 15°～30°。为了防止内孔车刀后面和孔壁的摩擦，又不使后角磨得太大，一般磨成两个后角，如图 3-32（c）所示的 α_{01} 和 α_{02}，其中 α_{01} 取 6°～12°，α_{02} 取 30°左右。

② 盲孔车刀。盲孔车刀用于车削盲孔或台阶孔，切削部分的几何形状基本上与偏刀相似，它的主偏角 κ_r 大于 90°，一般为 92°～95°［见图 3-32（b）］，后角的要求和通孔车刀一样。不同之处是盲孔车刀夹在刀杆的最前端，刀尖到刀杆外端的距离 a 小于孔半径 R，否则无法车平孔的底面。

内孔车刀可做成整体式［见图 3-33（a）］，为节省刀具材料和增加刀柄强度，也可把高速钢或硬质合金做成较小的刀头，安装在碳钢或合金钢制成的刀柄前端的方孔中，并在顶端或上面用螺钉固定［见图 3-33（b）、（c）］。

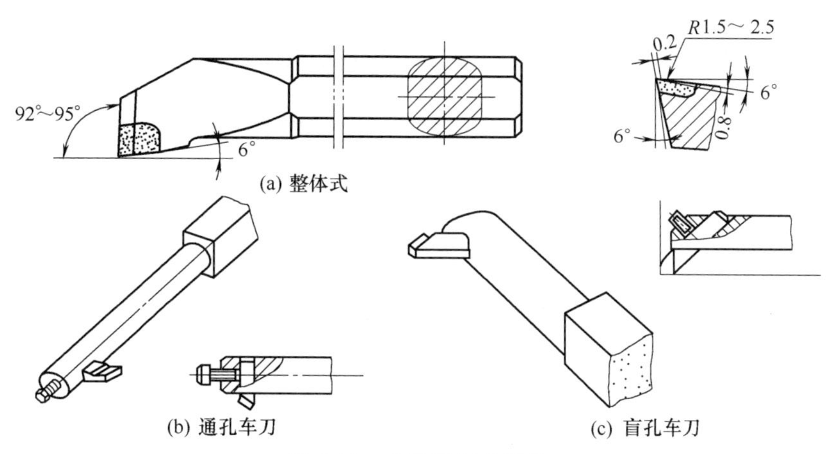

图 3-33　内孔车刀的结构

2）车孔的关键技术

车内孔是最常见的车工技能，它与车削外圆相比，无论是加工还是测量都困难得多。特别是对加工内孔的刀具而言，刀杆的粗细受到孔径和孔深的限制，因而刚度、强度较弱，且在车削过程中空间狭窄，排屑和散热条件较差，对延长刀具的使用寿命和提高工件的加工质量都十分不利，所以必须注意解决上述问题。

① 增加内孔车刀的刚度。

a. 尽量增大刀柄的截面积，通常内孔车刀的刀尖位于刀柄的上面，这样刀柄的截面积较小，还不到孔截面积的 1/4［见图 3-34（b）］。若使内孔车刀的刀尖位于刀柄的中心线上，那

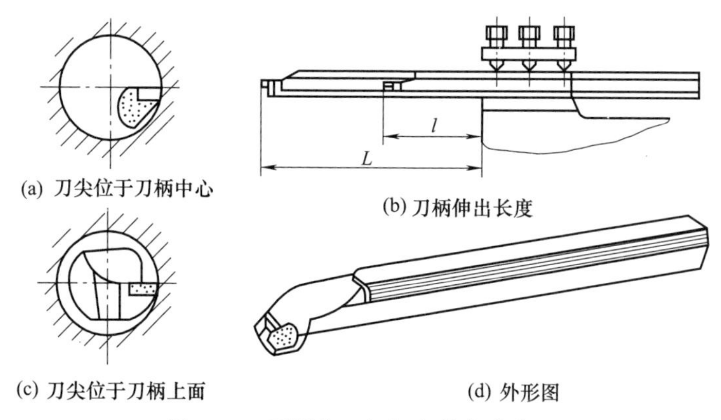

图 3-34　可调节刀柄长度的内孔车刀

么刀柄在孔中的截面积可大大地增加［见图 3-34（a）］。

b. 尽可能缩短刀柄的伸出长度，以增加车刀刀柄刚度，减小切削过程中的振动，如图 3-34（c）所示。此外还可将刀柄上下两个平面做成互相平行，这样就能很方便地根据孔深调节刀柄伸出的长度。

② 控制切屑流向。加工通孔时要求切屑流向待加工表面（前排屑），为此，采用正刃倾角的内孔车刀［见图 3-35（a）］；加工盲孔时，应采用负的刃倾角，使切屑从孔口排出［见图 3-35（b）］。

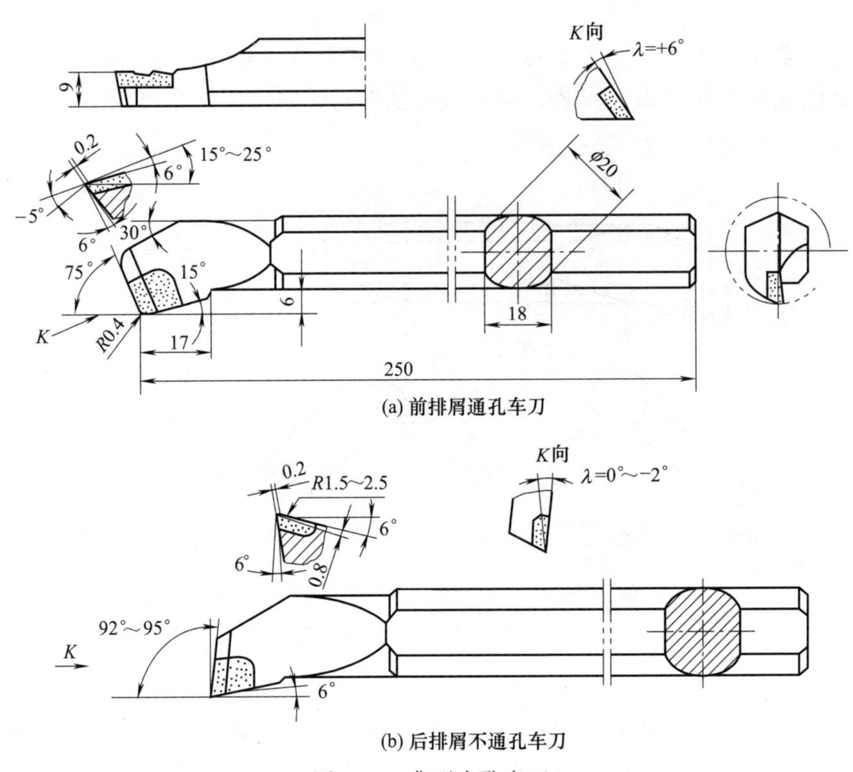

图 3-35　典型内孔车刀

3）内孔车刀的安装

内孔车刀安装的正确与否，直接影响到车削情况及孔的精度，所以在安装时一定要注意：

① 刀尖应与工件中心等高或稍高。如果装得低于中心，则切削抗力的作用容易将刀柄压低而产生扎刀现象，并造成孔径扩大。刀柄伸出刀架不宜过长，一般比被加工孔长 5～6mm 左右。

② 刀柄基本平行于工件轴线，否则在车削到一定深度时刀柄后半部容易碰到工件孔口。

③ 盲孔车刀装夹时，内偏刀的主刀刃应与孔底平面成 3°～5°角，并且在车平面时要求横向有足够的退刀余地。

4）工件的安装

车孔时，工件一般采用三爪自定心卡盘安装；对于较大和较重的工件可采用四爪单动卡盘安装。加工直径较大、长度较短的工件（如盘类工件等）时，必须找正外圆和端面。一般情况下先找正端面，再找正外圆，如此反复几次，直至达到要求为止。

3.3.2 孔加工编程

(1) 中心线上钻孔加工编程

用车床进行钻孔时，刀具在车床主轴中心线上加工，即 X 值为 0。

1）主运动模式

CNC 车床上所有中心线上孔加工的主轴转速：编程时都以恒转速 G97 模式（即每分钟的实际转数）来编写，而不使用恒线速度 G96 模式。

2）刀具趋近运动工件的程序段

首先将 Z 轴移动到安全位置，然后移动 X 轴到主轴中心线，最后将 Z 轴移动到钻孔的起始位置。这种方式可以减小钻头趋近工件时发生碰撞的可能性。相应程序为：

N10 T0200；

N20 G97 S300 M03；

N30 G00 Z5 M08；

N40 X0；

……

3）刀具切削和返回运动

相应程序为：

N50 G01 Z−30 F0.02；

N60 G00 Z2；

程序段 N50 为钻头的实际切削运动，切削完成后执行程序段 N60，钻头将 Z 向退出工件。

4）啄式钻孔循环 G74（深孔钻削循环）

① 啄式钻孔循环指令格式：

G74 R(e)；

G74 Z(W)__ Q(Δk) F__；

式中，e 为每次轴向（Z 轴）进刀后的轴向退刀量；Z(W) 为 Z 向终点坐标值（孔深）；Δk 为 Z 向每次的切入量，无正负符号，单位为 0.001mm。

② G74 加工路线如图 3-36 所示。

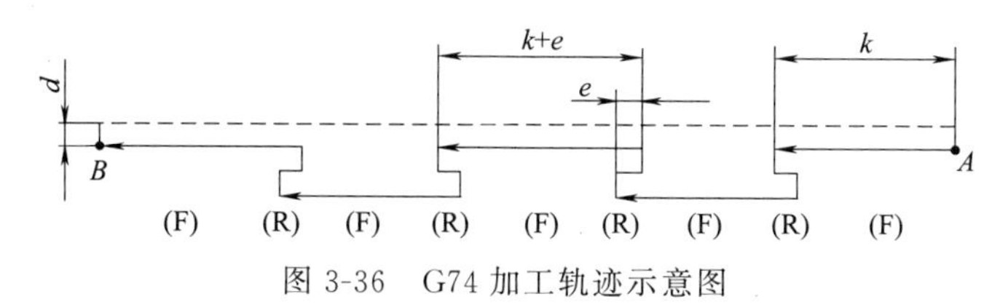

图 3-36 G74 加工轨迹示意图

③ 示例。加工如图 3-37 所示直径为 5mm，长为 50mm 的深孔，试用 G74 指令编制加工程序。

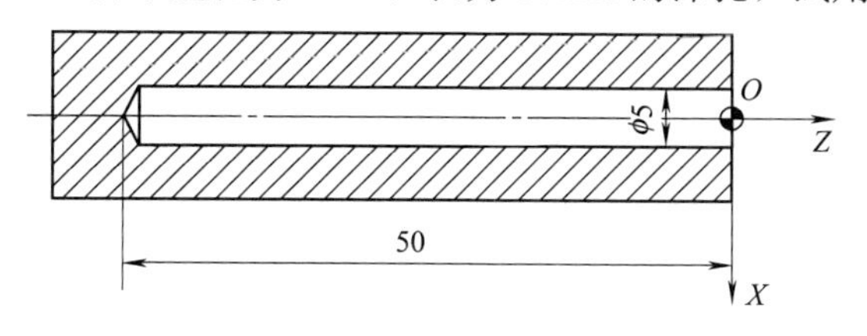

图 3-37 G74 加工示例

其加工程序见表 3-14。

表 3-14 G74 加工示例参考程序

参考程序	注释
O3012；	程序名
N10 M03 S100 T0202；	主轴正转，选 2 号刀及 2 号刀补
N20 G00 X100.0 Z50.0 M08；	快速定刀
N30 G00 X0.0 Z2.0；	快速移到循环起刀点

续表

参考程序	注释
N40 G74 R1.0；	轴向退刀量为 1mm
N50 G74 Z－50.0 Q10000 F0.02；	孔深 50mm，每次钻 10mm，进给速度 10mm/min
N60 G00 X200.0 Z100.0 M09；	快速退刀
N70 M30；	程序结束并返回程序开始

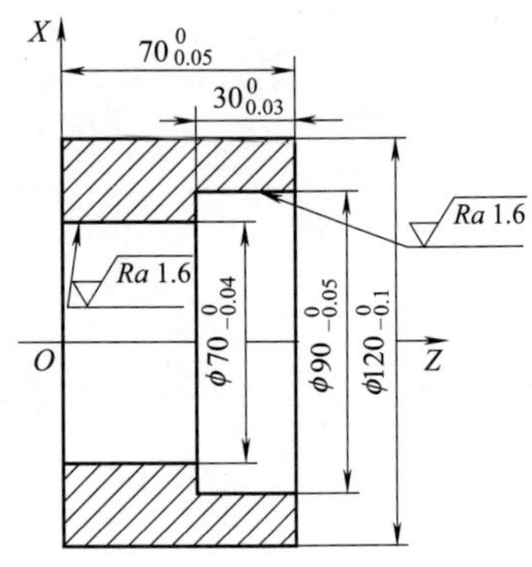

图 3-38　G01 加工内孔示例

(2) 数控车削内孔的编程

数控车削内孔的指令与外圆车削指令基本相同，但也有区别，编程时应注意。

1）G01 加工内孔

在数控机床上加工孔，无论采用的是钻孔还是车孔，都可以采用 G01 指令来直接实现。对图 3-38 所示的台阶孔，试用 G01 指令编制孔精加工程序。

其加工程序见表 3-15。

2）G90 加工内孔

① G90 加工内孔动作。执行 G90 指令加工内孔由以下四个动作完成，如图 3-39 所示。

表 3-15　G01 加工内孔参考程序

参考程序	注释
O3013；	程序名
N10 M03 T0101 S500；	主轴以 500r/min 正转，选择 1 号刀及 1 号刀补
N20 G00 X60.0 Z80.0；	快速定刀，Z 轴距离 10mm
N30 X90.0 Z72.0；	精车起点
N40 G01 Z40.0 F0.05；	加工 $\phi90$ 内孔
N50 X70.0；	加工 30mm 长度
N60 Z－2.0；	加工 $\phi70$ 内孔
N70 X68.0；	X 向退刀
N80 Z80.0；	Z 向退刀
N90 G00 X150.0 Z100.0；	快速退刀
N100 M30；	程序结束

a. $A \rightarrow B$，快速进刀；

b. $B \rightarrow C$，刀具以指令中指定的 F 值切削进给；

c. $C \rightarrow D$，刀具以指令中指定的 F 值退刀；

d. $D \rightarrow A$，快速返回循环起点。

循环起点 A 在轴向上要离开工件一段距离（1～2mm），以保证快速进刀时的安全。

② 示例。加工如图 3-40 所示工件的台阶孔，已钻出 $\phi18$ 的通孔，试用 G90 指令编写加工程序。

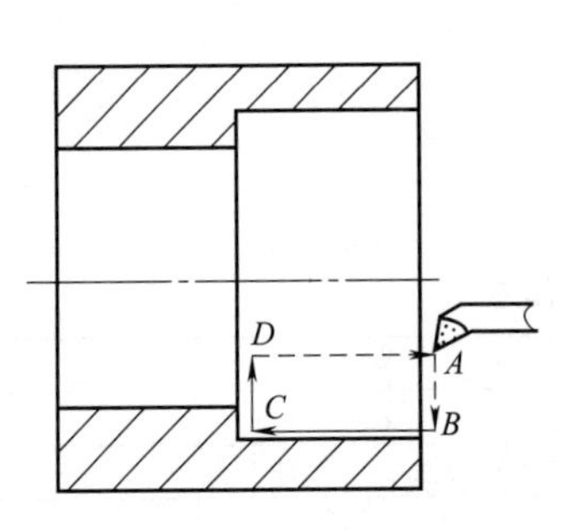

图 3-39　G90 加工内孔轨迹

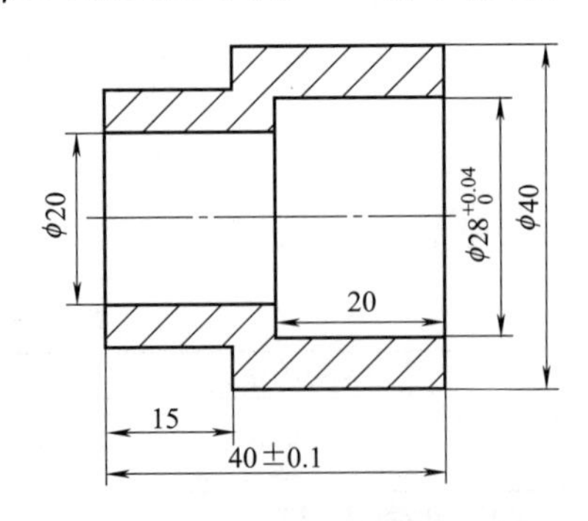

图 3-40　G90 加工台阶孔示例

其加工程序见表 3-16。

表 3-16 G90 加工台阶孔参考程序

参考程序	注释
O3014;	程序名
N10 G97 M03 S600;	主轴正转,速度为 600r/min
N20 T0101;	调用 01 号刀具,执行 01 号刀补
N30 G00 X18.0 Z2.0 M08;	刀具快速定位,打开切削液
N40 G90 X19.0 Z−41.0 F0.15;	粗车 ϕ20 内孔面,留精加工余量 1mm
N50 X21.0 Z−20.0;	粗车 ϕ28 内孔面第一刀
N60 X23.0;	粗车 ϕ28 内孔面第二刀
N70 X25.0;	粗车 ϕ28 内孔面第三刀
N80 X27.0;	粗车 ϕ28 内孔面第四刀,留精加工余量 1mm
N90 S800;	主轴转速调为 800r/min
N100 G00 X28.02;	刀具 X 向快速定位准备精车内孔
N110 G01 Z−20.0 F0.05;	精车 ϕ28 内孔面
N120 X20.0;	精车端面
N130 Z−41.0;	精车 ϕ20 内孔面
N140 X18.0 M09;	X 向退刀,关闭切削液
N150 G00 Z2.0;	Z 向快速退刀
N160 G00 X100.0 Z100.0;	刀具快速退至安全点
N170 M30;	程序结束

3）G71、G73 加工内孔

应用 G71、G73 加工内孔，其指令格式与外圆基本相同，但也有区别，编程时应注意以下方面：

① 粗车循环指令 G71、G73，在加工外径时精车余量 U 为正值，但在加工内轮廓时精车余量 U 应为负值。

② 加工内孔轮廓时，切削循环的起点、切出点的位置选择要慎重，要保证刀具在狭小的内结构中移动而不干涉工件。起点、切出点的 X 值一般取比预加工孔直径稍小一点的值。

③ 加工内孔时，若有锥体和圆弧，则精加工需要对刀尖圆弧半径进行补偿，补偿指令与外圆加工有区别。以刀具从右向左进给为例，在加工外径时，半径补偿指令用 G42，刀具方位编号是“3”；在加工内轮廓时，半径补偿指令用 G41，刀具方位编号是“2”。

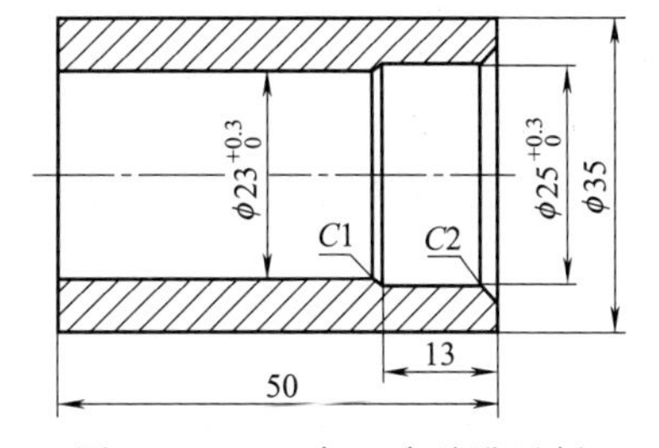

图 3-41 G71 加工台阶孔示例

示例：加工如图 3-41 所示工件的台阶孔，已钻出 ϕ20 的通孔，试编写加工程序。

加工程序见表 3-17。

表 3-17 G71 加工台阶孔参考程序

参考程序	注释
O3015;	程序名
N10 G97 G99 M03 S500;	主轴正转,速度为 500r/min
N20 T0101;	调用 01 号刀具,执行 01 号刀补
N30 G00 X20.0 Z2.0 M08;	快速进刀至车削循环起点,打开切削液
N40 G71 U1.5 R0.5 F0.2;	设置 G71 循环参数,注意:U 为−0.4mm
N50 G71 P60 Q120 U−0.4 W0.1;	
N60 G41 G01 X29.15 S800 F0.1;	建立刀尖圆弧半径左补偿,精车第一句

续表

参考程序	注释
N70 Z0.0;	Z 向至切削起点
N80 X25.15 Z−2.0;	C2 倒角
N90 Z−13.0;	精车 $\phi25$ 内孔面
N100 X23.15 Z−14.0;	C1 倒角
N110 Z−51.0;	精车 $\phi23$ 内孔面
N120 X20.0;	X 方向退刀
N130 G70 P60 Q120;	精车循环，精加工内孔
N140 G40 G00 Z2.0;	Z 方向退出工件，取消刀具半径补偿
N150 G00 X50.0 Z100.0 M09;	刀具快速退至安全点，关闭切削液
N160 M30;	程序结束

3.3.3 内圆锥的加工

(1) 加工内圆锥注意事项

在数控车床上加工内圆锥应注意以下问题：

① 为了便于观察与测量，装夹工件时应尽量使锥孔大端直径位置在外端。

② 为保证锥度的尺寸精度，加工需要进行刀尖半径补偿。

③ 内圆锥加工中一定要注意刀尖的位置方向。

④ 多数内圆锥的尺寸需要进行计算。掌握良好的计算方法，可以提高工艺制定效率。

⑤ 车内圆锥时选用的切削用量应比车削外圆锥小 10%～30%。

⑥ 车削内圆锥时装刀必须保证刀尖严格对准工件旋转中心，否则会产生双曲线误差，如图 3-42 所示；选用的精车刀具必须有足够的耐磨性；刀柄伸出的长度应尽可能短，一般比所需行程长 3～5mm，并且根据内孔尺寸尽可能选用大的刀柄尺寸，保证刀具刚度。

⑦ 车削内圆锥时必须保证有充足的切削液进行冷却，以保证内孔的粗糙度与刀具寿命。

⑧ 加工高精度的内圆锥时，最好在精车前增加一道检测工步。

⑨ 内圆锥精加工时，需要考虑铁屑对内孔表面的划伤，此时对切削用量的选择需综合考虑，一般可以考虑减小吃刀深度与进给速度。

(2) 示例

加工如图 3-43 所示零件，已钻出 $\phi18$mm 通孔，试编写加工内轮廓程序。

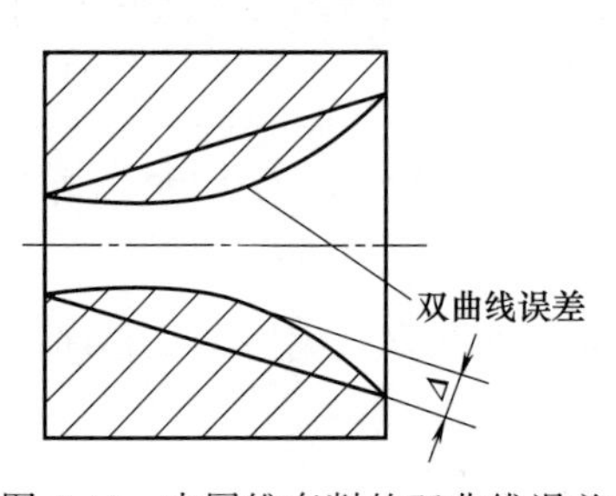

图 3-42 内圆锥车削的双曲线误差

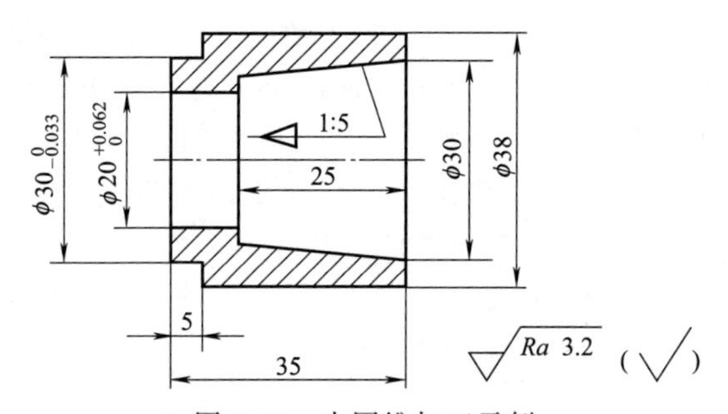

图 3-43 内圆锥加工示例

内圆锥小端直径的计算。即：$D_2=D_1-C\times L=30-(1/5)\times25=25$ (mm)。

其加工程序见表 3-18。

表 3-18 内圆锥加工参考程序

参考程序	注释
O3016;	程序名
N10 G97 G99 M03 S500;	主轴正转，速度为 500r/min
N20 T0101;	调用 01 号刀具，执行 01 号刀补

续表

参考程序	注释
N30 G00 X18.0 Z2.0 M08;	刀具快速定位,打开切削液
N40 G71 U1.0 R0.5 F0.2;	设置 G71 循环参数
N50 G71 P60 Q120 U−0.5 W0.1;	
N60 G41 G01 X30.0 S800 F0.1;	N60～N110 指定精车路线
N70 Z0.0;	*Z* 向到达切削起点
N80 X25.0 Z−25.0;	精车内锥面
N90 X20.031;	精车端面
N100 Z−36.0;	精车 ϕ20 内圆面
N110 X18.0;	*X* 方向退刀
N120 G70 P60 Q120;	定义 G70 精车循环
N130 G40 G00 X50.0 Z100.0;	刀具快速退刀,取消刀具半径补偿
N140 M09;	关闭切削液
N150 M30;	程序结束

3.3.4　内圆弧的加工

(1) 加工内圆弧注意事项

内圆弧的加工与外圆弧的加工基本相同，但要注意以下几点：

① 根据走刀方向，正确判断圆弧的顺逆，确定是应用 G02，还是 G03 编程，若判断错误，将导致圆弧凸凹相反。

② 加工内圆弧时，为保证圆弧的尺寸精度，加工需要进行刀尖半径补偿。应用时，要根据走刀方向，正确判断是采用左补偿 G41 还是右补偿 G42。若判断错误，将导致圆弧半径增大或减小。

③ 应用刀尖圆弧半径补偿时，要正确设置刀尖圆弧半径和刀尖的位置方向。

(2) 示例

加工图 3-44 所示零件，试编制其内孔轮廓加工程序。

其加工程序见表 3-19。

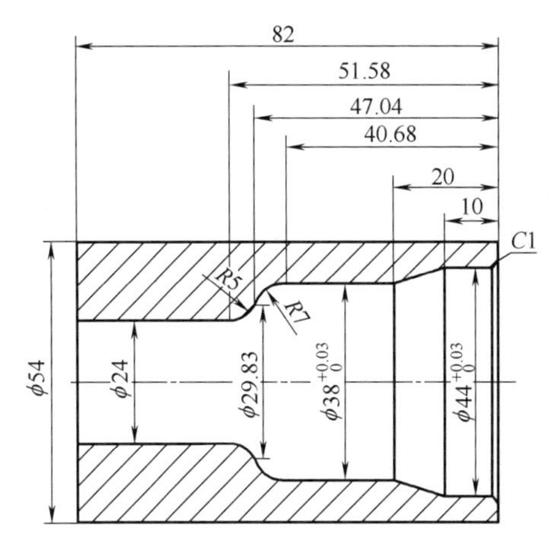

图 3-44　内圆弧加工

表 3-19　内圆弧加工参考程序

参考程序	注释
O3017;	程序名
N10 M03 T0101 S600;	主轴正转,调用 01 号刀,执行 01 号刀补

续表

参考程序	注释
N20 G00 X100.0 Z50.0；	快速定刀
N30 X18.0 Z1.0；	快速移到循环起刀点
N40 G71 U1.0 R0.5 F0.2；	设置粗车复合循环参数
N50 G71 P60 Q140 U−0.5 W0；	
N60 G00 G41 X48.0 S100；	X 向进刀至倒角起点(X48.0,Z1.0)
N70 G01 X44.0 Z−1.0 F0.1；	C1 倒角
N80 Z−10.0；	精加工 ϕ44 内孔
N90 X38.0 Z−20.0；	精加工锥面
N100 Z−40.68；	精加工 ϕ38 内孔
N110 G03 X29.83 Z−47.04 R7.0；	精加工 R7 圆弧
N120 G02 X24.0 Z−51.58 R5.0；	精加工 R5 内孔
N130 G01 Z−83.0；	精加工 ϕ24.0 内孔
N140 X18.0；	X 向退刀
N150 G70 P60 Q140；	精加工循环指令
N160 G40 G00 X100.0 Z50.0；	快速退刀至安全点
N170 M30；	程序结束并返回程序开始

3.4 切槽与切断

3.4.1 槽加工工艺

槽加工是数控车床加工的一个重要组成部分。工业领域中使用各种各样的槽，主要有工艺凹槽、油槽、端面槽、V 形槽等，如图 3-45 所示。槽的种类很多，考虑其加工特点，大体可以分为单槽、多槽、宽槽、深槽及异型槽几类。加工时可能会遇到几种形式的叠加，如单槽可能是深槽，也可能是宽槽。槽加工所用刀具主要是各类切槽刀，如图 3-46 所示。

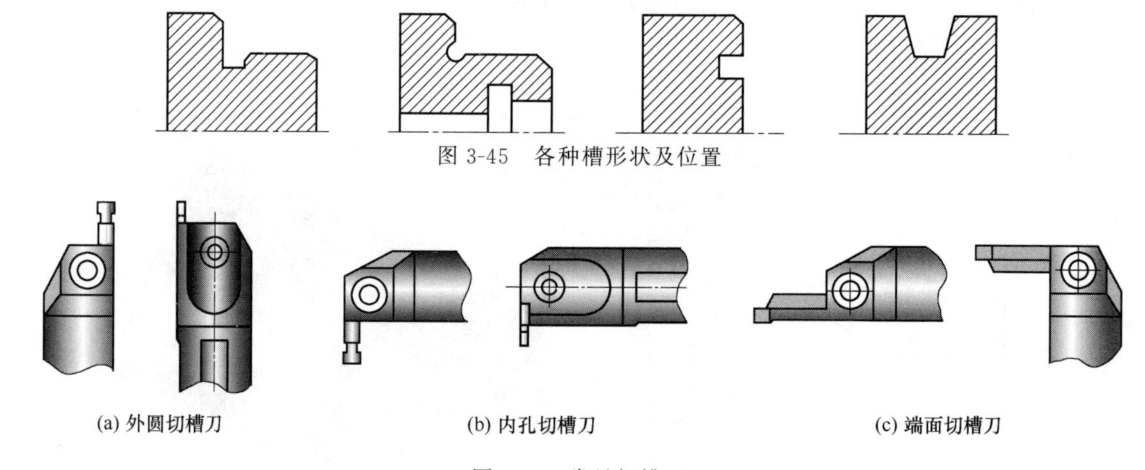

图 3-45　各种槽形状及位置

图 3-46　常见切槽刀

(1) 切槽加工工艺特点

① 切槽刀在进行加工时，一个主刀刃和二个副刀刃同时参与三面切削，被切削材料塑性变形复杂、摩擦阻力大，加工时进给量小、切削厚度薄、平均变形大、单位切削力增大。总切削力与功耗大，一般比外圆加工大 20%左右，同时切削热高，散热差，切削温度高。

② 切削速度在槽加工过程中不断变化，特别是在切断加工时，切削速度由最大一直变化至零。切削力、切削热也不断变化。

③ 在槽加工过程中，随着刀具不断切入，实际加工表面形成阿基米德螺旋面，由此造成刀具实际前角、后角都不断变化，使加工过程更为复杂。

④ 切深槽时，因刀具宽度窄，相对悬伸长，故刀具刚度差，易振动，特别容易断刀。

(2) 切槽（切断）加工需要注意的问题

① 切断或切槽加工中，切断刀的安装需要特别注意，首先安装刀具的刀尖一定要与工件旋转中心等高，其次刀具安装必须是两边对称，否则在进行深槽加工时会出现槽侧壁倾斜，严重时会断刀。选择内孔切槽刀时需要综合考虑内孔的尺寸与槽的尺寸，并综合考虑刀具切槽后的退刀路线，严防刀具与工件碰撞。

② 对于宽度值不大，但深度值较大的深槽零件，为了避免切槽过程中排屑不畅使刀具前面压力过大而出现扎刀和折断刀具的现象，应采用分次进刀的方式，刀具在切入工件一定深度后，停止进刀并回退一段距离，达到断屑和退屑的目的，如图 3-47 所示。同时注意尽量地选择强度较高的刀具。

③ 若以较窄的切槽刀加工较宽的槽型，则应分多次切入。合理的切削路线是：先切中间，再切左右。最后沿槽型轮廓走一次刀，保证槽的精度（图 3-48）。此时应注意切槽刀的宽度，防止产生过切。

④ 内孔槽刀的选用需要根据槽的尺寸，选择尺寸合适的槽刀加工，尽量保证刀具在加工中能有足够的刚度，从而保证槽的加工精度。

⑤ 端面切槽刀的选用需要考虑端面槽的曲率，合理选择端面槽刀。

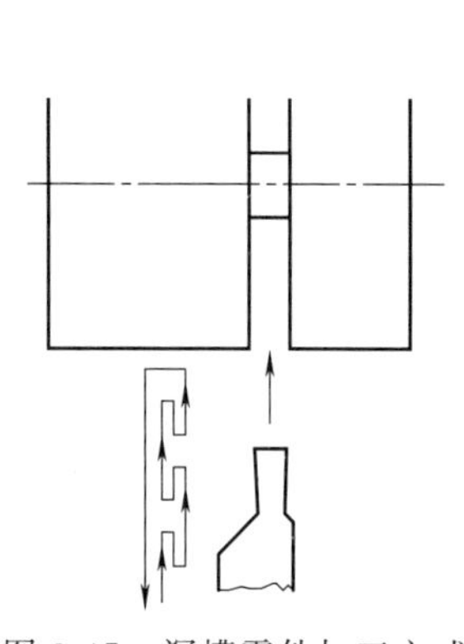

图 3-47 深槽零件加工方式

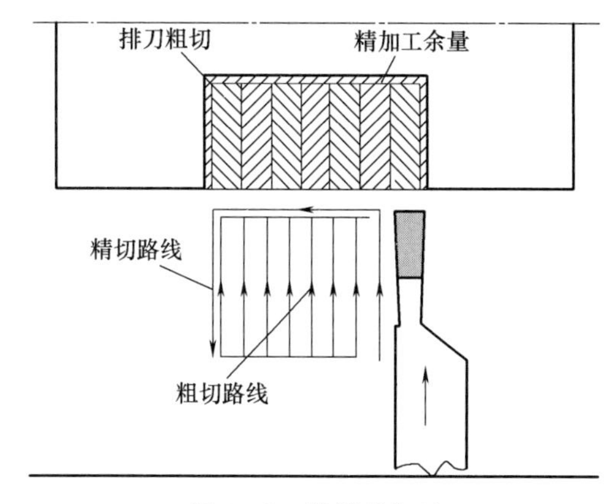

图 3-48 宽槽的加工

⑥ 注意合理安排切槽进退刀路线，避免刀具与零件相撞。进刀时，宜先 Z 方向进刀再 X 方向进刀，退刀时先 X 方向退刀再 Z 方向退刀。

⑦ 切槽时，刀刃宽度、切削速度和进给量都不宜选太大，并且需要合理匹配，以免产生振动，影响加工质量。

⑧ 选用切槽刀时，要正确选择切槽刀刀宽和刀头长度，以免在加工中引起振动等问题。具体可根据以下经验公式计算：

刀头宽度：$a \approx (0.5 \sim 0.6)d$ （d 为工件直径）

刀头长度：$L = h + (2 \sim 3)$ （h 为切入深度）

3.4.2 窄槽加工

(1) 槽加工基本指令

1）直线插补指令（G01）

在数控车床上加工槽，无论是外沟槽、内沟槽还是端面槽，都可以采用 G01 指令来直接实现。G01 指令格式在前面章节中已讲述，在此不再赘述。

2）进给暂停指令（G04）

该指令使各轴运动停止，但不改变当前的 G 代码模态和保持的数据、状态，延时给定的时间后，再执行下一个程序段。

① 指令格式：

G04 P __；或 G04 X __；或 G04 U __；或 G04；

② 指令说明：

a. G04 为非模态 G 代码；

b. G04 延时时间由代码字 P、X 或 U 指定，P 值单位为毫秒（ms），X、U 单位为秒（s）。

（2）简单凹槽的加工

简单凹槽的特点是槽宽较窄、槽深较浅、形状简单、尺寸精度要求不高，如图 3-49 所示。加工该类槽时，一般选用切削刃宽度等于槽宽的切槽刀，一次加工完成。

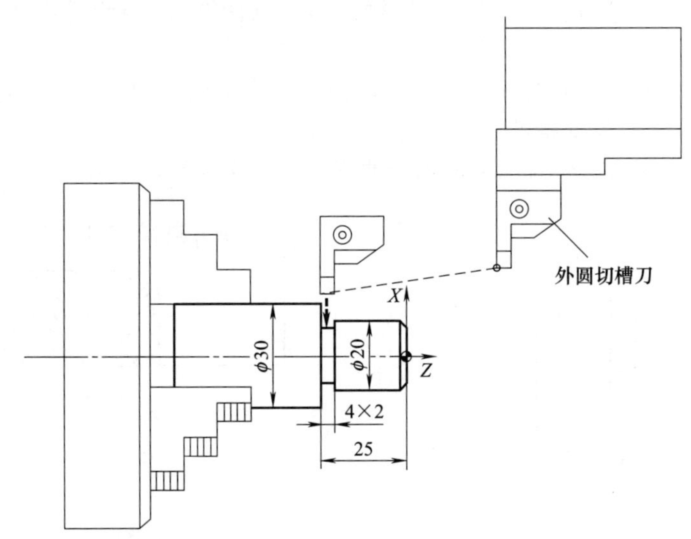

图 3-49 简单凹槽加工示意图

该类槽的编程很简单：快速移动刀具至切槽位置，切削进给至槽底，刀具在凹槽底部做短暂的停留，然后快速退刀至起始位置，这样就完成了凹槽的加工。其加工程序见表 3-20，切槽刀选用与凹槽宽度相等的标准 4mm 方形凹槽加工刀具。

表 3-20 简单凹槽的加工参考程序

参考程序	注释
O3018；	程序名
N10 T0101；	调用 01 号切槽刀,执行 01 号刀补
N20 G99 S300 M03；	主轴正转,转速为 300r/min
N30 G00 X36.0 Z−25.0 M08；	快速到达切削起点,开切削液
N40 G01 X16.0 F0.05；	切槽
N50 G04 X1.0；	刀具暂停 1s
N60 G01 X36.0 F0.5；	*X* 向退刀
N70 G00 X100.0 Z50.0；	快速退至换刀点
N80 M05；	主轴停
N90 M30；	程序结束

上述实例虽然简单，但是它包含凹槽加工工艺、编程方法的几个重要原则：

① 注意凹槽切削前起点与工件间的安全间隙，本例刀具位于工件直径上方 3mm 处。

② 凹槽加工的进给率通常较低。

③ 简单凹槽加工的实质是成型加工，刀片的形状和宽度就是凹槽的形状和宽度，这也意味着使用不同尺寸的刀片就会得到不同的凹槽宽度。

(3) 精密凹槽的加工

1）精密凹槽加工基本方法

简单进退刀加工出来的凹槽的侧面比较粗糙、外部拐角非常尖锐，且宽度取决于刀具的宽度和磨损情况。要得到高质量的槽，凹槽需要分粗、精加工。用比槽宽小的刀具粗加工，切除大部分余量，在槽侧及槽底留出精加工余量，然后对槽侧及槽底进行精加工。

对于如图 3-50 所示工件的槽结构，槽的位置由尺寸（25±0.02）mm 定位，槽宽 4mm，槽底直径为 24mm，槽口两侧有 $C1$ 的倒角。

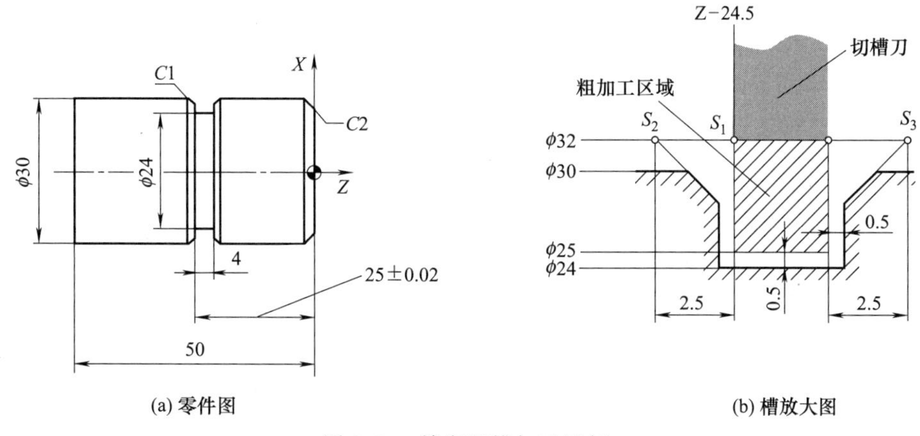

图 3-50 精密凹槽加工示例

拟用刃宽为 3mm 的刀具进行粗加工，刀具起点设计在 S_1 点（X32，Z－24）。向下切除如图 3-50（b）所示的粗加工区域，同时在槽侧及槽底留出 0.5 的精加工余量。然后，用切槽刀对槽的左右两侧分别进行精加工，并加工出 $C1$ 的倒角。槽左侧及倒角精加工起点设在倒角轮廓延长线的 S_2 点（左刀尖到达 S_2），刀具沿倒角和侧面轮廓切削到槽底，抬刀至 $\phi32$。槽右侧及倒角精加工起点设在倒角轮廓延长线的 S_3 点（右刀尖到达 S_3），刀具沿倒角和侧面轮廓切削到槽底，抬刀至 $\phi2$。

2）凹槽公差控制

若凹槽有严格的公差要求，则精加工时可通过调整切槽刀的 X 向和 Z 向的偏置补偿值方法得到符合较高要求的槽深和槽宽尺寸。

加工中经常遇到且对凹槽宽度影响最大的问题是刀具磨损。随着刀片的不断使用，它的切削刃也不断磨损并且实际宽度变窄。其切削能力没有削弱，但是加工出的槽宽可能不在公差范围内。消除尺寸落在公差带之外的方法是在精加工操作时使用调整刀具偏置值的方法。

假定在程序中，以左刀尖为刀位点，对槽的左右两侧分别进行精加工且使用同一个偏移量，如果加工中刀具磨损使槽宽变窄，在不换刀的情况下，正向或负向调整 Z 轴偏置，将改变凹槽相对于程序原点位置，但是不能改变槽宽。

若要不仅能改变凹槽位置，又能改变槽宽，则需要控制凹槽宽度的第二个偏置。设计左侧倒角和左侧面使用一个偏置（03）进行精加工，右侧倒角和右侧面则使用另一个偏置，为了便于记忆，将第二个偏置的编号定为 13。这样通过调整两个刀具偏置，就能保证加工凹槽的宽度不受刀具磨损的影响。

3）程序编制（表 3-21）

表 3-21 精密凹槽加工参考程序

参考程序	注释
O3019；	程序名
N10 T0303；	调用 03 号刀具，执行 03 号刀具偏置
N20 G96 S40 M03；	采用恒线速切削，线速度为 40m/min
N30 G50 S2000；	限制主轴最高转速为 2000r/min
N40 G00 X32.0 Z－24.5 M08；	刀具左刀尖快速到达 S_1 点，开切削液
N50 G01 X25.0 F0.05；	粗加工槽，直径方向留 1mm 精车余量
N60 X32.0 F0.2；	刀具左刀尖回到 S_1 点
N70 W－2.5；	刀具左刀尖到达 S_2 点
N80 U－4.0 W2.0 F0.05；	倒左侧 $C1$ 角
N90 X24.0；	车削至槽底
N100 Z－24.5；	精车槽底
N110 X32.0 F0.2；	刀具左刀尖回到 S_1 点
N120 W2.5 T0313；	刀具右刀尖到达 S_3 点（执行 13 号刀偏）
N130 G01 U－4.0 W－2.0 F0.05；	倒右侧 $C1$ 角
N140 X24.0；	精加工至槽底
N150 Z－24.5；	精加工槽底
N160 X32.0 Z－24.5 F0.1 T0303；	刀具偏置重新设置为 03
N170 G00 X100.0 Z50.0 M09；	快速退至换刀点，关切削液
N180 M30；	程序结束

在上述的精密凹槽加工程序中，一把刀具使用了两个偏置，其目的是控制凹槽宽度而不是控制它的直径。基于程序实例 O3019，应注意以下几点。

① 开始加工时两个偏置的初始值应相等（偏置 03 和 13 有相同的 X、Z 值）。

② 偏置 03 和 13 中的 X 偏置总是相同的，调整两个 X 偏置可以控制凹槽的深度公差。

③ 要调整凹槽左侧面位置，则改变偏置 03 的 Z 值。

④ 要调整凹槽右侧面位置，则改变偏置 13 的 Z 值。

3.4.3 宽槽加工

（1）应用 G94 加工宽槽

在使用 G94 指令时，如果设定 Z 值不移动或设定 W 值为零，就可用其来进行切槽加工。如图 3-51 所示，毛坯为 ϕ30mm 的棒料，采用 G94 编写加工程序，加工程序见表 3-22。

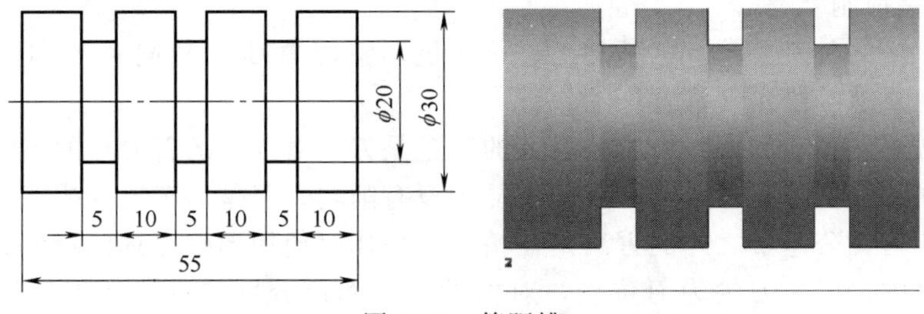

图 3-51 等距槽

表 3-22 G94 加工宽槽参考程序

参考程序	注　释
O3020；	程序名
N10 M03 S300 T0303；	主轴正转，换 4mm 宽切槽刀
N20 G00 X32.0 Z2.0；	移动刀具快速靠近工件

续表

参考程序	注　释
N30 G00 Z−14.0；	Z 向进刀至右边第一个槽处
N40 G94 X20.0 W0.0 F0.1；	应用 G94 加工槽
N50 W−1.0；	扩槽
N60 G00 Z−24.0；	移动刀具至第二槽处
N70 G94 X20.0 W0.0 F0.1；	应用 G94 加工槽
N80 W−1.0；	扩槽
N90 G00 Z−34.0；	移动刀具至第三槽处
N100 G94 X20.0 W0.0.1 F0.1；	加工槽
N110 W−1.0；	扩槽
N120 G00 Z100.0；	快速退刀
N130 M30；	程序结束

(2) 应用 G75 指令加工宽槽

1）指令格式

G75 R($\underline{e}$)；

G75 X(U)__ Z(W)__ P($\underline{\Delta i}$) Q($\underline{\Delta k}$) R($\underline{\Delta d}$) F __；

式中　e——退刀量，其值为模态值；

X(U)__ Z(W)__——切槽终点处坐标；

Δi——X 方向的每次切深量，用不带符号的半径量表示；

Δk——刀具完成一次径向切削后，在 Z 方向的偏移量，用不带符号的值表示；

Δd——刀具在切削底部的 Z 向退刀量，无要求时可省略；

F——径向切削时的进给速度。

2）循环轨迹及说明

G75 循环轨迹如图 3-52 所示。

① 刀具从循环起点（A 点）开始，沿径向进刀 Δi 并到达 C 点；

② 退刀 e（断屑）并到达 D 点；

③ 按该循环递进切削至径向终点 X 的坐标处；

④ 退到径向起刀点，完成一次切削循环；

⑤ 沿轴向偏移 Δk 至 F 点，进行第二层切削循环；

⑥ 依次循环直至刀具切削至程序终点坐标处（B 点），径向退刀至起刀点（G 点），再轴向退刀至起刀点（A 点），完成整个切槽循环动作。

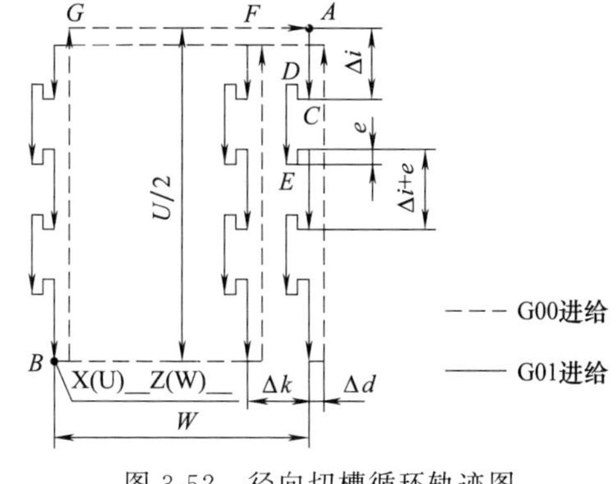

图 3-52　径向切槽循环轨迹图

G75 程序段中的 Z（W）值可省略或设定值为 0，当 Z（W）值设为 0 时，循环执行时刀具仅做 X 向进给而不做 Z 向偏移。

对于程序段中的 Δi、Δk 值，在 FANUC 系统中，不能输入小数点，而直接输入最小编程单位，如 P1500 表示径向每次切深量为 1.5mm。

车一般外沟槽时，因切槽刀是外圆切入，其几何形状与切断刀基本相同，车刀两侧副后角相等，车刀左右对称。

3）编程实例

例　试用 G75 指令编写图 3-53 所示工件（设所用切槽刀的刀宽为 3mm）的沟槽加工程序。

分析：在编写本例的循环程序段时，要注意循环起点的正确选择。由于切槽刀在对刀时以

刀尖点 M（图 3-53）作为 Z 向对刀点，而切槽时由刀尖点 N 控制长度尺寸 25mm，因此，G75 循环起始点的 Z 向坐标为“$-25-3$(刀宽)$=-28$”。

```
O3021;
G99 G40 G21;
T0101;
G00 X100.0 Z100.0;
M03 S600;
G00 X42.0 Z-28.0;      （快速定位至切槽循环起点）
G75 R0.3;
G75 X32.0 Z-31.0 P1500 Q2000 F0.1;
G00 X100.0 Z100.0;
M30;
```

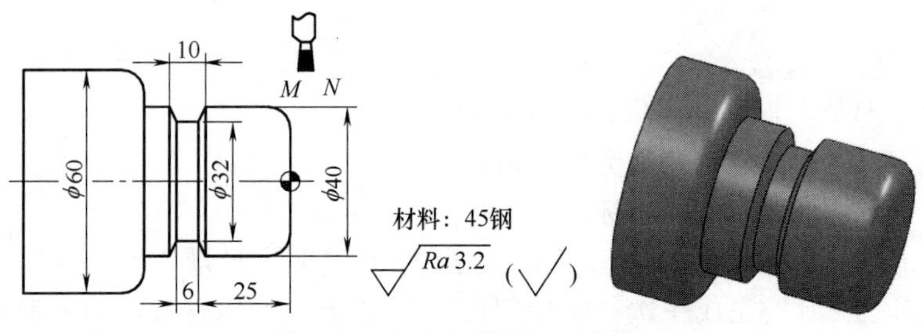

图 3-53　径向切槽循环示例件

对于槽侧的两处斜边，在切槽循环结束且不退刀的情况下，巧用切槽刀的左右刀尖能很方便地进行编程加工，其程序如下：

```
……
G75 X32.0 Z-31.0 P1500 Q2000 F0.1;
G01 X40.0 Z-26.0;      （图 3-53 所示刀尖 N 到达切削位置）
    X32.0 Z-28.0;      （车削右侧斜面）
    X42.0;             （应准确测量刀宽，以确定刀具 Z 向移动量）
    X40.0 Z-33.0;      （用刀尖 M 车削左侧斜面）
    X32.0 Z-31.0;
    X42.0;
……
```

图 3-54　应用 G75 加工轴向等距槽

3.4.4　多槽加工

应用 G75 加工多槽，具体如下。

对于如图 3-54 所示工件，试编制工件上槽的加工程序。

1）图样分析

图 3-54 所示工件槽结构是等距多个径向槽，右边第一个槽由长度 30mm 定位，共有 4 个槽，槽间距 10mm，槽宽 5mm，槽深 10 mm（从 $\phi60$ 至 $\phi40$）。对等距多个径向槽亦可用 G75 循环编程加工，给编程

带来方便。

2）程序编制

由于槽的精度要求不高，各槽拟用刃宽为5mm的外切槽刀一次加工完成，刀具起点设在（X64，Z−35）点，刀具在X向与工件有2mm的安全间隙，刀具Z向处于起始位置时，刀刃与第一个槽正对。第四个槽的终点坐标为（X40，Z−80）。应用G75指令编制该工件槽的加工程序，见表3-23。

表3-23 应用G75加工轴向等距槽参考程序

参考程序	注释
O3022；	程序名(以工件右端面为编程原点)
N10 T0202；	换02号切槽刀(刀宽为5mm,左刀尖对刀),执行02号刀补
N20 M03 S300；	主轴正转,转速为300r/min
N30 G00 X64.0 Z−35.0；	刀具快速定位切削起始位置
N40 G75 R1.0；	设置G75循环参数,Q值由槽距和槽宽确定
N50 G75 X40.0 Z−80.0 P3000 Q15000 F30；	
N60 G00 X100.0 Z100.0；	快速退刀至换刀点
N70 M30；	程序结束

利用G75指令循环加工后，刀具回到循环的起点位置。切槽刀要区分是左刀尖还是右刀尖对刀，防止编程出错。

3.4.5 端面直槽的加工

(1) 端面直槽刀的形状

在端面上车直槽时，端面直槽车刀的几何形状是外圆车刀与内孔车刀的综合，端面槽刀可由外圆切槽刀具刃磨而成，如图3-55所示。切槽刀的刀头部分长度=槽深+（2～3）mm，刀宽根据需要刃磨。切槽刀主刀刃与两侧副刀刃之间应对称平直。其中，刀尖a处的副后刀面的圆弧半径R必须小于端面直槽的大圆弧半径，以防左副后刀面与工件端面槽孔壁相碰。

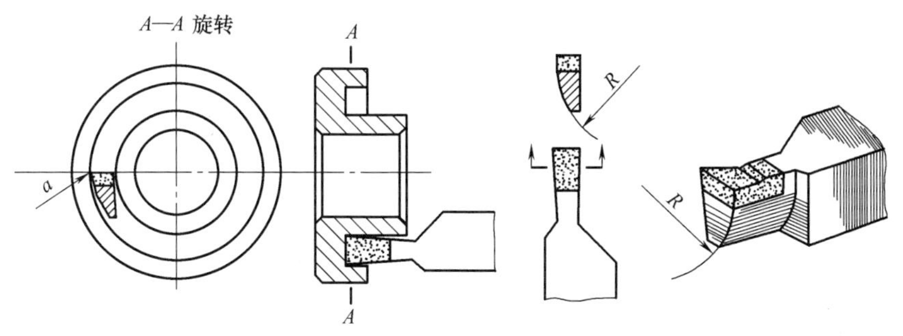

图3-55 端面直槽刀的形状

(2) 端面切槽循环（G74）

1）指令格式

G74 R$\underline{(e)}$；

G74 X(U)__ Z(W)__ P$\underline{(\Delta i)}$ Q$\underline{(\Delta k)}$ R$\underline{(\Delta d)}$ F__；

式中，Δi为刀具完成一次轴向切削后，在X方向的偏移量，该值用不带符号的半径量表示；Δk 为 Z 方向的每次切深量，用不带符号的值表示；其余参数参照 G75 指令。

2）本指令的运动轨迹及工艺说明

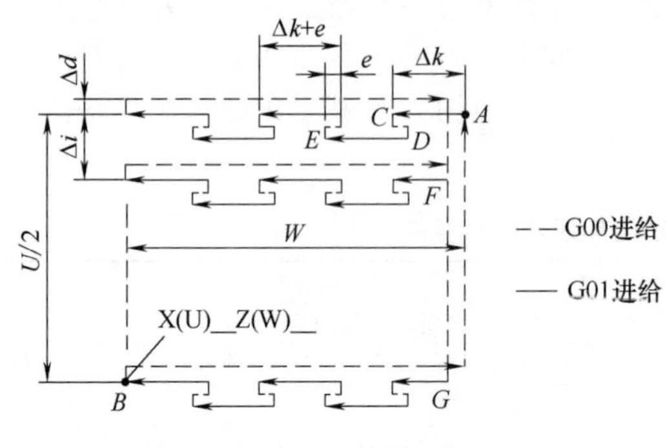

图 3-56　端面切槽循环轨迹图

G74 循环轨迹与 G75 循环轨迹类似，如图 3-56 所示。不同之处是刀具从循环起点 A 出发，先轴向切深，再径向平移，依次循环直至完成全部动作。

G75 循环指令中的 X（U）值可省略或设定为 0，当 X（U）值设为 0 时，在 G75 循环执行过程中，刀具仅做 Z 向进给而不做 X 向偏移。此时该指令可用于端面啄式深孔钻削循环，但使用该指令时，装夹在刀架（尾座无效）上的刀具一定要精确定位到工件的旋转中心。

3）编程示例

用 G74 指令编写图 3-57 所示工件的切槽（切槽刀的刀宽为 3mm），加工程序见表 3-24。

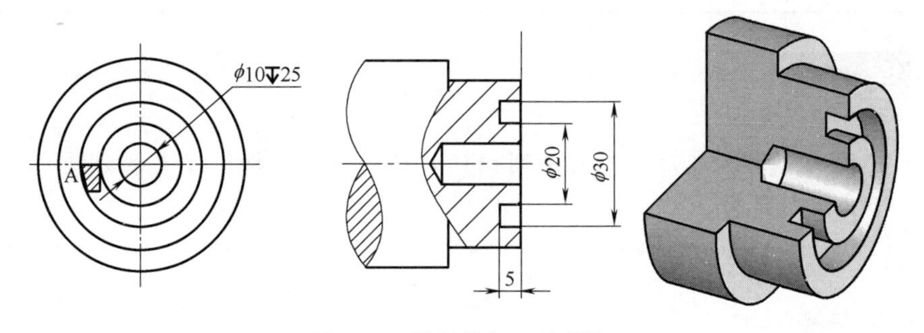

图 3-57　端面槽加工示例件

表 3-24　端面槽加工参考程序

参考程序	注释
O3023;	程序名
N10 T0101;	调用 01 号端面切槽刀，执行 01 号刀补
N20 M03 S500;	主轴正转，转速为 500r/min
N30 G00 X20.0 Z2.0;	快速定位至切槽循环起点
N40 G74 R0.3;	回退量 0.3mm
N50 G74 X24.0 Z−5.0 P1000 Q2000 F50;	端面槽加工循环指令
N60 G00 X100.0 Z100.0;	快速退刀至换刀点
N70 M05;	主轴停
N80 M30;	主程序结束并复位

① 由于 Δi 和 Δk 为无符号值，所以，刀具切深完成后的偏移方向由系统根据刀具起刀点及切槽终点的坐标自动判断。

② 切槽过程中，刀具或工件受较大的单方向切削力，容易在切削过程中产生振动，因此，切槽加工中进给速度 F 的取值应略小（特别是在端面切槽时），通常取 0.1～0.2mm/r。

3.4.6 V形槽的加工

对如图 3-58 所示工件，试编写 V 形槽的加工程序。

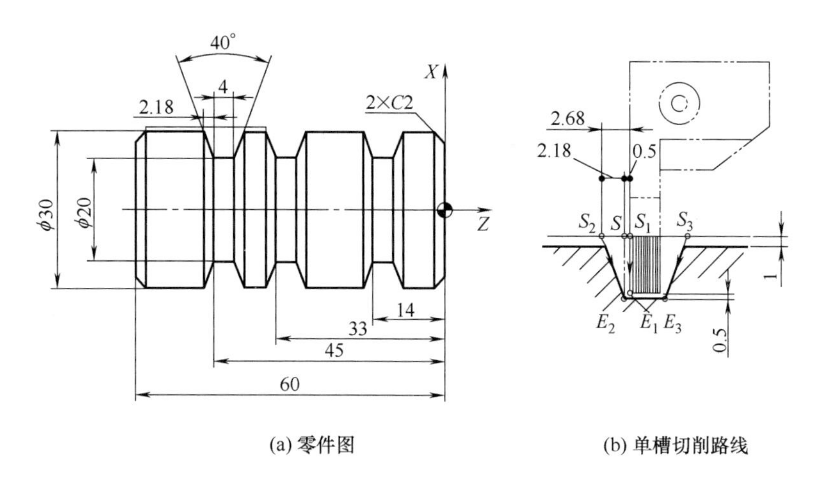

(a) 零件图　　(b) 单槽切削路线

图 3-58　V 形槽加工示例

（1）图样分析

图 3-58 所示工件槽结构是不等距多个径向槽，共有 3 个相同槽，第一个槽由尺寸 14mm 定位，第二个槽由尺寸 33mm 定位，第三个槽由尺寸 45mm 定位。对不等距多个径向槽不可用 G75 循环来简化编程。如果在程序中重复书写不同位置但相同结构大小槽的加工程序，显然是比较烦琐的，在这种情况下，可用调用子程序的方法来简化编程。编写相同槽的加工程序作为子程序，以便在主程序中重复调用。

（2）程序编制

1）编写槽加工子程序

如图 3-58（b）所示，单个槽的加工方法设计如下：设各槽拟选用刃宽为 3mm 的外切槽刀，刀位点在左刀尖。槽加工刀具的初始位置在 S 点，调整左刀尖到达粗加工起点 S_1 点，向下切除图示粗加工区域，槽底留出 0.5 的精加工余量。然后，对槽的左右两侧斜面分别加工。

槽左侧斜面加工起点设在斜面轮廓延长线的 S_2 点（左刀尖到达 S_2），刀具沿斜面轮廓切削到槽底，抬刀至 S 点径向位置。

槽右侧斜面加工起点设在斜面轮廓延长线的 S_3 点，调整右刀尖到达 S_3，刀具沿斜面轮廓切削到槽底，抬刀至 S 点径向位置。调整左刀尖回到 S。

切槽及倒角子程序见表 3-25。

表 3-25　切槽与倒角子程序

参考程序	注释
O3024；	子程序名
N10 G01 W0.5 F100；	左刀尖从 $S \rightarrow S_1$
N20 X21.0 F30；	粗加工槽
N30 G00 X32.0；	左刀尖→S_1
N40 W−2.68；	左刀尖从 $S_1 \rightarrow S_2$
N50 G01 X20.0 W2.18 F100；	左侧斜面加工
N60 G00 X32.0；	左刀尖→S
N70 W3.18；	右刀尖→S_3

续表

参考程序	注释
N80 G01 X20.0 W－2.18 F100；	右侧斜面加工
N90 G00 X32.0；	X 向退刀
N100 W－1.0；	左刀尖→S 点
N110 M99；	子程序结束

2）编写槽加工主程序（表 3-26）

表 3-26　槽加工主程序

参考程序	注释
O3025；	主程序名
N10 M03 S300；	主轴正转，转速为 300r/min
N20 T0303；	选用 03 号刀具，执行 03 号刀补
N30 G00 X32.0 Z－14.0 M08；	刀具快速定位至第一个槽处，开切削液
N40 M98 P3000；	调用子程序（O3000）加工第一个槽
N50 G00 Z－33.0；	刀具快速定位至第二个槽处
N60 M98 P3000；	调用子程序（O3000）加工第二个槽
N70 G00 Z－45.0；	刀具快速定位至第三个槽处
N80 M98 P3000；	调用子程序（O3000）加工第三个槽
N90 G00 X100.0 Z100.0；	刀具快速退至换刀点
N100 M30；	主程序结束

3.4.7 梯形槽的加工

对如图 3-59 所示梯形槽，试编写其加工程序。

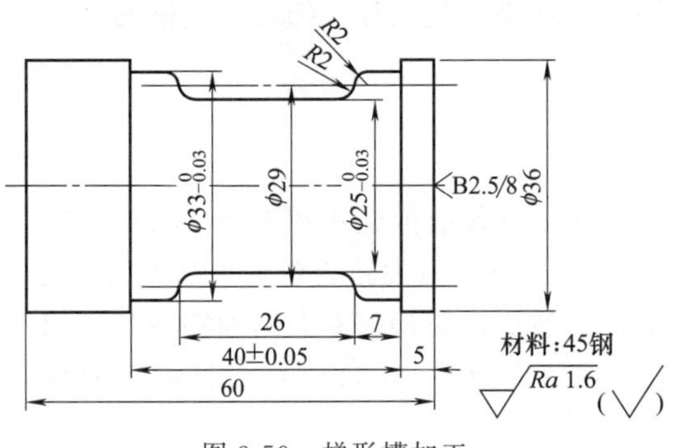

图 3-59　梯形槽加工

（1）图样分析

该图中间部位为一带有圆弧倒角的梯形槽，槽底尺寸精度和表面质量要求比较高，若采用偏刀或圆弧刀加工，都很难一次加工成形，中间必然留有接刀痕迹。加工该槽最好选用切槽刀。

（2）设计加工路线

若选用 3mm 宽的切槽刀，可设计如图 3-60 所示加工路线。粗加工路线：切 ϕ33mm×40mm

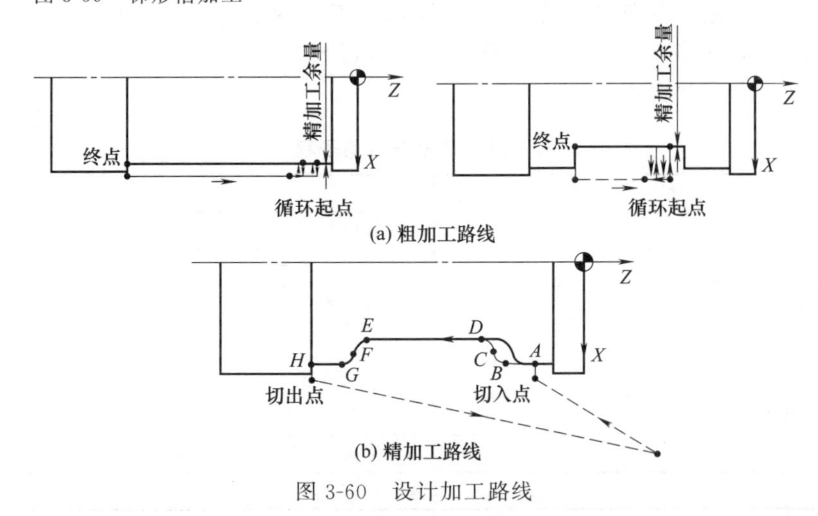

图 3-60　设计加工路线

宽槽，以左刀尖为刀位点，循环起点坐标（X38，Z－8），终点坐标（X33，Z－45）；切 ϕ25mm×22mm 宽槽，循环起点坐标（X38，Z－17），终点坐标（X33，Z－36）；粗加工时，X 向留 0.2mm 精车余量（直径值）。精加工切入点坐标（X38，Z－8），向下切深至 A（X33，Z－8），依次沿 B（X33，Z－13）、C（X29，Z－15）、D（X25，Z－17）、E（X25，Z－36）、F（X29，Z－38）、G（X33，Z－40）、H（X33，Z－45）所示轮廓进行精加工，最后切出点坐标设为（X38.0，Z－45）。

(3) 编制加工程序（表 3-27）

表 3-27 梯形槽加工参考程序

参考程序	注释
O3026;	程序号
N10 T0202;	调用 02 号切槽刀，执行 02 号刀补
N20 M03 S400 M08;	主轴正转，转速为 400r/min，切削液开
N30 G00 X38.0 Z－8.0;	定位至粗加工循环起点
N40 G75 R0.5;	循环切 ϕ33mm×40mm 宽槽，直径方向留 0.2mm 精车余量
N50 G75 X33.2 Z－45.0 P2000 Q2400 F50;	
N60 G00 X38.0 Z－17.0;	定位至循环起点
N70 G75 R0.5;	循环切 ϕ25mm×22mm 宽槽，直径方向留 0.2mm 精车余量
N80 G75 X25.2 Z－36.0 P2000 Q2400 F50;	
N90 G00 X100.0 Z100.0 M09;	退刀
N100 M05;	主轴停转
N110 M00;	程序暂停，检测并修改磨耗值
N120 T0202 S800 M03;	重新调用 02 号切槽刀，执行 02 号刀补
N130 G00 X38.0 Z－8.0 M08;	定位至精加工的切入点
N140 G01 X33.0 F50;	进给量为 50mm/min，精加工轮廓
N150 Z－13.0;	
N160 G03 X29.0 Z－15.0 R2.0;	
N170 G02 X25.0 Z－17.0 R2.0;	
N180 G01 Z－36.0;	
N190 G02 X29.0 Z－38.0 R2.0;	
N200 G03 X33.0 Z－40.0 R2.0;	
N210 G01 Z－45.0;	
N220 X38.0;	
N230 G00 X100.0 Z100.0 M09;	程序结束部分
N240 M30;	程序结束

3.4.8 切断

(1) 切断工艺

1）切断刀及选用

切断刀的设计与切槽刀相似，它们之间有一个主要区别，即切断刀的伸出长度比切槽刀要长得多，这也使得它可以适用于深槽加工。切断刀刀刃宽度及刀头长度，不可任意确定。

切断刀主切削刃太宽，会造成切削力过大而引起振动，同时也会浪费工件材料；主切削刃太窄，又会削弱刀头强度，容易使刀头折断。通常，切断钢件或铸铁材料时，可用下列公式计算：

$$a=(0.5\sim0.6)\sqrt{D}$$

式中，a 为主切削刃宽度，mm；D 为工件待加工表面直径，mm。

切断刀太短，不能安全到达主轴旋转中心；刀具过长则没有足够的刚度，且在切断过程中会产生振动甚至折断。刀头长度 L 可用下列公式计算：

$$L=H+(2\sim 3\text{mm})$$

式中，L 为刀头长度，mm；H 为切入深度，mm。

2）切断刀安装

安装切断刀时，切断刀的中心线必须与工件轴线垂直，以保证两副偏角对称。切断刀主切削刃，不能高于或低于工件中心，否则会使工件中心形成凸台，并损坏刀头。

3）切断工艺要点

① 如同切槽一样，切削液需要应用在刀刃上，使用的切削液应具有冷却和润滑的作用，一定要保证切削液的压力足够大，尤其是在加工大直径棒料时，压力可以使切削液到达刀刃并冲走堆积的切屑。

② 当切断毛坯或不规则表面的工件时，切断前先用外圆车刀把工件车圆，或开始切断毛坯部分时，尽量减小进给量，以免发生“啃刀”。

③ 工件应装夹牢固，切断位置应尽可能靠近卡盘，当切断用一夹一顶装夹工件时，工件不应完全切断，而应在工件中心留一细杆，卸下工件后再用榔头敲断。否则，切断时会发生事故并折断切断刀。

④ 切断刀排屑不畅，会使切屑堵塞在槽内，造成刀头负荷增大而折断。故切断时应注意及时排屑，防止堵塞。

（2）切断示例

以图 3-61 工件的切断为例，当工件其他结构加工完毕后，选用刃宽为 4mm 的切断刀，选择（X54.0，Z−89.0）为切断起点。切断时可用 G01 方式直接切断工件，如果切深大还可用 G75 啄式切削方式。切断时切削速度通常为外圆切削速度的 60%～70%，进给量一般选择 0.05～0.3mm/r。

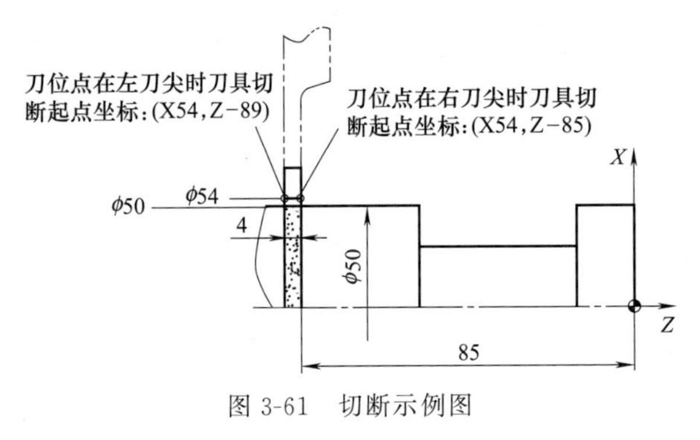

图 3-61　切断示例图

切断点 X 向应与工件外圆有足够的安全间隙。Z 向坐标与工件长度有关，又与刀位点选择在左或右刀尖有关。图 3-61 中，设刃宽为 4mm 切断刀的刀位点为左刀尖时，切断的起始点的位置坐标为（X54.0，Z−89.0）；刀位点为右刀尖时，切断的起始点的位置坐标为（X54.0，Z−85.0）。

1）用 G01 方式切断（程序见表 3-28）

表 3-28　G01 方式切断参考程序

参考程序	注释
O3027；	程序名
N10 T0404；	调用 04 号切断刀，执行 04 号刀补
N20 G96 M03 S40；	恒线速切削，线速度为 40m/min
N30 G50 S1500；	限制主轴最高转速
N40 G00 X54.0 Z−89.0 M08；	快速到达切断起点（左刀尖对刀），开切削液
N50 G01 X0 F0.05；	切断
N60 G00 X54.0；	快速退至起刀点
N70 G00 X100.0 Z100.0；	快速退至换刀点
N80 M05；	主轴停
N90 M30；	程序结束

2）用 G75 方式切断（程序见表 3-29）

表 3-29 G75 方式切断参考程序

参考程序	注释
O3028;	程序名
N10 T0404;	调用 04 号切断刀，执行 04 号刀补
N20 G96 M03 S40;	恒线速切削，线速度为 40m/min
N30 G50 S1500;	限制主轴最高转速
N40 G00 X54.0 Z−89.0 M08;	快速到达切断起点(左刀尖对刀)，开切削液
N50 G75 R1.0;	设置 G75 加工参数
N60 G75 X0.0 P3000 F0.05;	
N70 G00 X100.0 Z100.0 M09;	快速退至换刀点，关切削液
N80 M05;	主轴停
N90 M30;	程序结束

3）示例：用切断刀先切倒角，再切断

如图 3-62 所示，当工件的右端面上有倒角要求时，一般加工方法是：先切断，然后掉头装夹车端面，保证 Z 向尺寸，再车倒角。

在工件 Z 向尺寸要求不是很高的情况下，可用切断刀先切倒角，然后切断工件，这样的好处是：免除掉头装夹车端面、倒角的麻烦。

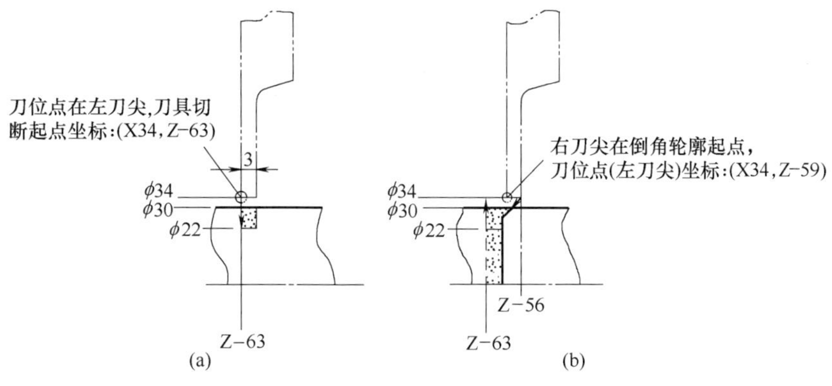

图 3-62 切断刀先切倒角，再切断

如图 3-62 所示，选用刃宽为 3mm 的切断刀，选择（X34，Z−63）为切断起点，刀具先切削 4mm 深度的槽，然后，刀具 X 向退到起点，调整刀具右刀尖到倒角轮廓的延长线上的一点，用右刀尖沿倒角轮廓切削，最后切断。参考程序见表 3-30。

表 3-30 先切倒角、再切断参考程序

参考程序	注释
O3029;	程序名
N10 T0404;	调用 04 号切断刀，执行 04 号刀补
N20 G96 M03 S40;	恒线速切削，线速度为 40m/min
N30 G50 S1500;	限制主轴最高转速
N40 G00 X34.0 Z−63.0 M08;	快速到达切断起点(左刀尖对刀)，开切削液
N50 G01 X22.0 F0.05;	向下切深至 ϕ22
N60 X34.0;	X 向退刀至起刀点
N70 Z−59.0;	左刀尖至 Z−59.0，右刀尖至 Z−56.0
N80 X26.0 Z−63.0;	倒 $C2$ 角
N90 X0;	切断
N100 G00 X34.0;	X 向退出工件
N110 X100.0 Z100.0 M09;	快速退至换刀点，关切削液
N120 M05;	主轴停
N130 M30;	程序结束

3.5 螺纹加工

在FANUC数控系统中，车削螺纹的加工指令有G32、G34和其固定循环加工指令G92、G76。通过这些指令，在数控车床上加工各种螺纹更加简便。

3.5.1 普通螺纹的尺寸计算

普通螺纹是我国应用最为广泛的一种三角形螺纹，牙型角为60°。普通螺纹分粗牙普通螺纹和细牙普通螺纹。粗牙普通螺纹螺距是标准螺距，其代号用字母“M”及公称直径表示，如M16、M12等。细牙普通螺纹代号用字母“M”及公称直径×螺距表示，如M24×1.5、M27×2等。普通螺纹有左旋螺纹和右旋螺纹之分，左旋螺纹应在螺纹标记的末尾处加注“LH”字，如M20×1.5LH等，未注明的是右旋螺纹。

普通螺纹的基本牙型如图3-63所示，该牙型具有螺纹的各基本尺寸。

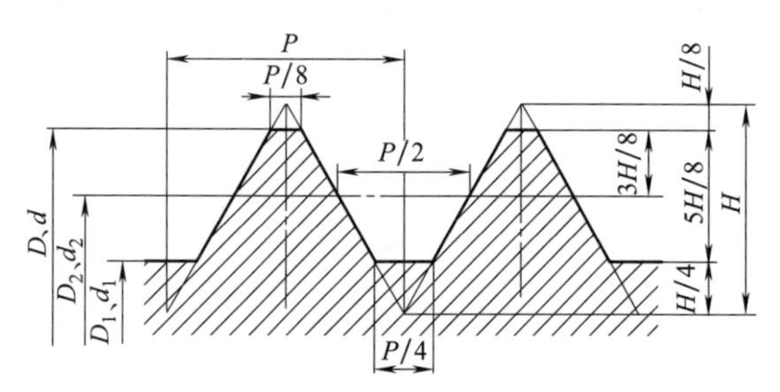

图3-63 普通螺纹的基本牙型

P：螺纹螺距；

H：螺纹原始三角形高度，$H=0.866P$；

D、d：螺纹大径；

D_2、d_2：螺纹中径；

D_1、d_1：螺纹小径。

螺纹基本尺寸的计算如下：

(1) 螺纹的大径（D、d）

螺纹大径的基本尺寸与螺纹的公称直径相同。外螺纹大径在螺纹加工前，由外圆的车削得到，该外圆的实际直径通过其大径公差带或借用其中径公差带进行控制。

(2) 螺纹的中径（D_2、d_2）

$$D_2(d_2)=D(d)-(3H/8)\times 2= D(d)-0.6495P$$

在数控车床上，螺纹的中径是通过控制螺纹的削平高度（由螺纹车刀的刀尖体现）、牙型高度、牙型角和底径来综合控制的。

(3) 螺纹的小径（D_1、d_1）与螺纹的牙型高度（h）

$$D_1(d_1)=D(d)-(5H/8)\times 2\approx D(d)-1.08P$$

$$h=5H/8=0.54125P,取\ h=0.54P$$

(4) 螺纹编程直径与总切深量的确定

在编制螺纹加工程序或车削螺纹时，因受到螺纹车刀刀尖形状及其尺寸刃磨精度的影响，为保证螺纹中径达到要求，故在编程或车削过程中通常采用以下经验公式进行调整或确定其编程小径（d_1'、D_1'）：

$d_1'=d-(1.1\sim1.3)P$

$D_1'=D-P$（车削塑性金属）

$D_1'=D-1.05P$（车削脆性金属）

在以上经验公式中，d、D直径均指其基本尺寸。在各编程小径的经验公式中，已考虑到了部分直径公差的要求。

同样，考虑螺纹的公差要求和螺纹切削过程中对大径的挤压作用，编程或车削过程中的外螺纹大径应比其公称直径小0.1～0.3mm。

例 在数控车床上加工M24×2—7h的外螺纹。采用经验公式取：

螺纹编程大径 $d'=23.8$ mm；

半径方向总切深量 $h'=(1.1\sim1.3)P/2=0.65\times2=1.3$（mm）；

编程小径 $d_1'=d-2h'=24-2.6=21.4$（mm）。

3.5.2 螺纹切削指令（G32、G34）

(1) 等螺距直螺纹

这类螺纹包括普通圆柱螺纹和端面螺纹。

1）指令格式

G32 X(U)__ Z(W)__ F __ Q __；

式中，X(U)__ Z(W)__为直线螺纹的终点坐标；F 为直线螺纹的导程，如果是单线螺纹，则为直线螺纹的螺距；Q 为螺纹起始角，该值为不带小数点的非模态值，其单位为 0.001°，如果是单线螺纹，则该值不用指定，这时该值为 0。

在该指令格式中，当只有 Z 向坐标数据字时，指令加工等螺距圆柱螺纹；当只有 X 向坐标数据字时，指令加工等螺距端面螺纹。

2）本指令的运动轨迹及工艺说明

G32 的执行轨迹如图 3-64 所示。G32 指令近似于 G01 指令，刀具从 B 点以每转进给一个导程/螺距的速度切削至 C 点。其切削前的进刀和切削后的退刀都要通过其他的程序段来实现，如图中的 AB、CD、DA 的程序段。

在加工等螺距圆柱螺纹以及除端面螺纹之外的其他各种螺纹时，均需特别注意其螺纹车刀的安装方法（正、反向）和主轴的旋转方向应与车床刀架的配置方式（前、后置）相适应。如采用图 3-64 所示后置刀架车削其右旋螺纹时，不仅螺纹车刀必须反向（即前刀面向下）安装，车床主轴也必须用 M04 指令其旋向。否则，车出的螺纹将不是右旋，而是左旋螺纹。如果螺纹车刀正向安装，主轴用 M03 指令，则起刀点亦应改为图 3-64 中 D 点。

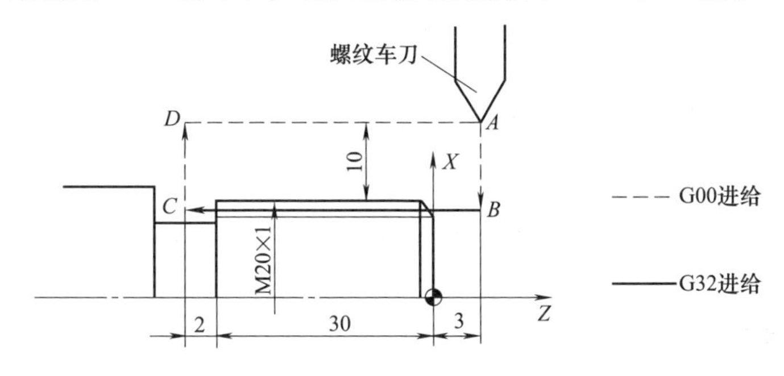

图 3-64　G32 圆柱螺纹的运动轨迹

3）编程实例

例 1　试用 G32 指令编写图 3-64 所示工件的螺纹加工程序。

分析：因该螺纹为普通连接螺纹，没有规定其公差要求，可参照螺纹公差的国家标准，对其大径（车螺纹前的外圆直径）尺寸，可靠近最低配合要求的公差带，如 8e（−0.06 −0.34）并取其中值确定，或按经验取为 19.8mm，以避免合格螺纹的牙顶出现过尖的疵病。

螺纹切削导入距离 δ_1 取 3mm，导出距离 δ_2 取 2mm。螺纹的总切深量预定为 1.3mm，分三次切削，背吃刀量依次为 0.8mm、0.4mm 和 0.1mm。

程序如下：

O3030；

……

```
G00 X40.0 Z3.0;              (δ1=3)
U-20.8;
G32 W-35.0 F1.0;             (螺纹第一刀切削,背吃刀量为0.8mm)
G00 U20.8;
    W35.0;
    U-21.2;
G32 W-35.0 F1.0;             (背吃刀量为0.3mm)
G00 U21.2;
    W35.0;
    U-21.3;
G32 W-35.0 F1.0;             (背吃刀量为0.1mm)
G00 U21.3;
    W35.0;
G00 X100.0 Z100.0;
M30;
```

例2 试用G32指令编写图3-64所示螺纹代号改为M20×Ph2P1的加工程序。

```
O3031;
……
G00 X40.0 Z6.0;              (导入距离δ1=6)
X19.2;
G32 Z-32.0 F2.0 Q0;          (加工第1条螺旋线,螺纹起始角为0°)
G00 X40.0;
    Z6.0;
……                           (至第1条螺旋线加工完成)
    X19.2;
G32 Z-32.0 F2.0 Q180000;     (加工第2条螺旋线,螺纹起始角为180°)
G00 X40.0;
    Z6.0;
……                           (多刀重复切削至第2条螺旋线加工完成)
M30;
```

(2) 等螺距圆锥螺纹

1）指令格式

G32 X(U)__ Z(W)__ F __;

2）本指令的运动轨迹及工艺说明

执行G32圆锥螺纹指令时的运动轨迹（图3-65）与G32圆柱螺纹轨迹相似。

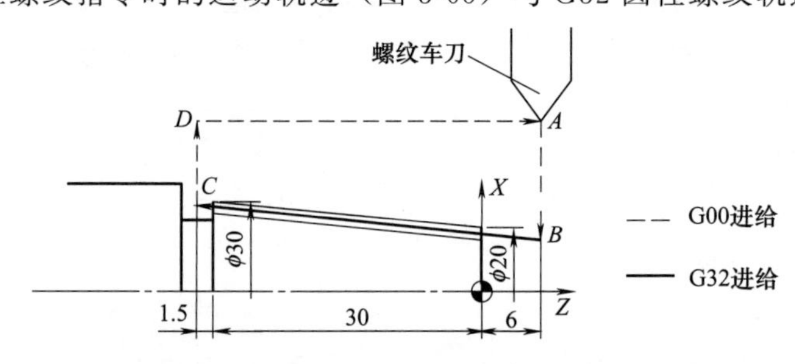

图3-65 G32圆锥螺纹轨迹

加工圆锥螺纹时，要特别注意受 δ_1、δ_2 影响后的螺纹切削起点与终点坐标，以保证螺纹锥度的正确性。

圆锥螺纹在 X 或 Z 方向各有不同的导程，程序中导程 F 的取值以两者中较大值为准。

3）编程实例

例 试用 G32 指令编写图 3-65 所示工件的螺纹（$F_Z=2.5$mm）加工程序。

分析：经计算，圆锥螺纹的牙顶在 B 点处的坐标为（18.0，6.0），在 C 点处的坐标为（30.5，−31.5）。

程序如下：

```
O3032;
……
G00 X16.7 Z6.0;              (δ1=6)
G32 X29.2 Z-31.5 F2.5;       (螺纹第 1 刀切削,背吃刀量为 1.3mm)
G00 U20.0;
    W37.5;
G00 X16.0 Z6.0;
G32 X28.5 Z-31.5 F2.5;       (螺纹第 2 刀切削,背吃刀量为 0.7mm)
……
```

4）G32 指令的其他用途

G32 指令除了可以加工以上螺纹外，还可以加工以下几种螺纹：

① 多线螺纹。编制加工多线螺纹的程序时，只要用地址 Q 指定主轴一转信号与螺纹切削起点的偏移角度（如图 3-64 下的例 2 所示）即可。

② 端面螺纹。执行端面螺纹的程序段时，刀具在指定螺纹切削距离内以每转 F 的速度沿 X 向进给，而 Z 向不做运动。

③ 连续螺纹。连续螺纹切削功能是为了保证程序段交界处的少量脉冲输出与下一个移动程序段的脉冲处理与输出相互重叠（程序段重叠）。因此，执行连续程序段加工时，由运动中断而引起的断续加工被消除，故可以完成那些需要中途改变其等螺距和形状（如从直螺纹变锥螺纹）的特殊螺纹的切削。

(3) 变螺距螺纹

这类螺纹主要指变螺距圆柱螺纹及变螺距圆锥螺纹。

1）指令格式

G34 X(U)__ Z(W)__ F __ K __；

式中，K 为主轴每转螺距的增量（正值）或减量（负值）；其余参数同 G32 的规定。

2）本指令的运动轨迹及工艺说明

G34 指令中，除每转螺距有增量外，其余动作和轨迹与 G32 指令相同。

(4) 使用螺纹切削指令（G32、G34）时的注意事项

① 在螺纹切削过程中，进给速度倍率无效。

② 在螺纹切削过程中，进给暂停功能无效，如果在螺纹切削过程中按了进给暂停按钮，刀具将在执行了非螺纹切削的程序段后停止。

③ 在螺纹切削过程中，主轴速度倍率功能失效。

④ 在螺纹切削过程中，不宜使用恒线速度控制功能，而采用恒转速控制功能较为合适。

3.5.3 螺纹切削单一固定循环（G92）

(1) 圆柱螺纹切削循环

1）指令格式

G92 X(U)__ Z(W)__ F __；

式中，X(U)__ Z(W)__为螺纹切削终点处的坐标，U 和 W 后面数值的符号取决于轨迹 *AB*（图 3-65）和 *BC* 的方向；F 为螺纹导程的大小，如果是单线螺纹，则为螺距的大小。

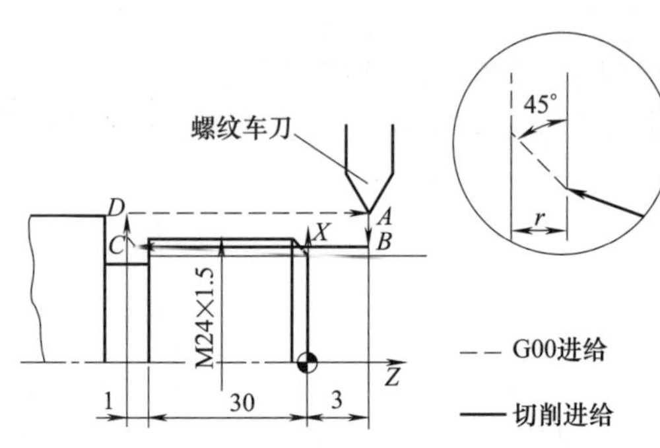

图 3-66 圆柱螺纹循环切削轨迹图

2）本指令的运动轨迹及工艺说明

G92 圆柱螺纹切削轨迹如图 3-66 所示，与 G90 循环相似，其运动轨迹也是一个矩形轨迹。刀具从循环起点 *A* 沿 *X* 向快速移动至 *B* 点，然后以导程/转的进给速度沿 *Z* 向切削进给至 *C* 点，再从 *X* 向快速退刀至 *D* 点，最后返回循环起点 *A* 点，准备下一次循环。

在 G92 循环编程中，仍应注意循环起点的正确选择。通常情况下，*X* 向循环起点取在离外圆表面 1～2mm（直径量）的地方，*Z* 向的循环起点根据导入值的大小来进行选取。

3）编程实例

例 1 在后置刀架式数控车床上，试用 G92 指令编写图 3-66 所示工件的螺纹加工程序。在螺纹加工前，其外圆已加工好，直径为 23.75mm。

螺纹加工程序如下：

```
O3033;
G99 G40 G21;
……
T0202;                  （螺纹车刀的前刀面向下）
M04 S600;
G00 X25.0 Z3.0;         （螺纹切削循环起点）
G92 X23.0 Z-31.0 F1.5;  （多刀切削螺纹,背吃刀量分别为 1.0、0.4、0.12 和 0.1）
    X22.6;              （模态指令,只需指令 X,其余值不变）
    X22.48;
    X22.38;
G00 X150.0;             （有顶尖时的退刀,应先退 X,再退 Z）
Z20.0;
M30;
```

例 2 在前置刀架式数控车床上，试用 G92 指令编写图 3-67 所示双线左旋螺纹的加工程序。在螺纹加工前，其螺纹外圆直径已加工至 ϕ29.8mm。

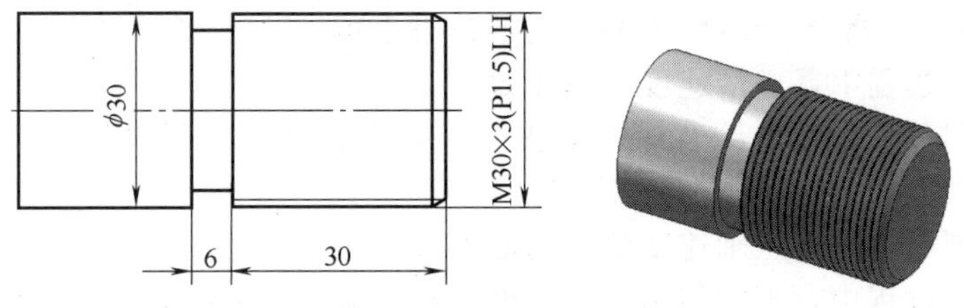

图 3-67 双线左旋螺纹

程序如下：

```
O3034;
G99 G40 G21;
```

```
T0202;
M03 S600;
G00 X31.0 Z-34.0;
G92 X28.9 Z3.0 F3.0;
    X28.4;
    X28.15;
    X28.05;
G01 Z-32.5 F0.2;          (Z 向平移一个螺距)
G92 X28.9 Z4.5 F3.0;      (加工第 2 条螺旋线)
    X28.4;
    X28.15;
    X28.05;
G00 X100.0 Z100.0;
M30;
```

(2) 圆锥螺纹切削循环

1) 指令格式

G92 X(U)__ Z(W)__ F __ R __;

式中，R 的大小为圆锥螺纹切削起点（图 3-68 中 *B* 点）处的 *X* 坐标与终点（编程终点）处的 *X* 坐标之差的二分之一；R 的方向规定为，当切削起点处的半径小于终点处的半径（即顺圆锥外表面）时，R 取负值。其余参数参照圆柱螺纹的 G92 规定。

2) 本指令的运动轨迹及工艺说明

G92 圆锥螺纹切削循环轨迹与 G92 直螺纹切削循环轨迹相似（即原 *BC* 水平直线改为倾斜直线）。

对于圆锥螺纹中的 R 值，在编程时除要注意有正、负值之分外，还要根据不同长度来确定 R 值的大小，如图 3-68 中，用于确定 R 值的长度为 $30+\delta_1+\delta_2$，其 R 值的大小应按此计算，以保证螺纹锥度的正确性。

圆锥螺纹的牙型角为 55°，其余尺寸参数（如牙型高度、大径、中径、小径等）通过查表确定。

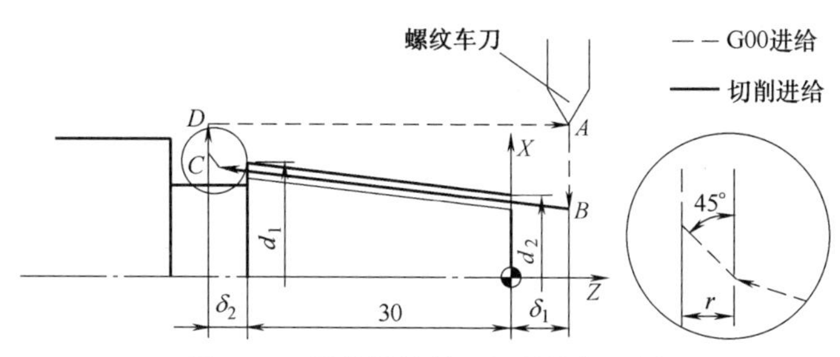

图 3-68 圆锥螺纹循环切削的轨迹图

3) 编程实例

请参照 G92 圆柱螺纹编程。

(3) 使用螺纹切削单一固定循环（G92）时的注意事项

① 在螺纹切削过程中，按下循环暂停键时，刀具立即按斜线回退，然后先回到 *X* 轴的起点，再回到 *Z* 轴的起点。在回退期间，不能进行另外的暂停。

② 如果在单段方式下执行 G92 循环，则每执行一次循环必须按 4 次循环启动按钮。

③ G92 指令是模态指令，当 Z 轴移动量没有变化时，只需对 X 轴指定其移动指令即可重复执行固定循环动作。

④ 执行 G92 循环时，在螺纹切削的退尾处，刀具沿接近 45°的方向斜向退刀，Z 向退刀距离 $r=(0.1\sim12.7)P_h$（导程），如图 3-67 所示，该值由系统参数设定。

⑤ 在 G92 指令执行过程中，进给速度倍率和主轴速度倍率均无效。

3.5.4 螺纹切削复合固定循环（G76）

（1）螺纹复合循环指令

1）指令格式

G76 P$\underline{(m)\ (r)\ (a)}$ Q$\underline{(\Delta d_{min})}$ R(d)；

G76 X(U)＿ Z(W)＿ R$\underline{(i)}$ P$\underline{(k)}$ Q$\underline{(\Delta d)}$ F＿；

式中 m——精加工重复次数，01～99；

r——倒角量，即螺纹切削退尾处（45°）的 Z 向退刀距离。当导程（螺距）由 P_h 表示时，可以从 $0.1P_h$ 到 $9.9P_h$ 设定，单位为 $0.1P_h$（两位数：从 00～99）；

a——刀尖角度（螺纹牙型角）。可以选择 80°，60°，55°，30°，29°和 0°共 6 种中的任意一种。该值由 2 位数表示；

d_{min}——最小切深，该值用不带小数点的半径量表示；

d——精加工余量，该值用带小数点的半径量表示；

X(U)＿ Z(W)＿——螺纹切削终点处的坐标；

i——螺纹半径差。如果 $i=0$，则进行圆柱螺纹切削；

k——牙型编程高度，该值用不带小数点的半径量表示；

Δd——第一刀切削深度，该值用不带小数点的半径量表示；

F——导程。如果是单线螺纹，则该值为螺距。

2）本指令的运动轨迹及工艺说明

G76 螺纹切削复合循环的运动轨迹如图 3-69（a）所示。以圆柱外螺纹（i 值为零）为例，刀具从循环起点 A 处，以 G00 方式沿 X 向进给至螺纹牙顶 X 坐标处（B 点，该点的 X 坐标值＝小径＋$2k$），然后沿基本牙型一侧平行的方向进给［图 3-69（b）］，X 向切深为 Δd，再以螺纹切削方式切削至离 Z 向终点距离为 r 处，倒角退刀至 D 点，再 X 向退刀至 E 点，最后返回 A 点，准备第二刀切削循环。如此分多刀切削循环，直至循环结束。

第一刀切削循环时，背吃刀量为 Δd［图 3-69（b）］，第二刀的背吃刀量为 $(\sqrt{2}-1)\Delta d$，第 n 刀的背吃刀量为 $(\sqrt{n}-\sqrt{n-1})\ \Delta d$。因此，执行 G76 循环的背吃刀量是逐步递减的。

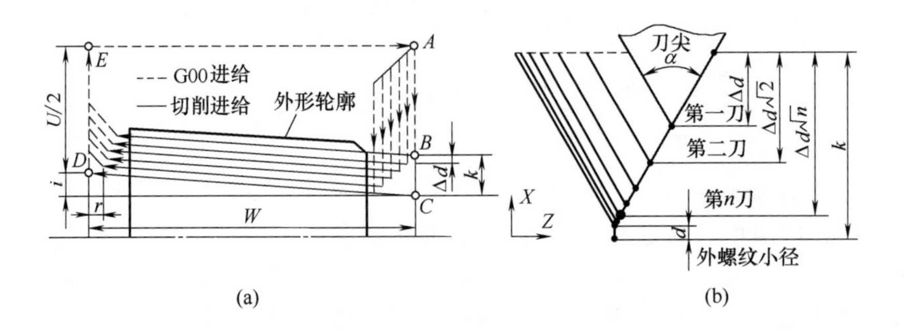

图 3-69 G76 循环的运动轨迹及进刀轨迹

图 3-69（b）所示为：螺纹车刀向深度方向并沿基本牙型一侧的平行方向进刀，从而保证了螺纹粗车过程中始终用一个刀刃进行切削，减小了切削阻力，延长了刀具寿命，为螺纹的精车质量提供了保证。

在 G76 循环指令中，m、r、a 用地址符 P 及后面各两位数字指定，每个两位数中的前置 0 不能省略。这些数字的具体含义及指定方法如下：

例如，P001560 的具体含义为：精加工次数“00”即 $m=0$；倒角量“15”即 $r=15\times 0.1P_h=1.5P_h$（P_h 是导程）；螺纹牙型角“60”即 $\alpha=60°$。

3）编程示例

例 1 在前置刀架式数控车床上，试用 G76 指令编写图 3-70 所示外螺纹的加工程序（未考虑各直径的尺寸公差）。

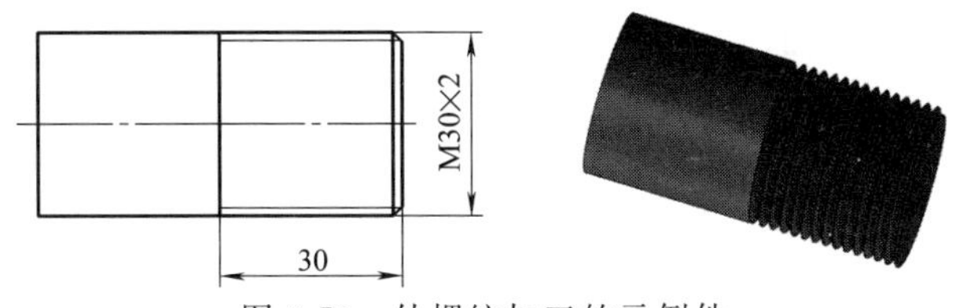

图 3-70 外螺纹加工的示例件

程序如下：

```
O3035；
G99 G40 G21；
……
T0202；
M03 S600；
G00 X32.0 Z6.0；
G76 P021060 Q50 R0.1；
G76 X27.6 Z－30.0 P1300 Q500 F2；
……
```

例 2 在前置刀架式数控车床上，试用 G76 指令编写图 3-71 所示内螺纹的加工程序（未考虑各直径的尺寸公差）。

M30×2 φ50 30

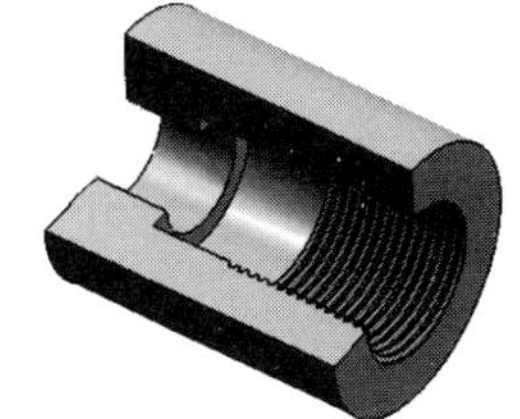

图 3-71 内螺纹加工的示例件

程序如下：

```
O3036；
G99 G40 G21；
……
T0404；
M03 S400；
G00 X26.0 Z6.0；(螺纹切削循环起点)
G76 P021060 Q50 R－0.08；(设定精加工两次，精加工余量为 0.08mm，倒角量等于 2mm，牙型角为 60°，最小切深为 0.05mm)
G76 X30.0 Z－30.0 P1200 Q300 F2.0；(设定牙型高为 1.2mm，第一刀切深为 0.3mm)
G00 X100.0 Z100.0；
M30；
```

（2）G76 指令加工梯形螺纹

1）梯形螺纹的尺寸计算

梯形螺纹的代号：梯形螺纹的代号用字母“Tr”及公称直径×螺距表示，单位均为 mm。

左旋螺纹需在其标记的末尾处加注“LH”，右旋则不用标注。例如 Tr36×6，Tr44×8LH 等。

国家标准规定，公制梯形螺纹的牙型角为 30°。梯形螺纹的牙型如图 3-72 所示，各基本尺寸计算公式见表 3-31。

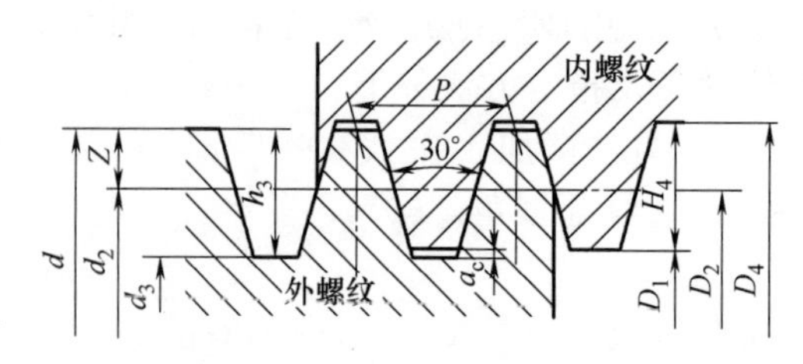

图 3-72 梯形螺纹的牙型

表 3-31 梯形螺纹各部分名称、代号及计算公式

名称	代号	计算公式			
牙顶间隙	a_c	P	1.5～5	6～12	14～44
		a_c	0.25	0.5	1
大径	d、D_4	d=公称直径，$D_4=d+2a_c$			
中径	d_2、D_2	$d_2=d-0.5P$，$D_2=d_2$			
小径	d_3、D_1	$d_3=d-2h_3$，$D_1=d-P$			
外、内螺纹牙高	h_3、H_4	$h_3=0.5P+a_c$，$H_4=h_3$			
牙顶宽	f、f'	$f=f'=0.366P$			
牙槽底宽	W、W'	$W=W'=0.366P-0.536a_c$			
牙顶高	Z	$Z=0.25P$			

2）梯形螺纹编程实例

例 在前置刀架式数控车床上，试用 G76 指令编写图 3-73 所示梯形螺纹的加工程序。

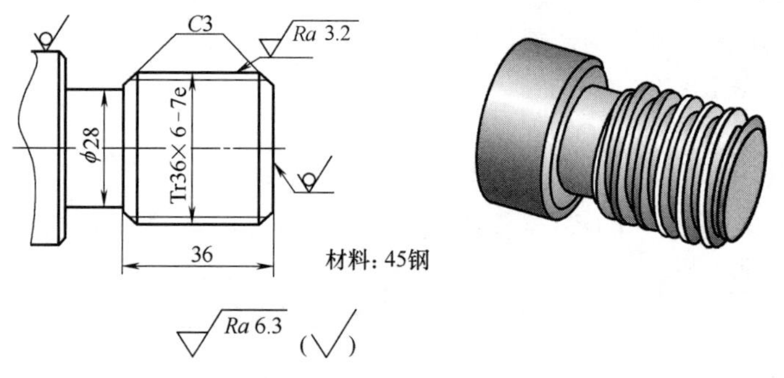

图 3-73 梯形螺纹加工示例件

① 计算梯形螺纹尺寸并查表确定其公差：

大径 $d=36_{-0.375}^{0}$；

中径 $d_2=d-0.5P=36-3=33$，查表确定其公差，故 $d_2=33_{-0.453}^{-0.118}$；

牙高 $h_3=0.5P+a_c=3.5$；

小径 $d_3=d-2h_3=29$，查表确定其公差，故 $d_3=29_{-0.537}^{0}$；

牙顶宽 $f=0.366P=2.196$；

牙底宽 $W=0.366P-0.536a_c=2.196-0.268=1.928$。

用 $\phi 3.1$mm 的测量棒测量中径，则其测量尺寸 $M=d_2+4.864d_D-1.866P=36.89$（$d_D$ 为测量棒直径）；根据中径公差带（7e）确定其公差，则 $M=36.89_{-0.453}^{-0.118}$。

② 编写数控加工程序：

O3037；

G99 G40 G21;

G28 U0 W0;

T0202;

M03 S400;

G00 X37.0 Z12.0;

G76 P020530 Q50 R0.08;(设定精加工两次,精加工余量为0.08mm,倒角量等于0.5倍螺距,牙型角为30°,最小切深为0.05mm。)

G76 X28.75 Z－40.0 P3500 Q600 F6.0;(设定螺纹牙型高为3.5mm,第1刀切深为0.6mm。)

G00 X150.0;

M30;

在梯形螺纹的实际加工中，由于刀尖宽度并不等于槽底宽，在经过一次G76切削循环后，仍无法正确控制螺纹中径等各项尺寸。为此，可经刀具Z向偏置后，再次进行G76循环加工，即可解决以上问题。

(3) 使用螺纹复合循环指令 (G76) 时的注意事项

① G76可以在MDI方式下使用。

② 在执行G76循环时，如按下循环暂停键，则刀具在螺纹切削后的程序段暂停。

③ G76指令为非模态指令，所以必须每次指定。

④ 在执行G76时，如要进行手动操作，刀具应返回到循环操作停止的位置。如果没有返回到循环停止位置就重新启动循环操作，手动操作的位移将叠加在该条程序段停止时的位置上，刀具轨迹就多移动了一个手动操作的位移量。

3.5.5 加工综合实例

例 加工如图3-74所示工件（毛坯直径为80mm，内孔已钻直径为20mm的通孔），试编写FANUC系统数控车床加工程序。

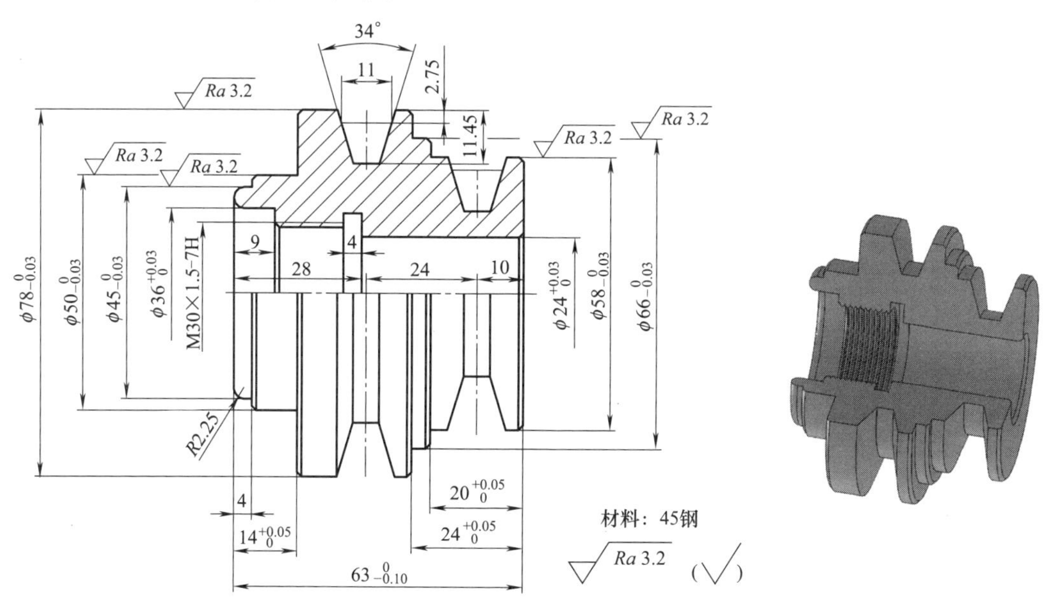

图3-74 加工综合示例件

(1) 选择机床与夹具

选择 FANUC 0i 系统、前置刀架式数控车床加工，夹具采用通用三爪自定心卡盘，编程原点设在工件左、右端面与主轴轴线的交点上。

(2) 加工步骤

① 用 G71、G70 指令粗、精加工左端外形轮廓；

② 用 G71、G70 指令粗、精加工内孔轮廓；

③ 用 G75 指令加工内沟槽；

④ 用 G92 指令加工内螺纹；

⑤ 调头校正与装夹（以外圆面装夹或以螺纹配合装夹），用 G71、G70 粗、精加工外形轮廓；

⑥ 用 G75 指令加工外沟槽；

⑦ 用 G90 指令加工内孔。

(3) 基点计算（略）

(4) 选择刀具与切削用量

1）外圆车刀

切削用量：粗车为 S600、F0.2、$a_p=1.5$；精车为 S1200、F0.1、$a_p=0.15$。

2）内孔车刀

切削用量：粗车为 S800、F0.15、$a_p=1$；精车为 S1500、F0.1、$a_p=0.15$。

3）内切槽刀

刀宽为 3mm，切削用量为 S400、F0.1。

4）内螺纹车刀

切削用量为 S500、F1.5。

5）外切槽刀

刀宽为 3mm，切削用量为 S500、F0.1。

(5) 编写加工程序

```
O3038;                          (加工工件左端)
G99 G40 G21;
T0101;                          (换外圆车刀)
M03 S600;
G00 X82.0 Z2.0 M08;
G71 U1.5 R0.3;                  (粗车外圆)
G71 P100 Q200 U0.3 W0.0 F0.2;
N100 G00 X40.5 F0.1 S1200;
     G01 Z0.0;
     G03 X45.0 Z-2.25 R2.25;
     G01 Z-4.0;
         X48.0;
         X50.0 Z-5.0;
         Z-14.0;
         X76.0;
         X78.0 Z-15.0;
         Z-40.0;
```

```
N200 G01 X82.0;
G70 P100 Q200;                    (精车外左侧外轮廓)
G00 X100.0 Z100.0;
T0202;                            (换内孔车刀)
M03 S800;
G00 X19.0 Z2.0;
G71 U1.0 R0.3;                    (粗车内孔)
G71 P300 Q400 U-0.3 W0.0 F0.2;
N300 G00 X40.5 F0.1 S1500;
     G01 Z0.0;
     G02 X36.0 Z-2.25 R2.25;
     G01 Z-9.0;
         X30.5;
         X28.5 Z-10.0;
         Z-28.0;
N400 G01 X19.0;
G70 P300 Q400;                    (精车外左侧内轮廓)
G00 X100.0 Z100.0;
T0303;                            (内切槽刀)
M03 S400;
G00 X26.0 Z2.0;
    Z-27.0;
G75 R0.3;
G75 X32.0 Z-28.0 P1500 Q1000 F0.1;
G00 Z2.0;
G00 X100.0 Z100.0;
T0404;                            (换内螺纹车刀)
M03 S500;
G00 X26.0
Z-7.0;
G92 X29.0 Z-26.0 F1.5;
    X29.6;
    X29.9;
    X30.0;
G00 Z2.0;
G00 X100.0 Z100.0;
M30;
```

提示

前置式四方刀架无法同时安装4把内外型腔加工刀具，此时可将加工程序分段。分段执行内、外轮廓的加工。

```
O3039;                          (加工工件右端)
G99 G40 G21;
T0101;                          (换外圆车刀)
M03 S600;
G00 X82.0 Z2.0 M08;
G71 U1.5 R0.3;                  (粗车外圆)
G71 P100 Q200 U0.3 W0.0 F0.2;
N100 G00 X56.0 F0.1 S1 200;
     G01 Z0;
         X58.0 Z-1.0;
         Z-20.0;
         X64.0;
         X66.0 Z-21.0;
         Z-24.0;
         X76.0;
         X78.0 Z-25.0;
N200 G01 X82.0;
G70 P100 Q200;                  (精车外圆)
G00 X100.0 Z100.0;
T0202;                          (外切槽刀,刀宽 3mm)
M03 S500;
G00 X60.0 Z-10.16;
G75 R0.3;                       (加工第一条 T 形槽)
G75 X35.10 Z-12.84 P2500 Q1500 F0.1;
G01 X58.0 Z-8.0;                (分二层切削加工槽右侧斜面)
    X35.10 Z-10.16;
G00 X60.0;
G01 X58.0 Z-6.66;
    X35.10 Z-10.16;
G00 X60.0;
G01 X58.0 Z-15.0;               (分二层切削加工槽左侧斜面)
    X35.10 Z-12.84;
G00 X60.0;
G01 X58.0 Z-16.34;
    X35.10 Z-12.84;
G00 X80.0;
    Z-34.16;
G75 R0.3;                       (加工第二条 T 形槽)
G75 X55.10 Z-36.84 P2500 Q1500 F0.1;
G01 X78.0 Z-32.0;               (分二层切削加工槽右侧斜面)
    X55.10 Z-34.16;
G00 X80.0;
```

```
G01 X78.0 Z-30.66;
    X55.10 Z-34.16;
G00 X80.0;
G01 X78.0 Z-39.0;                    (分二层切削加工槽左侧斜面)
    X55.10 Z-36.84;
G00 X80.0;
G01 X78.0 Z-40.34;
    X55.10 Z-36.84;
G00 X80.0;
G00 X100.0 Z100.0;
T0303;                               (换内孔刀)
M03 S600;
G00 X19.0 Z2.0;
G90 X22.0 Z-36.0 F0.2;
    X23.5;
M03 S1500;
G00 X20.0 Z1;
G01 X24.0 Z-1.0 F0.1;
Z-36.0;
X22.0;
G00 Z2.0;
X100.0 Z100.0;
M30;
```

3.6 子程序

3.6.1 子程序的概念

(1) 子程序的定义

机床的加工程序可以分为主程序和子程序两种。主程序是一个完整的零件加工程序，或是零件加工程序的主体部分。它与被加工零件或加工要求一一对应，不同的零件或不同的加工要求，都有唯一的主程序。

在编制加工程序时，有时会遇到一组程序段在一个程序中多次出现，或者在几个程序中都要使用它。这个典型的加工程序可以做成固定程序，并单独加以命名，这组程序段就称为子程序。

子程序一般都不可以作为独立的加工程序使用，它只能通过主程序进行调用，实现加工中的局部动作。子程序执行结束后，能自动返回到调用它的主程序中。

(2) 子程序的嵌套

为了进一步简化加工程序，可以允许其子程序再调用另一个子程序，这一功能称为子程序的嵌套。

当主程序调用子程序时，该子程序被认为是一级子程序，FANUC 系统中的子程序允许 4 级嵌套（图 3-75）。

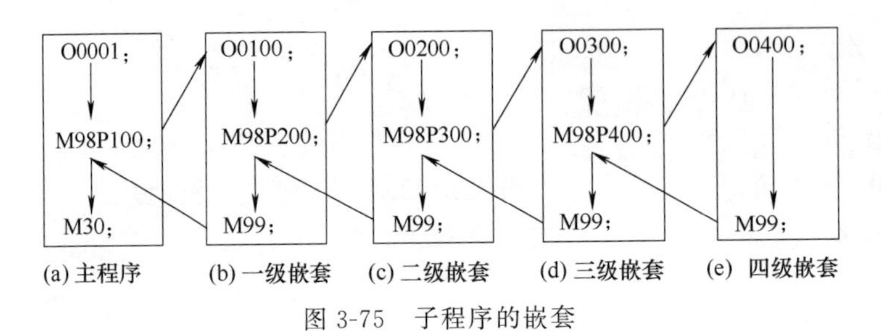

图 3-75 子程序的嵌套

3.6.2 子程序的调用

(1) 子程序的格式

在大多数数控系统中，子程序和主程序并无本质区别。子程序和主程序在程序号及程序内容方面基本相同，仅结束标记不同。主程序用 M02 或 M30 表示其结束，而子程序在 FANUC 系统中则用 M99 表示其结束，并实现自动返回主程序功能，如下述子程序。

O3040；
G01 U－1.0 W0；
……
G28 U0 W0；
M99；

对于子程序结束指令 M99，不一定要单独书写一行，如上面子程序中最后两段可写成“G28 U0 W0 M99”。

(2) 子程序在 FANUC 系统中的调用

在 FANUC 系列的系统中，子程序的调用可通过辅助功能指令 M98 指令进行，同时在调用格式中将子程序的程序号地址改为 P，其常用的子程序调用格式有两种：

格式一 M98 P×××× L××××；

例 1 M98 P100 L5；

例 2 M98 P100；

其中，地址符 P 后面的四位数字为子程序号，地址 L 的数字表示重复调用的次数，子程序号及调用次数前的 0 可省略不写。如果只调用子程序一次，则地址 L 及其后的数字可省略。如上例 1 表示调用 O100 子程序 5 次，而例 2 表示调用子程序 1 次。

格式二 M98 P××××××××；

例 3 M98 P50010；

例 4 M98 P0510；

地址 P 后面的八位数字中，前四位表示调用次数，后四位表示子程序号，采用这种调用格式时，调用次数前的 0 可以省略不写，但子程序号前的 0 不可省略。如例 3 表示调用 O10 子程序 5 次，而例 4 则表示调用 O0510 子程序 1 次。

子程序的执行过程示例如下。

主程序：	子程序：
O3041；	
N10……；	O0100；
N20 M98 P0100；	……
N30……；	M99；
……	
……	O0200；
N60 M98 P0200 L2；	……
……	M99；
N100 M30；	

(3) 子程序调用的特殊用法

1) 子程序返回到主程序中的某一程序段

如果在子程序的返回指令中加上 P*n* 指令，则子程序在返回主程序时，将返回到主程序中有程序段段号为 *n* 的那个程序段，而不直接返回主程序。其程序格式如下：

M99 P*n*；

M99 P100；(返回到 N100 程序段)

2) 自动返回到程序开始段

如果在主程序中执行 M99，则程序将返回到主程序的开始程序段并继续执行主程序。也可以在主程序中插入“M99 P*n*；”用于返回到指定的程序段。为了能够执行后面的程序，通常在该指令前加“/”，以便在不需要返回执行时，跳过该程序段。

3) 强制改变子程序重复执行的次数

用 M99 L××指令可强制改变子程序重复执行的次数，其中 L××表示子程序调用的次数。例如，如果主程序用 M98 P×× L99，而子程序采用 M99 L2 返回，则子程序重复执行的次数为 2 次。

3.6.3 子程序调用编程实例

例 1 试用子程序方式编写图 3-76 所示软管接头工件右端楔槽的加工程序。

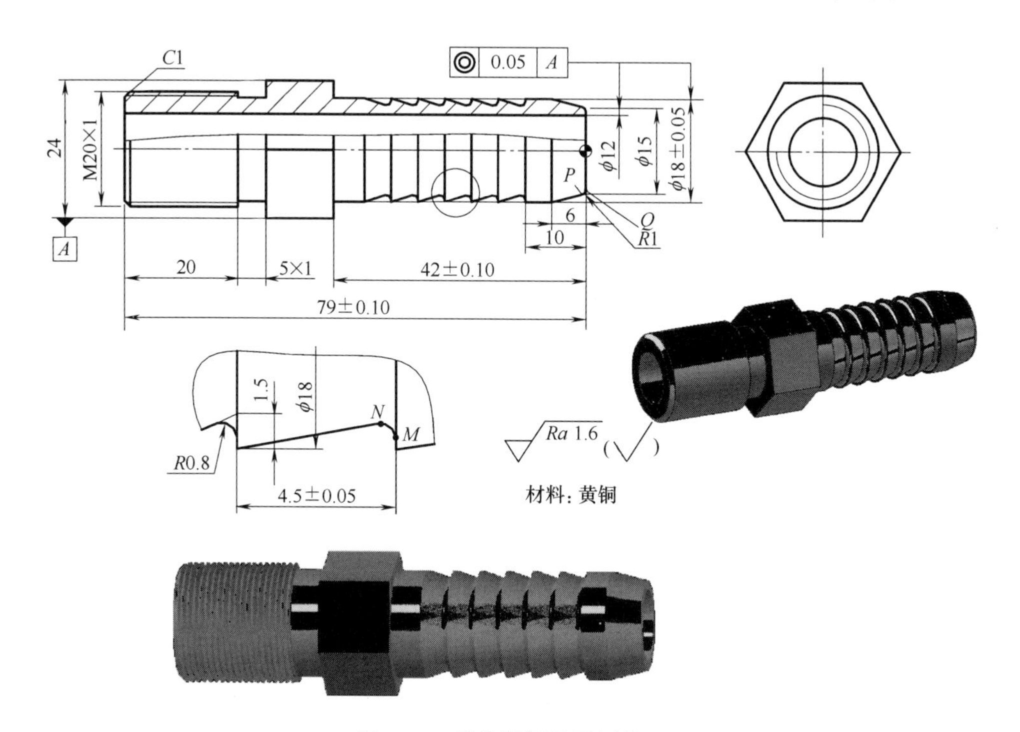

图 3-76 子程序调用示例件一

(1) 选择加工用刀具

左端粗加工轮廓时，采用 60°V 型刀片右偏刀［图 3-77 (a)］进行加工；加工右端内凹接头轮廓时，采用 35°菱形刀片右偏刀［图 3-77 (b)］进行加工。此外，当进行批量加工时，还可采用特制的成形刀具［图 3-77 (c)］加工。

(2) 加工程序

本例工件的加工程序如下所示：

(a)

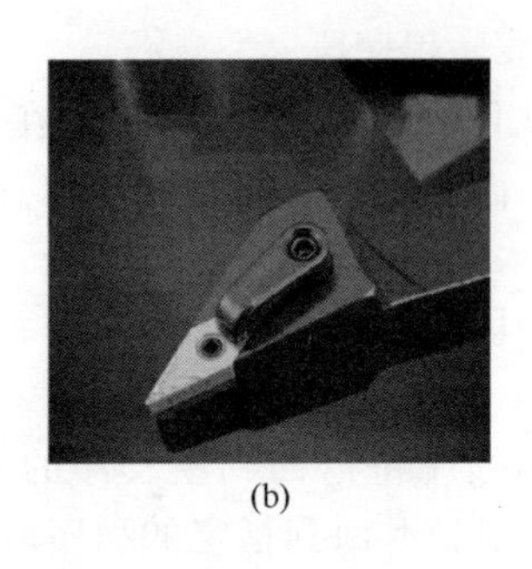

(b)

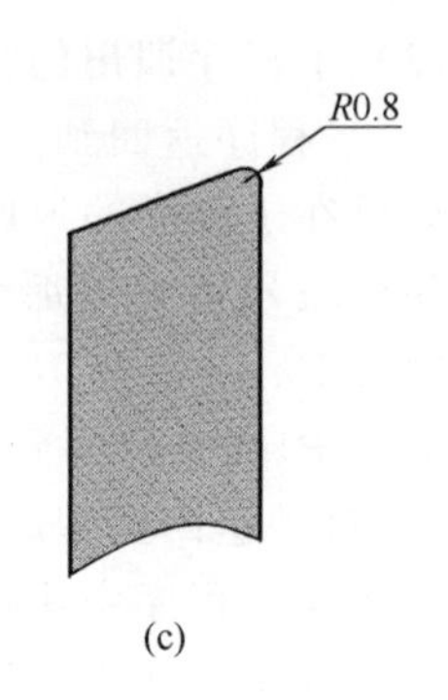

(c)

图 3-77 选择加工用刀具

```
O3042;                    (子程序调用实例 1)
G99 G40 G21;
T0101;                    (换外圆车刀)
M03 S800;
G00 X28.0 Z2.0;
G71 U1.5 R0.3;            (粗车外圆表面)
G71 P100 Q200 U0.3 W0.0 F0.2;
N100 G00 X13.44 F0.05 S1600;
     G01 Z0.0;
     G03 X15.38 Z-0.76 R1.0;
     G01 X18.0 Z-6.0;
         Z-42.0;
N200 G01 X28.0;
G70 P100 Q200;            (精车外圆)
G00 X100.0 Z100.0;
T0202;                    (换尖形车刀,设刀宽为 3mm)
M03 S1600;
G00 X20.0 Z-37.0;         (注意循环起点的位置)
G01 X18.0;
M98 P60404;               (调用子程序 6 次)
G00 X100.0 Z100.0;
M30;
O0404;                    (子程序)
G01 U-2.94 W3.67;         (尖形车刀到达车削右端第 1 槽的起点位置)
G03 U1.60 W0.83 R0.8;
G01 U1.34;                (注意切点的计算)
M99;
```

例 2 试用子程序方式编写图 3-78 所示活塞杆外轮廓的加工程序。

分析：本例的主要目的是掌握切槽等固定循环在子程序中的运用。其加工程序如下：

```
O3043;                    (子程序调用实例 2)
G99 G40 G21;
T0101;                    (换外圆车刀)
```

```
M03 S800;
G00 X41.0 Z2.0;
G71 U1.5 R0.3;              (粗车外圆表面)
G71 P100 Q200 U0.3 W0.0 F0.2;
N100 G00 X0.0 F0.05 S1600;
     G01 Z0.0;
     G03 X30.0 Z-15.0 R15.0;
     G01 Z-66.0
         X34.0 Z-73.0;
         Z-80.0;
N200 G01 X41.0;
G70 P100 Q200;              (精车外圆)
G00 X100.0 Z100.0;
T0202;                      (换切槽刀,设刀宽为3mm)
M03 S600;
G00 X31.0 Z-63.0;
M98 P60406;                 (调用子程序6次)
G00 X100.0 Z100.0;
M30;
O0406;                      (子程序)
G75 R0.3;
G75 U-5.0 W2.0 P1500 Q2000 F0.1;
G01 W8.0 F0.1;
M99;
```

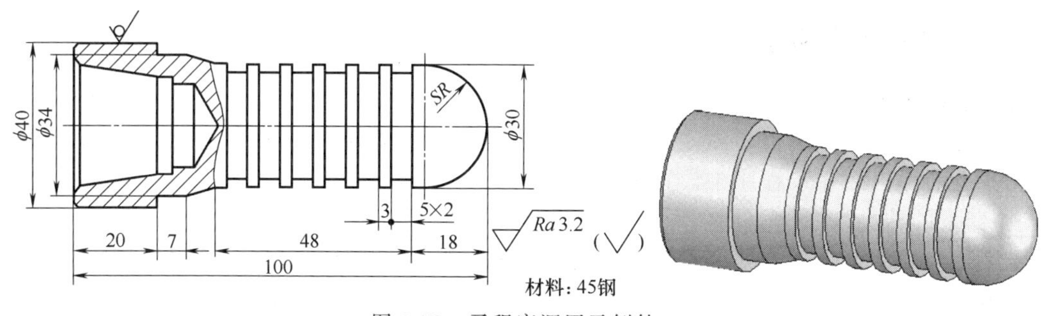

图 3-78 子程序调用示例件二

3.6.4 编写子程序时的注意事项

① 在编写子程序的过程中，最好采用增量坐标方式进行编程，以避免失误。

② 在刀尖圆弧半径补偿模式中的程序不能被分隔指令。如以下程序所示：

```
O1;(MAIN)          O2;(SUB)
G91……;             ……;
G41……;             M99;
M98 P2;
G40……;
M30;
```

在以上程序中，刀尖圆弧半径补偿模式在主程序中被“M98 P2”分隔而无法执行，在编程过程中应该避免编写这种形式的程序。在有些系统中如出现该种刀尖圆弧半径补偿被分隔指令的程序，在程序运行过程中还可能出现系统报警。正确的书写格式如下：

```
O1;(MAIN)          O2;(SUB)
G91……;            G41……;
……;               ……;
M98 P2;            G40……;
M30;               M99;
```

3.7 B类用户宏程序

用户宏程序是FANUC数控系统及类似产品中的特殊编程功能。用户宏程序的实质与子程序相似，它也是把一组实现某种功能的指令，以子程序的形式预先存储在系统存储器中，通过宏程序调用指令执行这一功能。在主程序中，只要编入相应的调用指令就能实现这些功能。

一组以子程序的形式存储并带有变量的程序称为用户宏程序，简称宏程序；调用宏程序的指令称为“用户宏程序指令”，或宏程序调用指令（简称宏指令）。

宏程序与普通程序相比较，普通程序的程序字为常量，一个程序只能描述一个几何形状，所以缺乏灵活性和适用性。而在用户宏程序的本体中，可以使用变量进行编程，还可以用宏指令对这些变量进行赋值、运算等处理。通过使用宏程序能执行一些有规律变化（如非圆二次曲线轮廓）的动作。

用户宏程序分为A、B两种。一般情况下，在一些较早的FANUC系统（如FANUC 0TD）中采用A类宏程序，而在较为先进的系统（如FANUC 0i）中则采用B类宏程序。本节主要介绍B类宏程序的运用。

3.7.1 B类宏程序编程

(1) 宏程序中的变量

在常规的主程序和子程序内，总是将一个具体的数值赋给一个地址，为了使程序更加具有通用性、灵活性，故在宏程序中设置了变量。

1）变量的种类

变量分为局部变量、公共变量（全局变量）和系统变量三种。在A、B类宏程序中，其分类均相同。

① 局部变量。局部变量（#1～#33）是在宏程序中局部使用的变量。当宏程序A调用宏程序B而且都有变量#1时，由于变量#1服务于不同的局部，所以A中的#1与B中的#1不是同一个变量，因此可以赋予不同的值，且互不影响。

② 公共变量。公共变量（#100～#149、#500～#549）贯穿于整个程序过程。同样，当宏程序A调用宏程序B而且都有变量#100时，由于#100是全局变量，所以A中的#100与B中的#100是同一个变量。

③ 系统变量。系统变量是指有固定用途的变量，它的值决定着系统的状态。系统变量包括刀具偏置值变量、接口输入与接口输出信号变量及位置信号变量等。

2）变量的表示

一个变量由符号#和变量序号组成，如：#*I*（*I*=1，2，3，…）。

例1 #100、#500、#5等

此外，B类宏程序的变量还可以用表达式进行表示，但其表达式必须全部写入方括号“[ ]”中。程序中的圆括号“( )”仅用于注释。

例 2 #[#1+#2+10]

当#1=10，#2=100时，该变量表示#120。

3）变量的引用

将跟随在地址符后的数值用变量来代替的过程称为引用变量。

例 1 G01 X#100 Y-#101 F#102;

当#100=100.0、#101=50.0、#102=80时，上式即表示为G01 X100.0 Y-50.0 F80;

此外，B类宏程序的变量引用也可以采用表达式。

例 2 G01 X[#100-30.0] Y-#101 F[#101+#103];

当#100=100.0、#101=50.0、#103=80.0时，上式即表示为G01 X70.0 Y-50.0 F130;

(2) 变量的赋值

变量的赋值方法有两种，即直接赋值和引数赋值。

1）直接赋值

变量可以在操作面板上用MDI方式直接赋值，也可在程序中以等式方式赋值，但等号左边不能用表达式。

例 #100=100.0;

#100=30.0+20.0;

2）引数赋值

宏程序以子程序方式出现，所用的变量可在宏程序调用时赋值。

例 G65 P1000 X100.0 Y30.0 Z20.0 F0.1;

该处的X、Y、Z不代表坐标字，F也不代表进给字，而是对应于宏程序中的变量号，变量的具体数值由引数后的数值决定。引数宏程序体中的变量对应关系有两种（如表3-32及表3-33所示），这两种方法可以混用，其中G、L、N、O、P不能作为引数代替变量赋值。

表 3-32 变量赋值方法一

引数	变量	引数	变量	引数	变量	引数	变量
A	#1	I_3	#10	I_6	#19	I_9	#28
B	#2	J_3	#11	J_6	#20	J_9	#29
C	#3	K_3	#12	K_6	#21	K_9	#30
I_1	#4	I_4	#13	I_7	#22	I_{10}	#31
J_1	#5	J_4	#14	J_7	#23	J_{10}	#32
K_1	#6	K_4	#15	K_7	#24	K_{10}	#33
I_2	#7	I_5	#16	I_8	#25		
J_2	#8	J_5	#17	J_8	#26		
K_2	#9	K_5	#18	K_8	#27		

表 3-33 变量赋值方法二

引数	变量	引数	变量	引数	变量	引数	变量
A	#1	H	#11	R	#18	X	#24
B	#2	I	#4	S	#19	Y	#25
C	#3	J	#5	T	#20	Z	#26
D	#7	K	#6	U	#21		
E	#8	M	#13	V	#22		
F	#9	Q	#17	W	#23		

例 1 变量赋值方法Ⅰ：

G65 P0030 A50.0 I40.0 J100.0 K0 I20.0 J10.0 K40.0；

经赋值后 #1=50.0，#4=40.0，#5=100.0，#6=0，#7=20.0，#8=10.0，#9=40.0。

例 2 变量赋值方法Ⅱ：

G65 P0020 A50.0 X40.0 F0.1；

经赋值后#1=50.0，#24=40.0，#9=0.1。

例 3 变量赋值方法Ⅰ和Ⅱ混合使用：

G65 P0030 A50.0 D40.0 I100.0 K0 I20.0；

经赋值后，I20.0 与 D40.0 同时分配给变量#7，则后一个#7 有效，所以变量#7=20.0，其余同上。

例 4 G65 P0504 A12.5 B25.0 C0.0 D126.86 F0.1；

赋值后，#1=12.5，#2=25.0，#3=0.0，#7=126.86，#9=100.0。

(3) 变量的运算

B 类宏程序的运算指令类似于数学运算，仍用各种数学符号来表示。常用运算指令见表 3-34。

表 3-34 变量的各种运算

功能	格式	备注与示例
定义、转换	#i=#j	#100=#1，#100=30.0
加法	#i=#j+#k	#100=#1+#2
减法	#i=#j-#k	#100=100.0-#2
乘法	#i=#j*#k	#100=#1*#2
除法	#i=#j/#k	#100=#1/30
正弦	#i=SIN[#j]	#100=SIN[#1] #100=COS[36.3+#2] #100=ATAN[#1]/[#2]
反正弦	#i=ASIN[#j]	
余弦	#i=COS[#j]	
反余弦	#i=ACOS[#j]	
正切	#i=TAN[#j]	
反正切	#i=ATAN[#j]/[#k]	
平方根	#i=SQRT[#j]	#100=SQRT[#1*#1-100] #100=EXP[#1]
绝对值	#i=ABS[#j]	
舍入	#i=ROUND[#j]	
上取整	#i=FIX[#j]	
下取整	#i=FUP[#j]	
自然对数	#i=LN[#j]	
指数函数	#i=EXP[#j]	
或	#i=#j OR #k	逻辑运算一位一位地按二进制执行
异或	#i=#j XOR #k	
与	#i=#j AND #k	
BCD 转 BIN	#i=BIN[#j]	用于与 PMC 的信号交换
BIN 转 BCD	#i=BCD[#j]	

关于运算指令的说明如下：

① 函数 SIN、COS 等的角度单位是度，分和秒要换算成带小数点的度。如 90°30′表示为 90.5°，30°18′表示为 30.3°。

② 宏程序数学计算的次序依次为：函数运算（SIN、COS、ATAN 等），乘和除运算（*、/、AND 等），加和减运算（+、-、OR、XOR 等）。

例 #1=#2+#3*SIN[#4]；

运算次序为：

a. 函数：SIN[＃4]；

b. 乘和除运算：＃3 * SIN[＃4]；

c. 加和减运算：＃2＋＃3 * SIN[＃4]。

③ 函数中的括号用于改变运算次序，函数中的括号允许嵌套使用，但最多只允许嵌套5层。

例 ＃1＝SIN[[[＃2＋＃3] * 4＋＃5]/＃6]；

④ CNC处理宏程序中的上、下取整运算时，若操作产生的整数大于原数则为上取整，反之则为下取整。

例 设＃1＝1.2，＃2＝－1.2。

执行＃3＝FIX[＃1] 时，2.0 赋给＃3；

执行＃3＝FUP[＃1] 时，1.0 赋给＃3；

执行＃3＝FUP[＃2] 时，－2.0 赋给＃3；

执行＃3＝FIX[＃2] 时，－1.0 赋给＃3。

(4) 控制指令

控制指令起到控制程序流向的作用。

1) 分支语句

格式一：GOTO *n*；

例 GOTO 1000；

该例为无条件转移。当执行该程序段时，将无条件转移到N1000程序段执行。

格式二：IF[条件表达式]GOTO *n*；

例 IF[＃1GT＃100]GOTO 1000；

该例为有条件转移语句。如果条件成立，则转移到N1000程序段执行；如果条件不成立，则执行下一程序段。条件表达式的种类见表3-35。

表3-35 条件表达式的种类

条件	意义	示例
＃i EQ ＃j	等于(＝)	IF[＃5 EQ ＃6]GOTO100；
＃i NE ＃j	不等于(≠)	IF[＃5 NE 100]GOTO100；
＃i GT ＃j	大于(>)	IF[＃5 GT ＃6]GOTO100；
＃i GE ＃j	大于等于(≥)	IF[＃5 GE 100]GOTO100；
＃i LT ＃j	小于(<)	IF[＃5 LT ＃6]GOTO100；
＃i LE ＃j	小于等于(≤)	IF[＃5 LE 100]GOTO100；

2) 循环指令

WHILE[条件表达式] DO *m* (*m*＝1、2、3…)；

……

END *m*；

当条件满足时，就循环执行WHILE与END之间的程序段 *m* 次；当条件不满足时，就执行END *m* 的下一个程序段。

(5) B类宏程序编程实例

例1 试用B类宏程序编写车削图3-79所示曲线轮廓的加工程序。

① 该正弦曲线由两个周期组成，总角度为720°(－270°～450°)。将该曲线分成80条线段后，用直线进行拟合，每段直线在 Z 轴方向的间距为0.5mm，对应其正弦曲线的角度增加量为360°×0.5/20＝9°。根据公式，计算出曲线上每一线段终点的 X 坐标值，$X=3\sin\alpha$。

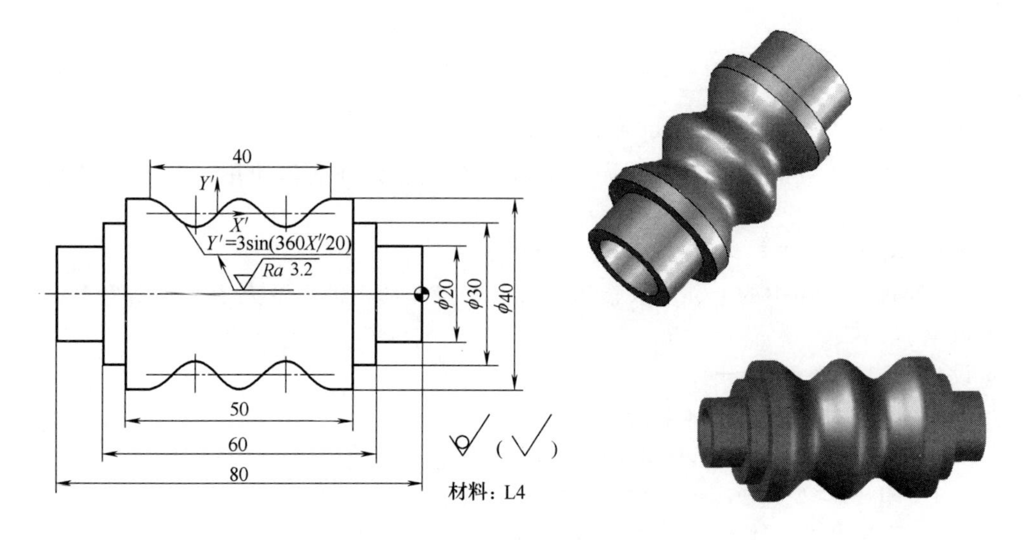

图 3-79 应用 B 类宏程序的示例件

② 工件两端外圆和内孔加工完成后，采用一夹一顶的加工方式加工正弦曲线。精加工正弦曲线时，直接采用 G73 指令进行粗、精加工（G73 指令中可以包含宏程序，而 G71 和 G72 指令中不能含有宏程序）。编程过程中使用以下变量进行运算：

＃100——正弦曲线各点在公式中的 Z 坐标；

＃101——正弦曲线各点在公式中的 X 坐标；

＃102——正弦曲线各点在工件坐标系中的 Z 坐标，＃102＝＃100－45.0；

＃103——正弦曲线各点在工件坐标系中的 X 坐标，＃103＝34.0＋2＊＃101。

③ 加工程序

```
O3044;                                    (主程序)
G99 G40 G21;
T0101;                                    (换菱形刀片可转位车刀)
M03 S600 F0.2;
G00 X42.0 Z-13.0;
G73 U6.0 W0 R5;
G73 P100 Q300 U0.3 W0 F0.2;
N100 G00 X40.0 F0.1 S1 200;
#100=25.0;                                (公式中的 Z 坐标)
N200 #101=3.0*SIN[18.0*#100];             (公式中的 X 坐标)
#102=#100-45.0;                           (工件坐标系中的 Z 坐标)
#103=34.0+2*#101;                         (工件坐标系中的 X 坐标)
    G01 X#104 Y#103;
#100=#100-0.5;                            (Z 坐标每次减小 0.5)
    IF[#100 GE -15.0] GOTO 200;           (循环转移)
    G01 Z-67.0;
N300 G01 X42.0;
G00 X100.0 Z100.0;
M30;
```

例 2 试用 B 类宏程序编写图 3-80 所示灯罩模具内曲面的粗、精加工程序。

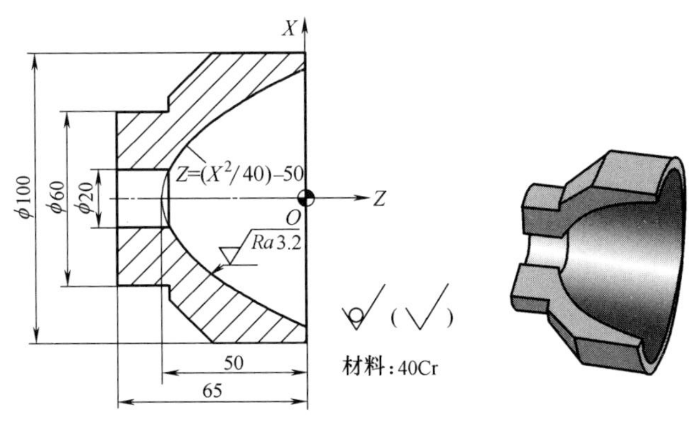

图 3-80 灯罩模具

① 加工该曲面时，先用 G71 指令进行粗加工去除余量。精加工时，采用 G73 指令进行编程与加工，以 Z 坐标作为自变量，X 坐标作为因变量。

② 宏指令编程时，使用以下变量进行运算：

＃100——公式中的 Z 坐标；

＃101——公式中的 X 坐标；

＃102——工件坐标系中的 Z 坐标，＃102＝＃100－50.0；

＃103——工件坐标系中的 X 坐标，＃103＝2＊＃101。

③ 粗、精加工宏程序：

```
O3045;                              (主程序)
G99 G40 G21;
T0101;                              (换菱形刀片可转位车刀)
M03 S600 F0.2;
G00 X16.0 Z2.0;
G71 U1.5 R0.3;                      (粗车内部轮廓)
G71 P100 Q200 U-0.5 W0.0 F0.2;
N100 G00 X89.0 F0.05 S1600;
      G01 Z1.0;
          X20.0 Z-46.0;
          Z-66.0;
N200 G01 X16.0;
G70 P100 Q200;                      (精车内轮廓,曲面上仍有 1mm 余量)
G00 X80.0 Z2.0;
G73 U2.0 W0 R2;
G73 P300 Q500 U-0.4 W0 F0.2;
N300 G00 X89.44 F0.1 S1200;
#100=50.0;                          (公式中的 Z 坐标)
N400 #101=SQRT[40.0*#100];          (公式中的 X 坐标)
#102=#100-50.0;                     (工件坐标系中的 Z 坐标)
#103=2*#101;                        (工件坐标系中的 X 坐标)
      G01 X#104 Y#103;
#100=#100-0.5;                      (Z 坐标每次减小 0.5)
```

```
    IF[#100 GE 2.5] GOTO 400;      （循环转移）
N500 G01 X19.0;
G00 X100.0 Z100.0;
M30;
```

3.7.2 宏程序在坐标变换编程中的应用

坐标平移指令是一个非常实用的指令，在数控车床编程过程中，如果能合理运用该指令，将会实现方便数学计算和简化编程的目的。

（1）坐标平移指令

1）指令格式

G52 X__ Z__;　　　　（设定局部坐标系）

G52 X0 Z0;　　　　（取消局部坐标系）

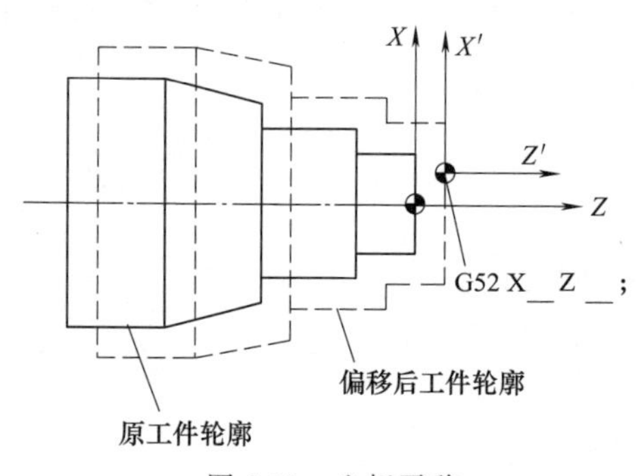

图 3-81　坐标平移

2）指令说明

X__ Z__表示局部坐标系的原点在原工作坐标系中的位置，该值用绝对坐标值加以指定，且此处的 X 值为直径量。

坐标平移指令的编程如图 3-81 所示。通过将工件坐标系偏移一个距离，从而给程序选择一个新的坐标系。

通过 G52 指令建立新的工件坐标系后，可通过指令“G52 X0 Z0;”将局部坐标系再次设为工作坐标系的原点，从而达到取消局部坐标系的目的。

例　G52 X10.0 Z0.0;

（2）坐标平移指令编程实例

例 1　试采用手工编程方式编写如图 3-82 所示工件内凹外轮廓的数控车床加工程序。

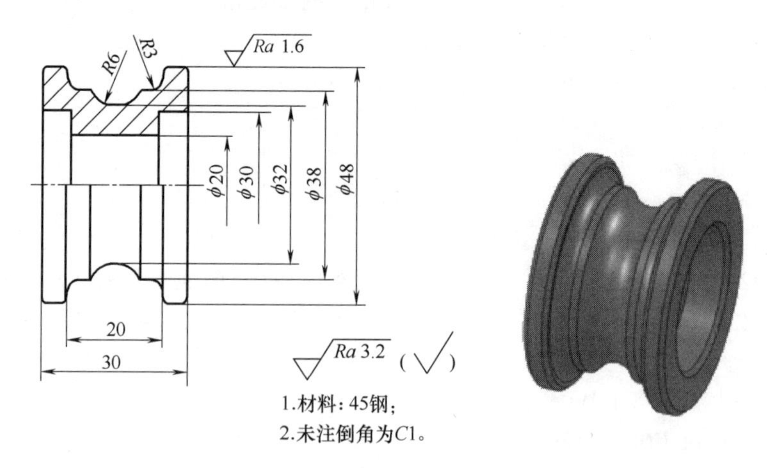

图 3-82　坐标平移实例一

1）编程分析

加工本例工件的内凹外轮廓时，先选用切槽刀进行粗加工，再选用 $R2$ 的圆弧车刀进行半精加工和精加工，采用刀尖圆弧半径补偿进行编程。由于 G73 指令执行过程中不执行刀尖圆弧半径补偿，所以无法采用 G73 指令编写半精加工程序。因此，本课题采用坐标平移指令与宏程序指令相结合的方法编程，其刀具轨迹与系统轮廓粗加工循环（G73）的轨迹相似。

2）加工程序

```
O3046；
……
G00 X52.0 Z−10.0；
#1=6.0；                       （X方向坐标平移总量为6mm）
N100 G52 X#1 Z0；              （X方向坐标平移）
G42 G01 X50.0 Z−3.0 F0.1；     （刀尖圆弧半径补偿）
    X46.0 Z−5.0；
    X44.0；
G02 X38.0 Z−8.0 R3.0；
G01 Z−9.80；
G02 Z−20.20 R6.0；
G01 Z−22.0；
G02 X44.0 Z−25.0 R3.0；
G01 X46.0；
    X50.0 Z−27.0；
G40 G00 X52.0 Z−10.0；
#1=#1−1.0；                    （平移量每次减少1mm,即每次切削的背吃刀量为1mm）
IF [#1 GE 0] GOTO 100；        （有条件跳转）
G52 X0 Z0；
……
```

例2 加工如图3-83所示工件的螺旋线，螺旋线的螺距为2mm，总切深为1.3mm（直径量为2.6mm），试编写其FANUC系统数控车床加工程序。

1）编程分析

加工该例工件的螺旋线时，采用G32指令进行编程。对于螺旋槽的Z向分层切削，则需采用修改刀补的方法进行切削加工。如采用坐标平移指令进行编程加工，则只需一次编程与加工即可完成所有的分层切削。

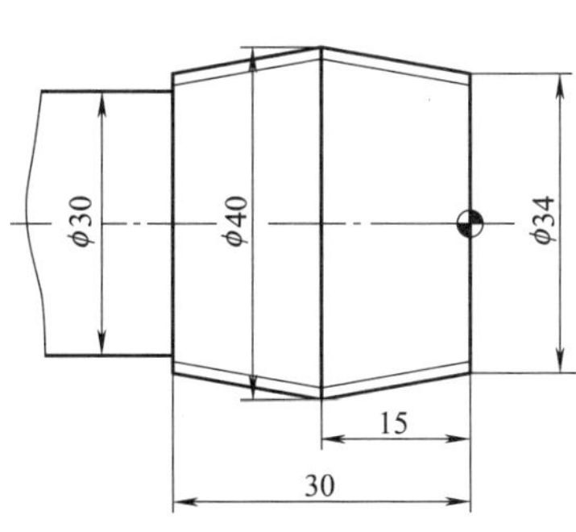

图3-83 坐标平移实例二

2）加工程序

```
O3047；
……
G00 X44 Z1.5；
#110=0；
N50 G52 X#110；                （坐标平移）
    G00 X34.0；
G01 X33.4 Z1.5；
G32 X40.0 Z−15.0 F2；
G32 X−33.4 Z−31.5 F2；
G00 X44.0；
    Z1.5；
#110=#110−0.2；                （坐标平移量每次减0.2mm）
IF[#110 GE −2.6] GOTO 50；     （有条件跳转）
```

```
G52 X0;
G00 X100.0 Z100.0;
M05;
M30;
```

(3) 坐标平移指令使用注意事项

在数控车床上采用坐标平移指令进行编程时，应注意以下几个方面的问题。

① 采用坐标平移指令时，指令中的 X 坐标是指直径量。另外，在数控车床上一般不进行 Z 向坐标平移。

② 采用坐标平移指令后，注意及时进行坐标平移指令的取消。坐标平移取消的实质就是将坐标原点平移至原工件坐标系原点。

③ 采用坐标平移编程时，一定要准确预见刀具的行进轨迹，以防产生刀具干涉等事故。

3.7.3 宏程序编程在加工异形螺旋槽中的运用

宏程序编程和坐标平移指令相结合，还可以加工一些异形螺纹和异形螺旋槽。常见的异形螺纹有圆弧表面或非圆曲线表面的螺纹和一些非标准形状螺旋槽等。

(1) 圆弧表面或非圆曲线表面的螺旋槽

例 加工如图 3-84 所示椭圆表面的三角形螺旋槽，其螺距为 2mm，槽深为 1.3mm（直径量为 2.6mm），试编写其数控车床加工程序。

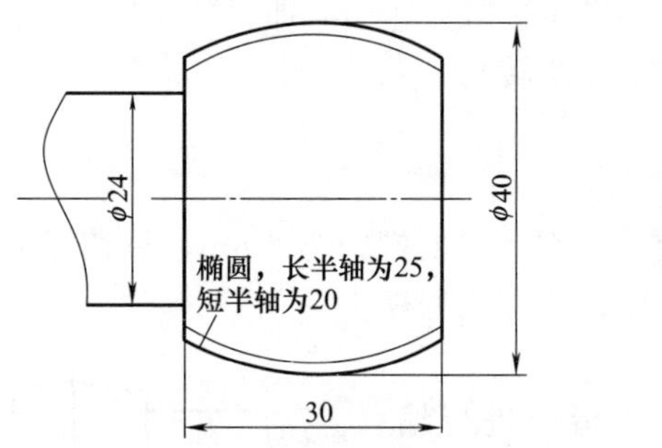

图 3-84 圆弧表面的螺旋槽

① 加工本例工件时，其加工难点有两处。其一为拟合椭圆表面的螺旋槽，其二为该螺旋槽的分层切削。

② 拟合椭圆表面的螺旋槽时，采用 G33 指令来拟合圆弧表面，在拟合圆弧表面的过程中采用以下变量进行计算，其加工程序见子程序。

＃1——方程中的 Z 坐标，起点 $Z=16$；

＃2——方程中的 X 坐标，＃2=20/25＊SQRT[625.0－＃1＊＃1]，起点值为 15.37；

＃3——工件坐标系中的 Z 坐标，＃3=＃1－15；

＃4——工件坐标系中的 X 坐标，＃4=＃2＊2。

③ 采用坐标平移指令进行螺旋槽的分层切削的编程，编程时以＃100 作为坐标平移变量，其加工程序见主程序。

```
O3048;                                  (主程序)
G99 G40 G21;
T0101;                                  (换三角形螺纹车刀)
M03 S600 F0.2;
G00 X44.0 Z2.0;
```

```
#100=-0.2;
N400 G52 X#100 Z0;                    (X 方向坐标平移)
M98 P239;
G52 X0 Z0;                            (取消坐标平移)
#100=#100-0.2;                        (平移量每次减少 0.2mm)
IF[#100 GE -2.6] GOTO 400;            (2.6 为直径方向的总切深)
G00 X100.0 Z100.0;
M30;
O239;                                 (拟合螺旋线子程序)
G01 X30.75 Z1.0;
#1=16.0
N100 #2=20/25*SQRT[625.0-#1*#1];      (跳转目标位)
#3=#1-15.0;
#4=#2*2;
G32 X#4 Z#3 F2;
#1=#1-2.0;                            (条件运算及坐标计算)
IF[#1 GE-16.0] GOTO 100;              (有条件跳转)
G00 X44.0;
Z2.0
M99;
```

(2) 非标准牙型螺旋槽

例 加工如图 3-85 所示螺旋槽，其螺距为 6mm，试编写其数控车床加工程序。

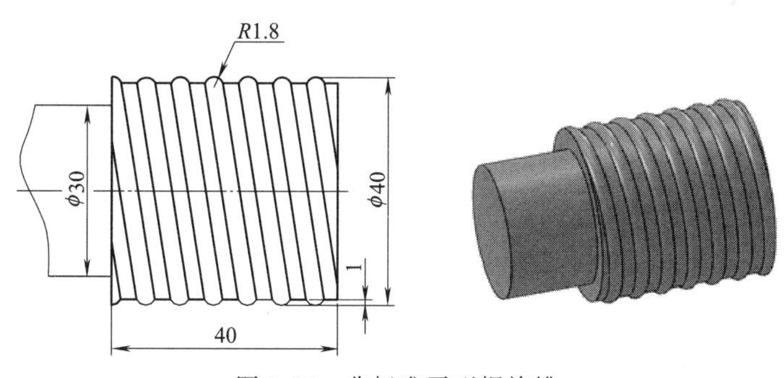

图 3-85 非标准牙型螺旋槽

① 加工本例工件时，由于其牙型为非标准牙型，无法采用成形刀具进行加工，所以其加工难点为拟合非标准牙型槽。加工过程分成两部分，首先用梯形螺纹车刀切出底部平底螺旋槽，再用同一把梯形螺纹车刀拟合圆弧牙型。

② 加工平底螺旋槽时，采用坐标平移指令编写分层切削加工程序。一次加工完成后根据槽底的宽度和梯形螺纹车刀的刀尖宽度，计算 Z 向平移量，再进行二次加工。其加工指令如下：

```
O3049;                   (主程序)
G99 G40 G21;
T0101;                   (换梯形螺纹车刀)
M03 S600;
G00 X44.0 Z6.60;
```

```
#100=-0.2;
N400 G52 X#100 Z0;                      (X方向坐标平移)
G92 X40.0 Z-46.0 F6.0;
G52 X0 Z0;                              (取消坐标平移)
#100=#100-0.2;                          (平移量每次减少0.2mm)
IF[#100 GE -2.0] GOTO 400;              (2.0为直径方向的总切深)
G00 X100.0 Z100.0;
M30;
```

在拟合圆弧凸台过程中，左、右圆弧面分别使用梯形螺纹车刀的两个刀尖进行切削。编程过程中采用以下变量进行计算。

#1——方程中的 Z 坐标，起点 Z=SQRT[1.8*1.8-0.64]=1.60；

#2——X 方向的凸台高度值，#2=SQRT[1.8*1.8-#1*#1]-0.8，起点值为0；

#3——工件坐标系中的 Z 坐标，#3=#1+5.0；拟合左侧半个圆弧时，用刀具的右刀尖进行切削，#3=#1+5.0-B（B为螺纹车刀刀尖的宽度，B值以实际测量值计算）；

#4——工件坐标系中的 X 坐标，#4=#2*2+38.0。

```
O3050;                                          (主程序)
G99 G40 G21;
T0101;                                          (换梯形螺纹车刀)
M03 S600 M08;
G00 X42.0 Z6.5;
#1=1.6;
N200 #2=SQRT[1.8*1.8-#1*#1]-0.8;                (X方向的凸台高度值)
#3=#1+5.0;
#4=#2*2+38.0;
G01 X#4 Z#3;                                    (用梯形螺纹车刀的左刀尖加工)
G32 X#4 Z-46.0 F6.0;
G00 X42.0;
    Z6.5;
    X38.0;
#1=#1-0.1;
IF[#1 GE 0] GOTO 200;
#1=-0.1;
N300 #2=SQRT[1.8*1.8-#1*#1]-0.8;                (X方向的凸台高度值)
#3=#1+5.0-B;                                    (B为刀尖的实际宽度)
#4=#2*2+38.0;
G01 X#4 Z#3;                                    (用梯形螺纹车刀的右刀尖加工)
G32 X#4 Z-46.0 F6.0;
G00 X42.0;
    Z6.5;
    X38.0;
#1=#1-0.1;
IF[#1 GE -1.6] GOTO 300;
G00 X100.0 Z100.0;
M30;
```

3.8 典型零件的编程

3.8.1 综合实例一

加工如图 3-86 所示零件，毛坯尺寸为 ϕ40mm×150mm，材料为 45 钢。

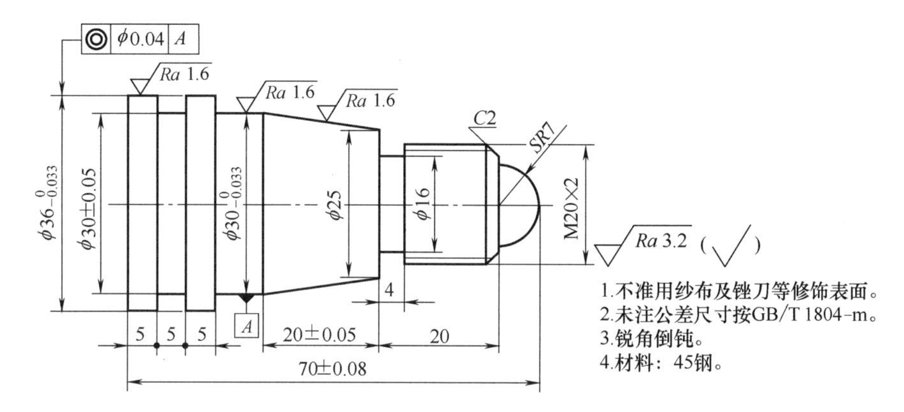

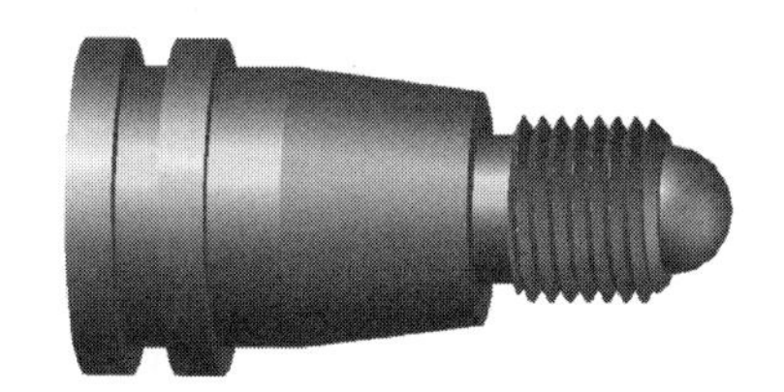

图 3-86　综合实例一

（1）确定加工工艺

根据零件图样，可制定如下加工步骤：

① 夹住毛坯外圆，伸出长度大于 75mm，粗、精加工零件轮廓。

② 用切槽刀加工螺纹退刀槽和宽为 5mm 的槽。

③ 加工 M20×2mm 螺纹。

④ 切断，保证总长。

（2）相关工艺卡片的填写

1）数控加工刀具卡（表 3-36）

表 3-36　球头螺纹轴数控加工刀具卡

产品名称或代号		×××	零件名称	螺纹轴	零件图号	××
序号	刀具号	刀具规格名称	数量	加工表面	刀尖半径/mm	备注
1	T01	93°粗车刀	1	工件外轮廓粗车	0.4	20×20
2	T02	93°精车刀	1	工件外轮廓精车	0.2	20×20
3	T03	4mm 宽切槽刀	1	槽与切断	—	20×20
4	T04	60°外螺纹刀	1	螺纹	—	20×20
编制		审核	批准	年　月　日	共　页	第　页

2）数控加工工艺卡（表 3-37）

表 3-37 球头螺纹轴数控加工工艺卡

单位名称	×××		产品名称或代号		零件名称		零件图号	
			×××		×××		××	
工序号	程序编号		夹具名称		使用设备		车间	
001	×××		三爪自定心卡盘		CK6140		数控	
工步号	工步内容		刀具号	刀具规格/mm	主轴转速/(r/min)	进给速度/(mm/min)	背吃刀量/mm	备注
1	粗车外轮廓		T01	20×20	600	150	1.5	自动
2	精车外轮廓		T02	20×20	G96 S200	100	0.5	自动
3	切槽		T03	20×20	300	60	4	自动
4	粗精车螺纹		T04	20×20	800	—	—	自动
5	切断		T03	20×20	300	60	4	自动
编制		审核		批准		年 月 日	共 页	第 页

(3) 程序编制

1）建立工件坐标系

加工零件时，夹住毛坯外圆，工件坐标系设在工件左端面轴线上，如图 3-87 所示。

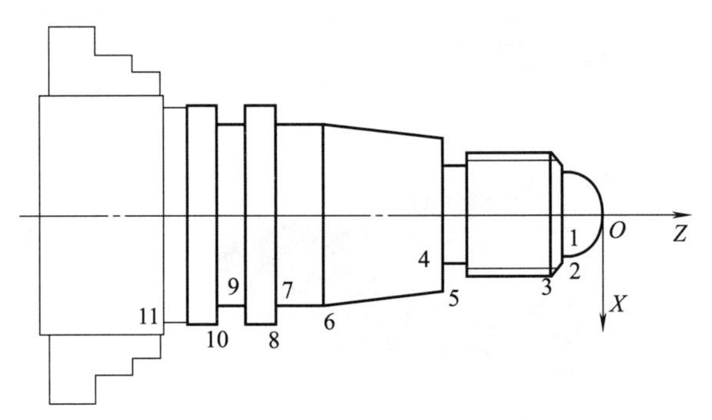

图 3-87 工件坐标系及基点

2）基点的坐标值（见表 3-38）

表 3-38 基点坐标值

基点	坐标值(X,Z)	基点	坐标值(X,Z)
O	(0,0)	6	(30.0,−47.0)
1	(14.0,−7.0)	7	(30.0,−55.0)
2	(16.0,−7.0)	8	(38.0,−55.0)
3	(19.74,−9.0)	9	(30.0,−65.0)
4	(16.0,−27.0)	10	(38.0,−65.0)
5	(25.0,−27.0)	11	(38.0,−75.0)

3）轮廓加工参考程序（见表 3-39）

螺纹牙深：$H=0.6495P=0.6495\times2=1.299$（mm）。

表 3-39 轮廓加工参考程序

参考程序	注释
O3051;	程序名
N10 T0101 S600 M03;	设置刀具、主轴转速
N20 G00 X42.0 Z2.0;	快速到达循环起点
N30 G71 U1.5 R0.5; N40 G71 P50 Q160 U1.0 W0 F0.3;	调用毛坯外圆循环，设置加工参数

续表

参考程序	注释
N50 G00 X0.0；	轮廓精加工程序
N60 G01 Z0 F0.1；	
N70 G03 X14.0 Z−7.0 R7.0；	
N80 G01 X15.74；	
N90 X19.74 Z−9.0；	
N100 Z−27.0；	
N110 X25.0；	
N120 X30.0 Z−47.0；	
N130 Z−55.0；	
N140 X36.0；	
N150 Z−75.0；	
N160 X42.0；	
N170 G00 X100.0 Z50.0；	刀具快速退至换刀点
N180 T0202 S1000 M03；	调用精车刀，恒线速切削
N190 G00 G42 X42.0 Z2.0；	刀具快速靠近工件
N200 G70 P50 Q160；	采用G70进行精加工
N210 G00 G40 X100.0 Z50.0；	刀具退至换刀点，取消刀具半径补偿
N220 T0303 S300 M03；	换切槽刀
N230 G00 X30.0 Z−27.0；	快速靠近工件
N240 G01 X16.0 F0.05；	车4mm宽槽
N250 X30.0；	*X*向退刀
N260 G00 X38.0 Z−64.0；	快速到达5mm槽处
N270 G01 X30.0 F0.05；	车槽
N280 X38.0；	*X*向退刀
N290 Z−65.0；	*Z*向进刀
N300 X30.0；	车槽
N310 X38.0；	*X*向退刀
N320 G00 X100.0 Z50.0；	快速退至换刀点
N330 T0404 S600 M03；	换4号刀，设置主轴转速
N340 G00 X22.0 Z−3.0；	快速移至循环起点
N350 G92 X19.0 Z−24.0 F2.0；	螺纹加工第一刀
N360 X18.5；	螺纹加工第二刀
N370 X18.0；	第三刀
N380 X17.84；	第四刀
N390 G00 X100.0 Z50.0；	刀具退回换刀点
N400 M30；	程序结束

4）切断参考程序（表3-40）

表3-40　切断参考程序

参考程序	注释
O3052；	程序名
N10 T0303 G96 S60 M03；	换切槽刀
N20 G50 S800；	限制主轴最高转速
N30 G00 X42.0 Z2.0；	快速靠近工件
N40 Z−74.0；	快速到达切断点
N50 G01 X0 F50；	切断
N60 G00 X100.0；	*X*向退刀
N70 Z50.0；	*Z*向退刀
N80 M05；	主轴停
N90 M30；	程序结束

3.8.2 综合实例二

加工如图 3-88 所示套类零件，毛坯尺寸为 ϕ50mm×60mm，材料为 45 钢。

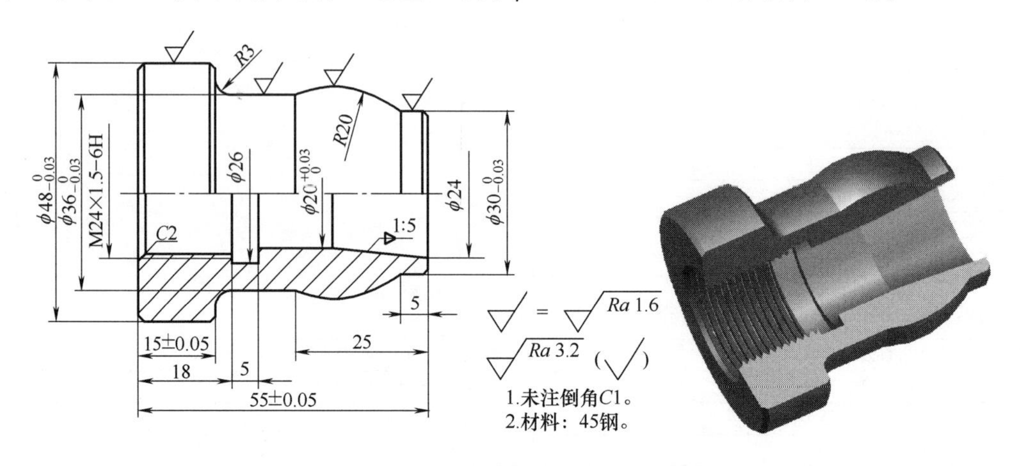

图 3-88 综合实例二

(1) 确定加工工艺

1）工艺分析

该套类零件结构比较复杂，内外尺寸精度、表面加工质量要求比较高。为保证零件的尺寸精度和表面加工质量，编制工艺时，应按粗精分开原则进行编制。精加工时，零件的内外圆表面及端面，应尽量在一次安装中加工出来。由此，可制定如下加工步骤：

① 夹住毛坯 ϕ50mm 外圆，伸出长度大于 40mm，车右端面，粗加工右端外圆至 ϕ42mm×40mm。

② 掉头装夹 ϕ42mm 外圆，粗、精车左端面，保证总长 56mm，粗、精车外圆至所要求尺寸。手动打中心孔进行引钻，用 ϕ18mm 麻花钻钻孔，粗、精镗内孔至所要求尺寸。车内沟槽及 M24×1.5 螺纹。

③ 掉头装夹 ϕ48mm 外圆（包铜皮）并用百分表找正，精车右端面及外圆。粗、精镗内锥和 $\phi20^{+0.03}_{0}$mm 内孔。

2）相关工艺卡片的填写

① 数控加工刀具卡见表 3-41。

表 3-41 套类零件数控加工刀具卡

产品名称或代号		×××	零件名称	×××	零件图号	××
序号	刀具号	刀具规格名称	数量	加工表面	刀尖半径/mm	备注
1	T1	中心钻	1	打中心孔	—	B2.5
2	T2	ϕ18 麻花钻	1	钻孔	—	
3	T01	90°粗车刀	1	工件外轮廓粗车	0.4	20×20
4	T02	93°精车刀	1	工件外轮廓精车	0.2	20×20
5	T03	内孔镗刀	1	粗、精车内孔	0.2	20×20
6	T04	内沟槽刀	1	加工内沟槽	—	20×20
7	T05	60°内螺纹刀	1	加工内螺纹	—	20×20
编制		审核	批准	年 月 日	共 页	第 页

② 数控加工工艺卡见表 3-42。

表 3-42 套类零件数控加工工艺卡

单位名称	×××		产品名称或代号	零件名称		零件图号	
			×××	×××		××	
工序号	程序编号		夹具名称	使用设备		车间	
001	×××		三爪自定心卡盘	CK6140		数控	
工步号	工步内容	刀具号	刀具规格/(mm·mm)	主轴转速/(r/min)	进给速度/(mm/min)	背吃刀量/mm	备注
1	粗车右端面及轮廓	T01	20×20	600	150	2.0	自动
2	粗车左端面及轮廓	T01	20×20	600	150	1.5	自动
3	精车左端面及轮廓	T02	20×20	800	100	0.5	自动
4	手动钻 ϕ18mm 通孔	T1、T2		200			手动
5	粗、精镗内孔	T03	20×20	600	60	0.5	自动
6	车内沟槽	T04	20×20	300	50	3	自动
7	车内螺纹	T05	20×20	600	900	—	自动
8	精车右端面及轮廓	T02	20×20	800	100	0.5	自动
9	粗、精镗内锥及内孔	T03	20×20	600	60	0.5	自动
编制	审核		批准		年 月 日	共 页	第 页

(2) 程序编制

1) 粗加工右端面及轮廓

① 建立工件坐标系。夹住毛坯外圆，加工右端面及轮廓，工件伸出长度大于 40mm。工件坐标系设在工件右端面轴线上，如图 3-89 所示。

② 编制加工程序见表 3-43。

表 3-43 粗加工右轮廓参考程序

粗加工右轮廓参考程序	注释
O3053;	程序名
N10 G40 G98 G97 G21;	设置初始化
N20 T0101 S600 M03;	设置刀具、主轴转速
N30 G00 X52.0 Z0.0;	快速到达循环起点
N40 G01 X0 F60;	车端面
N50 G00 X46.0 Z2.0;	退刀
N60 G01 Z−40.0 F150;	粗车外圆至 ϕ46mm
N70 X52.0;	X 向退刀
N80 G00 Z2.0;	Z 向退刀
N90 G01 X42.0 F150;	X 向进刀
N100 Z−40.0;	粗车外圆至 ϕ42mm
N110 X52.0;	X 向退刀
N120 G00 X100.0 Z100.0;	快速退至换刀点
N130 M30;	程序结束

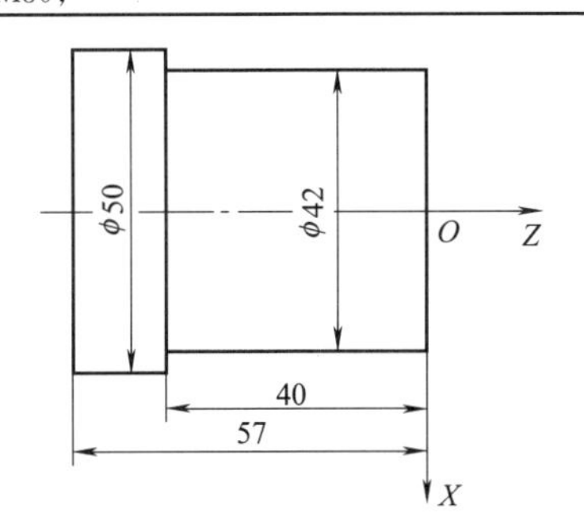

图 3-89 粗加工右端工件坐标系

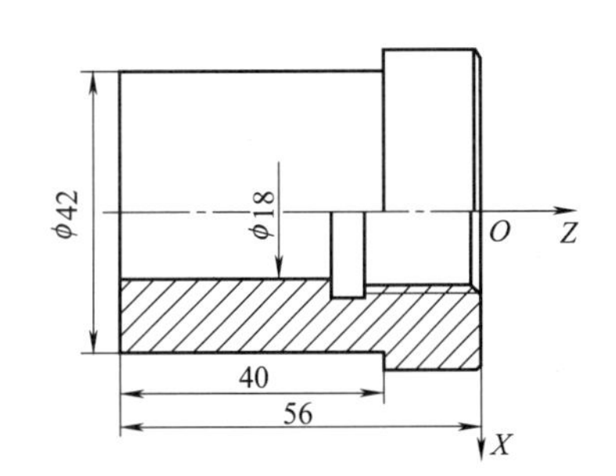

图 3-90 粗、精加工左端及内孔工件坐标系

2) 粗、精加工左轮廓及内孔

① 建立工件坐标系。夹住 ϕ42 外圆，加工左端面及轮廓，粗、精加工内孔，车内沟槽及内螺纹，工件坐标系如图 3-90 所示。

② 编制加工程序见表 3-44。

M24 内螺纹的牙深：$H=0.6495\times1.5\approx0.974$（mm）。

表 3-44 粗、精加工左轮廓及内孔参考程序

参考程序	注释
O3054;	程序名
N10 G40 G98 G97 G21;	设置初始化
N20 T0101 S600 M03;	设置刀具、主轴转速
N30 G00 X52.0 Z0.5;	快速到达循环起点
N40 G01 X0 F60;	齐端面
N50 G00 X48.5 Z2.0;	退刀
N60 G01 Z−17.0 F150;	粗车 ϕ48 外圆
N70 G00 X150.0;	X 向退刀
N80 Z100.0;	Z 向退刀
N90 T0202 S800 M03;	换 T02 刀具、设置主轴转速
N100 G00 X52.0 Z0.0;	快速靠近工件
N110 G01 X0 F60;	精车端面
N120 G00 X46.0 Z2.0;	退刀
N130 G01 Z0 F100;	靠近端面
N140 X48.0 Z−1.0;	倒 $C1$ 角
N150 Z−17.0;	精车 ϕ48 外圆
N160 G00 X150.0 Z100.0;	快速退至换刀点
N170 T0303 S600 M03;	换内孔刀，设置主轴转速
N180 G00 X16.0;	X 向靠近工件
N190 Z2.0;	Z 向靠近工件
N200 G71 U0.5 R0.5 F60;	调用 G71 循环，设置加工参数
N210 G71 P22 Q26 U−0.2 W0;	
N220 G01 X26.38;	轮廓精加工程序段
N230 Z0.0;	
N240 X22.38 Z−2.0;	
N250 Z−23.0;	
N260 X16.0;	
N270 G70 P22 Q26;	
N280 G00 X150.0 Z100.0;	退至换刀点
N290 T0404 S300 M03;	换内沟槽刀
N300 G00 X16.0 Z5.0;	快速靠近工件
N310 Z−23.0;	Z 向进刀
N320 X26.0 F60;	切槽
N330 X16.0;	X 向退刀
N340 Z−21.0;	Z 向移动
N350 X26.0;	切槽
N360 X16.0;	X 向退刀
N370 G00 Z5.0;	Z 向退刀
N380 X100.0 Z50.0;	退至换刀点
N390 T0505 S600 M03;	换内螺纹刀
N400 G00 X18.0 Z3.0;	快速靠近工件
N410 G92 X22.8 Z−20.0 F1.5;	采用 G92 指令加工内螺纹
N420 X23.3;	
N430 X23.6;	
N440 X23.9;	
N450 X24.0;	
N460 X24.0;	
N470 G00 X100.0 Z100.0;	刀具快速退至换刀点
N480 M05;	主轴停
N490 M30;	程序结束

3）精加工右端轮廓

① 建立工件坐标系。夹住 ϕ48 外圆（用铜皮包住），用百分表找正，精加工右端面及轮廓。工件坐标系设在工件右端面轴线上，如图 3-91 所示。

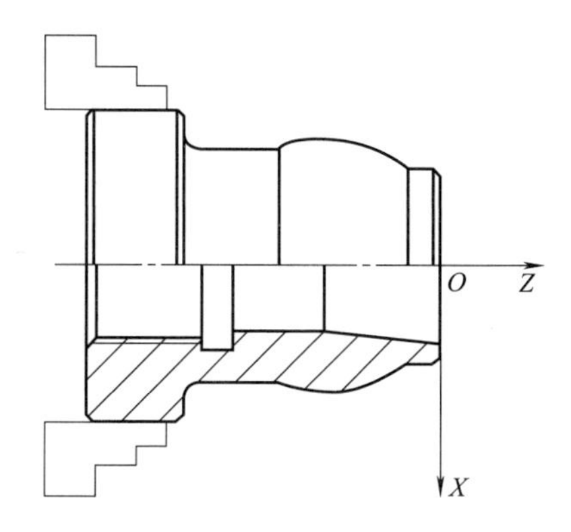

图 3-91 精加工右端工件坐标系

② 编制加工程序见表 3-45。

表 3-45 精加工右轮廓参考程序

参考程序	注释
O3055;	程序名
N10 G40 G98 G97 G21;	设置初始化
N20 T0202 S800 M03;	设置刀具、主轴转速
N30 G00 X44.0 Z0.0;	快速到达循环起点
N40 G01 X16.0 F60;	精车端面
N50 G00 X50.0 Z2.0;	退刀
N60 G73 U7.0 W2.0 R5 F100;	调用循环，设置加工参数
N70 G73 P8 Q16 U0.5 W0;	
N80 G01 G42 X28.0 Z0.0 F100;	轮廓精加工程序段
N90 X30.0 Z−1.0;	
N100 Z−5.0;	
N110 G03 X36.0 Z−25.0 R20.0;	
N120 G01 Z−37.0;	
N130 G02 X42.0 Z−40.0 R3.0;	
N140 G01 X46.0;	
N150 X48.0 Z−41.0;	
N160 X50.0;	
N170 G70 P8 Q16;	
N180 G00 G40 X100.0 Z100.0;	快速退至换刀点，取消刀尖圆弧半径补偿
N190 T0303 S600 M03;	换 03 号刀具，执行 03 号刀补
N200 G00 X16.0 Z2.0;	快速靠近工件
N210 G71 U0.5 R0.5 F60; N220 G71 P23 Q27 U−0.2 W0;	调用循环，设置加工参数
N230 G00 G42 X24.0;	内孔精加工程序段
N240 G01 Z0;	
N250 X20.0 Z−20.0;	
N260 Z−33.0;	
N270 X16.0;	
N280 G70 P23 Q27;	
N290 G00 G40 X100.0 Z100.0;	快速退至换刀点
N300 M30;	程序结束

3.8.3 综合实例三

工件如图 3-92 所示，毛坯为 ϕ50mm×112mm 的圆钢，对其钻出 ϕ18mm 的预孔，试编写其数控车床加工程序。

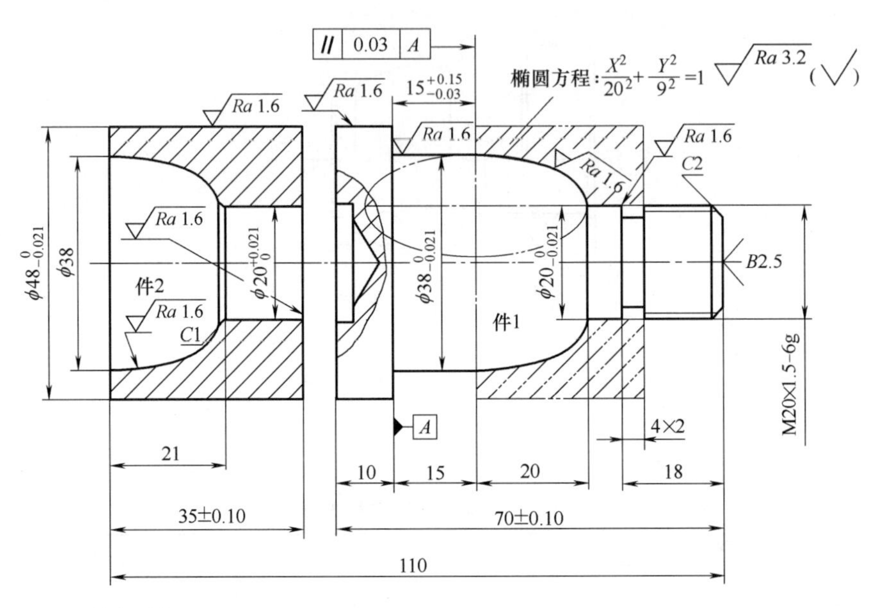

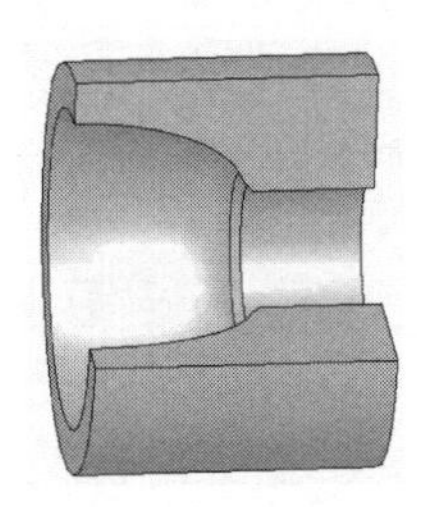

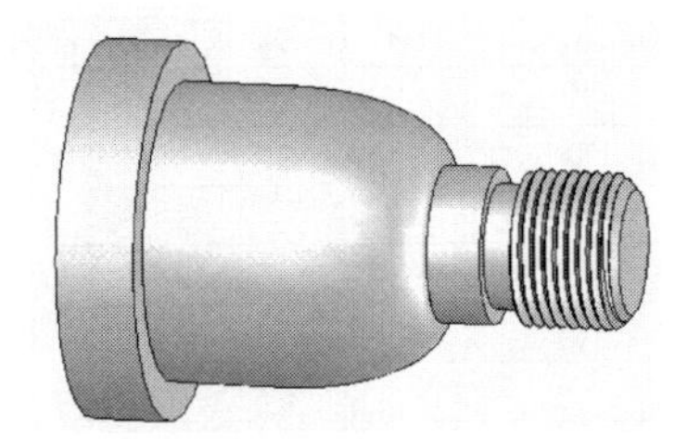

图 3-92 典型零件编程实例

本例选用的机床为 FANUC 0i 系统的 CKA6140 型数控车床，毛坯材料加工前先钻出直径为 18mm 的预孔。请读者根据零件的加工要求自行配置工具、量具、夹具。

（1）加工工艺分析

1）椭圆的近似画法

由于 G71 指令内部不能采用宏程序进行编程。因此，粗加工过程中常用圆弧来代替非圆曲线，采用圆弧代替椭圆的近似画法如图 3-93 所示，其操作步骤如下：

① 画出长轴 AB 和短轴 CD，连接 AC 并在 AC 上截取 AF，使其等于 AO 与 CO 之差 CE。

② 作 AF 的垂直平分线，使其分别交直线 AB 和 CD 于 O_1 和 O_2 点。

③ 分别以 O_1 和 O_2 为圆心，O_1A 和 O_2C 为半径作出圆弧 $\overset{\frown}{AG}$ 和 $\overset{\frown}{CG}$，该圆弧即为四分之一的椭圆。

④ 用同样的方法画出整个椭圆。

本例工件为了保证加工后的精加工余量，将长轴半径设为 20.5mm，短轴半径设为 9.5mm。采用四心近似画椭圆的方法画出的圆弧 $\overset{\frown}{AG}$ 的半径为 R6.39mm，圆弧 $\overset{\frown}{CG}$ 的半径为 R39.95mm。G 点相对于 O 点的坐标为（−16.8，5.8）。

2）本例椭圆曲线的编程思路

将本例中的非圆曲线分成 40 条线段后，用直线进行拟合，每一条线段在 Z 轴方向的间距为 0.5mm。如图 3-94 所示，根据曲线公式，以 Z 坐标作为自变量，X 坐标作为因变量，Z 坐标每次减小 0.5mm，计算出对应的 X 坐标值。宏程序或参数编程时使用以下变量进行运算：

♯101 或 R1：非圆曲线公式中的 Z 坐标值，初始值为 20。

♯102 或 R2：非圆曲线公式中的 X 坐标值（半径量），初始值为 0。

♯103 或 R3：非圆曲线在工件坐标系中的 Z 坐标值，其值为♯101－45.0。

♯104 或 R4：非圆曲线在工件坐标系中的 X 坐标值（直径量），其值为♯102×2。

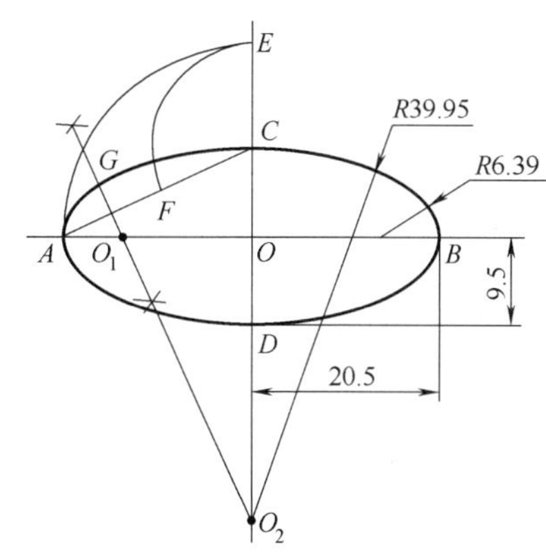

图 3-93　四心近似画椭圆

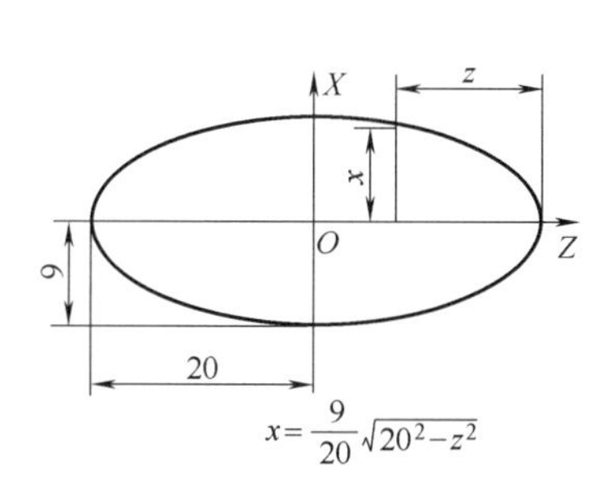

图 3-94　椭圆的变量计算

（2）编制加工程序

选择完成后以工件的左右端面回转中心作为编程原点，选择的刀具为：T01 外圆车刀；T02 外切槽车刀（刀宽 3mm）；T03 外螺纹车刀；T04 内孔车刀。其加工程序见表 3-46。

表 3-46　参考程序（件 1）

FANUC 0i 系统程序	程序说明
O3056；	加工右端外轮廓
G99 G21 G40；	程序开始部分
T0101；	
M03 S800；	
G00 X100.0 Z100.0 M08；	
X52.0 Z2.0；	
G71 U1.5 R0.5；	毛坯切削循环加工右端外轮廓
G71 P100 Q200 U0.5 W0.0 F0.2；	
N100 G00 X15.8 S1500 F0.05；	精加工轮廓描述，程序段中的 F 和 S 为精加工时的 F 和 S 值
G01 Z0；	
X19.8 Z－2.0；	
Z－18.0；	
X20.0；	
Z－24.5；	
G03 X31.6 Z－28.2 R6.39；	
G03 X39.0 Z－45.0 R39.95；	
G01 Z－60.0；	
N200 X52.0；	
G70 P100 Q200；	精加工右端外轮廓
G00 X100.0 Z100.0；	换外切槽车刀
T0202 S600；	
G00 X22.0 Z－17.0；	外切槽刀定位

续表

FANUC 0i 系统程序	程序说明
G75 R0.5；	加工退刀槽
G75 X16.0 Z−18.0 P1500 Q1000 F0.1；	
G00 X100.0 Z100.0；	换外螺纹车刀
T0303 S600；	
G00 X22.0 Z2.0；	
G76 P020560 Q50 R0.05；	加工外螺纹
G76 X18.05 Z−16.0 P975 Q400 F1.5；	
G00 X100.0 Z100.0；	程序结束部分
M05 M09；	
M30；	
O0052；	精加工椭圆曲面
……	程序开始部分
G00 X52.0 Z−24.5；	刀具快速定位
G42 G01 X20.0 F0.1；	
#101=20.0；	公式中的 Z 坐标值
N100 #102=9.0*SQRT[400.0−#101*#101]/20.0；	公式中的 X 坐标值
#103=#101−45.0；	工件坐标系中的 Z 坐标值
#104=#102*2.0；	工件坐标系中的 X 坐标值
G01 X#104 Z#103 F0.1；	加工曲面轮廓
#101= #101−0.1；	Z 坐标增量为−0.10
IF[#101 GE 0] GOTO 100；	条件判断
G01 Z−60.0；	加工圆柱表面
X52.0；	
G40 G00 X100.0 Z100.0；	程序结束部分
M05 M09；	
M30；	

请自行编制件 2 的加工程序，编程过程中注意宏程序的编程。

3.9 FANUC 0i 系统数控车床基本操作

3.9.1 系统控制面板

FANUC 0i 车床数控系统的控制面板主要由 CRT 显示器、MDI 键盘和功能软键组成，如图 3-95 所示。MDI 键盘上各键的名称和作用见表 3-47。

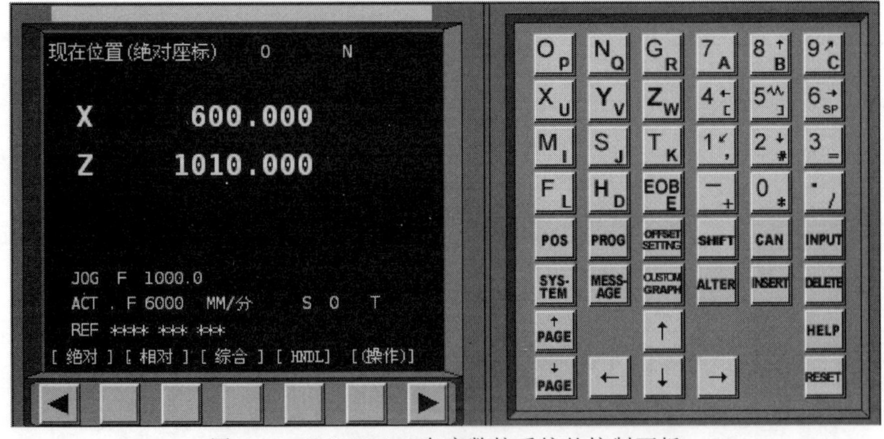

图 3-95 FANUC 0i 车床数控系统的控制面板

表 3-47 MDI 键盘上各键的名称和作用

名称	按键	作用
复位键	RESET	按 RESET 键可使 CNC 复位，用以清除报警等
帮助键	HELP	按 HELP 键可显示如何操作机床，如 MDI 键的操作，可在 CNC 发生报警时提供报警的详细信息（帮助功能）
功能键	POS PROG OFFSET SETTING SYS-TEM MESS-AGE CUSTOM GRAPH	PROG：数控程序显示与编辑页面键。在编辑方式下，用于编辑、显示存储器内的程序；在手动数据输入方式下，用于输入和显示数据；在自动方式下，用于显示程序指令 POS：坐标位置显示页面键。位置显示有绝对、相对和综合三种方式，用 PAGE 键选择 OFFSET SETTING：参数输入页面键。第一次按进入坐标系设置页面，第二次按进入刀具补偿参数页面。进入不同的页面以后，用 PAGE 键切换 CUSTOM GRAPH：图形参数设置页面键。用来显示图形画面 MESS-AGE：信息页面键。用来显示提示信息 SYS-TEM：系统参数页面键。用来显示系统参数
地址/数字键	O P N Q G R X U Y V Z W M I S J T K F L H D EOB E 7 A 8 B 9 C 4 [5] 6 SP 1 , 2 # 3 & - + 0 * . /	按这些键可输入字母、数字以及其他字符
换挡键	SHIFT	在有些键的顶部有两个字符，按 SHIFT 键来选择字符。当一个特殊字符 $\hat{E}$ 在屏幕上显示时，键面右下角的字符可以输入
输入键	INPUT	当按了地址键或数字键后，数据被输入到缓冲器，并在 CRT 显示器上显示出来。为了把键入到缓冲器中的数据拷贝回寄存器，按 INPUT 键。这个键与[INPUT]软键作用相同
取消键	CAN	按 CAN 键可删除已输入到缓冲器里的最后一个字符或符号
编辑键	ALTER INSERT DELETE	ALTER，字符替换键；INSERT，字符插入键；DELETE，字符删除键

续表

名称	按键	作用
光标移动键	↑ ← ↓ →	→：按该键光标向右或前进方向移动 ←：按该键光标向左或倒退方向移动 ↓：按该键光标向下或前进方向移动 ↑：按该键光标向上或倒退方向移动
翻页键	↑PAGE ↓PAGE	↑PAGE：该键用于在屏幕上朝前翻一页 ↓PAGE：该键用于在屏幕上朝后翻一页
换行键	EOB E	结束一行程序的输入并且换行

3.9.2 机床操作面板

图 3-96 所示为配备 FANUC 0i 车床数控系统的机床操作面板，面板上各按钮的名称和作用见表 3-48。

图 3-96 机床操作面板

表 3-48 机床操作面板上各按钮的名称和作用

名称	按键	作用
主轴减速按钮		控制主轴减速
主轴加速按钮		控制主轴加速
主轴手动允许按钮		在手动/手轮模式下，按下该按钮可实现手动控制主轴

续表

名称	按键	作用
主轴停止按钮		在手动/手轮模式下，按下该按钮主轴停住
主轴正转按钮		在手动/手轮模式下，按下该按钮主轴正转
主轴反转按钮		在手动/手轮模式下，按下该按钮主轴反转
超程解除按钮		系统超程解除
手动换刀按钮		在手动/手轮模式下，按下该按钮将手动换刀
回参考点 *X* 按钮		在回参考点模式下，按下该按钮 *X* 轴将回零
回参考点 *Z* 按钮		在回参考点模式下，按下该按钮 *Z* 轴将回零
X 轴负方向移动按钮		按下该按钮将使刀架向 *X* 轴负方向移动
X 轴正方向移动按钮		按下该按钮将使刀架向 *X* 轴正方向移动
Z 轴负方向移动按钮		按下该按钮将使刀架向 *Z* 轴负方向移动
Z 轴正方向移动按钮		按下该按钮将使刀架向 *Z* 轴正方向移动
回参考点模式按钮		按下该按钮将使系统进入回参考点模式
手轮 *X* 轴选择按钮		在手轮模式下选择 *X* 轴
手轮 *Z* 轴选择按钮		在手轮模式下选择 *Z* 轴
快速按钮		在手动连续情况下使刀架移动处于快速方式
自动模式按钮		按下该按钮使系统处于自动运行模式
JOG 模式按钮		按下该按钮使系统处于手动模式，可手动连续移动机床
编辑模式按钮		按下该按钮使系统处于编辑模式，用于直接通过操作面板输入数控程序和编辑程序
MDI 模式按钮		按下该按钮使系统处于 MDI 模式，手动输入并执行指令

续表

名称	按键	作用
手轮模式按钮		按下该按钮使刀架处于手轮控制状态
循环保持按钮		在自动模式下，按下该按钮使系统进入保持（暂停）状态
循环启动按钮		在自动模式下，按下该按钮使系统进入循环启动状态
机床锁定按钮		在手动模式下，按下该按钮将锁定机床
空运行按钮		在自动模式下，按下该按钮将使机床处于空运行状态
跳段按钮		在自动模式下，按下该按钮后，数控程序中的注释符号“/”有效
单段按钮		在自动模式下，按下该按钮后，运行程序时每次执行一条数控指令
进给选择旋钮		此旋钮用来调节进给倍率
手动/手轮进给倍率按钮	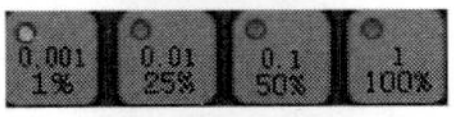 0.001 1%　0.01 25%　0.1 50%　1 100%	在手动模式下，调整快速进给倍率；在手轮模式下，调整手轮操作时的进给速度倍率
急停按钮		按下急停按钮，机床会立即停止移动，并且所有的输出（如主轴的转动等）都会关闭。该按钮按下后会被锁住，可以通过旋转而解锁
手摇脉冲发生器		在手轮模式下，旋转手摇脉冲发生器，刀架沿指定的坐标轴移动，移动距离大小与手轮进给倍率有关
电源开		系统电源开启按钮
电源关		系统电源关闭按钮

3.9.3 数控车床的手动操作

（1）开、关机操作

1）机床启动

打开机床总电源开关→按下控制面板上的电源开启按钮→开启急停按钮（顺时针旋转急停按钮即可开启）。

2）机床的关停

按下急停按钮→按下控制面板上的电源关闭按钮→关掉机床电源总开关。

(2) 回参考点操作

操作流程如图 3-97 所示。操作步骤如下：

① 按下回参考点模式按钮，若指示灯亮，则系统进入回参考点模式。

② 为了减小速度，选择小的快速移动倍率。

③ 按住 X 轴回参考点按钮，直至刀具回到参考点。刀具以快速移动速度移动到减速点，然后按参数中设定的进给速度（FL）移动到参考点，如图 3-98 所示。当刀具返回到参考点后，返回参考点完成灯（LED）点亮。

④ 对 Z 轴也执行同样的操作。

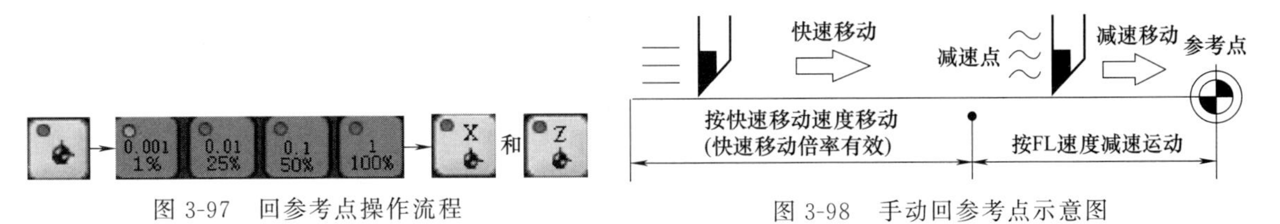

图 3-97 回参考点操作流程

图 3-98 手动回参考点示意图

① 当滑板上的挡块到参考点开关的距离不足 30mm 时，首先要用“JOG”按钮使滑板向参考点的负方向移动，直至距离大于 30mm 停止移动，然后再回机床参考点。

② 返回参考点时，为了保证数控车床及刀具的安全，一般要先回 X 轴再回 Z 轴。

(3) 手动进给（JOG 进给）操作

手动进给操作流程如图 3-99 所示。

(a) 手动进给操作流程

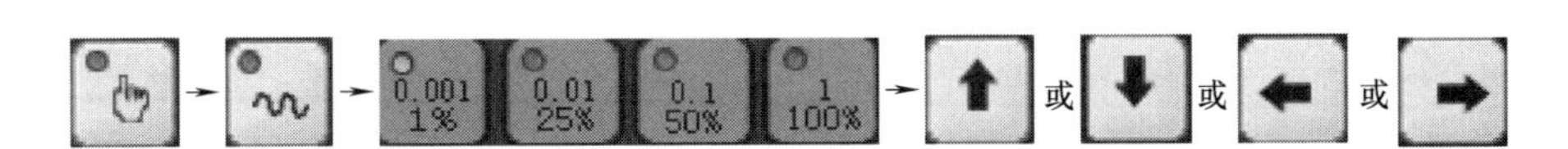

(b) 手动快速进给操作流程

图 3-99 手动进给操作

操作步骤如下：

① 按下手动模式按钮，若指示灯亮，系统进入手动进给模式。

② 按住选定进给轴移动按钮，刀具沿选定坐标轴及选定方向移动，刀具按参数设定的进给速度移动，按钮一释放，机床就停止。

③ 手动进给速度可由进给速度倍率旋钮调整。

④ 若在按下进给轴和方向选择开关期间，按下了快速移动按钮，刀具将按快速移动速度运动。在快速移动期间，快速移动倍率按钮有效。

（4）手轮进给操作

手轮进给操作流程如图 3-100 所示。

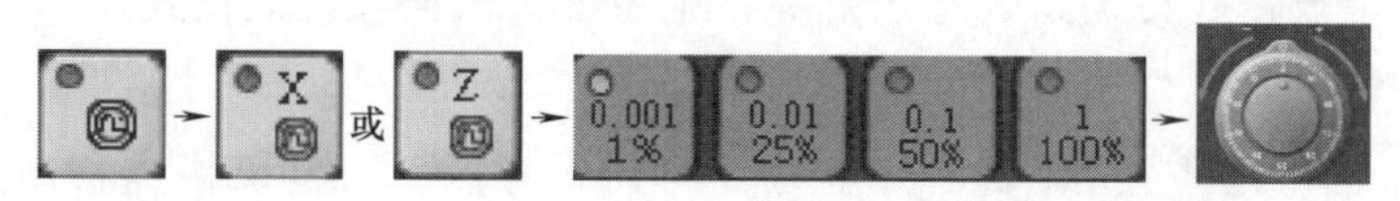

图 3-100 手轮进给操作流程

其操作步骤如下：

① 按下手轮模式按钮，若指示灯亮，则系统进入手轮进给操作模式。

② 选择一个机床要移动的轴。

③ 选择合适的手轮进给倍率。

④ 旋转手摇脉冲发生器，机床沿选择轴移动。旋转手摇脉冲发生器 360°，机床移动相当于 100 个刻度的距离。

手摇脉冲发生器旋转速度不应大于 5r/s。如果手轮旋转速度大于 5r/s，则当手轮不转之后，机床不能立即停止，即机床移动距离可能与手轮的刻度不相符。

选择倍率 1（100%）时，快速旋转手轮，机床移动太快，进给速度被钳制在快速移动速度，使用时一定要小心操作，避免撞刀事故的发生。

（5）刀架的转位操作

装卸刀具、测量切削刀具的位置以及对工件进行试切削时，都要靠手动操作实现刀架的转位。在 JOG 或手轮模式下，单击刀具选择按钮，则回转刀架上的刀台逆时针转动一个刀位。

（6）主轴手动操作

在 JOG 或手轮模式下，可手动控制主轴的正转、反转和停止。手动操作时要使主轴启动，必须用 MDI 方式设定主轴转速。按手动操作按钮 CW、 CCW、 STOP 控制主轴正转、反转、停止。调节主轴转速修调开关或，对主轴转速进行倍率修调。

（7）数控车床的安全功能操作

1）急停按钮操作

① 在遇到紧急情况时，应立即按下机床急停按钮，主轴和进给运动全部停止。

② 急停按钮按下后，机床被锁住，电动机电源被切断。

③ 当清除故障因素后，可旋转急停按钮进行解锁，机床恢复正常操作。

① 按下急停按钮时，会产生自锁，但通常旋转急停按钮即可释放。

② 当机床故障排除，急停按钮旋转复位后，一定要进行回参考点操作，然后再进行其他操作。

2）超程释放操作

当机床移动到工作区间极限时会压住限位开关，数控系统会产生超程报警，此时机床不能工作。解除过程如下：

在手动/手轮模式下，按住超程解除按钮，并按住与超程方向相反的进给轴按钮或者用手轮向相反方向转动，使机床脱离极限位置而回到工作区间，然后按复位键即可。

3.9.4 手动数据输入（MDI）操作

手动数据输入方式用于在系统操作面板上输入一段程序，然后按下循环启动键来执行该段程序。其操作步骤如下：

① 按下 MDI 模式按钮，若指示灯亮，则系统进入手动数据输入模式。

② 按下系统功能键PROG，液晶屏幕左下角显示"MDI"字样，如图 3-101 所示。

③ 输入要运行的程序段。

④ 按下循环启动键，数控车床自动运行该程序段。

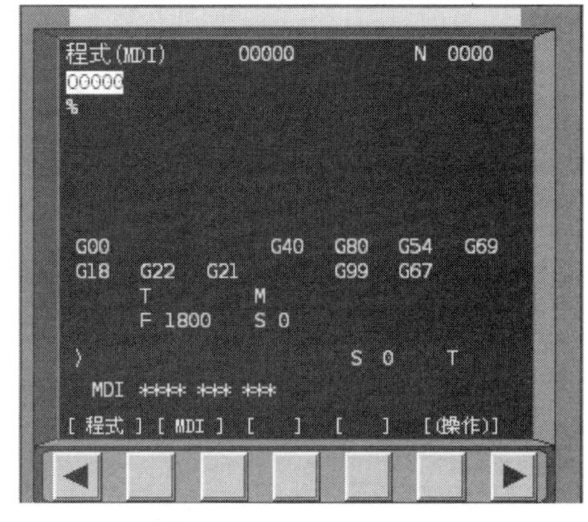

图 3-101 MDI 操作界面

3.9.5 对刀操作

(1) T 指令对刀

用 T 指令对刀，采用的是绝对刀偏法对刀，实质就是使某一把刀的刀位点与工件原点重合时，找出刀架的转塔中心在机床坐标系中的坐标，并把它存储到刀补寄存器中。采用 T 指令对刀前，应注意回一次机床参考点（零点）。对刀步骤如下：

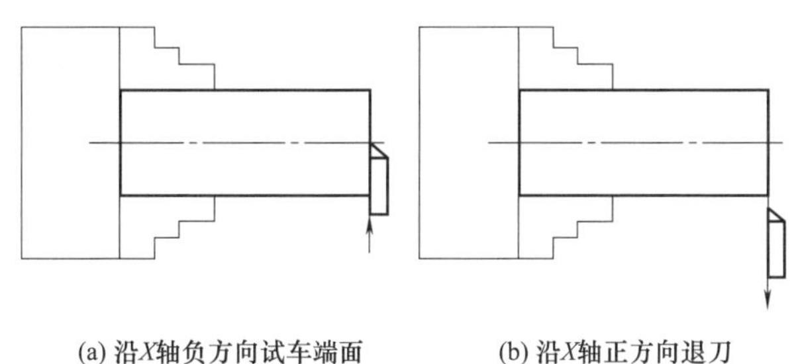

(a) 沿X轴负方向试车端面　(b) 沿X轴正方向退刀

图 3-102 Z 向对刀

① 在手动方式中，沿 X 轴负方向试车端面，如 3-102（a）所示；试车平整后，沿 X 轴正方向退刀（禁止移动 Z 轴），停止主轴，如图 3-102（b）所示。

② 测量工件长度，计算工件坐标系的零点与试切端面的距离 β（$L_{测}-L$）。

③ 按 MDI 键盘中的 OFFSET/SETTING 键，按［补正］和［形状］软键，进入图 3-103（a）所示的刀具偏置参数窗口。

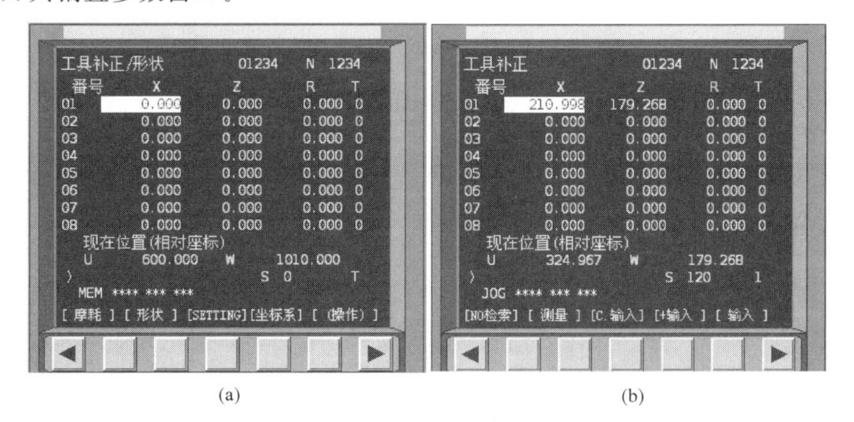

(a)　(b)

图 3-103 刀具偏置参数窗口

④ 移动光标键，选择与刀具号对应的刀补参数，输入 $Z\beta$。按［测量］软键，系统自动计算 Z 向刀具偏置值存入，如图 3-103（b）所示。

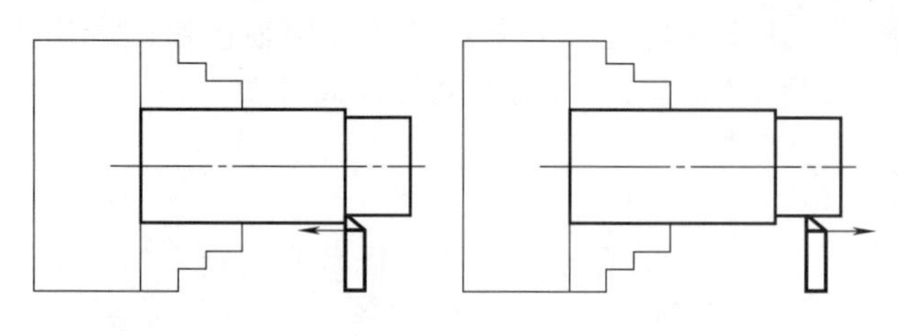

(a) 沿Z轴负方向试车削外圆　　(b) 沿Z轴正方向退刀

图 3-104　X 向对刀

⑤ 沿 Z 轴负方向试车工件外圆，试车长度不宜过长，如图 3-104（a）所示；试车完成后，沿 Z 轴正方向退刀（禁止移动 X 轴），如图 3-104（b）所示。停止主轴，测量被车削部分的直径 D，输入 XD。按［测量］软键，系统自动计算 X 向刀具偏置值存入，结果如图 3-104（b）所示。

⑥ 其他刀具采用相同的设定即可。

(2) 输入车床刀具补偿参数

车床刀具补偿参数包括刀具的磨耗量补偿参数和形状补偿参数。

1）输入磨耗量补偿参数

刀具使用一段时间后磨损，会使产品尺寸产生误差，因此需要对刀具设定磨损量补偿。步骤如下：

① 在 MDI 键盘上点击OFFSET SETTING键，进入磨耗补偿参数设定界面，如图 3-105 所示。

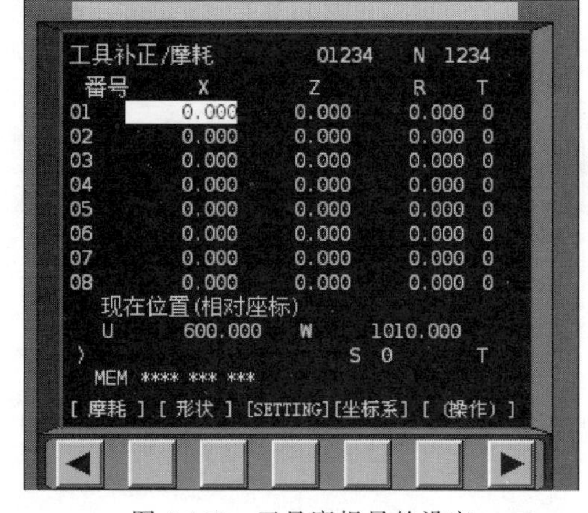

图 3-105　刀具磨损量的设定

② 用光标键↑ ↓选择所需的番号，并用← →确定所需补偿参数的位置。单击数字键，输入补偿值到输入域。按软键“输入”或按INPUT，将参数输入到指定区域。按CAN键可逐字删除输入域中的字符。

2）输入形状补偿参数

按图 3-105 中的“形状”软键，系统进入形状补偿参数设定界面。如图 3-103（a）所示。用光标键↑ ↓选择所需的番号，并用← →确定所需补偿参数的位置。点击数字键，输入补偿值到输入域。按软键“输入”或按INPUT，将参数输入到指定区域。按CAN键可逐字删除输入域中的字符。

3）输入刀尖半径和方位号

分别把光标移到 R 或 T 列，按数字键输入半径值或刀尖方位号，按“输入”键输入，如图 3-106 所示。

3.9.6 数控程序处理

(1) 编辑程序

数控程序可以直接用 FANUC 0i 系统的 MDI 键盘输入。

按下编辑模式按钮，编辑状态指示灯变亮，系统进入编辑模式。按下 MDI 键盘上的PROG键，CRT 界面转入编辑页面。选定了一个数控程序后，此程序显示在 CRT 界面上，可对

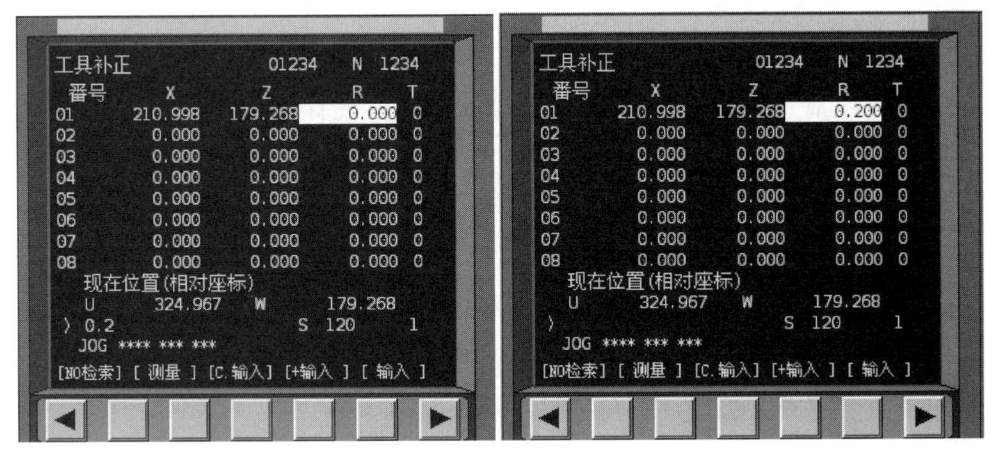

图 3-106 输入刀尖半径

该程序进行编辑操作。

1）移动光标

按↑PAGE和↓PAGE用于翻页，按光标键↑ ↓ ← →可移动光标。

2）插入字符

先将光标移到所需位置，按下 MDI 键盘上的数字/字母键，将字符输入到输入域中，按INSERT键，把输入域的内容插入到光标所在字符后面。

3）删除输入域中的数据

按CAN键可删除输入域中的数据。

4）删除字符

先将光标移到所需删除字符的位置，按DELETE键，删除光标所在位置的字符。

5）查找

输入需要搜索的字母或代码，按光标键↓，系统开始在当前数控程序中向光标所在位置后搜索（输入的可以是一个字母或一个完整的代码，如“N0010”“M”等）。如果此数控程序中有所搜索的代码，则光标停留在找到的字母或代码处；如果此数控程序中光标所在位置后没有所搜索的字母或代码，则光标停留在原处。

6）替换

先将光标移到所需替换字符的位置，将替换成的字符通过 MDI 键盘输入到输入域中，按ALTER键，用输入域的内容替代光标所在位置的字符。

（2）数控程序管理

1）选择一个数控程序

数控系统进入程序编辑模式，利用 MDI 键盘输入“Ox”（x 为数控程序目录中显示的程序名），按光标键↓，系统开始搜索，搜索到后，程序名“Ox”显示在屏幕首行位置，NC 程序显示在屏幕上。

2）删除一个数控程序

数控系统进入程序编辑模式，利用 MDI 键盘输入“Ox”（x 为要删除的数控程序在目录中显示的程序名），按删除键DELETE，程序即被删除。

3）新建一个数控程序

数控系统进入程序编辑模式，利用 MDI 键盘输入“Ox”（x 为程序名，但不可以与已有程序名重复)，按INSERT键则程序名被输入，按下EOB E键，再按下INSERT键，则程序结束符“;”被输入，CRT界面上显示一个空程序，可以通过MDI键盘开始程序输入。输入一段代码后，按下EOB E键→按下INSERT键，输入域中的内容显示在CRT界面上，光标移到下一行，然后可以进行其他程序段的输入，直到全部程序输入完为止。

4）删除全部数控程序

数控系统进入程序编辑模式，利用MDI键盘输入“0－9999”，按下DELETE键，全部数控程序即被删除。

3.9.7 自动加工操作

(1) 自动/连续方式

1）自动加工

检查机床是否回零，若未回零，先将机床回零。导入数控程序或自行编写一段程序。按下自动模式按钮，若指示灯变亮，则系统进入自动加工模式。按下操作面板上的循环启动按钮，程序开始自动运行。

2）中断运行

数控程序在运行过程中可根据需要暂停、停止、急停和重新运行。在数控程序运行时，按下循环保持按钮，程序停止执行，再按下循环启动按钮，程序从暂停位置开始执行。

(2) 自动/单段方式

检查机床是否回零，若未回零，先将机床回零。导入数控程序或自行编写一段程序。按下自动模式按钮，使其指示灯变亮，系统进入自动模式。按下单节段按钮。按下循环启动按钮，程序开始执行光标所在行的指令。

① 自动/单段方式执行每一行程序均需按下一次循环启动按钮。

② 可以通过主轴倍率旋钮和进给倍率旋钮来调节主轴旋转的速度和移动的速度。

③ 按RESET键可将程序复位。

(3) 检查运行轨迹

执行自动加工前，可通过系统图形显示功能，检查程序加工轨迹，验证程序的对错。

按下自动模式按钮，使其指示灯变亮，系统转入自动加工模式，按下MDI键盘上的PROG按钮，点击数字/字母键，输入“Ox”（x为需要检查运行轨迹的数控程序名），按↓开始搜索，找到后，程序显示在CRT界面上。按下CUSTOM GRAPH按钮，进入检查运行轨迹模式，按下操作面板上的循环启动按钮，即可观察数控程序的运行轨迹。

第4章 SINUMERIK 802D 系统数控车床的编程与操作

4.1 一般工件的编程

4.1.1 SINUMERIK 802D 系统中的 T、S 功能

(1) T 功能

T 功能表示换刀功能。

格式：T××D××

格式说明：T 后面的两位数字表示刀具编号，T 后若为 00 则表示不换刀；D 后面的两位数字表示刀具补偿值编号，D 后若为 00 则表示取消刀补。

示例：T01D01 表示更换 01 号刀具并采用 01 号刀具补偿值。

(2) S 功能

S 功能表示主轴的转速功能。

1）恒转速功能

格式：S××××

格式说明：S 后面的数字表示主轴将以该指定的转速旋转。

举例：M3 S600 表示主轴将以 600 转每分钟的速度正转。

2）恒线速控制指令 G96 和取消恒线速功能指令 G97

格式：G96 S×××× LIMS×××× F××

G97

格式说明：

① G96 指令后面的 S 所表示的是刀具沿工件表面的线切削速度，其单位为 m/min，该速度是一恒定值，因此主轴的转速将会随工件直径的变化而变化。

② LIMS 后面的数值为主轴的最大限制转速。在 G96 方式下，当工件的直径趋于零时，主轴的转速将会无限制地增大，这会使加工过程很危险。LIMS 的功能就是使主轴的转速不能无限制地增大，而只能限定在其后所规定的范围内。

③ F 为刀具进给速度，其单位为 mm/r。

举例：N10 G96 S90 LIMS1500 F0.2

……

N100 G97

执行 N10 程序段时，机床主轴按照 90m/min 恒线速进行旋转，并且转速被限定在 1500r/min 以内。执行 N100 程序段时，恒线速功能被取消。

4.1.2 SINUMERIK 802D 系统常用 G 功能指令

SINUMERIK 802D 系统常用 G 功能指令，见表 4-1。

表 4-1 SINUMERIK 802D 系统常用 G 功能指令列表

分类	分组	代码	意义	格式	参数意义
插补	1	G0	快速插补	G0 X_ Z_	
		G1	直线插补	G1 X_ Z_ F_	
		G2/G3	顺（逆）时针圆弧插补	G2/G3 X_ Z_ I_ K_ F_	圆心和终点
				G2/G3 X_ Z_ CR=_ F_	半径和终点
				G2/G3 AR=_ I_ K_ F_	张角和圆心
				G2/G3 AR=_ X_ Z_ F_	张角和终点
		CIP	中间点圆弧插补	CIP X_ Z_ I1=_ K1=_ F_	I1,K1 是中间点
		CT	带切线过渡的圆弧插补	CT Z_ X_ F_	圆弧，与前一段轮廓为切线过渡
		G33	恒螺距的螺纹切削	G33 Z_ K_ SF=_	圆柱螺纹
				G33 X_ I_ SF=_	端面螺纹
				G33 Z_ X_ K_ SF=_	锥螺纹，*Z* 方向位移大于 *X* 方向位移
				G33 Z_ X_ I_SF=_	锥螺纹，*X* 方向位移大于 *Z* 方向位移
绝对/增量值	14	G90	绝对尺寸	G90	
		G91	增量尺寸	G91	
单位	13	G70	英制尺寸	G70	
		G71	米制尺寸	G71	
选择工作面	6	G17	工作面 *XY*	G17	
		G18	工作面 *ZX*	G18	
工件坐标	3	G53	按程序段方式取消可设定零点设置	G53	
	8	G500	取消可设定零点设置	G500	
		G54	第一可设定零点偏值	G54	
		G55	第二可设定零点偏值	G55	
		G56	第三可设定零点偏值	G56	
		G57	第四可设定零点偏值	G57	
		G58	第五可设定零点偏值	G58	
		G59	第六可设定零点偏值	G59	

续表

分类	分组	代码	意义	格式	参数意义
返回	2	G74	回参考点(原点)	G74 X_ Z_	
		G75	回固定点	G75 X_ Z_	
刀具补偿	7	G40	刀尖圆弧半径补偿方式取消	G40	在指令G40、G41和G42的一行中必须同时有G0或G1指令(直线),且要指定一个当前平面内的一个轴。如在 *XY* 平面下,N20 G1 G41 Y50
		G41	调用刀尖圆弧半径补偿,刀具在轮廓左侧移动	G41	
		G42	调用刀尖圆弧半径补偿,刀具在轮廓右侧移动	G42	
进给	15	G94	进给率 *F*,单位 mm/min	G94	
		G95	主轴进给率 *F*,单位 mm/r	G95	
拐角特性	18	G450	圆弧过渡,即刀补时拐角走圆角	G450	
		G451	等距线的交点,刀具在工件转角处切削	G451	
暂停	2	G4	暂停时间	G4 F_或者 G4 S_	
切削循环		CYCLE93	切槽(凹槽循环)	CYCLE93 (SPD, DPL, WIDG, DIAG, STA1, ANG1, ANG2, RCO1, RCO2, RCI1, RCI2, FAL1, FAL2, IDEP, DTB, VARI)	
		CYCLE95	毛坯切削循环	CYCLE95 (NPP, MID, FALZ, FALX, FAL, FF1, FF2, FF3, VARI, DT, DAM, _VRT)	
		CYCLE97	螺纹切削循环	CYCLE95 (NPP, MID, FALZ, FALX, FAL, FF1, FF2, FF3, VARI, DT, DAM, _VRT)	

(1) G0 指令

快速点定位，将刀具快速地定位到某一个指定的点，用于切削开始时的快速进刀或切削结束时的快速退刀。

1）指令格式

G0　X_ Z_

式中，X、Z 是刀具快速定位的终点坐标。

2）示例

零件图如图 4-1 所示，在开始加工时首先要将刀具由换刀点（X100，Z50）快速定位到 *A* 点，试写出刀具快速定位的程序段。

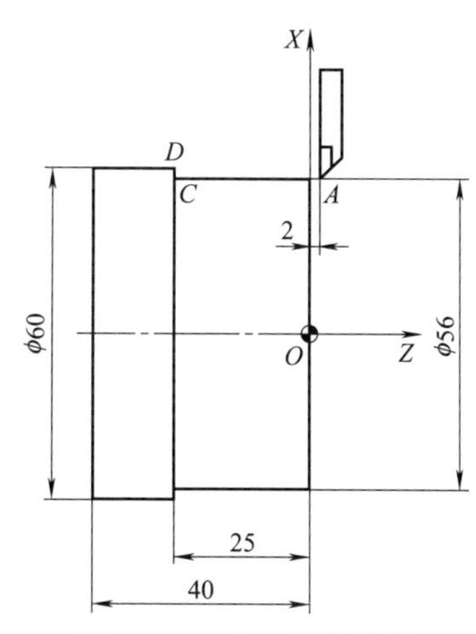

图 4-1　G0/G1 指令编程

分析：将编程原点设在工件右端面上，如图 4-1 中 *O* 点所示，*A* 点的坐标为（X56，Z2），则将刀具快速定位到 *A* 点的程序段可以写成：

N20 G0 X56 Z2

接上例，假设刀具的起点在（X100，Z2）上，则快速点定位的程序段可以写成：

N20 G0 X56

即 Z2 可以省去不写。

3）注意事项

① 刀具在运动过程中，若未沿某个坐标轴运动，则该坐标值可以省去不写。

② G0 指令后面不填写 F 进给功能字。

（2）G1 指令

G1 为直线插补指令，刀具所走的路线为一条直线，用于加工外圆、内孔、锥面等。

1）指令格式

G1 X__ Z__ F__

式中，X、Z 是被插补直线的终点的坐标；F 是进给功能字，指定刀具的进给速度。

2）示例

如图 4-1 所示，假设刀具已快速定位到 *A* 点，要求编写从 *A* 点到 *D* 点的直线插补程序。

分析：刀具从 *A* 点进给到 *D* 点可以分为两段，一是从 *A* 点到 *C* 点，二是从 *C* 点到 *D* 点，均为直线插补程序。程序如下：

N30 G1 Z−25 F0.1　　　　*A*→*C*　进给速度采用每转进给量

N40 X60　　　　　　　　*C*→*D*

3）注意事项

① 没有相对运动的坐标轴可以省略不写。

② G1、F 均为模态代码，一旦指定，一直有效，除非被同组代码取代。所以 N40 段中省略了 G1 指令和 F 进给功能字。

（3）G2/G3 指令

G2 为顺时针圆弧插补指令，G3 为逆时针圆弧插补指令。判别方法是：处在圆弧所在平面（数控车床中为 *XZ* 平面）的另一个轴（数控车床中为 *Y* 轴）的正方向看该圆弧，顺时针方向为 G02，逆时针方向为 G03，如图 4-2 所示。

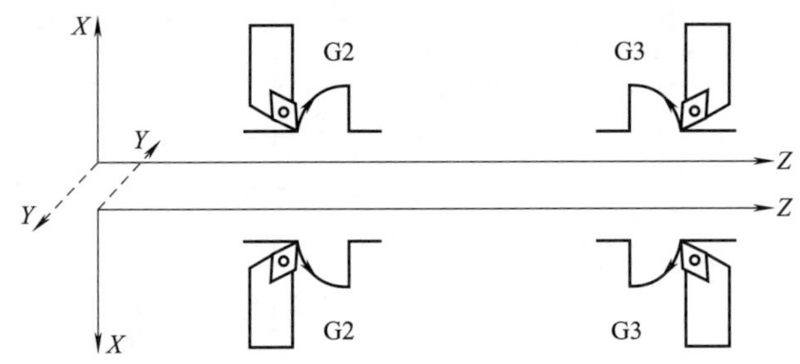

图 4-2　圆弧插补 G2/G3 方向的规定

1）指令格式

圆弧可按图 4-3 所示四种不同的方式编程。

终点和圆心式：G2/G3 X__ Z__ I__ K__ F__

终点和半径式：G2/G3 X__ Z__ CR=__ F__

张角和圆心式：G2/G3 AR=__ I__ K__ F__

张角和终点式：G2/G3 AR=__ X__ Z__ F__

2）说明

① X、Z 是圆弧终点的坐标；

② I、K 不管是在绝对值编程方式下还是在增量编程方式下，永远是圆心相对于圆弧起点的坐标；

③ CR 是圆弧的半径，AR 是圆弧对应的圆心角；

④ X、I 都采用直径来编程；

⑤ G2/G3 指令都是模态指令。

3）示例

例 1　如图 4-4 所示，*BC* 为一段 1/4 的顺圆圆弧，表 4-2 所示为按四种方式编写的该圆弧加工程序。

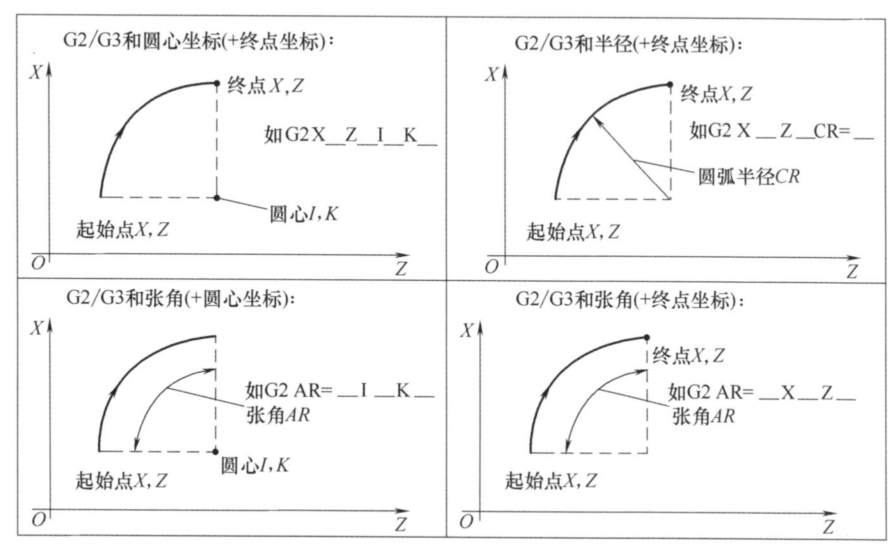

图 4-3　圆弧编程的方式

表 4-2　BC 段顺圆加工程序

编程方式	参考程序
终点和圆心式	G2 X50 Z－25 I20 K0
终点和半径式	G2 X50 Z－25 CR＝10
张角和圆心式	G2 AR＝90 I20 K0
张角和终点式	G2 AR＝90 X50 Z－25

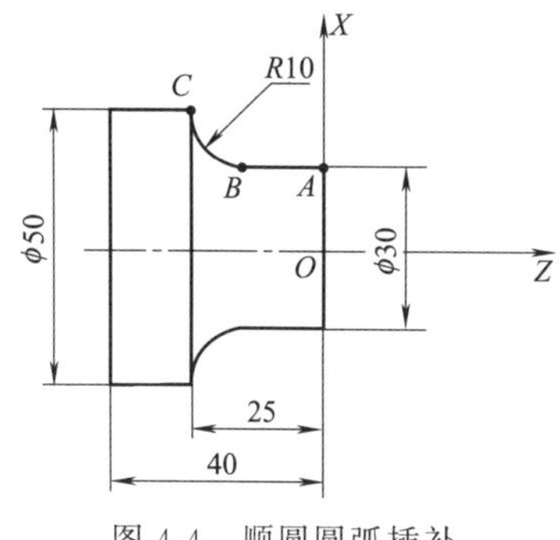

图 4-4　顺圆圆弧插补

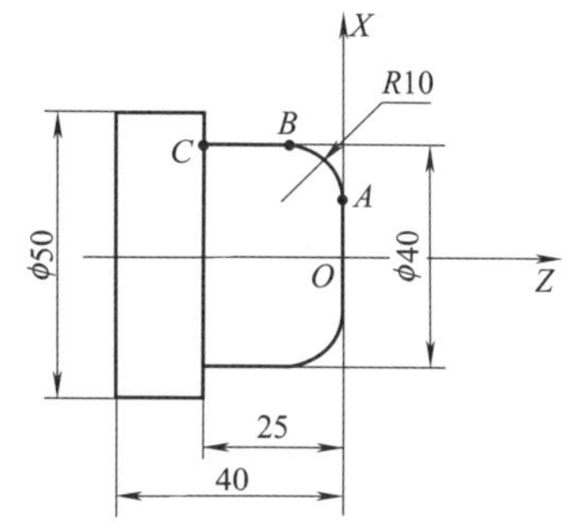

图 4-5　逆圆圆弧插补

例 2　如图 4-5 所示，*AB* 为一段 1/4 的逆圆圆弧，表 4-3 所示为按四种方式编写的该圆弧加工程序。

表 4-3　AB 段逆圆加工程序

编程方式	参考程序
终点和圆心式	G3 X40 Z－10 I0 K－10
终点和半径式	G3 X40 Z－10 CR＝10
张角和圆心式	G3 AR＝90 I0 K－10
张角和终点式	G3 AR＝90 X40 Z－10

例 3　如图 4-6 所示，该零件是同时包含顺圆弧和逆圆弧的综合实例，试写出从 *A* 点到 *D* 点的精加工程序。

编程原点设在工件的右端面与中心线的交点处，其精加工程序见表 4-4 所示。

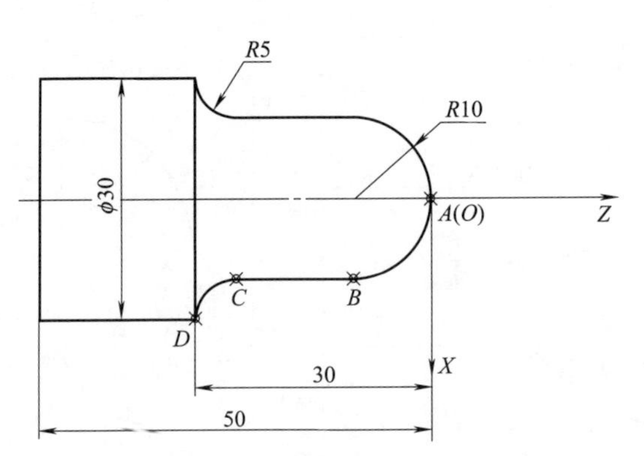

图 4-6 顺逆圆弧综合示例

表 4-4 顺逆圆弧综合示例参考程序

参考程序	注释
AA123. MPF	程序名
N10 M3 S600 T01D01	主轴正转，选 01 号刀，执行 01 组刀补
N20 G0 X0 Z4	快速定位
N30 G1 Z0 F0.5	将刀具靠到圆弧起点上
N40 G3 X20 Z−10 I0 K−10 F0.2	A→B 逆圆圆弧插补
N50 G1 Z−25	B→C 直线插补
N60 G2 X30 Z−30 I10 K0	C→D 顺圆圆弧插补
N70 G28 X40 Z0 T01D00	回参考点，并取消刀补
N80 M2	程序结束

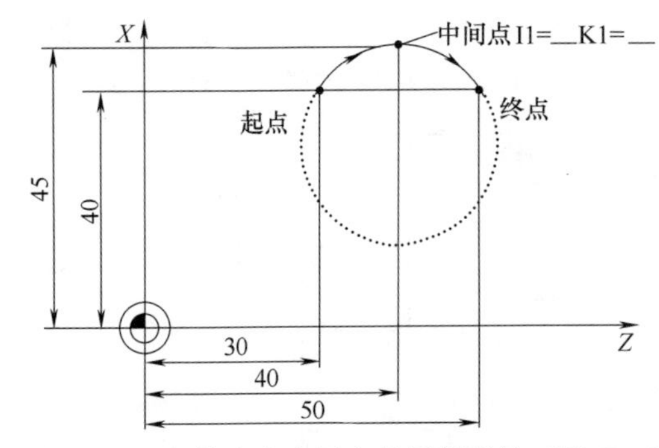

图 4-7 已知终点和中间点的圆弧插补（用 G90）

(4) 通过中间点进行圆弧插补 CIP 指令

在编制圆弧程序时，如果不知道圆弧的圆心、半径或张角，但已知圆弧轮廓上三个点的坐标，如图 4-7 所示，则可以使用 CIP 功能。通过起始点和终点之间的中间点位置确定圆弧的方向。CIP 一直有效，直到被 G 功能中的其他 G 功能指令（G0、G1、G2、G3 等）取代为止。说明：将可设定的位置数据输入 G90 或 G91 指令对终点和中间点有效。

1）指令格式

CIP X__ Z__ IX=__ KZ=__

式中，X、Z 为圆弧终点坐标，IX、IZ 为圆弧中间点坐标。

2）示例

如图 4-7 所示，圆弧起点坐标为（X40，Z30），圆弧终点坐标为（X40，Z50），经过的中间点坐标为（X45，Z40），应用中间点进行圆弧插补，其程序如下：

N5 G90 G00 X40 Z30 （用于 N10 的圆弧起始点）

N10 CIP X40 Z50 I1=45 K1=40 （终点和中间点）

(5) 切线过渡圆弧 CT 指令

用 CT 和编程的终点可以在当前平面（G17 到 G19）中生成一段圆弧，并使其与前一段轮廓（圆弧或直线）切线连接。圆弧半径和圆心坐标由前一段轮廓与编程的圆弧终点的几何关系决定，如图 4-8 所示。

N10 G1 X__ Z__ （直线插补，X、Z 为直线的终点坐标）

N20 CT X__ Z__　　　　（与直线相切的圆弧，X、Z 为圆弧的终点坐标）

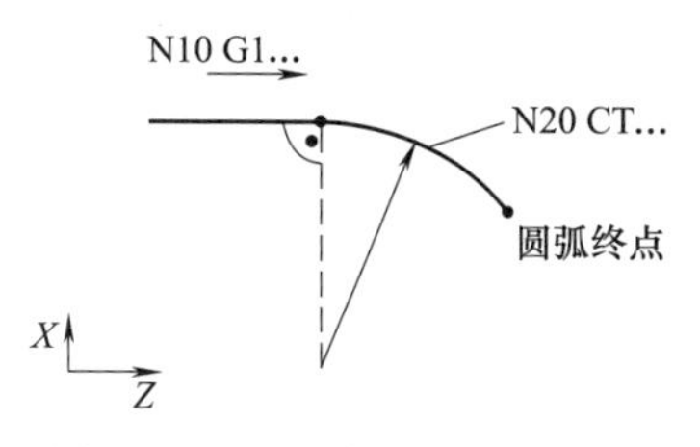

图 4-8　CT 切线过渡圆弧插补

（6）G4 指令

暂停功能，程序暂时停止运行，刀架停止进给，但主轴继续旋转。

1）指令格式

G4 F__或 G4 S__

式中，G4 指令是非模态指令，只在本段有效；F 表示暂停其后给定的时间；S 表示暂停主轴转过其后指定的转数所耗费的时间。

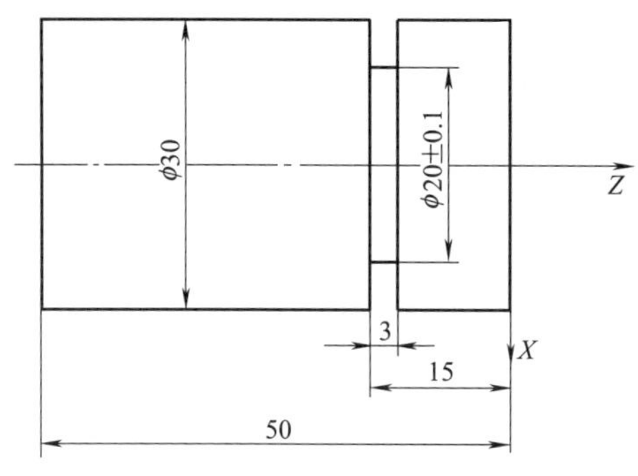

图 4-9　G4 指令编程示例

2）示例

如图 4-9 所示，切 $\phi 20 \pm 0.1$ 的槽，由于槽的精度要求较高，所以可以采取让刀具在槽底停留片刻的方法，以获得较高的精度，其程序见表 4-5。

（7）G70/G71 指令

G70 指令为英制尺寸输入方式，所输入的尺寸以英寸为单位；G71 为米制尺寸输入方式，所输入的尺寸以毫米为单位。其指令格式：

G70 或 G71

G70/G71 后面不需要跟参数，可单独使用，其中 G71 为默认状态。

（8）G17/G18 指令

G17 为选择 *XY* 坐标平面，用于加工中心上；G18 为选择 *XZ* 平面，车床上的默认状态为选择 *XZ* 平面。其指令格式：

G17 或 G18

G17/G18 指令后面不需跟参数，可单独使用。

表 4-5　G4 指令编程示例

参考程序	注释
AA124. MPF	程序名
N10 M03 S600　T01D01	主轴正转,选 01 号刀,执行 01 组刀补
N20 G0 X32 Z－15	刀具快速靠近车削位置,左刀尖对刀
N30 G1 X20 F0. 1	切槽
N40 G4 F0. 5	程序暂停 0. 5s
N50 G0 X32	刀具快速退出工件
N60 X100 Z50	快速退至安全点
N70 M2	程序结束

（9）G53、G54～G59 指令

G53 为取消零点偏置功能；G54～G59 分别为设置第一零点偏置～设置第六零点偏置；在操作机床时，要通过控制面板，将零偏数值输入到相应的参数表中；在编写程序时要在程序相应的位置上加入 G54～G59 指令以激活参数表中相应的参数。其指令格式：

G54/G55/G56/G57/G58/G59/G53

G53、G54～G59 指令不需要跟参数，在使用时，可与其他不同组的语句写在同一程序段内。

（10）G74/G75 指令

G75 指令是指回机床中某个固定点的指令，该固定点是临时设定的，如换刀点等；G74 指令是指刀架回机床参考点的指令。其指令格式：

G75 X0 Z0 或 G74 X0 Z0

G75/G74 中的 X、Z 坐标后面的数字没有实在意义；这两个指令都是非模态量指令。

4.1.3 SINUMERIK 802D 系统的子程序

（1）子程序的结构

子程序的结构与主程序没有什么区别，子程序名的前两个字符也必须为字母，结束语句除了可以用 M2 外，还可以用 M17 和 RET 等指令。

（2）子程序的调用

在一个程序中可以通过用子程序名直接调用子程序，也可以通过参数传递调用子程序，在子程序调用结束后，会返回到主程序中继续往下运行。一个子程序可以被多次调用，在子程序中还可以调用其他的子程序。

4.1.4 固定循环指令

（1）切槽循环 CYCLE93

切槽循环可以用于纵向和表面加工时对任何垂直轮廓单元进行对称和不对称的切槽，可以进行外部和内部切槽。

1）编程格式

CYCLE93（SPD，SPL，WIDG，DIAG，STA1，ANG1，ANG2，RCO1，RCO2，RCI1，RCI2，FAL1，FAL2，IDEP，DTB，VARI）

2）参数说明

表 4-6 所示为切槽循环 CYCLE93 参数含义，图 4-10 为切槽循环 CYCLE93 参数示意图。

表 4-6 切槽循环 CYCLE93 参数含义

参数	含义
SPD	横向坐标轴起始点
SPL	纵向坐标轴起始点
WIDG	切槽宽度(无符号输入)
DIAG	切槽深度(无符号输入)
STA1	轮廓和纵向轴之间的角度，取值范围：0°≤STA1≤180°
ANG1	侧面角 1：在切槽一边，由起始点决定(无符号输入)。取值范围：0°≤ANG1<89.999°
ANG2	侧面角 2：在另一边(无符号输入)。取值范围：0°≤ANG2<89.999°
RCO1	半径/倒角 1，外部(位于由起始点决定的一边)
RCO2	半径/倒角 2，外部
RCI1	半径/倒角 1，内部(位于起始点侧)
RCI2	半径/倒角 2，内部
FAL1	槽底的精加工余量
FAL2	侧面的精加工余量
IDEP	进给深度(无符号输入)
DTB	槽底停顿时间
VARI	加工类型。范围值：1～8 和 11～18

3）使用说明

① 槽的加工类型由参数 VARI 的单位数定义，如图 4-11 所示。参数的十位数表示倒角是如何考虑的。VARI1～8：倒角被考虑成 CHF。VARI11～18：倒角被考虑成 CHR。

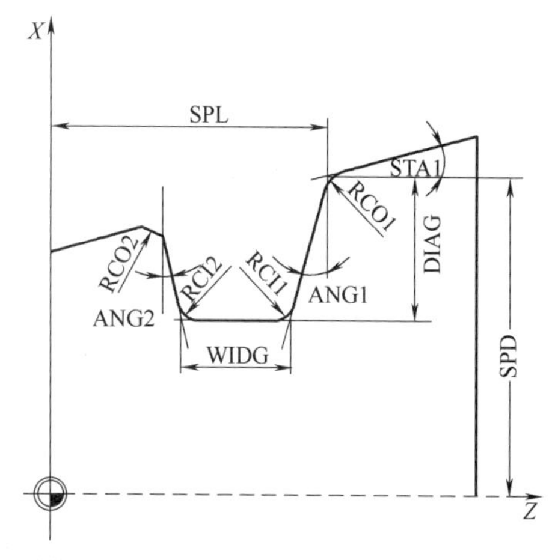

图 4-10　切槽循环 CYCLE93 参数示意图

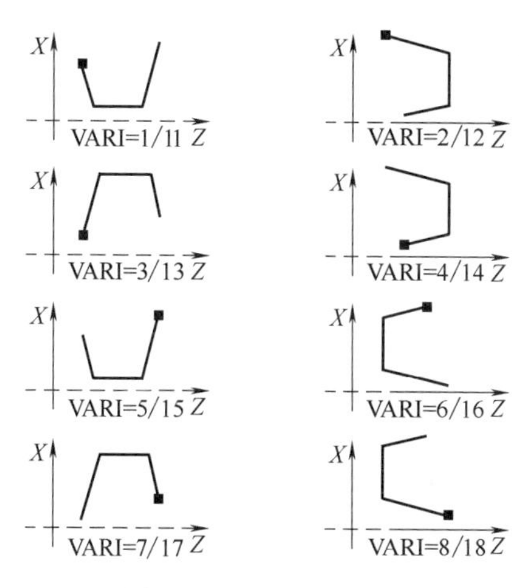

图 4-11　槽的加工类型

② 调用切槽循环之前，必须使能一个双刀沿刀具。两个切削沿的偏移值必须以两个连续刀具号保存，而且在首次循环调用之前必须激活第一个刀具号。循环本身定义将使用哪一个加工步骤和哪一个刀具补偿值并自动使能。循环结束后，在循环调用之前编程的刀具补偿号重新有效。当循环调用时如果刀具补偿未编程刀具号，循环执行将终止并出现报警 61000“无有效的刀具补偿”。

4）编程示例

零件如图 4-12 所示，对该零件在纵向轴方向的斜线处进行外部切槽。起始点在（X35，Z60）的右侧。循环将使用刀具 T5 的刀具补偿 D1 和 D2。循环参数取值见表 4-7，参考程序见表 4-8。

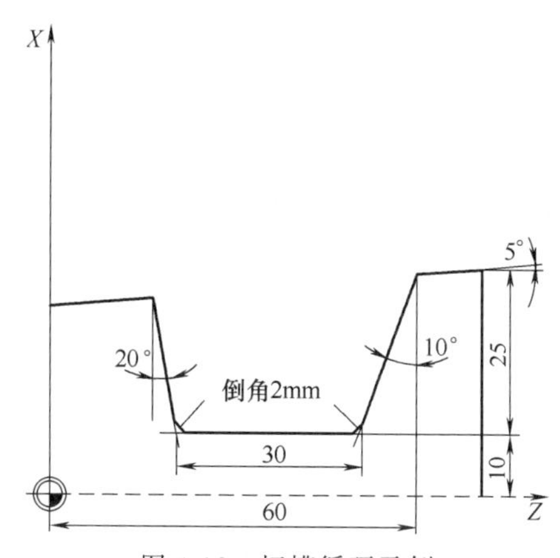

图 4-12　切槽循环示例

表 4-7　切槽循环示例参数取值表

参数	含义	取值
SPD	横向坐标轴起始点	35
SPL	纵向坐标轴起始点	60
WIDG	切槽宽度	30
DIAG	切槽深度	25
STA1	轮廓和纵向轴之间的角度	5
ANG1	侧面角 1	10
ANG2	侧面角 2	20
RCO1	半径/倒角 1，外部	0
RCO2	半径/倒角 2，外部	0
RCI1	半径/倒角 1，内部	−2
RCI2	半径/倒角 2，内部	−2
FAL1	槽底的精加工余量	1
FAL2	侧面的精加工余量	1
IDEP	进给深度（无符号输入）	10
DTB	槽底停顿时间	1
VARI	加工类型	5

表 4-8 切槽循环示例参考程序

参考程序	注释
AA235. MPF	程序名
N10 G54 G90 G95 F0.2 T5D1 S400 M3	工艺数据设置
N20 G0 X50 Z65	循环启动前的起始点
N30 CYCLE93(35,60,30,25,5,10,20,0,0,−2,−2,1,1,10,1,5)	循环调用
N40 G0 G90 X100 Z100	返回换刀点
N50 M2	程序结束

(2) 毛坯切削循环 CYCLE95

毛坯自动切削循环会根据精加工路线和给定的切削参数自动确定粗加工的加工路线，它可以进行纵向和横向的加工，也可以进行内外轮廓的加工，还可以进行粗加工和精加工。

1）指令格式

CYCLE95（NPP，MID，FALZ，FALX，FAL，FF1，FF2，FF3，VARI，DT，DAM，_VRT）。

2）参数说明

格式中各代码的含义如表 4-9 所示。

表 4-9 CYCLE95 毛坯切削循环指令格式代码含义

代码	含义
NPP	轮廓子程序名，程序名的前两个字符为字母，其后可以是下划线、数字或字母，一个程序名最多包含 16 个字符
MID	进给深度，无符号，是指粗加工的最大可能进刀深度
FALZ	沿 *Z* 轴的精加工余量
FALX	沿 *X* 轴的精加工余量
FAL	沿轮廓的精加工余量
FF1	无下切的粗加工进给率，下切是指凹入工件的轮廓
FF2	进入凹槽的进给率
FF3	精加工进给率
VARI	加工类型，其类型用数字 1～12 来表示，具体情况如表 4-10 所示
DT	粗切削的暂停时间
DAM	粗加工中断路径，断屑
_VRT	从轮廓返回的路径，增量

表 4-10 加工类型

序号	纵向/横向	内部/外部	粗加工/精加工/综合加工
1	纵向	外部	粗加工
2	横向	外部	粗加工
3	纵向	内部	粗加工
4	横向	内部	粗加工
5	纵向	外部	精加工
6	横向	外部	精加工
7	纵向	内部	精加工
8	横向	内部	精加工
9	纵向	外部	综合加工
10	横向	外部	综合加工
11	纵向	内部	综合加工
12	横向	内部	综合加工

3）程序的执行过程

循环开始前所到达的起始位置可以是任意位置，但须保证从该位置回轮廓起始点时不发生刀具碰撞。循环起始点在内部被计算出并使用 G0 在两个坐标轴方向同时回该起始点。循环形成以下动作顺序。

① 无凹凸切削的粗加工：

a. 刀具以 G0 方式从初始点运动至循环加工起点，并按照 MID 设定最大背吃刀量进给。

b. 使用 G1 进给率为 FF1 回到轴向粗加工的交点。

c. 使用 G1/G2/G3 和 FF1 沿轮廓＋精加工余量进行平行于轮廓的倒圆切削。

d. 每个轴使用 G0 退回在_VRT 下所编程的量。

e. 重复此顺序直至到达加工的最终深度。

f. 进行无凹凸切削成分的粗加工时，坐标轴依次返回循环的起始点。

② 粗加工凹凸成分：

a. 坐标轴使用 G0 依次回到起始点以便下一步的凹凸切削，此时，须有一个循环内部的安全间隙。

b. 使用 G1/G2/G3 和 FF1 沿轮廓＋精加工余量进给。

c. 使用 G1 和进给率 FF1 回到轴向粗加工的交点。

d. 沿轮廓进行倒圆切削，和第一次加工一样进行后退和返回。

e. 如果还有凹凸切削成分，为每个凹凸切削重复此顺序。

③ 精加工：

a. 以 G0 方式按不同的坐标轴分别回循环加工起点。

b. 以 G0 方式在两个坐标轴方向上同时回轮廓起点。

c. 以 G1/G2/G3 方式按精车进给率进行精加工。

d. 以 G0 方式在两个坐标轴方向回循环加工起始点。

4）编程示例

零件如图 4-13 所示，毛坯直径为 60mm，长为 100mm。

① 确定装夹方式。采用卡盘夹紧工件左端，同时将工件原点设在工件右端面与中心线的交点上。

② 选择刀具。选用 90°的右偏刀。

③ CYCLE95 中用到的参数如表 4-11 所示，参考程序见表 4-12。

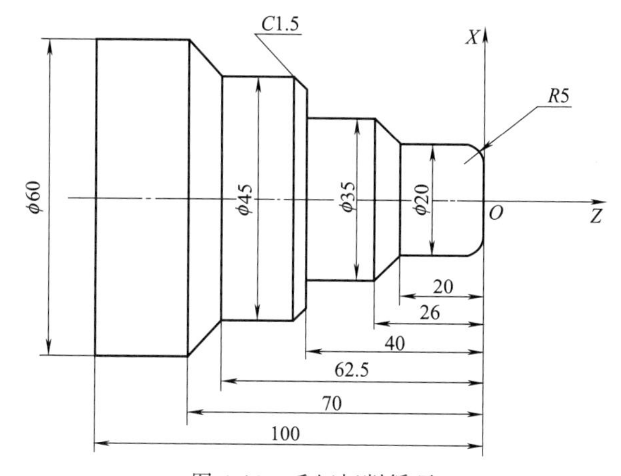

图 4-13　毛坯切削循环

表 4-11　CYCLE95 切削循环参数取值表

代码	含义	取值
NPP	轮廓子程序名	ZCX1
MID	最大进给深度	4
FALZ	沿纵轴的精加工余量	0.2
FALX	沿端面轴的精加工余量	0.2
FAL	沿轮廓的精加工余量	0.2
FF1	无下切的粗加工进给率	0.3
FF2	进入凹槽的进给率	0.3
FF3	精加工进给率	0.15
VARI	加工类型	9
DT	粗切削的暂停时间	0
DAM	粗加工中断路径，断屑	0
_VRT	从轮廓返回的路径	2

表 4-12 毛坯切削循环示例参考程序

参考程序	注释
AA125. MPF	程序名
N10 M3 S600 T01D01	启动主轴，并将1号刀转至工作位置
N20 G0 X65 Z0	快速靠近工件
N30 G1 X0 F0. 2	车端面
N40 G0 X65 Z2	快速退刀
N50 CYCLE95（"ZCX1"，4，0. 2，0. 2，0. 2，0. 3，0. 3，0. 15，9，0，0，2）	毛坯粗车循环
N60 G0 X100 Z50	快速退至安全点
N70 M2	程序结束
ZCX1. SPF	轮廓加工子程序
N10 G1 X10 Z0 F0. 2	精加工程序
N20 G3 X20 Z－5 CR＝5	
N30 G1 Z－20	
N40 X35 Z－26	
N50 Z－40	
N60 X42	
N70 X45 Z－41. 5	
N80 Z－62. 5	
N90 X60 Z－70	
N100 M2	

4. 1. 5 编程实例

（1）轴类零件的加工

1）阶台轴的加工

零件如图 4-14 所示，毛坯外径为 50mm，试编写其加工程序。

① 工艺分析：

a. 确定装夹方式。用卡盘夹紧工件左端，并将编程原点设在工件右端面上。

b. 确定所用刀具。采用 90°的硬质合金右偏刀。

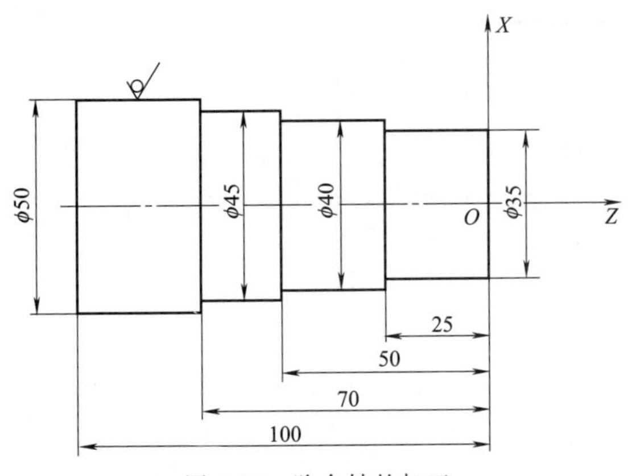

图 4-14 阶台轴的加工

c. 制定加工方案。第一步车端面，第二步粗车外圆 $\phi46\times70$，第三步粗车外圆 $\phi41\times50$，第四步粗车外圆 $\phi36\times25$，第五步精车外形轮廓。

② 程序编制见表 4-13。

表 4-13 阶台轴加工参考程序

参考程序	注释
AAA126. MPF	程序名
N10 M03 S600 T01D01	启动主轴，并将1号刀转至工作位置
N20 G0 X52 Z0	快速点定位
N30 G1 X0 F0. 2	车端面
N40 G0 X46 Z2	快速定位至点（X46，Z2）处
N50 G1 Z－70 F0. 2	粗车外圆 $\phi46\times70$
N60 G0 X51 Z2	退刀
N70 X41	快速进刀至 $\phi41$ 外圆处
N80 G1 Z－50 F0. 2	粗车外圆 $\phi41\times50$

续表

参考程序	注释
N90 G0 X46 Z2	退刀
N100 X36	快速进刀至 ϕ36 处
N110 G1 Z−25 F0.2	粗车外圆 $\phi36\times25$
N120 G0 X41 Z2	退刀
N130 S800	转速增至 800r/min
N140 G0 X35	快速进刀至 ϕ35 处
N150 G1 Z−25 F0.1	精车外圆 $\phi35\times25$
N160 X40	退刀
N170 Z−50	精车外圆 $\phi40\times50$
N180 X45	退刀
N190 Z−70	精车外圆 $\phi45\times70$
N200 X51	退刀
N210 M5	主轴停止
N220 M2	程序结束

③ 若用CYCLE95毛坯粗车循环来编写程序，可以使程序大为简化。确定CYCLE95指令中的参数，见表4-14。参考程序见表4-15。

表 4-14 CYCLE95 参数取值

代码	含义	取值
NPP	轮廓子程序名	ZCX2
MID	最大进给深度	5
FALZ	沿纵轴的精加工余量	0.5
FALX	沿端面轴的精加工余量	1
FAL	沿轮廓的精加工余量	0.5
FF1	无下切的粗加工进给率	0.2
FF2	进入凹槽的进给率	0.2
FF3	精加工进给率	0.1
VARI	加工类型	9
DT	粗切削的暂停时间	0
DAM	粗加工中断路径，断屑	0
_VRT	从轮廓返回的路径	2

表 4-15 阶台轴加工参考程序

参考程序	注释
AAA127.MPF	程序名
N10 M03 S600 T01D01	启动主轴，并将1号刀转至工作位置
N20 G0 X52 Z0	快速靠近工件
N30 G1 X0 F0.2	车端面
N40 G0 X52 Z2	快速退刀至毛坯循环起点
N50 CYCLE95("ZCX2",5,0.5,1,0.5,0.2,0.2,0.1,9,0,0,2)	毛坯粗车循环
N60 G0 X100 Z50	快速退至安全点
N70 M2	主程序结束
ZCX2.SPF	工件轮廓子程序
N10 G1 X35 Z0	快速进刀
N20 Z−25	车 $\phi35\times25$ 外圆
N30 X40	退刀
N40 Z−50	车 $\phi40\times50$ 外圆
N50 X45	退刀
N60 Z−70	车 $\phi45\times70$ 外圆
N70 X50	退刀
N80 M2	子程序结束

2）锥体的加工

零件如图 4-15 所示，毛坯外径为 ϕ30mm，试编写锥面的加工程序。

① 确定装夹方式。用卡盘夹紧工件的左端，并将编程原点设在工件的右端面上。

② 确定刀具。采用 90°的右偏刀。

③ 制定加工方案。分两次车削，每次的切削用量取 3mm。

④ 程序编制（表 4-16）。

表 4-16 锥体加工参考程序

参考程序	注释
AAA128. MPF	程序名
N10 M03 S600 T01D01	启动主轴,换 01 号刀具,执行 01 号刀补
N20 G0 X27 Z2	快速进刀
N30 G1 Z0 F0. 5	将刀具靠到工件上
N40 X30 Z−30 F0. 2	第一次车圆锥面
N50 G0 Z0	退刀
N60 G1 X24 F0. 5	进刀
N70 X30 Z−30 F0. 2	第二次车圆锥面
N80 G0 X100 Z50	退刀
N90 M5	主轴停
N100 M2	程序结束

3）圆弧面的加工

零件如图 4-16 所示，试编写其加工程序。

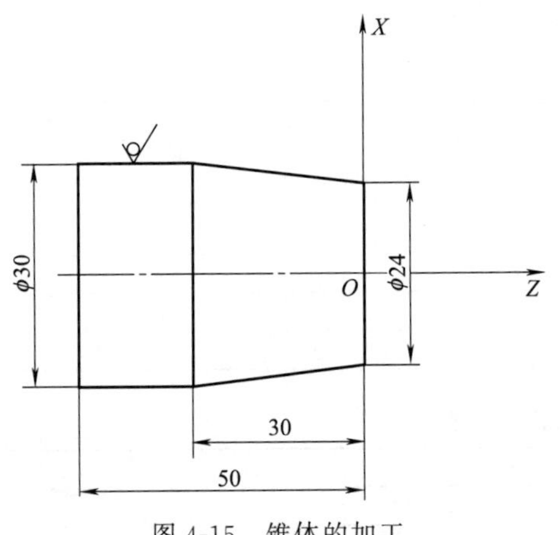

图 4-15 锥体的加工

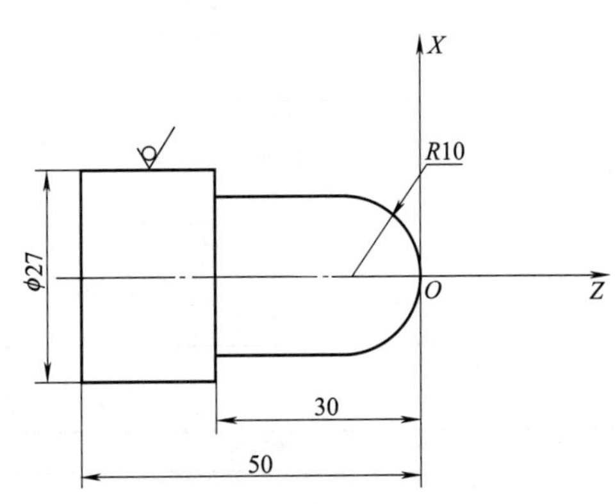

图 4-16 圆弧面加工

① 确定装夹方式。用三爪卡盘夹持工件左端，并将工件原点选在工件右端面与中心线的交点上。

② 确定所用刀具。采用 90°的右偏刀。

③ 制定加工方案。第一步粗车圆柱至 ϕ21mm，第二步用车锥法粗车 R10 圆弧，第三步精车各部。

④ 有关车锥时的数值计算，第 3 章已详述，在此只给出经验值，即车至 ϕ10 的位置。

⑤ 程序编制（表 4-17）。

表 4-17 圆弧面加工参考程序

参考程序	注释
AAA129. MPF	程序名
N10 M3 S600 T01D01	启动主轴,换 01 号刀,执行 01 号刀补

续表

参考程序	注释
N20 G0 X24 Z2	B刀具快速定位
N30 G1 Z−30 F0.2	粗车外圆至 ϕ24×30
N40 G0 X27	X 向退刀
N50 Z2	退刀
N60 X21	进刀
N70 G1 Z−30 F0.2	粗车外圆至 ϕ21×30
N80 G0 X24	X 向退刀
N90 Z2	退刀
N100 G1 X15 Z0 F0.5	进刀
N110 X21 Z−3 F0.5	第一次粗车圆锥
N120 G0 Z0	退刀
N130 G1 X10 F0.5	进刀
N140 X21 Z−6 F0.5	第二次粗车圆锥
N150 G0 Z0	退刀
N160 G1 X0 Z0 F0.5	进刀
N170 G3 X20 Z−10 CR=10 F0.2	精车圆弧
N180 G1 Z−30	精车外圆
N190 G0 X100 Z50	退至安全点
N200 M2	程序结束

本题也可以用毛坯粗车循环指令 CYCLE95 来编写，由于本题零件的外形轮廓比较简单，故不再赘述。

(2) 套的加工

零件如图 4-17 所示，毛坯孔为 ϕ24mm，试编写加工内阶台孔的程序。

1）工艺分析

① 确定装夹方式。用三爪卡盘夹持工件外表面左端，并将编程原点设在工件的右端面上，如图 4-17 中 O 点所示。

② 确定刀具。选用主偏角为 90°的内孔镗刀。

③ 制定加工方案：

a. 粗车内孔 ϕ25×50。

b. 粗车内孔 ϕ28×36，粗车内孔 ϕ31×36。

c. 粗车内孔 ϕ34×18，粗车内孔 ϕ37×18。

d. 倒角并精车各内孔至合适的尺寸。

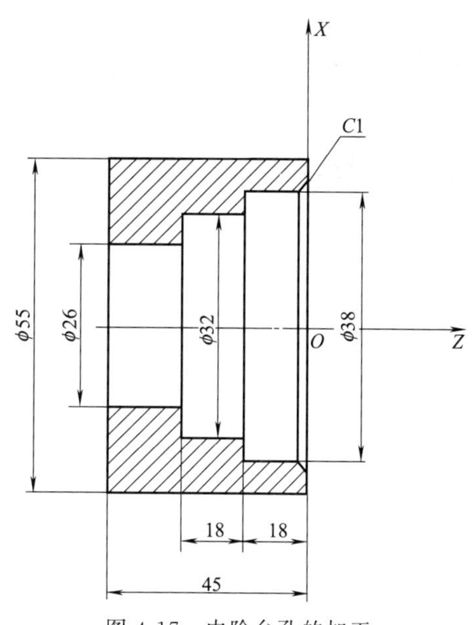

图 4-17　内阶台孔的加工

2）程序编制（表 4-18）

表 4-18　内阶台孔加工参考程序

参考程序	注释
AAA130.MPF	程序名
N10 M03 S600 T01D01	主轴启动，换 01 号刀具，执行 01 号刀补
N20 G0 X25 Z2	N20～N40 为粗车 ϕ25×50
N30 G1 Z−51 F0.2	
N40 G0 X23 Z2	
N50 X28	N50～N70 为粗车 ϕ28×36
N60 G1 Z−36 F0.2	
N70 G0 X26 Z2	

续表

参考程序	注释
N80 X31	N80～N100 为粗车 ϕ31×36
N90 G1 Z－36 F0.2	
N100 G0 X29 Z2	
N110 X34	N110～N130 为粗车 ϕ34×18
N120 G1 Z－18 F0.2	
N130 G0 X32 Z2	
N140 X37	N140～N160 为粗车 ϕ37×18
N150 G1 Z－18 F0.2	
N160 G0 X35 Z2	
N170 G1 X40 Z0 F0.5	倒角起点
N180 X38 Z－1	倒角
N190 Z－18	精车各内孔的程序段
N200 X32	
N210 Z－36	
N220 X26	
N230 Z－51	
N240 G0 X20 Z4	刀具退出孔
N250 X100 Z50	退至安全点
N260 M2	程序结束

4.2 螺纹程序的编制

4.2.1 恒螺距螺纹切削指令（G33）

G33 指令可以用于加工圆柱螺纹、圆锥螺纹、外螺纹/内螺纹、单头螺纹/多头螺纹、多段连续螺纹。

(1) 指令格式

G33 X_ Z_ I_ K_ SF=_

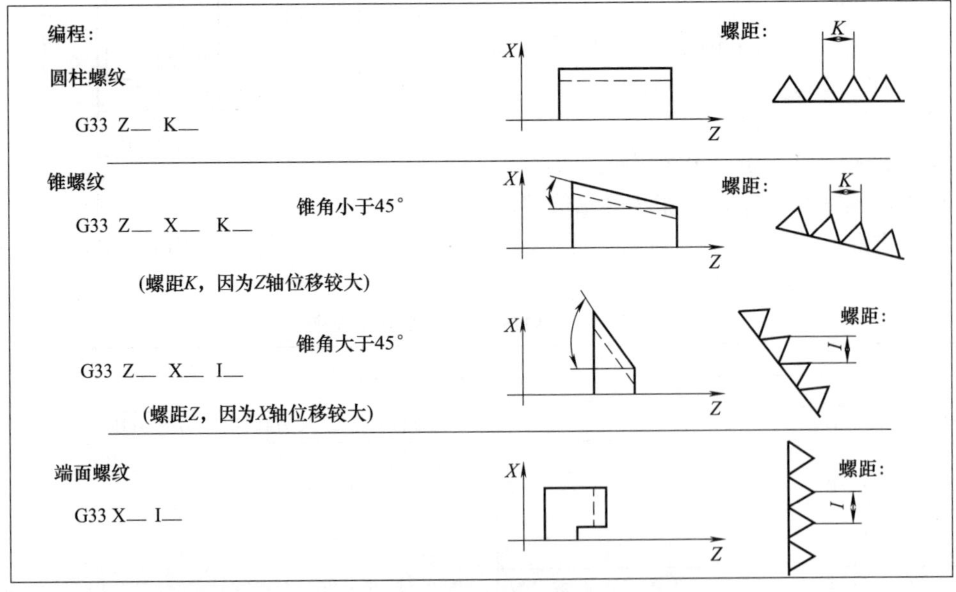

图 4-18　螺纹编程的四种情况

该式为 G33 编程的通式，X、Z 为螺纹终点坐标（考虑导出量），I、K 为 X、Z 方向螺纹导程的分量，给出其中大的一个分量即可。螺纹编程有四种情况，如图 4-18 所示。SF 为加工多头螺纹时的刀具的偏移量，如图 4-19 所示。当进行螺纹（包括内、外螺纹）的车削加工时主轴的旋向、刀具的走刀方向确定了螺纹的旋向，如图 4-20 所示。

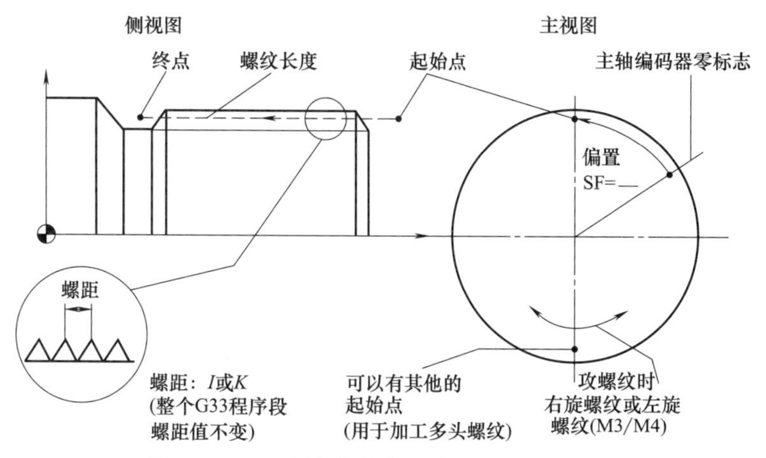

图 4-19　G33 螺纹切削加工中可编程的尺寸量

(2) 应用说明

① 编写螺纹加工程序时，要注意设置升速进刀段和降速退刀段。

② 多头螺纹的加工可以采用周向起始点偏移法或轴向起始点偏移法，如图 4-21 所示。使用周向起始点偏移法车多头螺纹时，不同螺旋线在同一起点切入，利用 SF 周向错位 $360°/n$（n 为螺纹头数）的方法分别进行车削。使用轴向起始点偏移法车多头螺纹时，不同螺旋线在轴向错开一个螺距位置切入，采用相同的 SF（可共用默认值）。

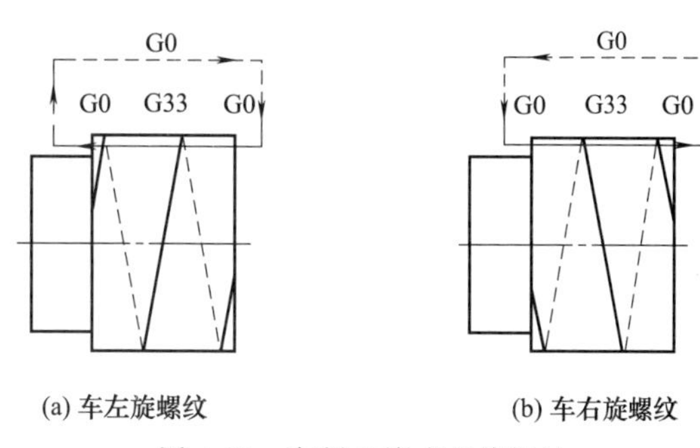

图 4-20　车削左旋或右旋螺纹

③ 如果对多个螺纹段连续编程，则起始点偏移只在第一个螺纹段中有效，如图 4-22 所示。也只有在这里使用此参数。多段连续螺纹之间的过渡可以通过 G64 连续路径方式自动实现。当零件结构不允许有退刀槽时，利用多段线连续螺纹变化锥角的方式退刀，从而进行可靠加工，如图 4-23 所示。

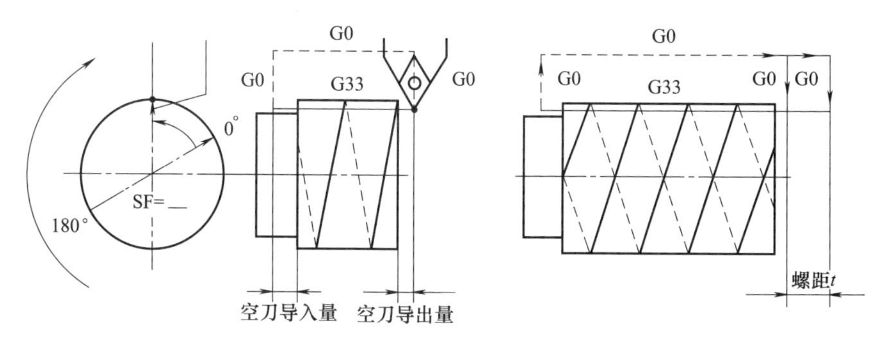

图 4-21　多头螺纹

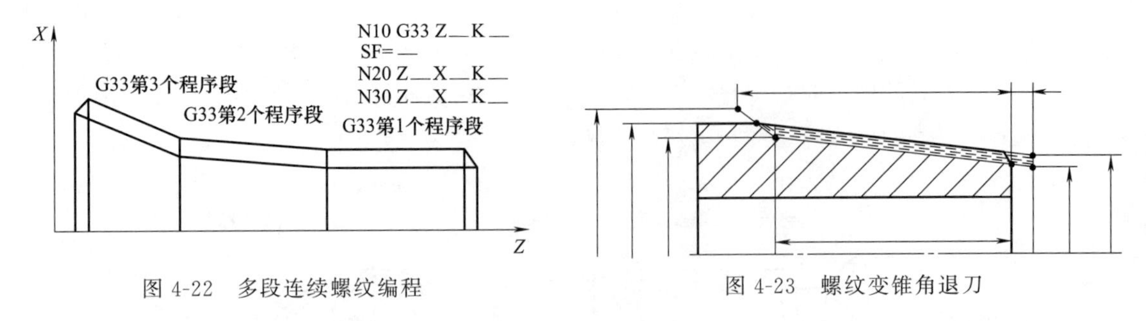

图 4-22　多段连续螺纹编程

图 4-23　螺纹变锥角退刀

④ 在 G33 螺纹切削中，轴速度由主轴转速和螺距的大小确定。但机床数据中规定的轴最大速度（G0 快速定位速度）是不允许超出的。需要注意的是，在螺纹加工期间，主轴修调开关必须保持不变，否则将可能导致螺纹乱牙，且进给修调开关无效。

(3) 编程示例

车削直径为 52mm 的圆柱双头螺纹，螺纹长度为 100mm（包括升速进刀段和降速退刀段），导程为 4mm，基体圆柱已预加工，程序如表 4-19 所示。

表 4-19　圆柱双头螺纹加工参考程序

参考程序	注释
EX9. MPF	程序名
N10 G54 M04 S300 T1	工艺数据设定
N20 G0 X51.6 Z3	刀具快速定位至螺纹插补起点
N30 G33 Z－100 K4 SF＝0	车第一螺旋线第一刀、刀具偏移量 SF＝0
N40 G0 X54	径向退刀
N50 Z3	轴向退刀
……	依次分多刀车第一螺旋线
N150 X51.6 Z3	刀具快速定位至螺纹插补起点
N160 G33 Z－100 K4 SF＝180	刀具轴向偏移 180°，车第二螺旋线
N170 G0 X54	径向退刀
N180 Z3	轴向退刀
……	依次分多刀车第二螺旋线

4.2.2 CYCLE97 螺纹切削循环

使用螺纹切削循环可以获得在纵向和表面加工中具有恒螺距的圆形和锥形的内外螺纹。螺纹可以是单头螺纹和多头螺纹。多螺纹加工时，每个螺纹依次加工，自动执行进给。可以在每次恒进给量切削或恒定切削截面积进给中选择。右手或左手螺纹是由主轴的旋转方向决定的，该方向必须在循环执行前编程好。攻螺纹时，在进给程序块中进给和主轴修调都不起作用。

(1) 编程格式

CYCLE97（PIT，MPIT，SPL，FPL，DM1，DM2，APP，ROP，TDEP，FAL，IANG，NSP，NRC，NID，VARI，NUMT）

(2) 参数说明

表 4-20 所示为螺纹切削循环 CYCLE97 参数含义，图 4-24 为螺纹切削循环参数示意图。

表 4-20　螺纹切削循环 CYCLE97 参数含义

代码	含义
PIT	螺纹导程
MPIT	以螺距为螺纹尺寸，范围值：3（用于 M3）～60（用于 M60）
SPL	螺纹纵向起点
FPL	螺纹纵向终点

续表

代码	含义
DM1	在起点的螺纹直径
DM2	在终点的螺纹直径
APP	导入路径，即升速进刀段，无正负符号
ROP	导出路径，即降速退刀段，无正负符号
TDEP	螺纹深度，即螺纹的牙形高度，无正负符号
FAL	精加工余量，无正负符号
IANG	切入进给角度，带正负号，"＋"用于在侧面的侧面进给，"－"用于交互的侧面进给
NSP	第一螺纹的起点偏移，参数可以使用的值为 0°～＋359.9999°
NRC	粗加工次数
NID	停顿数量
VARI	螺纹加工类型，1、3 表示外螺纹，2、4 表示内螺纹；加工 1、2 时为恒定进给，加工 3、4 时为恒定切削截面积
NUMT	螺纹头数

(3) 动作过程

循环启动前到达的位置任意，但必须保证刀尖可以没有碰撞地回到所编程的螺纹起始点＋导入空刀量。该循环有如下的动作过程。

① 用 G0 回第一条螺纹线空刀导入量起始处。

② 按照参数 VARI 定义的加工类型进行粗加工进刀。

③ 根据编程的粗切削次数重复螺纹切削。

④ 用 G33 切削精加工余量。

⑤ 根据停顿次数重复此操作。

⑥ 对于其他的螺纹线重复整个过程。

(4) 编程举例

螺纹如图 4-25 所示，毛坯直径为 26mm，假设螺纹的基体圆柱已经加工，退刀槽也已切好。

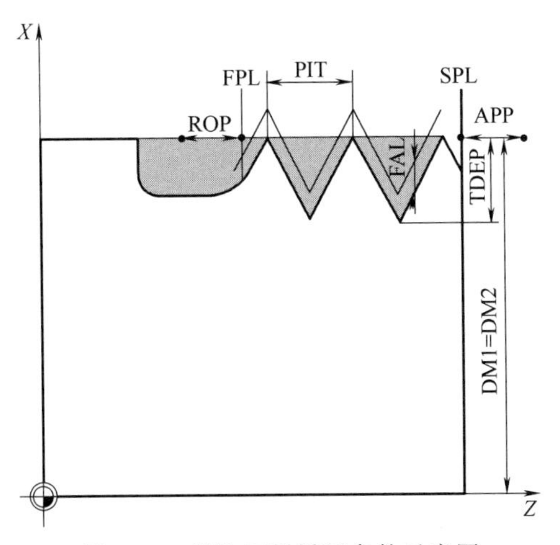

图 4-24　螺纹切削循环参数示意图

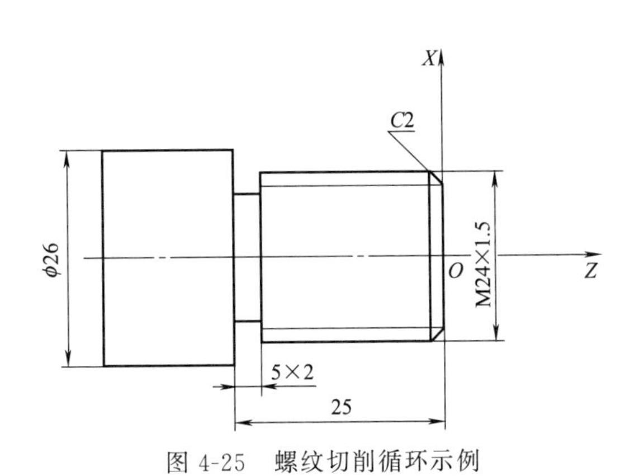

图 4-25　螺纹切削循环示例

1）工艺分析

① 用卡盘夹紧工件左端，工件原点设在右端面上。

② 选用 60°的螺纹刀。

③ 参数设置见表 4-21。

表 4-21 螺纹切削循环示例参数设置表

代码	含义	取值
PIT	螺纹导程	1.5
MPIT	以螺距为螺纹尺寸	24
SPL	螺纹纵向起点	0
FPL	螺纹纵向终点	−20
DM1	在起点的螺纹直径	24
DM2	在终点的螺纹直径	24
APP	导入路径	3
ROP	导出路径	3
TDEP	螺纹深度	0.81
FAL	精加工余量	0.02
IANG	进给角度	30
NSP	首圈螺纹的起始点偏移	0
NRC	粗加工次数	10
NID	停顿数量	0
VARI	螺纹加工类型	1
NUMT	螺纹头数	1

2）程序编制（表 4-22）

表 4-22 螺纹循环加工示例参考程序

参考程序	注释
AAA130.MPF	程序名
N10 G54 G90 M04 S600	设置工艺参数
N20 T3D1	选 3 号螺纹刀
N30 G0 X26 Z2	快速到达螺纹起点
N40 CYCLE97(1.5,24,0,−20,24,24,3,3,0.81,0.02,30,0,10,0,1,1)	调用螺纹切削循环
N50 G0 X100 Z100	退刀
N60 M5 M2	程序结束

4.3 SIEMENS 系统中的子程序

4.3.1 SIEMENS 系统中子程序的命名规则

西门子数控系统规定程序名由文件名和文件扩展名组成。

文件名可以由字母或字母＋数字组成。文件扩展名有两种，即“.MPF”和“.SPF”。其中“.MPF”表示主程序，如“AA123.MPF”；“.SPF”表示子程序，如“L123.SPF”。文件名命名规则如下：

① 以字母、数字或下划线来命名文件名，字符间不能有分隔符，且最多不能超过 8 个字符。另外，程序名开始的两个符号必须是字母，如“SHENG123”“AA12”等。该命名规则同时适用主程序和子程序文件名的命名，如省略其后缀，则默认为“.MPF”。

② 以地址“L”加数字来命名程序，L 后的值可有 7 位，且 L 后的每个零都有具体意义，不能省略，如 L123 不同于 L00123。该命名规则亦同时适用于主程序和子程序文件的命名，如省略其后缀，则默认为“.SPF”。

4.3.2 SIEMENS 系统中子程序的嵌套

当主程序调用子程序时，该子程序被认为是一级子程序。在 SINUMERIK 802C/S/D 系统中，子程序可有四级程序界面即 3 级嵌套，如图 4-26 所示。

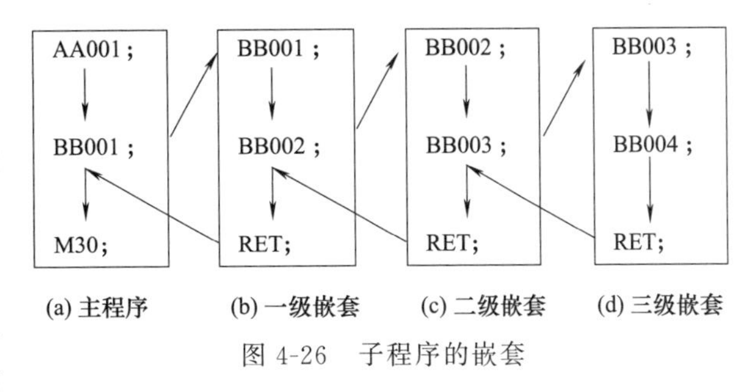

图 4-26 子程序的嵌套

4.3.3 SIEMENS 系统中子程序的调用

(1) 子程序的格式

在 SIEMENS 系统中，子程序除程序后缀名和程序结束指令与主程序略有不同外，在内容和结构上与主程序并无本质区别。

子程序的结束标记通常使用辅助功能指令 M17 表示。在 SINUMERIK 数控系统（如：802D/C/S、810D、840D）中，子程序的结束标记除可采用 M17 外，还可以使用 M02、RET 等指令进行表示。子程序的格式如下：

L456 （子程序名）

……

RET （子程序结束并返回主程序）

RET 要求单独占用一程序段。另外，当使用 RET 指令结束子程序并返回主程序时，不会中断 G64 连续路径运行方式；而用 M02 指令时，则会中断 G64 运行方式，并进入停止状态。

(2) 子程序的调用指令

L×××× P×××；或×××× P×××。

例 1 N10 L785 P2

例 2 SS11 P5

其中，L 为给定子程序名，P 为指定循环次数。例 1 表示调用子程序“L785” 2 次，而例 2 表示调用子程序“SS11” 5 次。

子程序的执行过程如下：

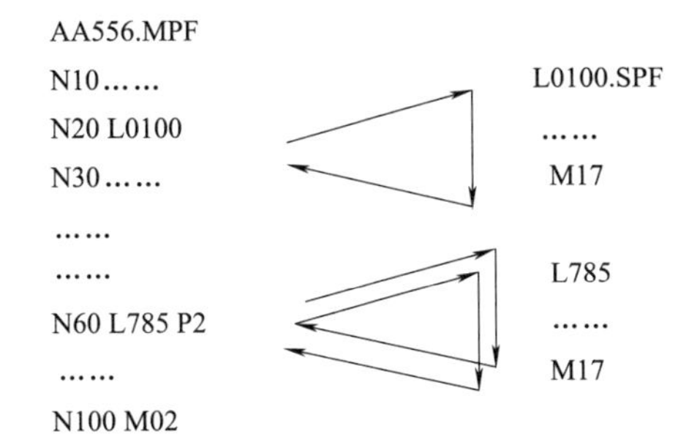

4.3.4 SIEMENS 系统中子程序调用时的编程实例

例 试用子程序调用的方式编写图 4-27 所示手柄外沟槽的加工程序（设切槽刀刀宽为

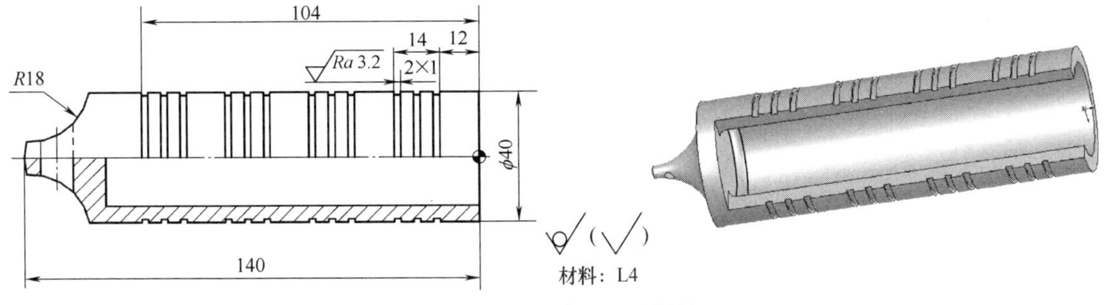

图 4-27 子程序调用示例件

2mm，左刀尖为刀位点）。

```
AA301.MPF                  (主程序)
G90 G95 G40 G71
T1D1
M03 S500 F0.2
G00 X41 Z-104
BB302 P4                   (调用子程序4次)
G90 G00 X100 Z100
M30
BB302.SPF                  (子程序)
BB303 P3                   (子程序一级嵌套)
G01 Z8
RET
BB303.SPF                  (二级子程序)
G91 G01 X-3
        X3
        Z6
RET
```

子程序的另一种形式就是第4.1和4.2两节所述的加工循环，如螺纹切削、毛坯加工、内外沟槽等加工循环，对于这些加工循环（子程序）的具体用法，这里不再赘述。

4.4 参数编程

SIEMENS系统中的参数编程与FANUC系统中的“用户宏程序”编程功能相似，SIEMENS中的R参数就相当于用户宏程序中的变量。同样，在SIEMENS系统中，可以通过对R参数进行赋值、运算等处理，使程序实现一些有规律变化的动作，从而提高编程的灵活性和适用性。

4.4.1 参数编程概述

（1）参数

1）R参数的表示

R参数由地址符R与若干位（通常为3位）数字组成。

例 R1、R10、R105等。

2）R参数的引用

除地址符N、G、L外，R参数也可以用来代替其他任何地址符后面的数值。但是使用参数编程时，地址符与参数间必须通过“=”连接，这一点与FANUC中的宏程序编写格式有所不同。

例 G01 X=R10 Y=-R11 F=100-R12

当R10=100、R11=50、R12=20时，上式即表示为：G01 X100 Y-50 F80。

参数可以在主程序和子程序中进行定义（赋值），也可以与其他指令编在同一程序段中。

例 ……

```
N30 R1=10 R2=20 R3=-5 S500 M03
N40 G01 X=R1 Z=R3 F0.2
……
```

在参数赋值过程中，数值取整数时可省略小数点，正号可以省略不写。

3）R 参数的种类

R 参数分成 3 类，即自由参数、加工循环传递参数和加工循环内部计算参数。

① R0～R99 为自由参数，可以在程序中自由使用。

② R100～R249 为加工循环传递参数。如果在程序中没有使用固定循环，则这部分参数也可以自由使用。

③ R250～R299 为加工循环内部计算参数。同样，如果在程序中没有使用固定循环，则这部分参数也可以自由使用。

(2) 参数的运算格式与次序

1）参数运算格式

R 参数的运算与 FANUC 中的 B 类宏变量运算相同，都是直接使用“运算表达式”进行编写的。R 参数常用的运算格式见表 4-23。

表 4-23 R 参数的运算格式

功能	格式	备注与示例
定义、转换	R*i*＝R*j*	R1＝R2；R1＝30
加法	R*i*＝R*j*＋R*k*	R1＝R1＋R2
减法	R*i*＝R*j*－R*k*	R1＝100－R2
乘法	R*i*＝R*j* * R*k*	R1＝R1 * R2
除法	R*i*＝R*j*/R*k*	R1＝R1/30
正弦	R*i*＝SIN(R*j*)	R10＝SIN(R1)
余弦	R*i*＝COS(R*j*)	R10＝COS(36.3＋R2)
正切	R*i*＝TAN(R*j*)	
平方根	R*i*＝SQRT(R*j*)	R10＝SQRT(R1 * R1－100)

在参数运算过程中，函数 SIN、COS 等的角度单位是度，分和秒要换算成带小数点的度。如 90°30′换算成 90.5°，而 30°18′换算成 30.3°。

2）参数运算次序

R 参数的运算次序依次为：函数运算（SIN、COS、TAN 等），乘和除运算（*、/、AND 等），加和减运算（＋、－、OR、XOR 等）。其中，符号 AND、OR 及 XOR 所代表的意义可参阅表 3-34。

例 R1＝R2＋R3 * SIN（R4）

该例的运算次序为：

① 函数：SIN（R4）；

② 乘和除运算：R3 * SIN（R4）；

③ 加和减运算：R2＋R3 * SIN（R4）。

在 R 参数的运算过程中，允许使用括号，以改变运算次序，且允许嵌套使用括号。

例 R1＝ SIN(((R2＋R3) * 4＋R5)/ R6)

(3) 跳转指令

SIEMENS 中的跳转指令与 FANUC 中的转移指令的含义相同，它在程序中起到控制程序流向的作用。

1）无条件跳转

无条件跳转又称为绝对跳转。其指令格式为：

GOTOB LABEL

GOTOF LABEL

GOTOB 为带有向后（朝程序开始的方向跳转）跳转目的的跳转指令；

GOTOF 为带有向前（朝程序结束的方向跳转）跳转目的的跳转指令；

LABEL 为跳转目的（程序内标记符）。如在某程序段中将 LABEL 写成了“LABEL：”时，则可跳转到其他程序名中去。

例 ……

```
N20 GOTOF MARK2              (向前跳转到 MARK2)
N30 MARK1: R1=R1+R2          (MARK1)
……
N60 MARK2: R5=R5-R2          (MARK2)
……
N100 GOTOB MARK1             (向后跳转到 MARK1)
……
```

此例中，GOTOF 为无条件跳转指令。当程序执行到 N20 段时，无条件向前跳转到标记符“MARK2”（即程序段 N60）处执行；当执行到 N100 段时，又无条件向后跳转到标记符“MARK1”（即程序段 N30）处执行。

2）有条件跳转

其指令格式为：

IF“条件”GOTOB LABEL

IF“条件”GOTOF LABEL

IF 为跳转条件的导入符。

跳转的“条件”（当条件写入后，格式中不能有“”）既可以是任何单一比较运算，也可以是逻辑操作［结果为 TRUE（真）或 FALSE（假），如果结果是 TRUE，则实行跳转］。

常用的比较运算符书写格式见表 4-24。

表 4-24 比较运算符的书写格式

运算符	书写格式	运算符	书写格式
等于	==	大于	>
不等于	<>	小于等于	<=
小于	<	大于等于	>=

跳转条件的书写格式有多种，通过以下各例说明。

例 1 IF R1>R2 GOTOB MA1

该“条件”为单一比较式，如果 R1 大于 R2，那么就跳转到 MA1。

例 2 IF R1>=R2+R3*31 GOTOF MA2

该“条件”为复合形式，即如果 R1 大于或等于 R2+R3*31，则跳转到 MA2。

例 3 IF R1 GOTOF MA3

该例说明，在“条件”中，允许只确定一个变量（INT、CHAR 等），如果变量值为 0（=FALSE），则条件不满足；而对于其他不等于 0 的所有值，其条件满足，则进行跳转。

例 4 IF R1==R2 GOTOB MA1 IF R1==R3 GOTOB MA2

该例说明，如果一个程序段中有多个条件跳转命令，则其第一个条件被满足后就执行跳转。

（4）R 参数编程实例

例 1 试编写图 4-28 所示木质小榔头（不考虑切断工步并忽略其表面粗糙度）的加工程序。

编程分析：加工本例工件时，为了避免精加工有较大的加工余量，在精加工前先粗车去除大部分加工余量。粗车时，椭圆轮廓用适当半径的圆弧代替，粗加工、钻孔及切槽程序略。

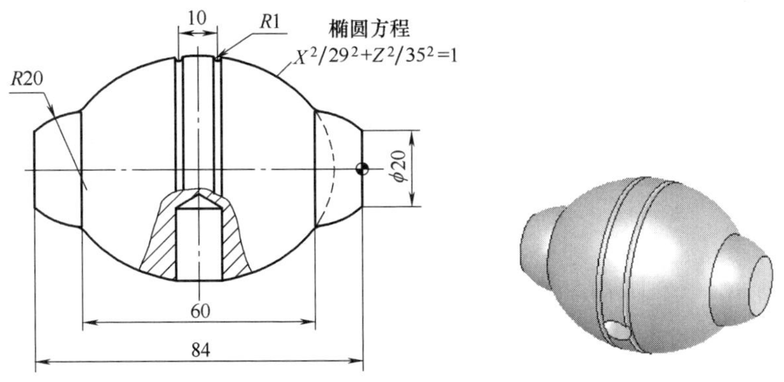

图 4-28　参数编程示例件一

在 802D 系统中，本例工件的粗、精加工均可采用参数编程进行，其椭圆以很短的直线进行拟合，在计算时，R 参数以 Z 值为自变量，每次变化 0.1mm，X 值为因变量，通过参数运算计算出相应的 X 坐标值，即 $X=\mathrm{SQRT}(35^2-Z^2)\times(29/35)$。

编程中使用以下 R 参数进行运算：

R3：方程中的 Z 坐标（起点 $Z=30$）；

R4：方程中的 X 坐标（起点半径值 $X=14.937$）；

R5：工件坐标系中的 Z 坐标，R5＝R3－42；

R6：工件坐标系中的 X 坐标，R6＝R4 * 2。

精加工程序如下：

```
AA328.MPF
G90 G95 G40 G71
T1D1                                         (换 35°菱形刀片机夹车刀)
M03 S800 F0.2 M08
G00 X62 Z2
CYCLE95("L425",2,0,0.5, ,0.2,0.2,0.05,9, , ,0.5)
G00 X100 Z100
M30
L425                                         (轮廓子程序)
G00 X20
G01 Z0
G03 X29.874 Z-12 CR=20
R3=30
MA1: R4=29/35*SQRT(35*35-R3*R3)             (跳转目标)
R5=R3-42
R6=R4*2
G01 X=R6 Z=R5
R3=R3-0.1                                    (条件运算及坐标计算)
IF R3>=-30 GOTOB MA1                         (有条件跳转)
G03 X20 Z-84 CR=20
G01 Z-85
    X61
RET
```

例 2 试编写图 4-29 所示玩具小喇叭凸模的粗、精加工程序。

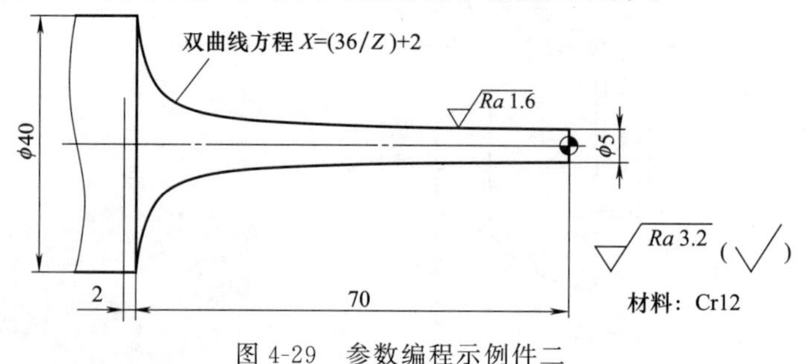

图 4-29 参数编程示例件二

编程分析：本示例的粗、精加工采用纵向、外部毛坯切削循环进行加工。精加工轮廓采用参数编程，以 Z 值为自变量，每次变化 0.3mm，X 值为因变量，通过参数运算计算出相应的 X 值。

使用以下 R 参数进行运算：

R1：方程中的 Z 坐标（起点 $Z=72$）；

R2：方程中的 X 坐标（起点半径值 $X=2.5$）；

R3：工件坐标系中的 Z 坐标，R3=R1−72；

R4：工件坐标系中的 X 坐标，R4=R2 * 2。

精加工程序如下：

```
AA530.MPF
G90 G95 G40 G71
T1D1                                      (换 35°菱形刀片机夹车刀)
M03 S800 F0.2 M08
G00 X42 Z2
CYCLE95("L430",1,0,0.5, ,0.2,0.2,0.05,9, , ,0.5)
G00 X100 Z100
M30
L430                                      (轮廓子程序)
G00 X5
R1=72
MA1:R2=36/R1+2                            (跳转目标位)
R3=R1-72
R4=R2*2
G01 X=R4 Z=R3
R1=R1-0.1                                 (条件运算及坐标计算)
IF R1>=2 GOTOB MA1                        (有条件跳转)
G01 X42
RET
```

4.4.2 参数编程在坐标变换编程中的应用

在 SIEMENS 数控系统中，为了达到简化编程的目的，除设置了常用固定循环指令外，还规定了一些特殊的坐标变换功能指令。常用的坐标变换功能指令有坐标平移、坐标旋转、坐标缩放、坐标镜像等。其中，坐标平移指令在数控车床中使用较多，故本小节将只介绍坐标平移指令的格式及用法。

(1) 可编程坐标平移指令 (TRANS)

该指令又称为可编程零点偏置。

1) 指令格式

TRANS X__Z__ (802D中的平移指令格式)

ATRANS X__Z__ (802D中的附加平移指令格式)

TRANS

式中，X__ Z__为X、Z坐标轴的偏置（平移）量，其中X为直径量。

TRANS指令后如果没有轴移动参数，则该指令表示取消该坐标平移功能，保留原工件坐标系。

例 TRANS X10 Z0

TRANS

2) 指令说明

坐标平移指令的编程示例见图4-30。通过将工件坐标系偏移一定距离，从而给程序选择一个新的坐标系。

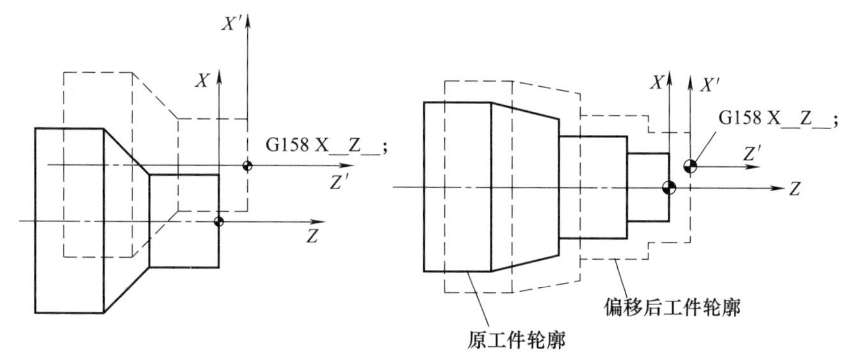

图4-30 坐标平移指令编程示例

TRANS坐标平移的参考基准是当前设定的有效工件坐标系原点，即使用G54～G57而设定的工件坐标系。

用TRANS指令可对所有坐标轴编程原点进行平移，如果在坐标平移指令后再次出现坐标平移指令，则后面的坐标平移指令取代前面的坐标平移指令。

如前所述，当坐标平移指令后面没有写入移动坐标字时，该指令将取消程序中所有的框架，仍保留原工件坐标系。

所谓框架（FRAME），是SIEMENS系统中用来描述坐标系平移或旋转等几何运算的术语。框架用于描述从当前工件坐标系开始到下一个目标坐标系间的直线坐标或角度坐标的变化。常用的坐标平移框架指令有TRANS及ATRANS。

所有的框架指令在程序中必须单独占一行。

(2) 坐标平移指令在编程中的运用

坐标平移指令与参数编程结合运用，还可以编写与FANUC系统轮廓粗加工循环（G73）相似的程序。

例 铝质工艺品如图4-31所示，工件外轮廓已粗车成形，轮廓单边最大加工余量为5mm，试按802D系统规定编写其数控车床加工程序。

编程分析：由于本例工件已粗车成形，如果采用毛坯切削循环进行综合加工，则加工过程中的空行程较多；而工件单边5mm的加工余量又无法直接进行精加工。为此，对本例工件采用坐标平移指令来编写其加工程序。工件外轮廓加工完成后切断并用专用夹具装夹，加工零件左侧内轮廓。

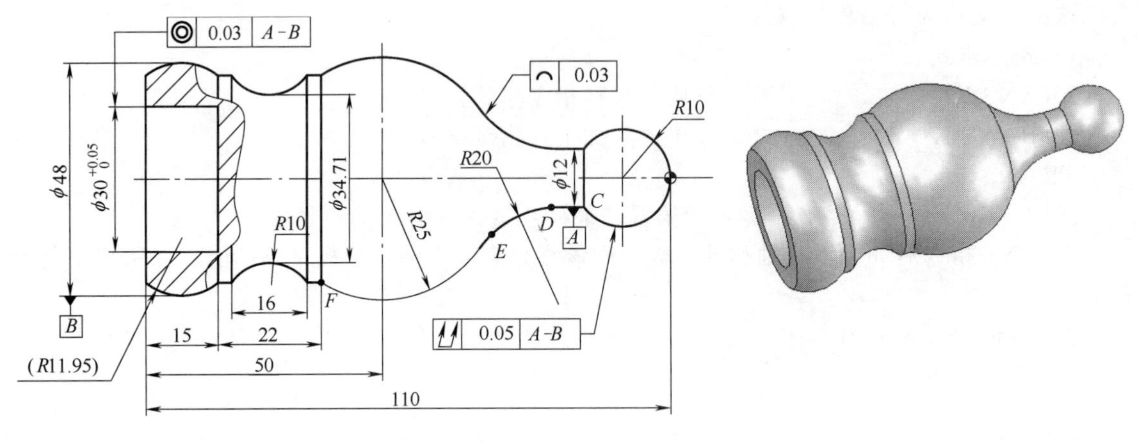

部分基点坐标：*C*(12.0，−18.0)；*D*(12.0，−23.27)；
E(23.08，−37.09)；*F*(42.7，−73.0)

图 4-31　坐标平移编程实例

```
AA532.MPF                              (主程序)
G90 G95 G40 G71 G54
T1D1
M03 S600 F0.3
G00 X65 Z2 M08
R1=8
MA1: TRANS X=R1 Z0                     (X 坐标平移)
BB533
TRANS                                  (取消坐标平移)
R1=R1-2.5                              (平移量每次减少 2.5mm)
IF R1>=0.5 GOTOB MA1                   (有条件跳转)
M03 S1 000 F0.1                        (选择精加工切削用量)
BB533
G74 X0 Z0
M30
BB533                                  (轮廓加工子程序)
G00 X0.0
G42 G01 Z0
G03 X12 Z-18 I0 K-10
G01 Z-23.27
G02 X23.098 Z-37.09 CR=20
G03 X42.70 Z-73.0 CR=25.0
G01 Z-76.0
G02 Z-92.0 CR10.0
G01 Z-95.0
G03 Z-110.0 CR=11.95
```

```
G01 X52.0
G40 G01 Z2.0                    (注意用指令返回循环起点)
RET
```

4.4.3　参数编程在加工异形螺纹中的应用

参数编程和坐标平移指令相结合，还可以用于加工一些异形螺纹和异形螺旋槽。常见的异形螺纹有圆弧表面或非圆曲线表面的螺纹和一些非标准形状螺旋槽等。对这些异形螺纹通常采用直线段拟合的方式来拟合其刀具轨迹或螺旋槽形状。

(1) 圆弧表面或非圆曲线表面的螺旋槽

例　加工如图 4-32 所示圆弧表面三角形螺旋槽，其螺距为 2mm，槽深为 1.3mm（直径量为 2.6mm），试编写其数控车床加工程序。

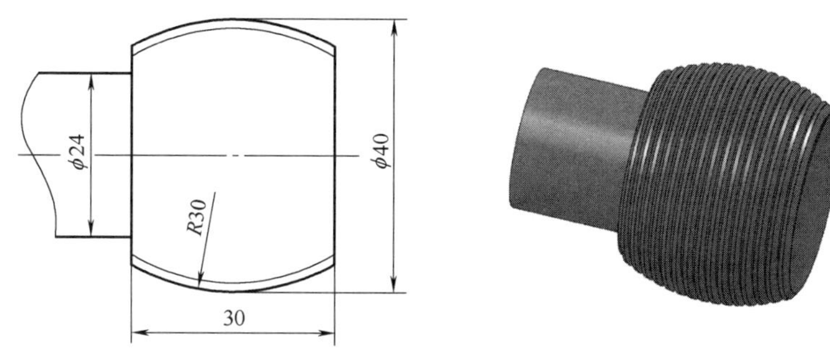

图 4-32　圆弧表面的螺旋槽

编程分析：加工本例工件时，其加工难点有两处。其一为拟合圆弧表面的螺旋槽，其二为该螺旋槽的分层切削。

拟合圆弧表面的螺旋槽时，采用 G33 指令来拟合圆弧表面，在拟合圆弧表面的过程中采用以下参数进行计算，其加工程序见子程序。

R1：方程中的 Z 坐标，起点 $Z=16$；

R2：方程中的 X 坐标，R2＝SQRT(900－R1＊R1)－10，起点值为 15.377；

R3：工件坐标系中的 Z 坐标，R3＝R1－15；

R4：工件坐标系中的 X 坐标，R4＝R2＊2。

对螺旋槽的分层切削，采用坐标平移指令进行编程，编程时以 R5 作为坐标平移参数，其加工程序见主程序。

```
AA539.MPF
G90 G95 G40 G71
T1D1                            (换三角形螺纹车)
M03 S600 M08
G00 X44 Z2
R5=-0.2
MA1: TRANS X=R5 Z0              (X 方向坐标平移)
L439
TRANS                           (取消坐标平移)
R5=R5-0.2                       (平移量每次减少 0.2mm)
IF R5>=-2.6 GOTOB MA1           (2.6 为直径方向的总切深)
G00 X100 Z100
```

```
M30
L439                                  (轮廓子程序)
G01 X30.75 Z1
R1=16.0
MA2:R2=SQRT(900-R1*R1)-10             (跳转目标位)
R3=R1-15
R4=R2*2
G33 X=R4 Z=R3 K2
R1=R1-2                               (条件运算及坐标计算)
IF R1>=-16 GOTOB MA2                  (有条件跳转)
G00 X44
Z2
RET
```

(2) 非标准牙型螺旋槽

例 加工如图4-33所示螺旋槽，其螺距为4mm，试编写其数控车床加工程序。

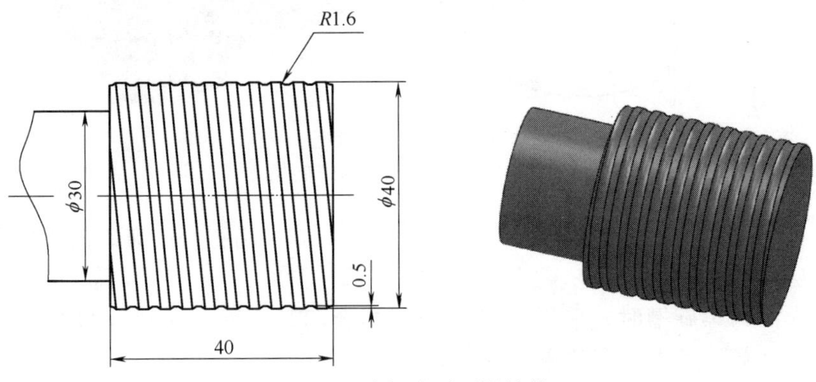

图4-33 非标准牙型螺旋槽

编程分析：加工本例工件时，由于其牙型为非标准牙型，所以其加工难点为拟合非标准牙型槽，其余的均可采用G33指令来进行编程。在拟合牙型槽的过程中采用以下参数进行计算。

R1：方程中的 Z 坐标，起点 $Z=1.16$；

R2：方程中的 X 坐标，R2=SQRT（1.6*1.6-R1*R1），起点值为1.1；

R3：工件坐标系中的 Z 坐标，R3=R1+4；

R4：工件坐标系中的 X 坐标，R4=42.2-2*R2。

```
AA539.MPF
G90 G95 G40 G71
T1D1                                  (换螺纹车)
M03 S600 M08
G00 X42 Z4
R1=1.16
MA1:R2=SQRT(2.56-R1*R1)               (跳转目标位)
R3=R1+4                               (牙型槽的Z坐标)
R4=42.2-R2*2                          (牙型槽的X坐标)
G01 X=R4 Z=R3                         (拟合牙型槽)
G33 X=R4 Z=-44 K4                     (加工螺旋线)
```

```
G00 X42
Z4
R1=R1-0.1                          (条件运算及坐标计算)
IF R1>=-1.16 GOTOB MA1             (有条件跳转)
G00 X100 Z100
M30
```

4.5 典型零件的编程

4.5.1 综合实例一

轴类零件如图 4-34 所示，毛坯尺寸为 ϕ35mm×80mm，试编写其加工程序。

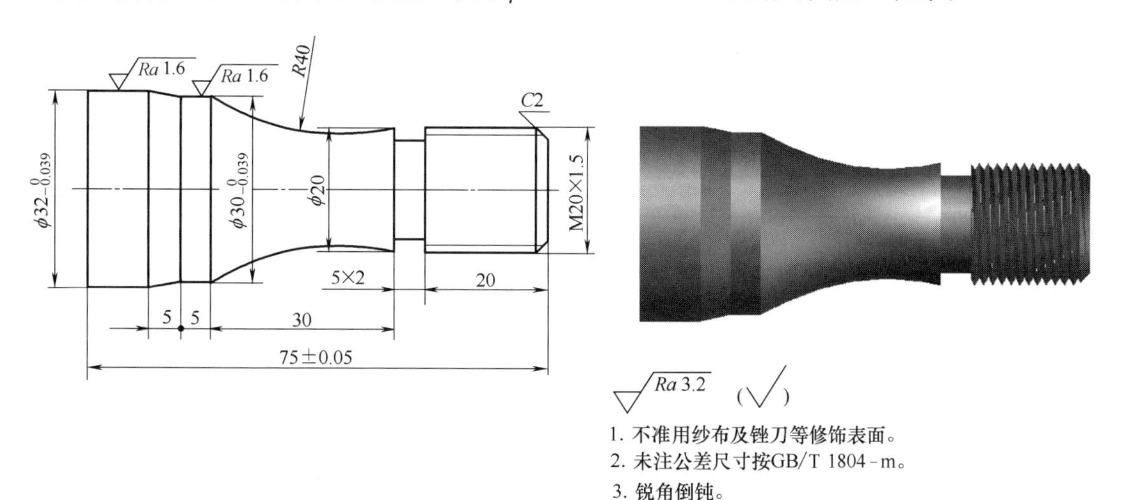

图 4-34　轴类零件加工

(1) 加工步骤

① 夹住毛坯外圆，伸出长度大于 20mm，粗、精加工零件左端面及轮廓。

② 调头装夹，齐端面保证总长，打中心孔。采用一夹一顶方式，粗、精车加工右端轮廓。

③ 用切槽刀加工螺纹退刀槽。

④ 加工 M20×1.5mm 螺纹。

(2) 相关工艺卡片的填写

1) 数控加工刀具卡（表 4-25）

表 4-25　轴类零件数控加工刀具卡

产品名称或代号		×××	零件名称	螺纹轴	零件图号	××
序号	刀具号	刀具规格名称	数量	加工表面	刀尖半径/mm	备注
1	T00	中心钻	1	打中心孔	—	A3.5
2	T01	90°粗车刀	1	工件外轮廓粗车	0.4	20×20
3	T02	93°精车刀	1	工件外轮廓精车	0.2	20×20
4	T03	4mm 宽切槽刀	1	槽与切断	—	20×20
5	T04	60°外螺纹刀	1	螺纹	—	20×20
编制		审核	批准	年　月　日	共　页	第　页

2) 数控加工工艺卡（表 4-26）

表 4-26 轴类零件数控加工工艺卡

单位名称	×××	产品名称或代号		零件名称		零件图号	
		×××		×××		××	
工序号	程序编号	夹具名称		使用设备		车间	
001	×××	三爪自定心卡盘		CK6140		数控	
工步号	工步内容	刀具号	刀具规格/(mm·mm)	主轴转速/(r/min)	进给速度/(mm/min)	背吃刀量/mm	备注
1	粗、精车左端面及轮廓	T01	20×20	600	150	1.5	自动
调头装夹，手动车右端面，保证总长，打中心孔，采用一夹一顶加工右端轮廓							
2	粗车右端外轮廓	T01	20×20	600	150	1.5	自动
3	精车外轮廓	T02	20×20	G96 S200	100	0.5	自动
4	切槽	T03	20×20	300	60	4	自动
5	粗、精车螺纹	T04	20×20	800	—	—	自动
编制		审核		批准	年 月 日	共 页	第 页

(3) 程序编制

1）加工左端面及轮廓

① 建立工件坐标系。夹住毛坯外圆，加工左端面及轮廓，工件伸出长度大于 20mm。工件坐标系设在工件左端面轴线上，如图 4-35 所示。

② 参考程序见表 4-27。

表 4-27 左端加工参考程序

左端参考程序	注释
SKC501.MPF	程序名
N1 G40 G95 G97 G21	设置初始化
N2 T01D1 S600 M03	设置刀具、主轴转速
N3 G00 X36.0 Z0.0	快速到达循环起点
N4 G01 X0 F60	齐端面
N5 G00 X32.0 Z2.0	退刀
N6 G01 Z−20.0 F100	车 ϕ32 外圆
N7 X36.0	X 向退刀
N8 G00 X100.0 Z50.0	快速退至换刀点
N9 M05	主轴停
N10 M30	程序结束

2）加工右端面及轮廓

① 建立工件坐标系。夹住 ϕ32 外圆（用铜皮包住），手动加工右端面，保证总长，打中心孔，采用一夹一顶加工右端轮廓。工件坐标系设在工件右端面轴线上，如图 4-36 所示。

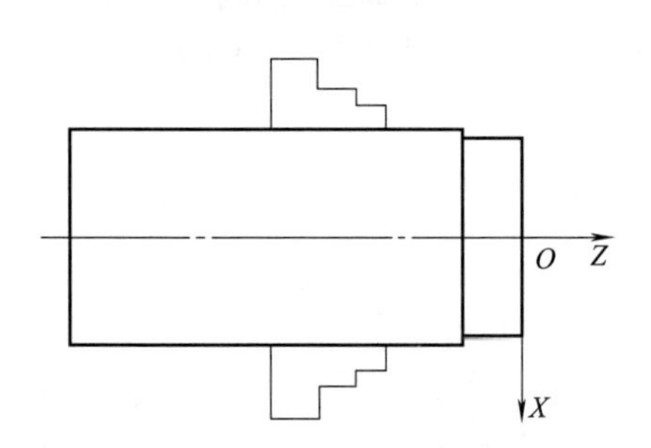

图 4-35 加工左端面及轮廓工件坐标系

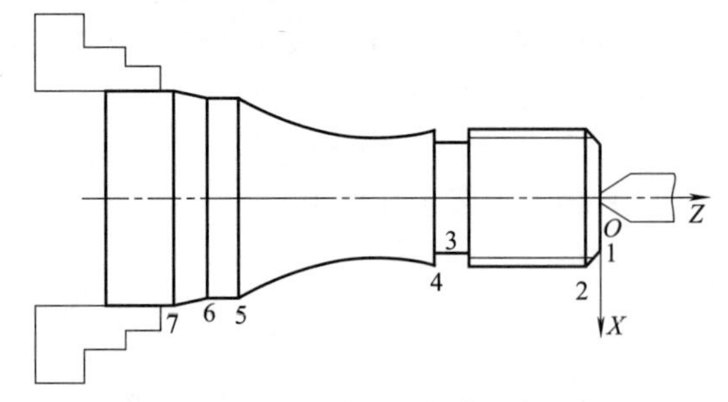

图 4-36 加工右端面及轮廓工件坐标系

② 右端基点的坐标值见表 4-28。

表 4-28 右端基点坐标值

基点	坐标值(X,Z)	基点	坐标值(X,Z)
O	(0,0)	4	(20.0,−25.0)
1	(16.0,0)	5	(30.0,−55.0)
2	(20.0,−2.0)	6	(30.0,−60.0)
3	(16.0,−25.0)	7	(32.0,−65.0)

③ 参考程序见表 4-29。

牙深：$H=0.5413P=0.5413\times1.5=0.81$（mm）。

表 4-29 右端加工参考程序

右端参考程序	注释
SKC502. MPF	程序名
N1 G40 G95 G97 G21	设置初始化
N2 T01D1 S600 M03	设置刀具、主轴转速
N3 G00 X36. 0 Z2. 0	快速到达循环起点
CYCLE95(LZC52,1. 5,0,0. 5,,150,,,1,,,0. 5)	调用毛坯外圆循环，设置加工参数。子程序见表 4-30
N4 G00 X100. 0 Z50. 0	刀具快速退至换刀点
N5 M05	主轴停
N6 M00	程序暂停
N7 T02D1 G96 S200 M03	调用精车刀，恒线速切削
N8 LIMS=2000	限制主轴最高转速
N9 G00 G42 X36. 0 Z2. 0	刀具快速靠近工件
N10 LZC52	采用子程序进行精加工
N11 G00 G40 X100. 0 Z50. 0	刀具退至换刀点，取消刀具半径补偿
N12 M05	主轴停
N13 M00	程序暂停
N14 G97 T03D1 S300 M03	换切槽刀
N15 G00 X30. 0 Z−25. 0	快速到达切槽起点
N16 G01 X16. 0 F50	切槽
N17 X30. 0	X 向退刀
N18 G00 X100. 0 Z50. 0	快速退至换刀点
N19 M05	主轴停
N20 M00	程序暂停
N21 T04D1 S600 M03	换 4 号刀，设置主轴转速
N22 G00 X22. 0 Z3. 0	快速移至循环起点
CYCLE97(1. 5,,0,−20. 0,18. 38,18. 38,3,2,0. 81,0. 05,0,0,5,1,1,1)	调用螺纹加工循环，设置螺纹加工参数
N23 G00 X100. 0 Z50. 0	刀具退回换刀点
N24 M05	主轴停
N25 M30	程序结束

表 4-30 右端轮廓加工子程序

程序内容	注释
LZC52. SPF	子程序名
N1 G00 X15. 805	X 向进刀
N2 G01 Z0	Z 向进刀
N3 X19. 805 Z−2. 0	倒 $C2$ 角
N4 Z−25. 0	车 M20 螺纹大径
N5 X20. 0	车端面
N6 G02 X30. 0 Z−55. 0 R40. 0	车 $R40$ 凹弧
N7 G01 Z−60. 0	车 $\phi30$ 外圆
N8 X32. 0 Z−65. 0	车锥体
N9 X36. 0	X 向退刀
N10 M17	子程序结束

4.5.2 综合实例二

锥螺纹轴如图 4-37 所示，毛坯尺寸为 $\phi65\text{mm}\times85\text{mm}$，试编写其加工程序。

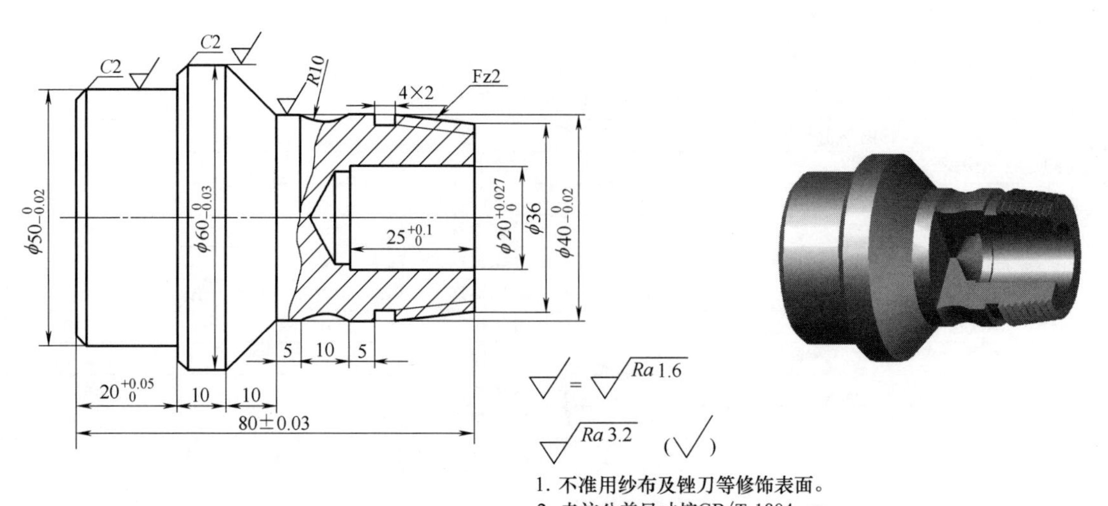

图 4-37　锥螺纹轴零件图

(1) 加工步骤

① 以工件右端面毛坯作为装夹基准装夹工件，手动车削外圆与端面进行对刀；

② 粗、精加工外圆轮廓，保证外圆 $\phi50_{-0.02}^{0}$ mm、$\phi60_{-0.03}^{0}$ mm 及长度 $20_{0}^{+0.05}$ mm 的尺寸及公差要求；

③ 工件掉头装夹后校正，手动车削对刀，同时保证工件总长；

④ 粗、精车右端外圆轮廓，保证尺寸精度和表面粗糙度等要求；

⑤ 外切槽加工；

⑥ 加工外三角形锥螺纹；

⑦ 换刀后加工内孔，保证孔的各项加工精度；

⑧ 工件去毛刺、倒棱。

(2) 相关工艺卡片的填写

1) 数控加工刀具卡（表 4-31）

表 4-31　锥螺纹轴数控加工刀具卡

产品名称或代号		×××	零件名称	螺纹轴	零件图号	××
序号	刀具号	刀具规格名称	数量	加工表面	刀尖半径/mm	备注
1	T01	93°车刀	1	粗、精车工件外轮廓	0.2	20×20
2	T02	4mm 宽切槽刀	1	槽与切断	—	20×20
3	T03	60°外螺纹刀	1	螺纹	—	20×20
4	T04	内孔镗刀	1	内孔	0.2	20×20
5	T05	ϕ18 麻花钻	1	钻孔	—	—
6	T06	A3.5 中心钻	1	引钻	—	—
编制		审核	批准	年　月　日	共　页	第　页

2) 数控加工工艺卡（表 4-32）

表 4-32　锥螺纹轴数控加工工艺卡

单位名称	×××	产品名称或代号	零件名称	零件图号
		×××	×××	××
工序号	程序编号	夹具名称	使用设备	车间
001	×××	三爪自定心卡盘	CK6140	数控

续表

工步号	工步内容	刀具号	刀具规格 /(mm·mm)	主轴转速 /(r/min)	进给速度 /(mm/min)	背吃刀量 /mm	备注
1	手动车削外圆与端面进行对刀						
2	粗车左外轮廓	T01	20×20	600	150	1.5	自动
3	精车左外轮廓	T01	20×20	800	100	0.5	自动
4	工件掉头装夹后校正，手动车削对刀，同时保证工件总长						
5	粗车右外轮廓	T01	20×20	600	150	1.5	自动
6	精车右外轮廓	T01	20×20	800	100	0.5	自动
7	切槽	T02	20×20	300	60	4	自动
8	粗、精车锥螺纹	T03	20×20	800	—	—	自动
9	手动钻 ϕ18 孔(中心钻，麻花钻)						
10	粗、精镗内孔	T04	20×20	600	50	0.5	自动
11	去毛刺、倒棱						
编制		审核		批准	年 月 日	共 页	第 页

(3) 程序编制

1）加工零件左端

① 建立工件坐标系。加工零件时，夹住毛坯外圆，工件坐标系设在工件左端面轴线上，如图 4-38 所示。

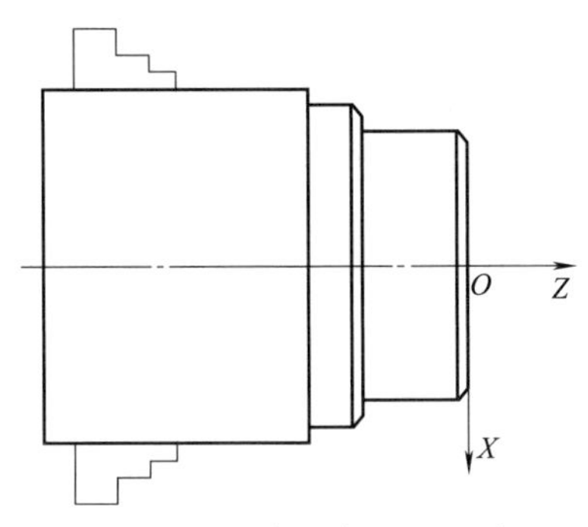

图 4-38 工件坐标系及基点

② 参考程序见表 4-33。

表 4-33 左端加工参考程序

左端加工参考程序	注释
SKC1101.MPF	程序名
N1 G40 G95 G98 G21	设置初始化
N2 T01D1 S600 M03	设置刀具、主轴转速
N3 G00 X66.0 Z2.0	快速到达循环起点
CYCLE95(LZC111,1.5,0,0.5,,150,,,1,,,1.0)	调用毛坯外圆循环，设置加工参数。子程序见表 4-34
N4 G00 X100.0 Z50.0	刀具快速退至换刀点
N5 M05	主轴停
N6 M00	程序暂停，检测
N7 T01D1 S800 M03	调用精车刀
N8 G00 X66.0 Z2.0	刀具快速靠近工件
N9 LZC111	采用子程序进行精车
N10 G00 X100.0 Z50.0	快速退至换刀点
N11 M05	主轴停
N12 M30	程序结束

表 4-34 左端轮廓加工子程序

程序内容	注释
LZC111.SPF	子程序名
N1 G00 X46.0	X 向进刀
N2 G01 Z0	Z 向进刀
N3 X50.0 Z−2.0	倒 C2
N4 Z−20.0	精加工 ϕ50 外圆
N5 X56.0	加工端面
N6 X60.0 Z−22.0	倒 C2 角
N7 Z−32.0	加工 ϕ60 外圆
N8 X66.0	X 向退刀
N9 M17	子程序结束

2）编制右端轮廓加工程序

① 设置工件坐标系。以工件 $\phi60_{-0.03}^{\ 0}$mm 左端面定位，用铜皮包住 $\phi50_{-0.02}^{\ 0}$mm，并用百分表校正，三爪自定心卡盘夹持 $\phi50_{-0.02}^{\ 0}$mm 外圆并粗、精车右端轮廓。工件坐标系设在工件端面轴线上，如图 4-39 所示。

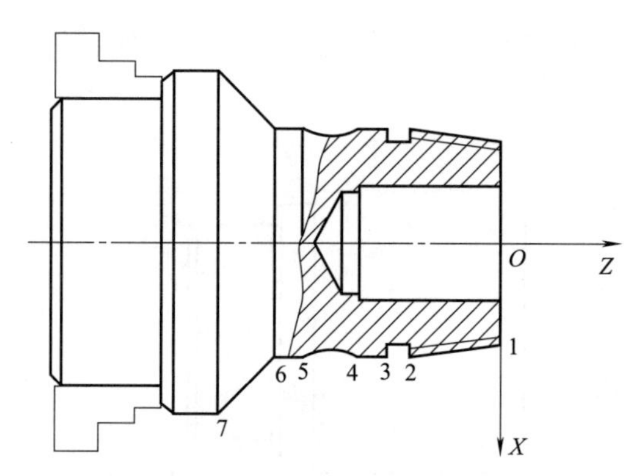

图 4-39 加工右端坐标系及基点

② 基点的坐标值见表 4-35。

表 4-35 右端基点坐标值

基点	坐标值(X,Z)	基点	坐标值(X,Z)
O	(0,0)	4	(40.0,−25.0)
1	(36.0,0)	5	(40.0,−35.0)
2	(40.0,−16.0)	6	(40.0,−40.0)
3	(40.0,−20.0)	7	(60.0,−50.0)

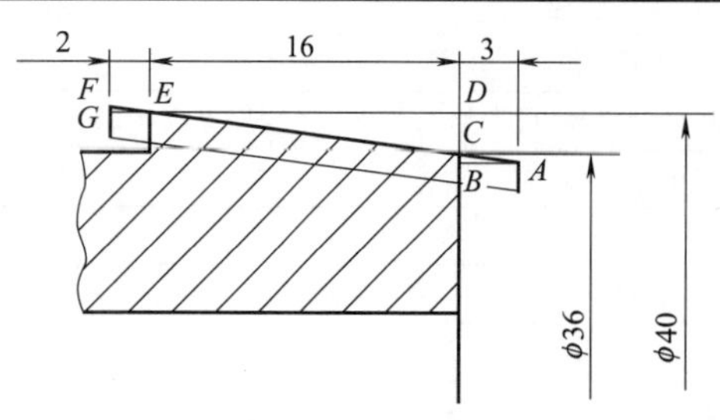

图 4-40 锥螺纹起点与终点示意图

③ 锥螺纹相关尺寸计算。

作如图 4-40 所示图，直角三角形△ABC 与△EDC 相似，则有：

$$\frac{AB}{ED}=\frac{BC}{CD}，即\frac{3}{16}=\frac{BC}{40-36}$$

所以：$BC=0.75$mm（直径值）。

同理，直角三角形△EGE 与△EDC 相似，则有：

$$\frac{GE}{ED}=\frac{FG}{CD}，即\frac{2}{16}=\frac{FG}{40-36}$$

所以：FG=0.5mm（直径值）。

A 点坐标为（35.25，3），F 点坐标为（40.5，−18.0）。

螺纹牙深：$H=0.5413P=0.5413\times2=1.08$（mm）。

④ 参考程序见表4-36。

表4-36 右端参考程序

参考程序	注释
SKC1102.MPF	程序名
N1 G40 G95 G97 G21	设置初始化
N2 T01D1 S600 M03	设置刀具、主轴转速
N3 G00 X66.0 Z2.0	快速到达循环起点
CYCLE95(LZC112,1.5,0,0.5,,150,,,1,,,0.5)	调用毛坯外圆循环，设置加工参数。子程序见表4-37
N4 G00 X100.0 Z50.0	刀具快速退至换刀点
N5 M05	主轴停
N6 M00	程序暂停
N7 T01D1 G96 S200 M03	调用精车刀，恒线速切削
N8 LIMS=2000	限制主轴最高转速
N9 G00 G42 X40.5 Z−25.0	刀具快速靠近工件
N10 G02 X40.5 Z−35.0 R10.0	粗车凹弧
N11 G00 Z2.0	快速到达精车起点
N12 X36.0	
N13 G01 Z0	
N14 X40.0 Z−16.0	精车锥螺纹外径
N15 Z−25.0	精车 $\phi40$ 外圆
N16 G02 X40.0 Z−35.0 R10.0	精车 $R10$ 凹弧
N17 G01 Z−40.0	精车 $\phi40$ 外圆
N18 X60.0 Z−50.0	精车锥体
N19 G00 G40 X100.0 Z50.0	刀具退至换刀点，取消刀具半径补偿
N20 M05	主轴停
N21 M00	程序暂停
N22 G97 T02D1 S300 M03	换切槽刀
N23 G00 X4.0 Z−20.0	快速靠近工件
N24 G01 X36.0 F50	车4mm宽槽
N25 X42.0	X 向退刀
N26 G00 X100.0 Z50.0	快速退至换刀点
N27 M05	主轴停
N28 M00	程序暂停
N29 T03D1 S600 M03	换4号刀，设置主轴转速
N30 G00 X45.0 Z3.0	快速移至循环起点
CYCLE97(2,,0,−16.0,33.09,38.34,3,2,1.08,0.05,0,0,5,1,1,1)	调用螺纹加工循环，设置螺纹加工参数
N31 G00 X100.0 Z50.0	刀具退回换刀点
N32 M05	主轴停
N33 M00	程序暂停，手动钻孔
N34 T04D1 S600 M03	换内孔刀
N35 G00 X16.0 Z5.0	快速靠近工件
N36 X19.4	
N37 G01 Z−25.0 F50	粗车内孔
N38 X16.0	X 向退刀
N39 Z2.0	Z 向退刀
N40 X20.0	X 向进刀
N41 Z−25.0	精车内孔
N42 X16.0	X 向退刀

续表

参考程序	注释
N43 Z5.0	Z 向退刀
N44 G00 X100.0 Z50.0	退至换刀点
N45 M05	主轴停
N46 M30	程序结束

表 4-37 右端轮廓加工子程序

程序内容	注释
LZC112.SPF	子程序名
N1 G00 X36.0	X 向进刀
N2 G01 Z0	Z 向进刀
N3 X40.0 Z−16.0	车锥螺纹外径
N4 Z−40.0	车 ϕ40 外圆
N5 X60.0 Z−50.0	车锥体
N6 M17	子程序结束

4.5.3 综合实例三

工件如图 4-41 所示，毛坯为 ϕ45mm×92mm 的圆钢，钻出 ϕ18mm 的预孔，试编写其数控车床加工程序。

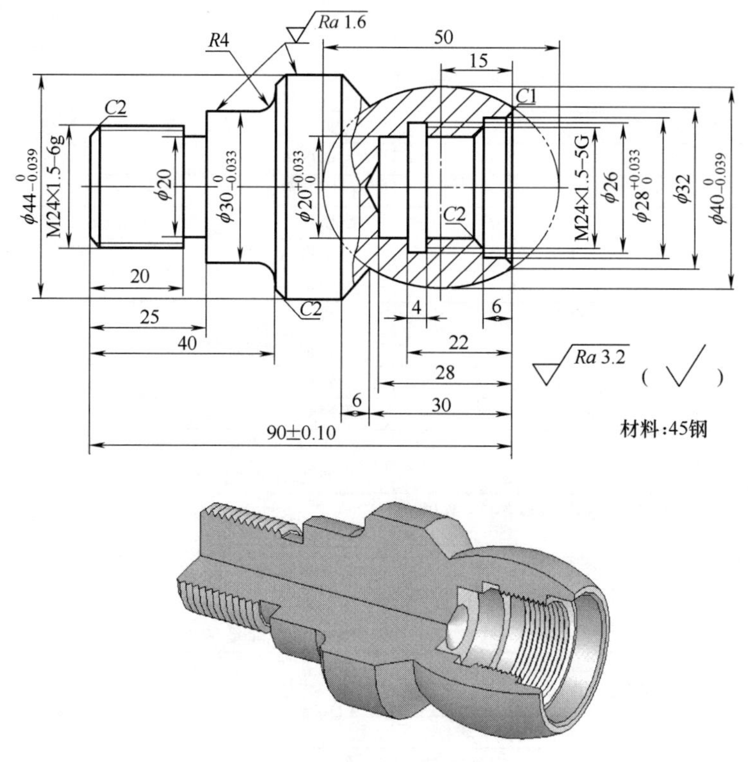

图 4-41 典型零件编程实例

(1) 加工准备

本例选用的机床为 SINUMERIK 802D 系统的 CKA6140 型数控车床，加工毛坯材料前先钻出直径为 18mm 的预孔。请读者根据零件的加工要求自行配置工具、量具、夹具。

(2) 加工工艺分析

本例工件的加工难点在于加工工件右侧外椭圆轮廓，在 SINUMERIK 802D 系统数控车床中，采用 CYCLE95 指令编程与加工。编程时以 Z 坐标作为自变量，X 坐标作为因变量，同时使用以下变量进行运算。

R1：公式中的 Z 坐标；

R2：公式中的 X 坐标；

R3：工件坐标系中的 Z 坐标，R3=R1−15.0；

R4：工件坐标系中的 X 坐标，R4=2＊R2。

(3) 参考程序

选择工件的左右端面回转中心作为编程原点，选择的刀具为：T01 外圆车刀；T02 内孔车刀；T03 内切槽车刀（刀宽 3mm）；T04 内螺纹车刀。其加工程序见表 4-38。

表 4-38 右端加工参考程序

参考程序	程序说明
AA82. MPF	加工右端内外轮廓
G95 G71 G40 G90	程序初始化
T1D1	换 4 号内孔车刀
M03 S800	主轴正转，800r/min
G00 X100.0 Z100.0 M08	刀具至目测安全位置
X46.0 Z2.0	刀具定位至循环起点
CYCLE95("BB82",2.0,0,0.3,,0.25,0.1,0.05,9,,,0.5)	毛坯切削循环，轮廓子程序为"BB82"
G74 X0 Z0	换内孔车刀
T2D1	
G00 X15.0 Z2.0 S800	内孔车刀定位
CYCLE95("CC82",1.0,0,0.5,,0.2,0.1,0.05,11,,,0.5)	毛坯切削循环，加工内轮廓
G74 X0 Z0	换内切槽刀，刀宽为 3mm
T3D1	
G00 X18.0 Z2.0 S500	刀具重新定位
Z−21.0	
CYCLE93(20.0,−18.0,4.0,3.0,,,,,,,,0.2,0.2,1.5,,7)	加工内螺纹退刀槽
G00 Z2.0	换内螺纹车刀
G74 X0 Z0	
T4D1	
G00 X20.0 Z2.0 S600	刀具重新定位
CYCLE97(1.5,,0,−18.0,22.5,22.5,3.0,2.0,0.75,0.05,30.0,,5,1.0,4,1)	加工内螺纹
G74 X0 Z0	程序结束部分
M05 M09	
M02	
BB82. SPF	右侧外轮廓子程序
G00 X32.0 S1 500 F0.1	精加工轮廓描述
R1=15.0	
MA1:R2=20/25＊SQRT[625−R1＊R1]	
R3=R1−15.0	
R4=2＊ R2	
G01 X=R4 Z=R3	
R1=R1−0.5	
IF R1>=−15.0 GOTOB MA1	
G01 X44.0 Z−36.0	
Z−52.0	
X46.0	

续表

参考程序	程序说明
RET	返回主程序
CC82. SPF	右侧内轮廓子程序
G00 X30. 0	精加工轮廓描述
G01 Z0. 0	
X28. 0 Z−1. 0	
Z−6. 0	
X26. 5	
X22. 5 Z−8. 0	
Z−22. 0	
X20. 0	
Z−28. 0	
X16. 0	
RET	返回主程序

请自行编写工件左侧外轮廓加工程序。

4.6 SINUMERIK 802D系统数控车床的操作

4.6.1 操作面板介绍

数控机床提供的各种功能是通过控制面板来实现的。控制面板一般分为数控系统控制面板和外部机床控制面板。

（1）系统控制面板

SINUMERIK 802D 系统数控车床的控制面板，如图 4-42 所示。控制面板中各按键的功能如表 4-39 所示。

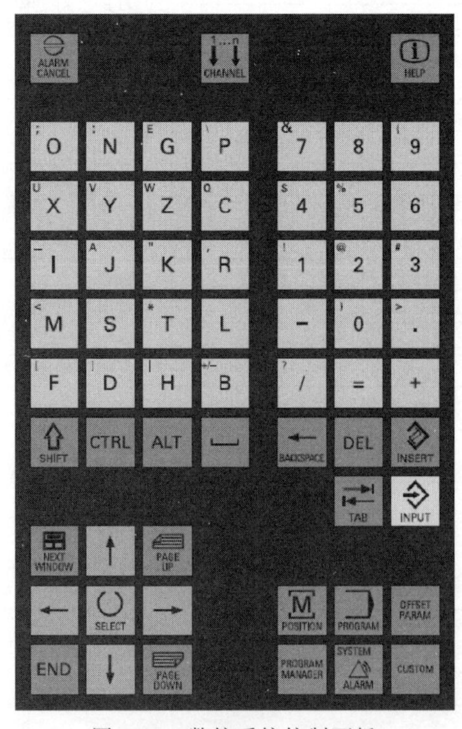

图 4-42　数控系统控制面板

表 4-39 SINUMERIK 802D 数控系统控制面板按键功能一览表

按键	名称	功能
 ALARM CANCEL	报警应答键	用于报警后数控系统的复位
 CHANNEL	通道转换键	用于转换数控系统数据传输的通道
 HELP	信息键	用于显示数控系统的特定信息
 SHIFT	上档键	对数据键上的两种功能进行转换。当不按下上档键，只按数据键时，键上的大字符被输入；当按下上档键，再按数据键时，左上角的小字符被输入
 CTRL	复合键(Ctrl)	与不同的键组合，可有不同的功能
 ALT	复合键(Alt)	与不同的键组合，可有不同的功能
	空格键	在编辑程序时，按此键可以输入一个空格
 BACKSPACE	删除键(退格键)	自右向左删除字符，每按一次，删除一个字符
 DEL	删除键	删除光标所在位置的字符
 INSERT	插入键	在光标处插入字符
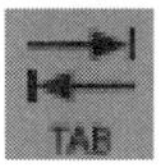 TAB	制表键	用于制表
 INPUT	回车/输入键	接受一个编辑值；打开、关闭一个文件目录；打开文件
 PAGE UP　PAGE DOWN	翻页键	可以向前或向后翻一页
 NEXT WINDOW	光标移动键	用于将光标移至程序开头
 END		用于将光标移至程序末尾
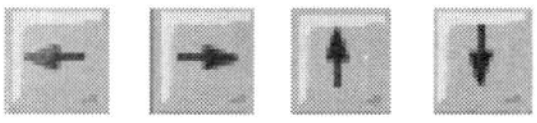	方向键(左、右、上、下)	用于移动光标
 SELECT	选择转换键	一般用于单选、多选框

续表

按键	名称	功能
M POSITION	加工操作区域键	按此键，进入机床加工操作区域
PROGRAM	程序操作区域键	按此键，进入程序编辑区域
OFFSET PARAM	参数操作区域键	按此键，进入参数操作区域
PROGRAM MANAGER	程序管理操作区域键	按此键，进入程序管理操作区域
SYSTEM ALARM	报警/系统操作区域键	按此键，可以显示报警信息
CUSTOM	图形显示区域键	按此键，可以显示刀具的运动轨迹
其余各键	数据键	用于程序、命令、数据等的输入

(2) 机床控制面板

SINUMERIK 802D系统标准车床的机床控制面板，即操作面板，如图4-43所示。机床控制面板中各按键及旋钮的功能如表4-40所示。

图4-43 机床控制面板

表4-40 SINUMERIK 802D系统机床控制面板按键及旋钮功能一览表

按键	名称	功能
	紧急停止	按下急停按钮，机床的一切动作立即停止

续表

按键	名称	功能
T1 T2 T3 T4 T5 T6	换刀按钮	在手动状态下，按相应的按钮，可以将对应的刀具转换为当前刀具
	点动距离选择按钮	在单步或手轮方式下，用于选择移动刀具距离
	手动方式	该方式下可以手工移动刀具
	回零方式	机床开机后必须首先执行回零操作，然后才可以运行
	自动方式	该方式下可以自动运行加工程序
	单段	该方式下运行程序时每次只执行一条数控指令
	手动数据输入(MDA)	在此方式下，可以执行当前输入的一条指令
	主轴正转	按下此按钮，主轴开始正转
	主轴停止	按下此按钮，主轴停止转动
	主轴反转	按下此按钮，主轴开始反转
	快速按钮	在手动方式下，按下此按钮后，再按下移动按钮则可以快速移动机床刀具
+X -X +Z -Z	坐标轴移动按钮	按下 +X，刀具向 X 轴正向移动；按下 -X，刀具向 X 轴负向移动；按下 +Z，刀具向 Z 轴正向移动；按下 -Z，刀具向 Z 轴负向移动
	复位	按下此键，复位 CNC 系统，包括取消报警、主轴故障复位、中途退出自动操作循环和输入、输出过程等
	循环保持	在程序运行过程中，按下此按钮则程序运行暂停。按 恢复运行
	运行开始	按下此按钮，程序运行开始
50 60 70 80 90 100 110 120 %	主轴倍率修调	旋转此旋钮可以调节主轴的转速率，调节范围为 50%～120%
0 2 6 10 20 40 60 70 80 90 100 110 120 %	进给倍率修调	旋转此旋钮可以调节数控程序自动运行时的进给速度倍率，调节范围为 0～120%

4.6.2 开机和回参考点

(1) 开机

首先检查机床是否处于正常状态，如果正常，则打开电源开关，电源指示灯亮，机床开机。

(2) 回参考点

回参考点又称机床回零，机床开机后会自动进入回参考点模式，若不在回参考点模式，可先按一下使机床进入回参考点模式。机床进入回参考点模式后，按一下+X，使机床沿 X 轴回到参考点，再按一下+Z，使机床沿 Z 轴回到参考点。

4.6.3 加工程序的编辑操作

(1) 程序的输入

数控加工程序可以通过控制面板直接输入到数控系统内，若是一个新程序，在输入时可以进行如下操作：

① 在系统面板上按下PROGRAM MANAGER键，可以进入到如图 4-44 所示的程序管理界面，在该界面中按下新程序软键，则弹出如图 4-45 所示的对话框。

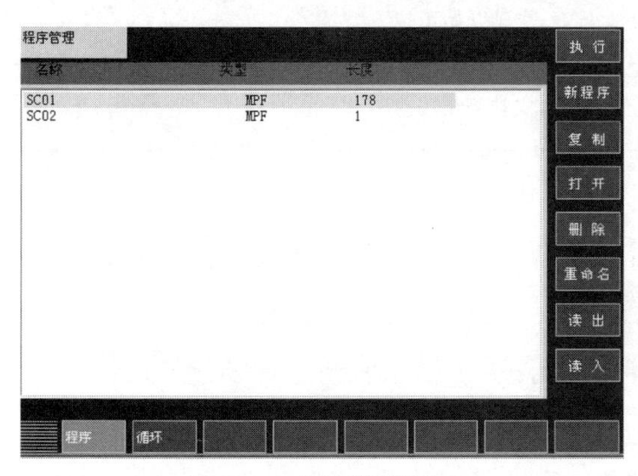

图 4-44　程序管理界面

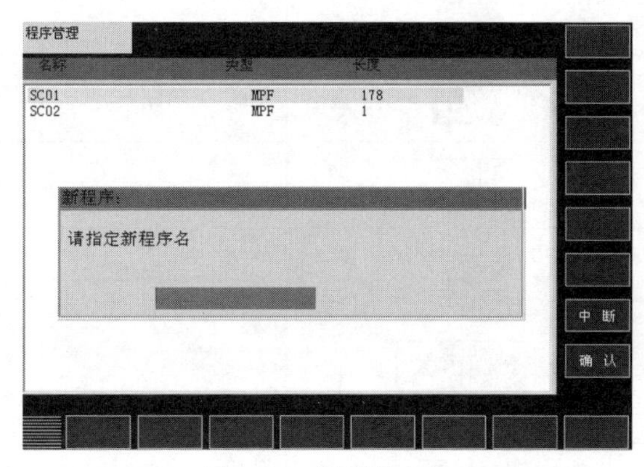

图 4-45　新程序命名

② 在对话框中输入新程序的名字，程序名的开头两个字符为字母，其后的字符可以是字母、数字或下划线，但最长不能超过 16 个字符。

③ 程序名输完后点击确认即可进入程序编辑界面，如图 4-46 所示，这样就可以输入程序了；若按中断，则返回到程序管理界面。

(2) 程序的编辑

① 在程序管理界面，选中一个程序，按软键“打开”或按“INPUT”，进入到如图 4-47 所示的程序编辑主界面，编辑程序为选中的程序。在其他主界面下，按下系统面板的PROGRAM键，也可进入到编辑主界面，其中程序为当前载入的程序。

② 按软键“执行”将当前编辑程序选为运行程序。

③ 按下软键“标记程序段”，开始标记程序段，按“复制”或“删除”或输入新的字符时将取消标记。

④ 按下软键“复制程序段”，将当前选中的一段程序拷贝到剪切板。

⑤ 按软键“粘贴程序段”，将当前剪切板上的文本粘贴到当前的光标位置。

⑥ 按软键“删除程序段”可以删除当前选择的程序段。

⑦ 按软键“重编号”将重新编排行号。

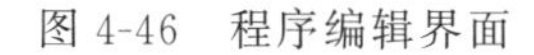

图 4-46 程序编辑界面

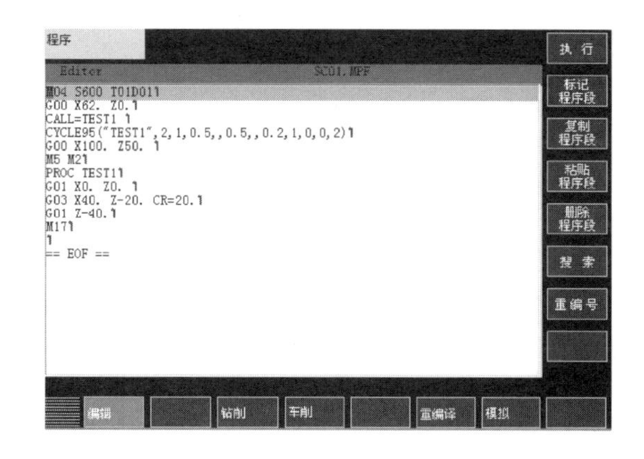

图 4-47 程序编辑主界面

(3) 轨迹模拟

轨迹模拟可以通过线框图模拟出刀具的运行轨迹。前置条件：当前为自动运行方式且已经选择了待加工的程序。

① 按[→]键，在自动模式主界面下，按软键“模拟”或在程序编辑主界面下按“模拟”软键[模拟]，系统进入如图 4-48 所示界面。

② 按数控启动键[◇]开始模拟执行程序，如图 4-49 所示。

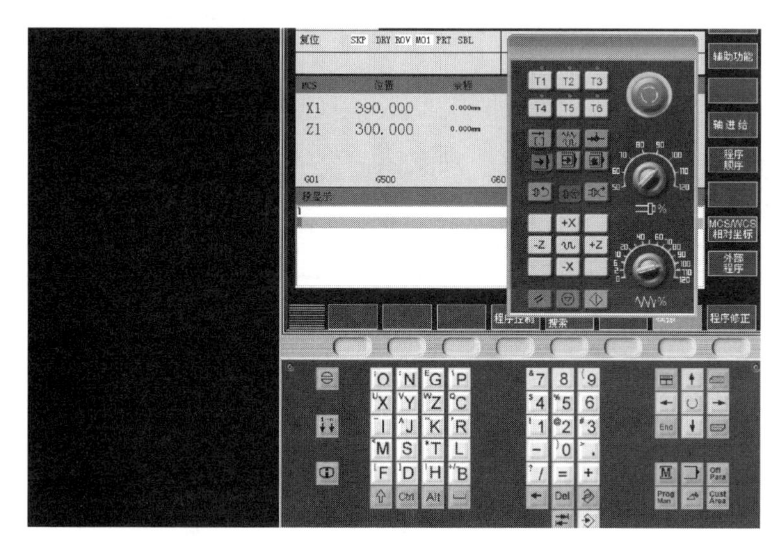

图 4-48 机床面板

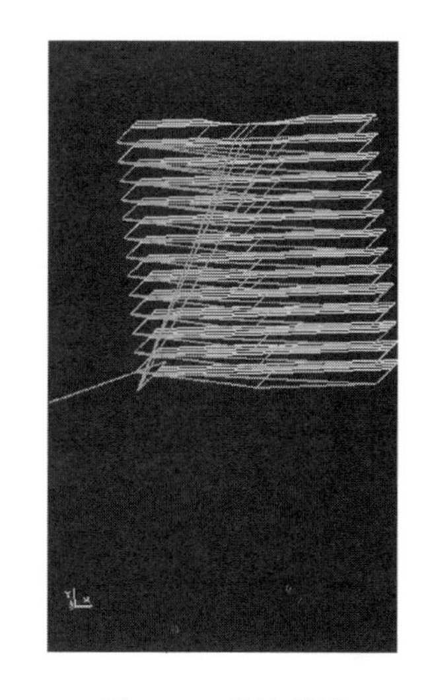

图 4-49 轨迹模拟

4.6.4 参数设置

(1) 建立新刀具

若当前不是在参数操作区，按系统面板上的参数操作区域键[OFF]，切换到参数操作区。按软键“刀具表”切换到刀具表界面，如图 4-50 所示。点击软键“新刀具”，切换到新刀具界面，如图 4-51 所示。点击软键“车削刀具”将弹出如图 4-52 所示的新刀具对话框。

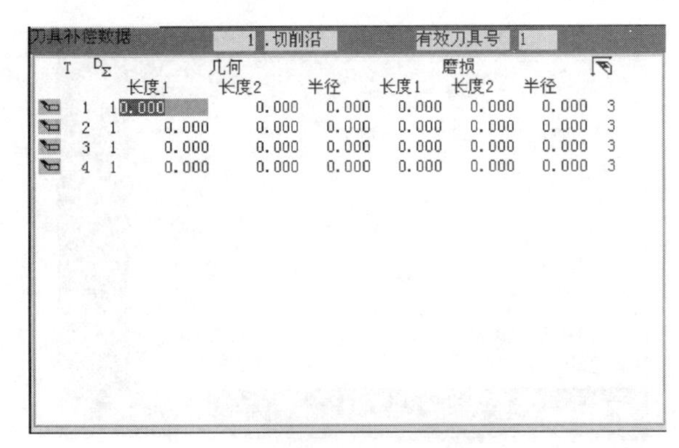

图 4-50 刀具参数表

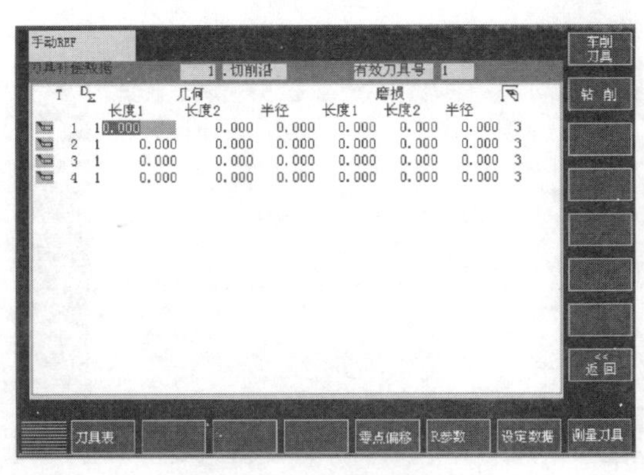

图 4-51 新刀具参数表

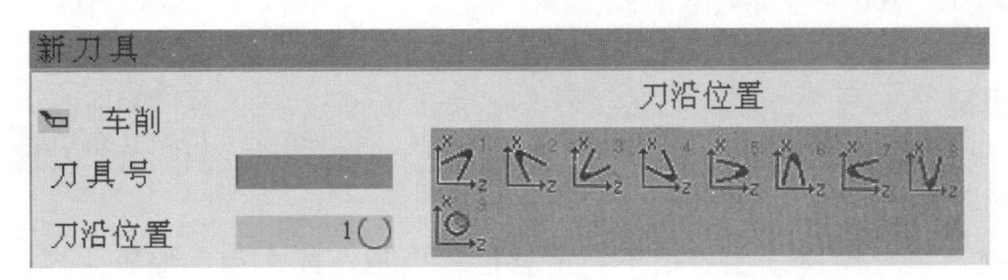

图 4-52 新刀具对话框

在对话框中输入要创建的刀具的刀具号，按确认，则创建对应刀具；按中断，返回新刀具界面，不创建任何刀具；点击“返回”软键可以退回到“刀具表”界面。

(2) 刀具参数的设定

设定刀具参数的过程实际上就是对刀的过程，其操作步骤如下：

1）第一把刀具参数的确定

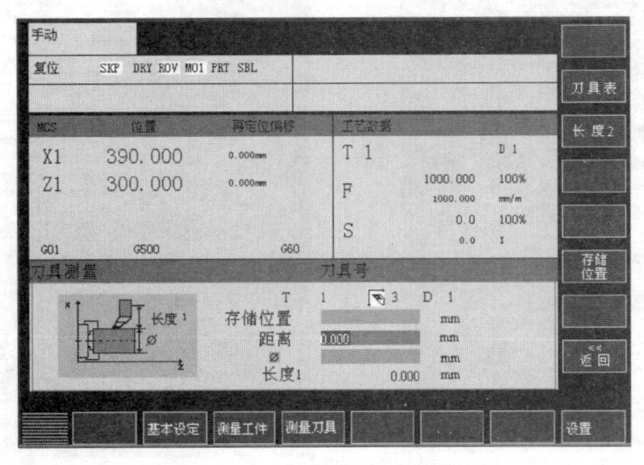

图 4-53 手动测量刀具界面

① 单击测量刀具，切换到“测量刀具”界面，然后点击手动测量软键，进入如图 4-53 所示界面。

② 点击操作面板上的按钮，进入手动状态。

③ 将刀具靠近工件，试切零件外圆，沿 Z 轴正向退出，并测量被切的外圆的直径。

④ 将所测得的直径值写入∅后的输入框内，按下键，依次单击存储位置、设置长度1，此时界面如图 4-54 所示，系统自动将刀具长度 1 记入“刀具表”。

⑤ 再将刀具移近工件，并试切端面。

⑥ 点击长度2，切换到测量 Z 的界面，在“Z0”后的输入框中填写“0”，按下键，单击设置长度2软键。

至此，完成了第一把刀具的参数设置，其数值如刀具表中所示，参见图 4-55。

2）第二把及后面其他刀具参数的确定

① 首先将 2 号刀转至当前位置，换刀的具体过程是：点击按钮，进入到 MDA 模式，然后点击M键，进入到如图 4-56 所示的界面。输入换刀指令“T02D00”，然后点击，第

二把刀即被换为当前刀具。

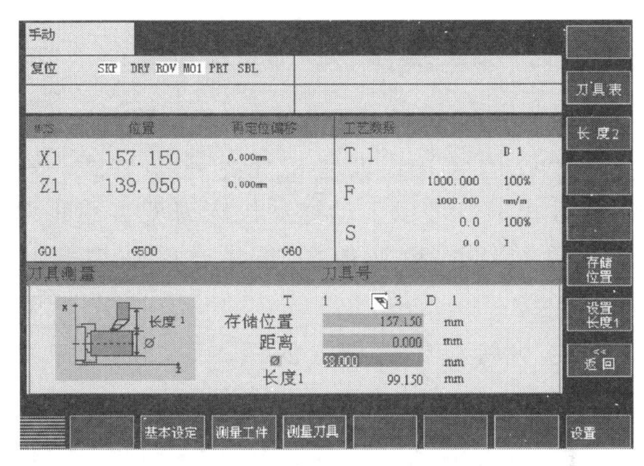

图 4-54 存储刀具参数界面

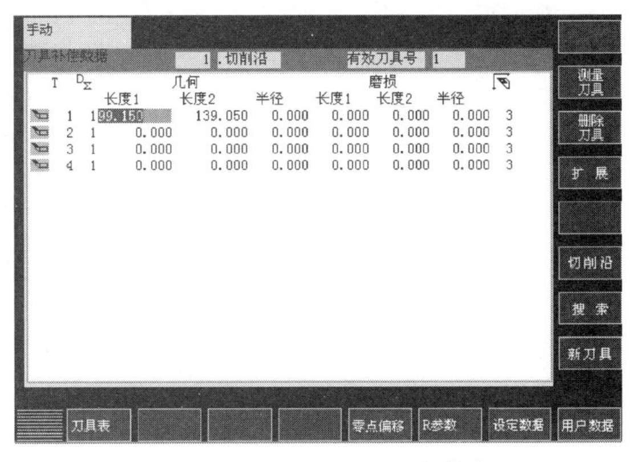

图 4-55 输入刀补后的参数表

② 第二把刀具的 X 向的参数与第一把刀具的 X 向参数设置方法一样。

③ X 向参数设置完成之后，在手动方式下，将刀具移动到如图 4-57 所示的位置，即将刀尖靠到端面上即可。

④ 点击 长度2 进入到如图 4-58 所示的界面。在“距离”栏中输入“0”，并按下键，单击 设置长度2 软键。

至此，2 号刀的参数设置已完成，其他刀具的参数设置可参照 2 号刀进行。

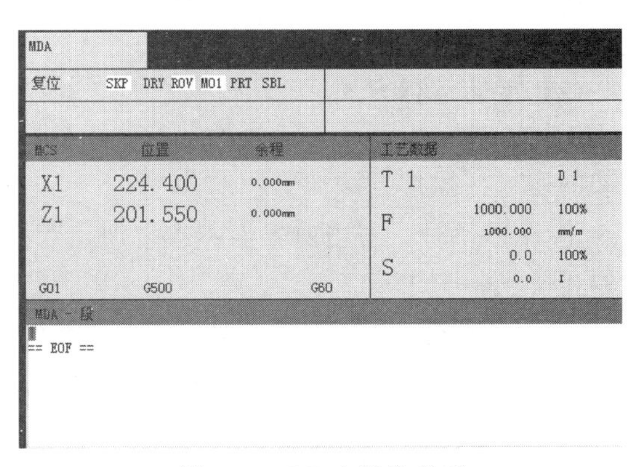

图 4-56 MDA 操作界面

图 4-57 对刀界面

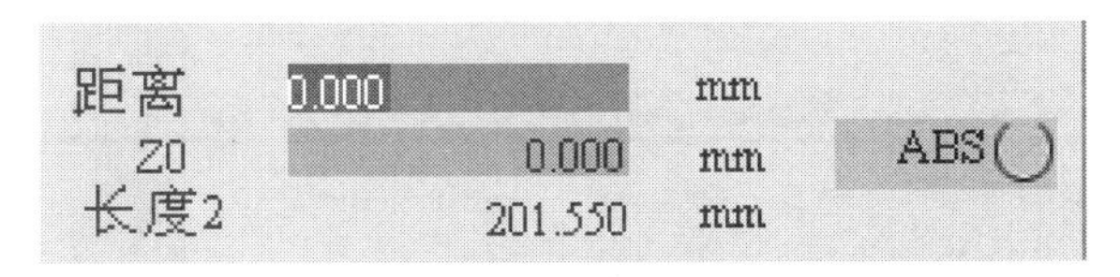

图 4-58 第二把刀的 Z 向参数输入

(3) 设置零点偏置

① 若当前不是在参数操作区，则按 MDA 键盘上的参数操作区域键 OFF，切换到参数区。

② 若参数区显示的不是零偏界面，按软键“零点偏移”切换到零点偏移界面，如图 4-59 所示。

③ 使用 MDA 键盘上的光标键定位到需输入数据的文本框上（其中程序、缩放、镜像和全部等几栏为只读），输入数值，按键或移动光标，系统将显示软键“改变有效”

	X mm	Z mm	SP °
基本	0.000	0.000	0.000
G54	0.000	0.000	0.000
G55	0.000	0.000	0.000
G56	0.000	0.000	0.000
G57	0.000	0.000	0.000
G58	0.000	0.000	0.000
G59	0.000	0.000	0.000
程序	0.000	0.000	0.000
缩放	1.000	1.000	1.000
镜像	0	0	0
全部	0.000	0.000	0.000

图 4-59 零点偏移

改变有效，再按软键“改变有效”即可。

4.6.5 加工操作

(1) JOG 运行方式

JOG 运行方式就是机床的手动方式，在这种方式下，可以手动拖动机床刀架，用于对刀时的试切削和其他需要手动移动刀具的地方。

① 先按操作面板上的键，使机床进入手动状态。

② 进入手动状态后，按下 +Z 键，并保持按住，刀具可以沿 Z 轴正方向移动；在按下键的同时，再按下 +X 键，刀具可快速地沿 X 轴正方向移动。

(2) 手轮运行方式

手摇脉冲发生器——手轮的运行：手摇脉冲发生器用于手动加工或对刀时，精确调节机床刀架的运行。操作方法如下：

① 在操作时，若当前界面不在“加工”操作区，可按“加工操作区域键”M，切换到加工操作区。

② 点击进入手动方式，点击设置手摇脉冲发生器进给速率（1INC，10INC，100INC，1000INC），点击软键 手轮方式，则出现图 4-60 所示界面。

用软键 X 或 Z 可以选择当前需要用手摇脉冲发生器操作的轴。

(3) MDA 运行方式

① 按下控制面板上键，机床切换到 MDA 运行方式，如图 4-61 所示。

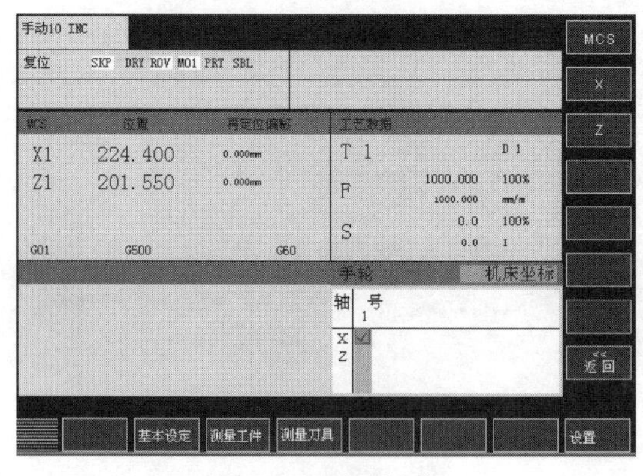

图 4-60 手动操作

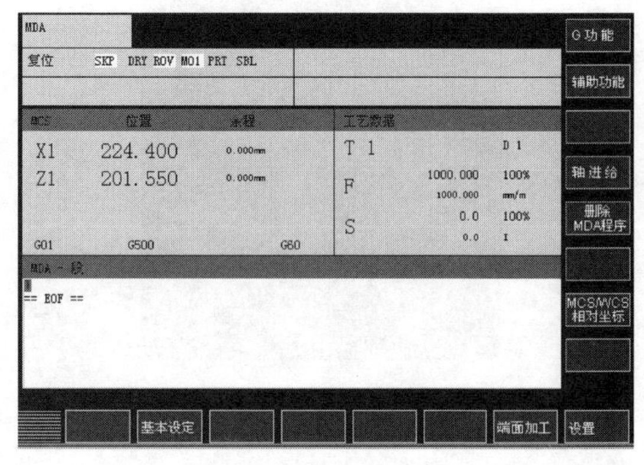

图 4-61 MDA 运行方式

② 通过系统面板输入指令。

③ 输入完一段程序后，将光标移至程序开头，点击操作面板上的“运行开始”按钮，则可执行该段程序。

(4) 自动运行方式

在自动运行方式下，可进行如下操作：

① 查机床是否回零，若未回零，应先将机床回零。

② 选择待运行的程序。

③ 按下控制面板上的自动方式键。

④ 按启动键开始执行程序。

⑤ 程序在运行过程中可根据需要暂停、停止、急停和重新运行。

在程序运行过程中，点击“循环保持”按钮，程序暂停运行，机床保持暂停运行时的状态；再次点击“运行开始”按钮，程序从暂停行开始继续运行。

在程序运行过程中，点击“复位”按钮，程序停止运行，机床停止，再次点击“运行开始”按钮，程序从暂停行开始继续运行。

在程序运行过程中，按“急停”按钮，数控程序中断运行，继续运行时，先将急停按钮松开，再点击“运行开始”按钮，余下的数控程序从中断行开始作为一个独立的程序执行。

第5章 CAXA CAM数控车2020自动编程

CAXA CAM 数控车 2020 是在全新的数控加工平台上开发的数控车床加工编程和二维图形设计软件。CAXA CAM 数控车 2020 具有 CAD 软件的强大绘图功能和完善的外部数据接口，可以绘制任意复杂的图形，可通过 DXF、IGES 等数据接口与其他系统交换数据。CAXA CAM 数控车 2020 具有轨迹生成及通用后置处理功能。该软件提供了功能强大、使用简洁的轨迹生成手段，可按加工要求生成各种复杂图形的加工轨迹。通用的后置处理模块使 CAXA CAM 数控车 2020 可以满足各种数控车床的代码格式，可输出 G 代码，并对生成的代码进行校验及加工仿真。

5.1 CAXA CAM 数控车 2020 用户界面

用户界面（简称界面）是交互式绘图软件与用户进行信息交流的中介。系统通过界面反映当前信息状态或将要执行的操作，用户按照界面提供的信息做出判断，并经由输入设备进行下一步的操作。因此，用户界面被认为是人机对话的桥梁。CAXA CAM 数控车 2020 用户界面包括两种风格：Fluent 风格界面（图 5-1）和经典界面（图 5-2）。

在 Fluent 风格界面下的功能区中单击“视图”选项卡→“操作”界面面板→“切换界面”，或在主菜单中单击“工具”→“界面操作”→“切换”，就可以切换为经典界面。在经典界面主菜单中单击“工具”→“界面操作”→“切换”，就可以切换为 Fluent 风格界面。该功能的快捷键为 F9。

5.1.1 Fluent 风格界面

Fluent 风格界面主要使用菜单按钮、快速启动工具栏和功能区访问常用命令。

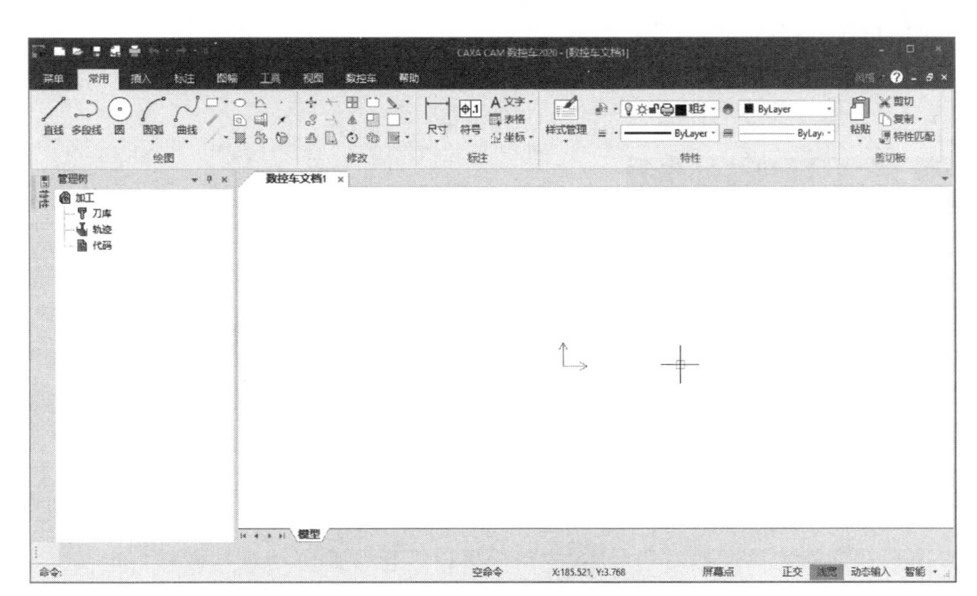

图 5-1 Fluent 风格界面

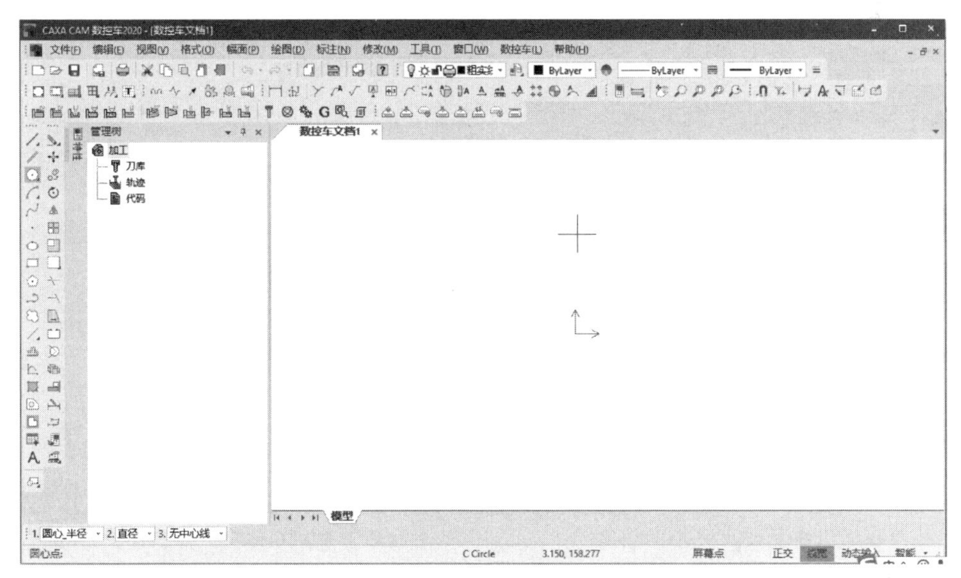

图 5-2 经典界面

(1) 菜单按钮

在 Fluent 风格界面下，可以使用“菜单”按钮呼出主菜单，如图 5-3 所示。Fluent 风格界面主菜单的主要应用方式与传统的主菜单相同。“菜单”按钮的使用方法如下：

① 使用鼠标左键单击“菜单”按钮，调出 Fluent 风格界面下的主菜单。

②“菜单”按钮上默认显示最近使用文档，单击文档名称即可直接打开。

③ 将光标在各种菜单上停放即可显示子菜单，使用鼠标左键单击即可执行命令。

图 5-3 “菜单”按钮

(2) 快速启动工具栏

快速启动工具栏用于组织经常使用的命令，该工具栏可以自定义。图 5-4 所示为快速启动工具栏。

图 5-4 快速启动工具栏

快速启动工具栏具体的使用方法如下：

① 使用鼠标左键单击快速启动工具栏上的图标即可执行对应的命令。

② 使用鼠标右键单击快速启动工具栏上的图标时，弹出如图 5-5 所示自定义快速启动工具栏菜单。此时可以选择将该图标从快速启动工具栏中删除，也可以将快速启动工具栏放置在功能区下方，也可以通过单击“自定义快速启动工具栏…”菜单项，并在弹出的“定制功能区”对话框（图 5-6）中进行自定义。另外，在该弹出菜单中还可以打开或关闭其他界面元素，如主菜单、工具条以及状态栏等。

此外，使用鼠标右键单击功能区面板或主菜单上的图标，可以在弹出的菜单中选择将该命令添加到快速启动工具栏。

③ 点击快速启动工具栏最右边的按钮也可以进行快速启动工具栏的自定义。

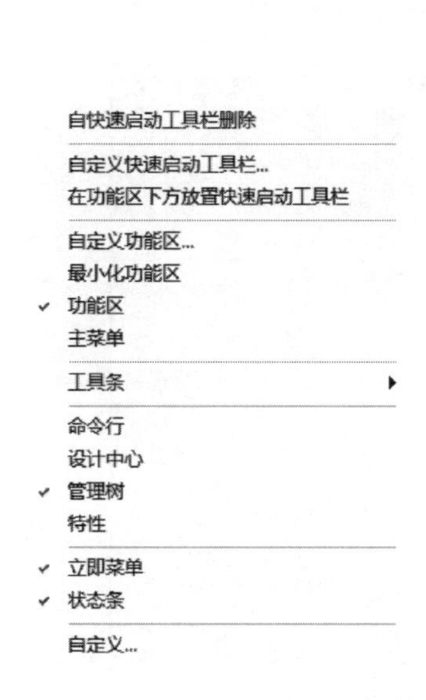

图 5-5 自定义快速启动工具栏菜单

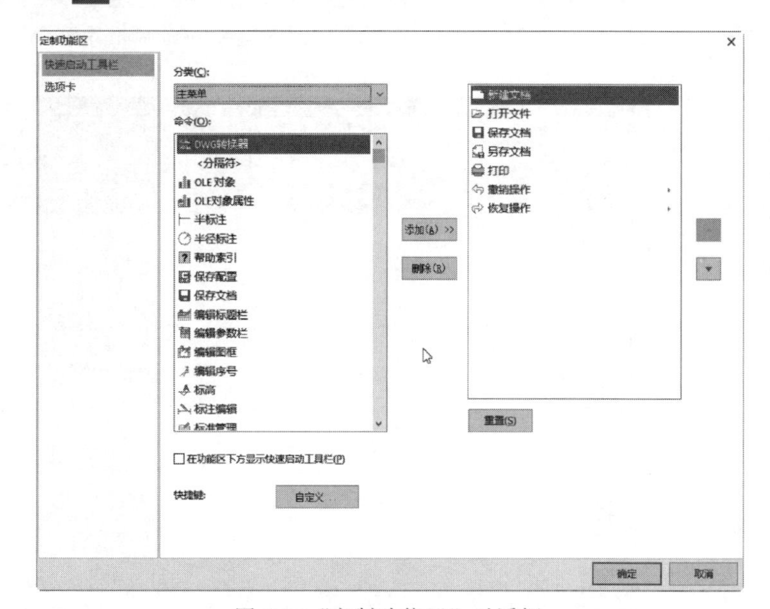

图 5-6 “定制功能区”对话框

(3) 功能区

Fluent 风格界面中最重要的界面元素为“功能区”。使用功能区时无需显示工具条，单一紧凑的界面使各种命令组织得简洁有序，通俗易懂，同时使绘图工作区最大化。

功能区通常包括多个功能区选项卡，每个功能区选项卡由各种功能区面板组成。

各种功能命令均根据使用频率、设计任务有序地排布到“功能区”的选项卡和面板中。功能区选项卡包括“常用”“插入”“标注”“图幅”“工具”“视图”“帮助”等；而“常用”选项卡由“绘图”“修改”“标注”“特性”和“剪切板”等功能区面板组成，如图 5-7 所示。

功能区的使用方法包括：

① 在不同的功能区选项卡间切换时，可以使用鼠标左键单击要使用的功能区选项卡。当光标在功能区上时，也可以使用鼠标滚轮切换不同的功能区选项卡。

② 可以双击当前功能区选项卡的标题，或者在功能区上单击鼠标右键“最小化”功能区。功能区最小化时单击功能区选项卡标题，功能区向下扩展；光标移出时，功能区选项卡自动

收起。

③ 在各种界面元素上单击鼠标右键后，可以在弹出的菜单中打开或关闭功能区。

④ 功能区面板上包含各种功能命令和控件，使用方法与通常的主菜单或工具条上的相同。

⑤ 单击功能区右上角的“风格”，可以在下拉菜单中选择 CAXA CAM 数控车 2020 界面色彩或者自定义色彩。

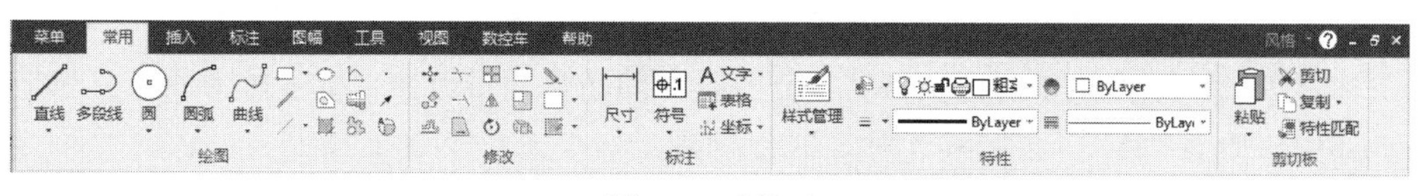

图 5-7 功能区

(4) 状态栏

CAXA CAM 数控车 2020 提供了多种显示当前状态的功能，它包括屏幕状态显示、操作信息提示、当前工具点设置及拾取状态显示等，如图 5-8 所示。

图 5-8 状态栏

1) 操作信息提示区

操作信息提示区位于屏幕底部状态栏的左侧，用于提示当前命令执行情况或提醒用户输入。

2) 点工具状态提示

当前工具点设置及拾取状态提示位于状态栏的中间，自动提示当前点的性质以及拾取方式。例如，点可能为屏幕点、切点、端点等，拾取方式为添加状态、移出状态等。

3) 命令与数据输入区

命令与数据输入区位于状态栏左侧，用于由键盘输入命令或数据。

4) 命令提示区

命令提示区位于命令与数据输入区和操作信息提示区之间，显示目前执行功能的键盘输入命令的提示，便于用户快速掌握电子图板的键盘命令。

5) 当前点坐标显示区

当前点坐标显示区位于屏幕底部状态栏的中部。当前点的坐标值随鼠标光标的移动做动态变化。

6) 点捕捉状态设置区

点捕捉状态设置区位于状态栏的最右侧，在此区域内设置点的捕捉状态，分别为自由、智能、导航和栅格。按 F6 键可以快速实现四种捕捉状态的切换。

7) 正交状态切换

单击该按钮可以打开或关闭“正交”状态。按 F8 键也可快速打开或关闭“正交”状态。

8) 线宽状态切换

单击该按钮可以在“按线宽显示”和“细线显示”状态间切换。

9) 动态输入工具开关

单击该按钮可以打开或关闭“动态输入”工具。

(5) 立即菜单

电子图板提供了立即菜单的交互方式。立即菜单描述了该项命令执行的各种情况和使用条件。用户根据当前的作图要求，正确地选择某一选项，即可得到准确的响应。用户在输入某些命令以后，在绘图区的底部会弹出一行立即菜单。

例 直线命令：

输入一条画直线的命令（用键盘输入“line”或用鼠标在“绘图”工具条中单击“直线”按钮），则系统立即弹出一行立即菜单及相应的操作提示，如图 5-9 所示。

此菜单表示当前待绘制的直线为两点线方式、连续的直线。在显示立即菜单的同时，在其下面显示“第一点:”提示。用户按要求输入第一点后，系统会提示“第二点:”。用户再输入第二点，系统在屏幕上从第一点到第二点之间绘制出一条直线。

立即菜单的主要作用是可以选择某一命令的不同功能。可以通过鼠标单击立即菜单中的下拉箭头或用快捷键“Alt+数字键”对其进行激活，如果下拉菜单中有很多可选项时，可使用快捷键“Alt+连续数字键”进行选项的循环。如上例，如果想画一条单根直线，那么可以用鼠标单击立即菜单中的“2. 连续”或用快捷键 Alt+2 激活它，则该菜单变为“2. 单根”。如果要使用“角度线”功能，那么可以用鼠标单击立即菜单中的“1. 角度线”或用快捷键“Alt+1”激活它。

(6) 界面颜色

电子图板提供界面颜色设置工具，可以修改软件整体界面元素的配色风格。在 CAXA CAM 数控车 2020 界面右上角有界面配色风格下拉菜单，如图 5-10 所示。单击箭头展开下拉菜单后，可根据用户个人的喜好选择界面颜色。电子图板默认提供蓝色、深灰色和白色三种风格。

图 5-9 直线命令立即菜单

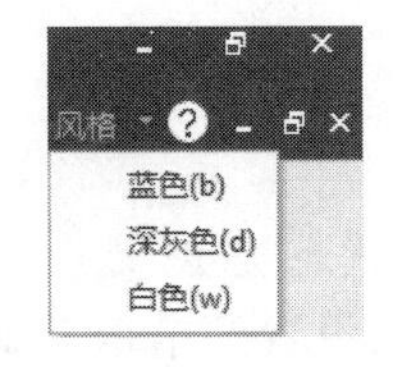

图 5-10 界面配色风格下拉菜单

(7) 工具选项板

工具选项板是一种特殊形式的交互工具，用来组织和放置图库、属性修改等工具。CAXA CAM 数控车 2020 的工具选项板主要是特性选项板，如图 5-11 所示。

平时，“特性”工具选项板隐藏在界面左侧的工具选项板工具条内，将鼠标移动到该工具条的“特性”选项板按钮上，该选项板就会弹出。

5.1.2 经典界面

经典风格界面主要通过主菜单和工具条访问常用命令。

(1) 主菜单

主菜单位于经典风格界面的顶部，它由一行菜单条及其子菜单组成，包括“文件”“编辑”“视图”“格式”“幅面”“绘图”“标注”“修改”“工具”“窗口”“数控车”“帮助”等菜单项。单击任意一个菜单项（如单击“编辑”菜单），都会弹出它的子菜单。单击子菜单上的图标即可执行对应命令，如图 5-12 所示。

子菜单有如下特点：

① 菜单项后面有“…”省略号时，表示单击该选项后，会打开一个对话框。

② 菜单项后面有“▸”黑色的小三角时，表示该选项还有子菜单。

③ 菜单项为浅灰色时，表示在当前条件下，这些命令不能使用。

图 5-11　“特性”工具选项板

图 5-12　“编辑”子菜单

（2）工具条

工具条也是很经典的交互工具。利用工具条，可以在 CAXA CAM 数控车 2020 界面中通过单击功能图标按钮直接调用功能。对工具条可以自定义位置和是否显示在界面上，也可以建立全新的工具条。图 5-13 所示为常用工具条。

图 5-13　常用工具条

（3）绘图区

绘图区是用户进行绘图设计的工作区域。在绘图区的中央设置了一个二维直角坐标系，该坐标系称为世界坐标系。它的坐标原点为（0.0000，0.0000）。CAXA CAM 数控车 2020 以当前用户坐标系的原点为基准，水平方向为 X 方向，并且向右为正，向左为负。垂直方向为 Y 方向，向上为正，向下为负。在绘图区用鼠标拾取的点或由键盘输入的点，均以当前用户坐标系为基准。

5.2 CAXA CAM 数控车 2020 基本操作

5.2.1 对象操作

(1) 对象的概念

在 CAXA CAM 数控车中，绘制在绘图区的各种曲线、文字、尺寸标注等绘图元素实体，被称为图元对象，简称对象。一个能够单独拾取的实体就是一个对象。在 CAXA CAM 数控车中，如块一类的对象还可以包含若干个子对象。在 CAXA CAM 数控车中绘图的过程，除了编辑环境参数外，实际上就是生成对象和编辑对象的过程。

(2) 拾取对象

在 CAXA CAM 数控车中，如果想对已经生成的对象进行操作，则必须对对象进行拾取。拾取对象的方法可以分为点选、框选和全选。被选中的对象会被加亮显示，加亮显示的具体效果可以在系统选项中设置。拾取加亮状态如图 5-14 所示，图中虚线显示的实体为被拾取加亮的对象。

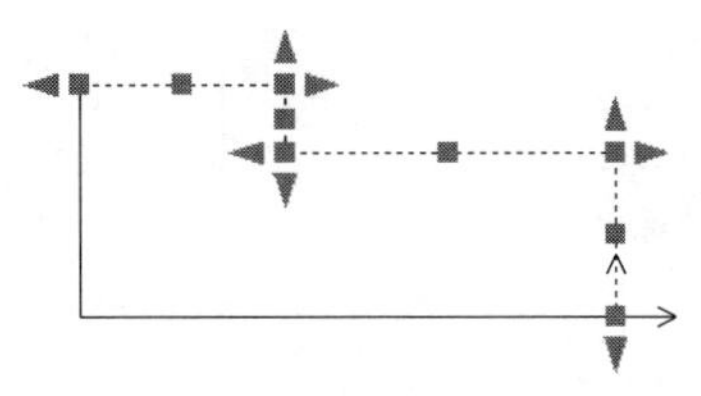

图 5-14 拾取加亮状态

1）点选

点选是指将光标移动到对象内的线条或实体上单击左键，该实体会直接处于被选中状态。

2）框选

框选是指在绘图区选择两个对角点形成选择框拾取对象。框选不仅可以选择单个对象，还可以一次选择多个对象。框选可分为正选和反选两种形式。

① 正选。正选是指在选择过程中，第一角点在左侧、第二角点在右侧（即第一点的横坐标小于第二点）。正选时，选择框色调为蓝色、框线为实线。在正选时，只有对象上的所有点都在选择框内时，对象才会被选中，如图 5-15 所示。

② 反选。反选是指在选择过程中，第一角点在右侧、第二角点在左侧（即第一点的横坐标大于第二点）。反选时，选择框色调为绿色、框线为虚线。在反选时，只要对象上有一点在选择框内，则该对象就会被选中，如图 5-16 所示。

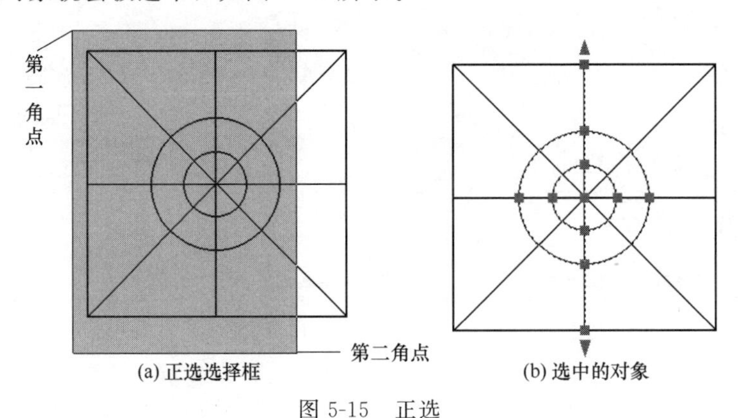

图 5-15 正选

3）全选

全选可以将绘图区能够选中的对象一次全部拾取。全选用快捷键为 Ctrl＋A。应注意的是，拾取过滤设置等也会对全选能选中的实体造成影响。

此外，在已经选择了对象的状态下，仍然可以利用上述方法直接在已有选择的基础上添加拾取。

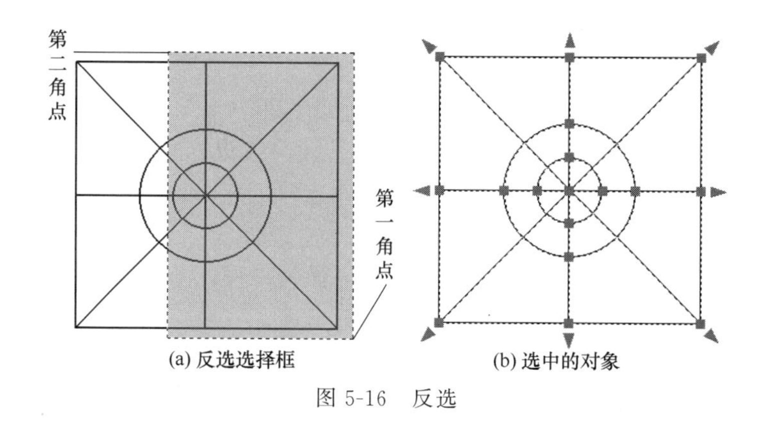

图 5-16 反选

(3) 取消选择

使用常规命令结束操作后，被选择的对象也会自动取消选择状态。如果想手工取消当前的全部选择，可以点击键盘上的 Esc 键。也可以使用绘图区右键菜单中的“全部不选”功能来取消全部选择。如果希望取消当前选择集中某一个或某几个对象的选择状态，可以按键盘 Shift 键选择需要剔除的对象。

5.2.2 命令操作

(1) 命令的调用

在 CAXA CAM 数控车中，无论进行什么样的操作都必须调用命令。调用命令的方法主要有鼠标输入、键盘命令和快捷键三种。

1）鼠标输入

在功能区、主菜单或工具条等位置找到需要执行命令的选项或图标，使用鼠标左键单击即可调用该命令。

2）键盘命令

在 CAXA CAM 数控车中，绝大部分功能都有对应的键盘命令。其中一部分常用的功能除了标准的键盘命令外，还会有一个简化命令。简化命令往往拼写十分简单，便于输入调用功能。如直线功能的简化命令是 L，圆功能的简化命令是 C，尺寸标注功能的简化命令是 D 等。在命令行中输入键盘命令或简化命令，按 Enter 键，即可调用该命令。

3）快捷键

快捷键又叫快速键或热键，是指通过某些特定的按键、按键顺序或按键组合来完成一个操作。不同于键盘命令的是，快捷键按下后，需要调用的功能会立即执行，不必如键盘命令那样在键盘上输入 Enter 后才调用功能。因此，使用快捷键调用命令可以大幅提高绘图效率。

在常规的软件设计中，很多组合式的快捷键往往与键盘上的功能键 Alt、Ctrl、Shift 有关。如“关闭 CAXA CAM 数控车”功能的快捷键是“Alt+F4”，“另存为”功能的对话框快捷键是“Ctrl+Shift+S”等。

非组合式的快捷键主要是键盘最上方的 Esc 键和 F 系列功能键（F1～F12）。其中 Esc 键用途非常广泛，在取消拾取、退出命令、关闭对话框、中断操作等方面有广泛的应用。大部分的操作或特殊状态都可以通过按下 Esc 键退出或消除。

(2) 命令的中止、重复和取消

1）命令的中止

在命令执行过程中，按 Esc 键，可中止命令执行。一般情况下，按鼠标右键或回车键，也可中止当前操作直到退出命令。在一条命令执行过程中，选择菜单或工具按钮，可中止当前命令，输入新的命令。

2）命令的重复

当执行完一条命令后，系统回到“命令”状态，此时按鼠标右键或回车键，可重复上一条命令。

3）撤销操作

按撤销操作按钮，可撤销上一步的操作。可撤销操作的步数与系统设置有关。

4）恢复操作

按恢复操作按钮，可恢复上一步的撤销操作。恢复操作为撤销操作的逆操作。

(3) 命令状态

CAXA CAM 数控车的命令状态可以分为三种，即空命令状态、拾取实体状态和执行命令状态。

1）空命令状态

空命令状态下可以通过拾取对象进入拾取实体状态，或通过调用命令的方式进入执行命令状态。如果在空命令状态下调用了需要拾取实体的命令，则该命令运行后会提示用户拾取实体。

2）拾取实体状态

拾取实体状态下可以通过按 Esc 键进入空命令状态，或通过调用命令的方式进入执行命令状态。如果在拾取实体状态下调用了需要拾取对象的命令，则该命令会直接以在拾取实体状态下选中的实体为操作对象，直接进入拾取对象后的流程环节。

3）执行命令状态

执行命令状态下可按 Esc 键回到空命令状态下。部分命令也可以使用鼠标右键直接结束，回到空命令状态下。即 CAXA CAM 数控车执行命令时可以先拾取后调用命令，也可以先调用命令后拾取。需要拾取对象的命令有平移、旋转、镜像等。

此外，在空命令状态下可以通过直接输入算术式求得计算结果，例如：

输入“8-2”命令回车，输入区显示“8-2=6”。

输入“4 * 3”命令回车，输入区显示“4 * 3=12”。

输入“2^3”命令回车，输入区显示“2^3=8”。

5.2.3 数据输入

CAXA CAM 数控车中需要输入的数据有点（直线的端点、圆心等）、数值（直线长度、圆半径等）及位移。

(1) 点的输入

图形要素大都可通过输入点的位置来确定其大小。例如，画两点线时会提示“第一点”“第二点”，画圆时会提示“圆心点”等，这种状态称为点输入状态。CAXA CAM 数控车除了提供常用的键盘输入和鼠标单击输入方式外，还设置了智能点捕捉和工具点捕捉工具。

1）键盘输入

在点输入状态下，用键盘输入该点的坐标值。点坐标可用直角坐标、极坐标或相对坐标表示，其输入格式如下：

① 直角坐标。输入 X，Y 坐标值，以逗号为分隔符。

② 极坐标。输入 $d<a$，其中 d 为极径，a 为极角。

③ 相对坐标。输入@X，Y，其中 X 为该点相对于前一个点的 X 坐标差，Y 为该点相对

于前一个点的 Y 坐标差。

④ 相对极坐标。输入@d<a，表示输入了一个相对当前点的极坐标。相对当前点的极坐标半径为 d，半径与 X 轴的逆时针夹角为 a。

2）鼠标输入

在点输入状态下，通过移动十字光标选择需要输入的点的位置。选中后按下鼠标左键，该点的坐标即被输入。还可利用智能点捕捉和工具点捕捉功能，输入一些特殊的点，如中点、端点、切点等。

工具点就是在作图过程中具有几何特征的点，如圆心、切点、端点等。所谓工具点捕捉就是使用鼠标捕捉某个特征点。用户进入作图命令，需要输入特征点时，只要按下空格键，即在屏幕上弹出工具点菜单，如图 5-17 所示。

工具点的默认状态为屏幕点，用户在作图时拾取了其他的点状态，即在提示区右下角工具点状态栏中显示出当前工具点捕获的状态。但这种点的捕获只能一次有效，用完后立即自动回到屏幕点状态。

工具点的捕获状态的改变，也可以不用工具点菜单的弹出与拾取，用户在输入点状态的提示下，可以直接按相应的键盘字符（如“E”代表端点、“C”代表圆心等）进行切换。

当使用工具点捕捉时，其他设定的捕获方式暂时被取消，这就是工具点捕捉优先原则。当启用动态输入工具时，可以直接在屏幕上动态输入框内输入点坐标。

屏幕点(S)
端点(E)
中点(M)
两点之间的中点(B)
圆心(C)
节点(D)
象限点(Q)
交点(I)
插入点(R)
垂足点(P)
切点(T)
最近点(N)

图 5-17　工具点菜单

（2）数值的输入

CAXA CAM 数控车中某些命令执行时，需要输入数值，如长度、半径、角度等。此时既可输入一个数据，也可以输入一个表达式。

例如，100、35＋70、sin（70/360）、sqrt（36＋42）。

在表达式中输入角度值时，规定以度为单位。角度以 X 轴正向为 0°，逆时针旋转为正，顺时针旋转为负。

（3）位移的输入

位移是一个矢量。在某些操作（如平移、拉伸等）中，需要输入位移，可采用“给定两点”或“给定偏移”两种方式。前者输入两个点，以两点连线方向作为位移方向，以两点间的距离作为位移量。后者直接输入位移分量［ΔX，ΔY］。

5.2.4　视图工具

在绘制或编辑图形时，为了查看图形的细节，需要经常平移或缩放当前视图窗口。CAXA CAM 数控车提供了一系列命令可以方便地控制视图。

视图命令与绘制、编辑命令不同。它们只改变图形在屏幕上的显示情况，而不能使图形产生实质性的变化。图形的显示控制对绘图操作，尤其是绘制复杂视图和大型图纸具有重要作用，在图形绘制和编辑过程中要经常使用它们。

视图控制的各项命令可以通过“视图”主菜单、功能区“视图”选项卡下的“显示”面板执行，也可以使用鼠标中键和滚轮进行视图的平移或缩放。视图工具如图 5-18 所示，视图工具中各按钮的名称、命令和功能见表 5-1。

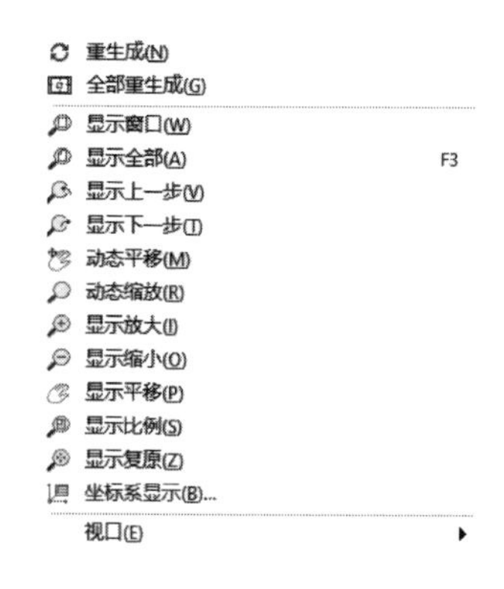

图 5-18　视图工具

表 5-1 视图工具中各功能按钮的名称、命令及功能

名称	按钮	命令	功能
重生成		refresh	将显示失真的图形进行重新生成。圆和圆弧等图素在显示时都是由一段一段的线段组合而成，当图形放大到一定比例时可能会出现显示失真的结果。通过使用“重生成”功能可以将显示失真的图形按当前窗口的显示状态进行重新生成
全部重生成		refreshall	将绘图区内显示失真的图形全部重新生成
显示窗口		zoom	通过指定一个矩形区域的两个角点，放大该区域的图形至充满整个绘图区
显示全部		zoomall	将当前绘制的所有图形全部显示在屏幕绘图区内。显示全部的快捷键为 F3
显示上一步		prev	取消当前显示，返回到显示变换前的状态
显示下一步		next	返回到下一次显示的状态。可与显示上一步配套使用
动态平移		dyntrans	拖动鼠标平行移动图形。调用“动态平移”功能后，光标变成动态平移的图标，按住鼠标左键，移动鼠标就能平行移动视图。按 Esc 或者单击鼠标右键可以结束动态平移操作。另外，可以按住鼠标中键（滚轮）直接进行平移，松开鼠标中键（滚轮）即可退出
动态缩放		dynscale	拖动鼠标放大、缩小显示图形。调用“动态缩放”功能后，光标变成动态缩放的图标，按住鼠标左键，鼠标向上移动为放大，向下移动为缩小。按 Esc 或者单击鼠标右键可以结束动态缩放操作。另外，可以按住鼠标滚轮上下滚动直接进行缩放
显示放大		zoomin	按固定比例放大视图。调用“显示放大”功能后，光标变成动态缩放的图标，单击鼠标左键即可放大一次。按 Esc 或者单击鼠标右键可以结束显示放大操作。另外，也可以按键盘的 PageUP 键，实现显示放大的效果
显示缩小		zoomout	按固定比例缩小视图。调用“显示缩小”功能后，光标变成动态缩放的图标，单击鼠标左键即可缩小一次。按 Esc 或者单击鼠标右键可以结束显示缩小操作。另外，也可以按键盘的 PageDown 键，实现显示缩小的效果
显示平移		pan	通过指定一个显示中心点，系统将以该点为屏幕显示的中心，平移显示图形。调用“显示平移”功能后，根据提示在屏幕上指定一个显示中心点，按下鼠标左键。系统立即将该点作为新的屏幕显示中心将图形重新显示出来。本操作不改变放缩系数，只将图形作平行移动。按 Esc 键或者单击鼠标右键可以退出“显示平移”状态。另外，可以使用上、下、左、右方向键使屏幕中心进行显示的平移
显示比例		vscale	可按输入的比例系数，缩放当前视图。显示放大和显示缩小是按固定比例进行缩放，而显示比例是更灵活地按设定比例缩放视图。调用“显示比例”功能后，根据提示，由键盘输入一个（0，1000）范围内的数值，该数值就是图形放缩的比例系数，并按下回车键。此时，一个由输入数值决定放大（或缩小）比例的图形被显示出来
显示复原		home	恢复标准图纸范围的初始显示状态。在绘图过程中，根据需要对视图进行了各种显示变换，为了返回到标准图纸的初始状态，可以使用显示复原命令。执行显示复原命令后，视图立即按照标准图纸范围显示。另外，也可以在键盘中按 Home 键调用“显示复原”功能

5.3 图形绘制

5.3.1 绘制直线

直线是图形构成的基本要素，正确、快捷地绘制直线的关键在于点的选择。在 CAXA CAM 数控车 2020 中拾取点时，可充分利用工具点菜单、智能点、导航点、栅格点等工具。输入点的坐标时，一般以绝对坐标输入。也可以根据实际情况，输入点的相对坐标和极坐标。

为了适应各种情况下直线的绘制，CAXA CAM 数控车 2020 提供了两点线、角度线、角等分线、切线/法线、等分线、射线和构造线等 7 种方式，通过立即菜单选择直线生成方式及参数即可。另外，每种直线生成方式都可以单独执行，以便提高绘图效率。

(1) 两点线

按给定两点画一条直线段或按给定的连续条件画连续的直线段。每条线段都可以单独进行编辑。

1）调用方式

单击“绘图”主菜单“直线”子菜单中的“╱两点”命令，或单击“常用”选项卡中“绘图”面板内“直线”功能按钮下拉菜单下的“╱两点线”按钮，或在命令行执行“lpp”命令，均可调用“两点线”命令，其立即菜单如图 5-19（a）所示。通过调用“直线”功能并在立即菜单选择“两点线”，也可调用“两点线”命令，其立即菜单如图 5-19（b）所示。

2）说明

单击立即菜单“连续”选项，则该项内容由“连续”变为“单根”，其中“连续”表示每个直线段相互连接，前一个直线段的终点为下一个直线段的起点，而“单根”是指每次绘制的直线段相互独立，互不相关。

按立即菜单的条件和提示要求，用光标输入两点，则一条直线被绘制出来。为了准确地绘出直线，可以使用键盘输入两个点的坐标或距离，也可以通过动态输入即时输入坐标和角度。此命令可以重复进行，按键盘 Esc 即可退出此命令。

在非正交情况下，根据拾取点的类型可生成切线、垂直线、公垂线、垂直切线以及任意的两点线。在正交情况下，生成的直线平行于当前坐标系的坐标轴。

注意：可以使用 F8 键切换为正交模式，亦可点击屏幕右下角状态栏中的正交按钮进行切换。

3）实例

例 1 绘制如图 5-20 所示的直角三角形。

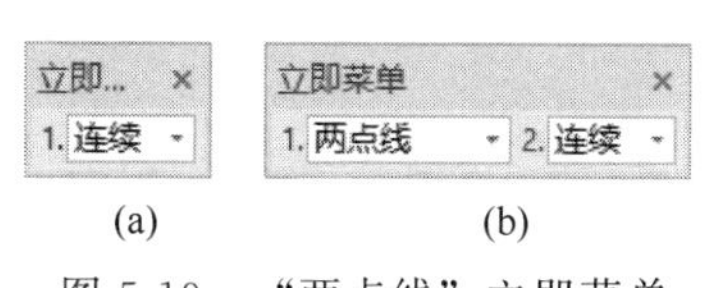

(a) (b)

图 5-19 “两点线”立即菜单

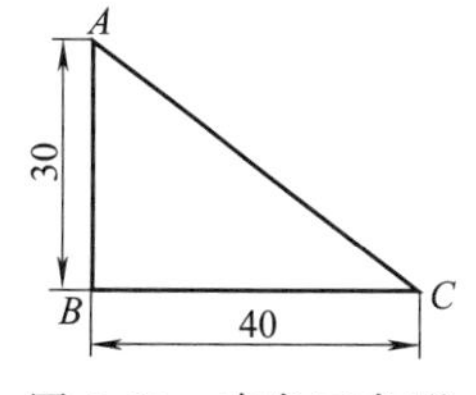

图 5-20 直角三角形

绘图步骤：调用“直线”命令，系统弹出直线立即菜单，选择“两点线”方式，系统提示：

第一点：(在屏幕中用鼠标左键，确定 A 点)

第二点：30［打开正交模式，水平向下移动光标，如图 5-21（a）所示，输入距离 30，并

按回车键确认，绘制出三角形长为 30mm 的直角边 AB]

第二点：40 [水平向右移动光标，如图 5-21（b）所示，输入距离 40，并按回车键确认，绘制出三角形的另一条长为 40mm 直角边 BC]

第二点：[关闭正交模式，用鼠标左键拾取 A 点，如图 5-21（c）所示，绘制出三角形的斜边 AC]

按 Esc 键退出“两点线”功能。

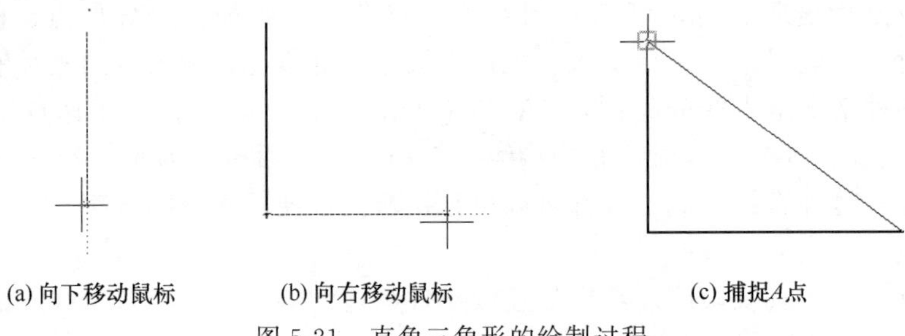
(a) 向下移动鼠标　(b) 向右移动鼠标　(c) 捕捉A点

图 5-21　直角三角形的绘制过程

例 2　绘制如图 5-22 所示两圆的外公切线。

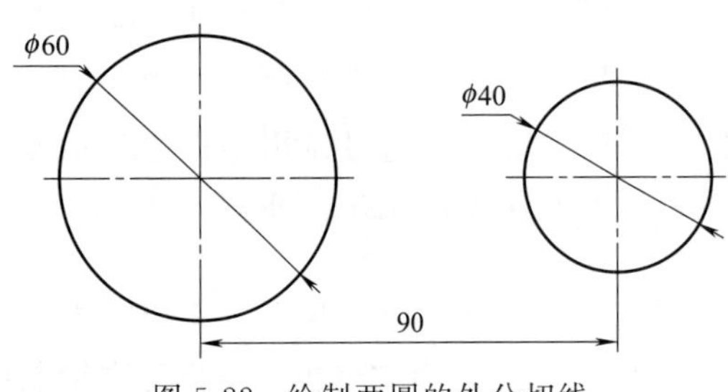

图 5-22　绘制两圆的外公切线

绘制两点线时，充分利用工具点菜单，可以绘制出多种特殊的直线，这里利用工具点中的“切点”绘制出圆和圆的公切线。

绘图步骤如下：

执行两点线命令:"直线"

第一点：[按空格键弹出工具点菜单，单击“切点”项，如图 5-23（a）所示，然后按提示拾取第一个圆中“1”所指的位置，如图 5-23（b）所示]

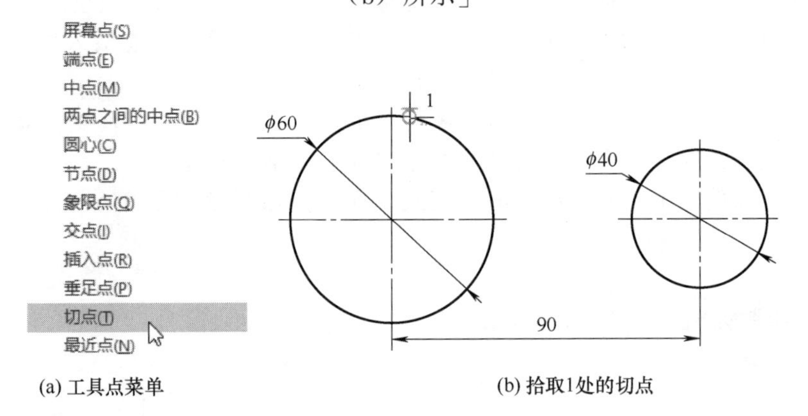

(a) 工具点菜单　(b) 拾取1处的切点

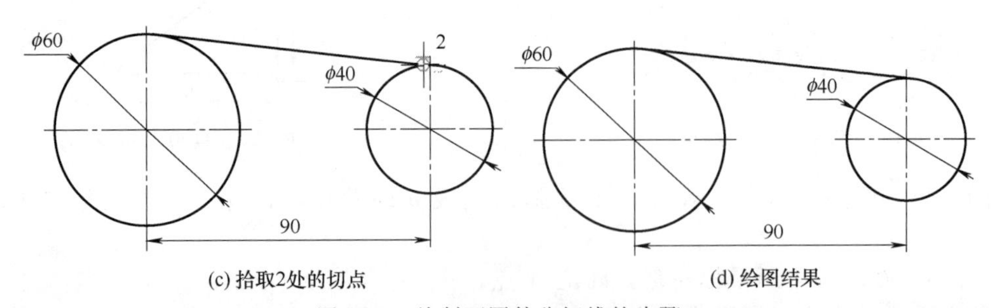

(c) 拾取2处的切点　(d) 绘图结果

图 5-23　绘制两圆外公切线的步骤

第二点：[按空格键弹出工具点菜单，单击“切点”项，然后按提示拾取第一个圆中“2”所指的位置，如图 5-23（c）所示]

按 Esc 键退出“直线”功能。绘图结果如图 5-23（d）所示。

注：在拾取点时，拾取位置不同，则切线绘制的位置也不同。如图 5-24 中，若第二点选在“3”所指位置，则绘出两圆的内公切线。

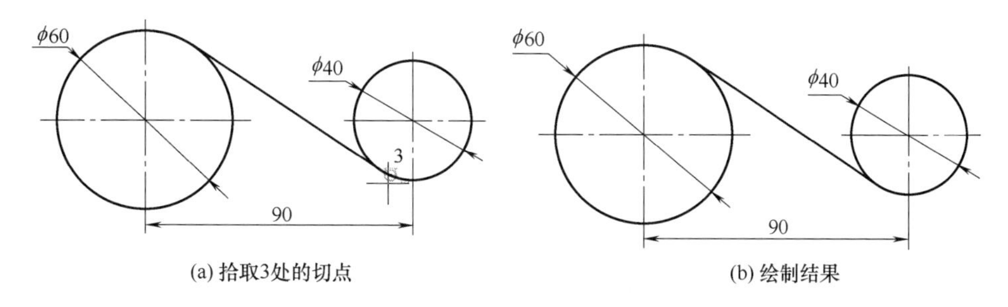

(a) 拾取3处的切点　　(b) 绘制结果

图 5-24　绘制两圆的内公切线

（2）角度线

按给定角度、给定长度绘制一条直线段。给定角度是指目标直线与已知直线、*X* 轴或 *Y* 轴所成的夹角。

1）调用方式

单击“绘图”主菜单“直线”子菜单中“角度”命令，或单击“常用”选项卡中“绘图”面板内“直线”功能按钮下拉菜单下的“角度”按钮，或在命令行执行“la”命令，均可调用“角度线”命令，其立即菜单如图 5-25（a）所示。通过调用“直线”功能并在立即菜单中选择“角度线”，也可调用“角度线”命令，其立即菜单如图 5-25（b）所示。

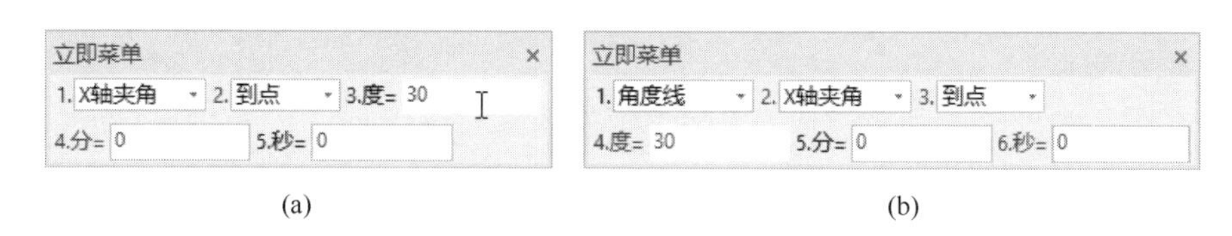

(a)　　(b)

图 5-25　“角度线”立即菜单

2）说明

① 单击立即菜单中“X 轴夹角”选项，弹出“X 轴夹角”“Y 轴夹角”“直线夹角”三个选项，可根据绘图需要选择夹角类型。如果选择“直线夹角”，则表示画一条与已知直线段指定夹角的直线段，此时操作提示变为“拾取直线”，待拾取一条已知直线段后，再输入第一点和第二点即可。

② 单击立即菜单“到点”选项，则内容由“到点”转变为“到线上”，即指定终点位置是在选定直线上。

③ 单击立即菜单中“度”“分”“秒”各项可从其对应右侧小键盘直接输入夹角数值。编辑框中的数值为当前立即菜单所选角度的默认值。

④ 按提示要求输入第一点，则屏幕画面上显示该点标记。此时，操作提示变为“第二点或长度”。如果由键盘输入一个长度数值并回车，则一条按用户刚设定条件确定的直线段被绘制出来。另外如果移动鼠标，则一条绿色的角度线随之出现。待鼠标光标位置确定后，单击左键则立即画出一条给定长度和倾角的直线段。

3）实例

绘制一条与 X 轴成 45°、长度为 50mm 的线段。

调用“角度线”命令。按图 5-26 所示立即菜单进行设置。按提示要求输入第一点，操作提示变为“第二点或长度”，由键盘输入长度数值 50 并回车，则绘制出如图 5-27 所示直线段。

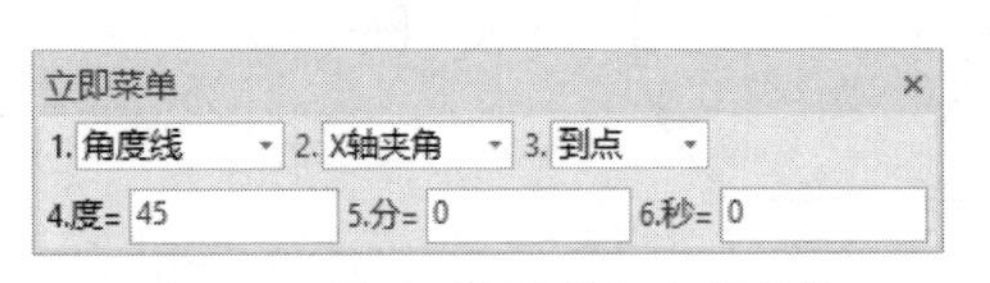

图 5-26 设置“角度线”立即菜单

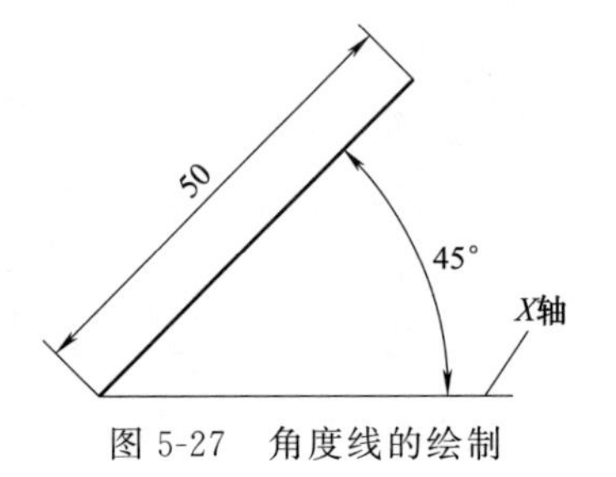

图 5-27 角度线的绘制

（3）角等分线

按给定参数绘制一个夹角的等分线。

1）调用方式

单击“绘图”主菜单下“直线”子菜单中的“角等分线”命令，或单击“常用”选项卡中“绘图”面板内“直线”功能按钮下拉菜单下的“角等分线”按钮，或在命令行执行“lia”命令，即可调用“角等分线”命令，其立即菜单如图 5-28（a）所示。也可通过调用“直线”功能并在立即菜单选择“角等分线”来调用“角等分线”命令，其立即菜单如图 5-28（b）所示。

图 5-28 “角等分线”立即菜单

2）说明

① 单击立即菜单［份数］，输入等分份数值。

② 单击立即菜单［长度］，输入等分线长度值。

设置完立即菜单中的数值后，命令输入区提示拾取第一条直线，点击确认后，又提示拾取第二条直线。这时屏幕上显示出已知角的角等分线。

③ 实例：将图 5-29（a）所示 45°的角等分为 3 份，等分线长度为 50mm。

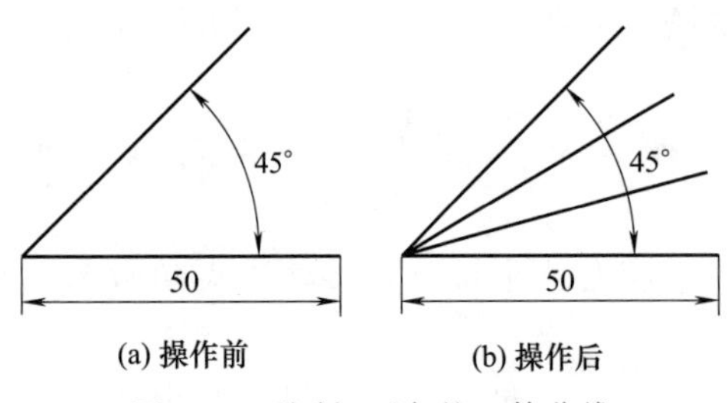

图 5-29 绘制 45°角的三等分线

绘图步骤如下：

执行“角等分线”命令，并将其立即菜单中“份数”设置为 3，“长度”设置为 50。

拾取第一条直线：［拾取图 5-29（a）中的水平直线］

拾取第二条直线：［拾取图 2-29（a）中的倾斜直线］

绘图结果如图 5-29（b）所示。

（4）切线/法线

过给定点作已知曲线的切线或法线。

1）调用方式

单击“绘图”主菜单“直线”子菜单中的“切线/法线”命令，或单击“常用”选项卡中“绘图”面板内“直线”功能按钮下拉菜单下的“切线/法线”按钮，或在命令行中执行“ltn”命令，即可调用“切线/法线”命令，其立即菜单如图5-30（a）所示。通过调用“直线”功能并在立即菜单中选择“切线/法线”，也可调用“切线/法线”命令，其立即菜单如图5-30（b）所示。

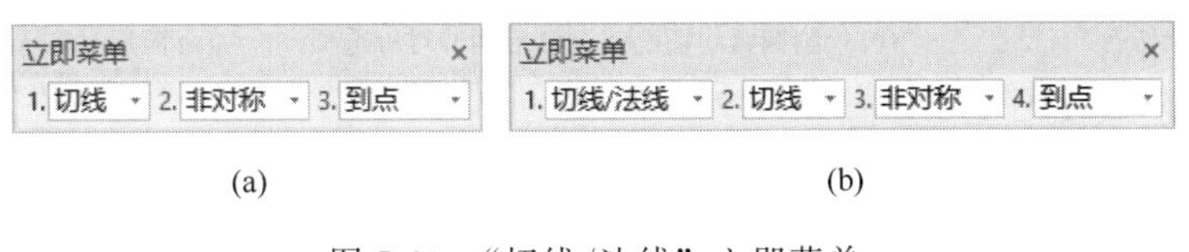

图5-30　“切线/法线”立即菜单

2）说明

① 单击立即菜单上的“切线”，则该项内容变为“法线”，将画出一条与已知直线相垂直的直线。选择“切线”，则画出一条与已知直线相平行的直线。

② 单击立即菜单中“非对称”，该项内容切换为“对称”，这时选择的第一点为所要绘制直线的中点，第二点为直线的一个端点。

③ 单击立即菜单中“到点”，则该项目变为“到线上”，表示所画切线或法线的终点在一条已知线段上。

3）实例

例1　已知直线 L 和 A 点，如图5-31（a）所示，过 A 点绘制直线 L 的切线和法线。

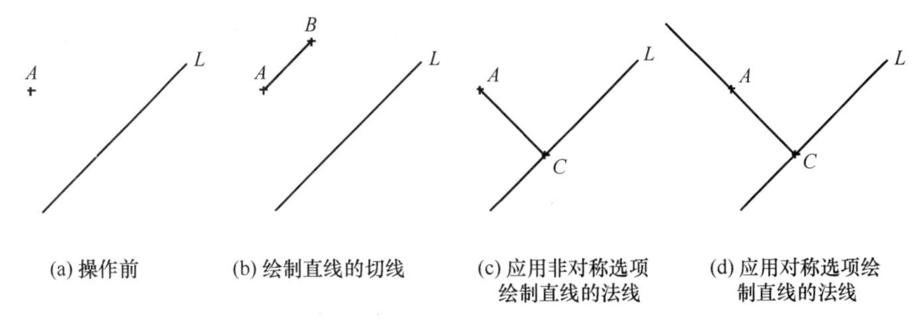

图5-31　绘制直线的切线和法线

绘图步骤如下：

启动执行命令："直线：切线/法线"（在立即菜单中，选择切线）

拾取曲线：（拾取直线 L）

输入点：（捕捉 A 点，系统产生一条平行于直线 L 的绿色点画线）

第二点或长度：（沿绿色点画线移动鼠标，确定 B 点，也可以输入所绘制切线的长度值）

绘图结果如图5-31（b）所示。

启动执行命令："直线：切线/法线"（在立即菜单中，选择法线）

拾取曲线：（拾取直线 L）

输入点：（捕捉 A 点，系统产生一条垂直于直线 L 的绿色点画线）

第二点或长度：（沿绿色直线移动光标，捕捉垂足 C 点）

绘图结果如图5-31（c）所示。如果在绘制法线时，将立即菜单中“非对称”切换为“对称”，则绘图结果如图 5-31（d）所示，A 点为所绘制法线的中点。

例 2 已知圆弧和 A 点，如图 5-32（a）所示，过 A 点绘制圆弧的切线和法线。

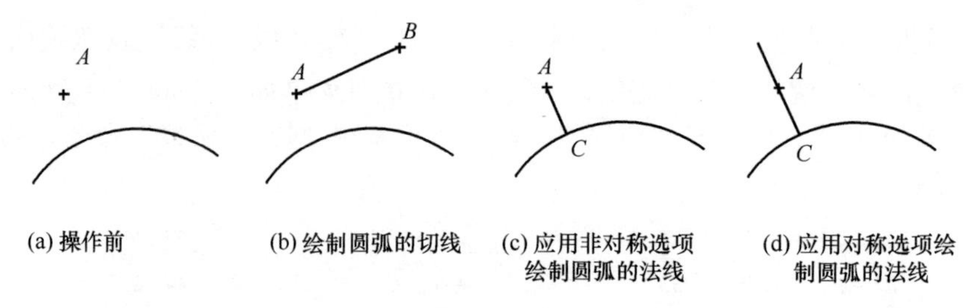

图 5-32 绘制圆弧的切线和法线

绘图步骤如下：

启动执行命令:″直线：切线/法线″（在立即菜单中，选择切线）

拾取曲线：（拾取圆弧）

输入点：（捕捉 A 点，系统产生一条平行于圆弧切线的绿色点画线）

第二点或长度：（沿绿色点画线移动鼠标，确定 B 点，也可以输入所绘制切线的长度值）

绘图结果如图 5-32（b）所示。

启动执行命令:″直线：切线/法线″（在立即菜单中，选择法线）

拾取曲线：（拾取圆弧）

输入点：（捕捉 A 点，系统产生一条过圆弧圆心的绿色点画线）

第二点或长度：（沿绿色直线移动光标，捕捉垂足 C 点）

绘图结果如图 5-32（c）所示。如果在绘制法线时，将立即菜单中“非对称”切换为“对称”，则绘图结果如图 5-32（d）所示，A 点为所绘制法线的中点。

（5）等分线

按两条线段之间的距离 n 等分绘制直线。生成等分线要求所选两条直线段符合以下条件：①平行；②不平行、不相交，并且其中任意一条线的任意方向的延长线不与另一条线本身相交，可等分；③不平行，一条线的某个端点与另一条线的端点重合，并且两直线夹角不等于 180°，也可等分。

注：等分线和角等分线在对具有夹角的直线进行等分时概念是不同的，角等分是按角度等分，而等分线是按照端点连线的距离等分。

1）调用方式

单击“绘图”主菜单下“直线”子菜单中的“等分线”命令，或单击“常用”选项卡中“绘图”面板内“直线”功能按钮下拉菜单下的“等分线”按钮，或在命令行执行“bisector”命令，即可调用“等分线”命令，其立即菜单如图 5-33（a）所示。也可通过调用“直线”功能并在立即菜单中选择“等分线”来调用“等分线”命令，其立即菜单如图 5-33（b）所示。

2）说明

执行等分线命令后，拾取符合条件的两条直线段，即可在两条线间生成一系列的线，这些线将两条线之间的部分等分成 n 份。

3）实例

如图 5-34（a）所示，先后拾取两条平行的直线，等分量设为 5，则最后结果如图 5-34（b）所示。

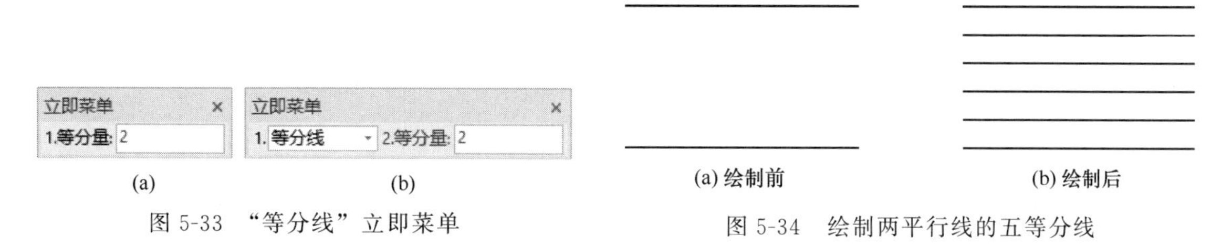

图 5-33 “等分线”立即菜单

图 5-34 绘制两平行线的五等分线

(6) 射线

生成一条由特征点向一端无限延伸的射线。单击“绘图”主菜单下“直线”子菜单中的“射线”命令，或单击“常用”选项卡中“绘图”面板内“直线”功能按钮下拉菜单下的“射线”按钮，或在命令行执行 ray 命令，即可调用射线命令。

调用“射线”功能后，鼠标左键指定射线的特征点和延伸方向后即可生成射线。

(7) 构造线

生成一条过特征点向两端无限延伸的构造线。单击“绘图”主菜单下“直线”子菜单中的“构造线”命令，或单击“常用”选项卡中“绘图”面板内“直线”功能按钮下拉菜单下的“构造线”按钮，或在命令行中执行“xline”命令，即可调用构造线命令。

调用“构造线”功能后，鼠标左键指定构造线的特征点和延伸方向后即可生成构造线。

5.3.2 绘制平行线

绘制平行线，指的是按照给定的距离，绘制单条或多条与已知线段平行的线段。

(1) 调用方式

单击“绘图”主菜单中的“平行线”命令，或单击“常用”选项卡中“绘图”面板内的“平行线”按钮，或在命令行中执行“LL”命令，即可执行绘制平行线命令，系统弹出如图 5-35 所示的立即菜单。

立即菜单
1. 偏移方式 2. 单向

图 5-35 “平行线”立即菜单

(2) 说明

① 单击立即菜单“1. 偏移方式”，可以切换“两点方式”。

② 选择偏移方式后，单击立即菜单“2. 单向”，其内容由“单向”变为“双向”，在双向条件下可以画出与已知线段平行、长度相等的双向平行线段。当在单向模式下，用键盘输入距离时，系统首先根据十字光标在所选线段的哪一侧来判断绘制线段的位置。

③ 选择两点方式后，可以单击立即菜单“点方式”，其内容由“点方式”变为“距离方式”，根据系统提示即可绘制相应的线段。

④ 按照以上描述，选择“偏移方式”，用鼠标拾取一条已知线段。拾取后，该提示改为“输入距离或点（切点）”。在移动鼠标时，一条与已知线段平行并且长度相等的线段被鼠标拖动着。待位置确定后，单击鼠标左键，一条平行线段被画出。也可用键盘输入一个距离数值，两种方法的效果相同。

⑤ 此命令可以重复进行，按键盘 Esc 即可退出此命令。

(3) 示例

在图 5-36（a）所示直线段 L 的左侧，绘制一条相距 30mm 且等长的平行线。

绘制步骤如下：

启动执行命令：″平行线″（将平行线立即菜单设置为偏移方式、单向）

拾取直线：（拾取直线 L）

输入距离或点（切点）：30（输入所绘制直线的距离）

绘图结果如图 5-36（b）所示。若将“单向”变为“双向”，则绘图结果如图 5-36（c）所示。

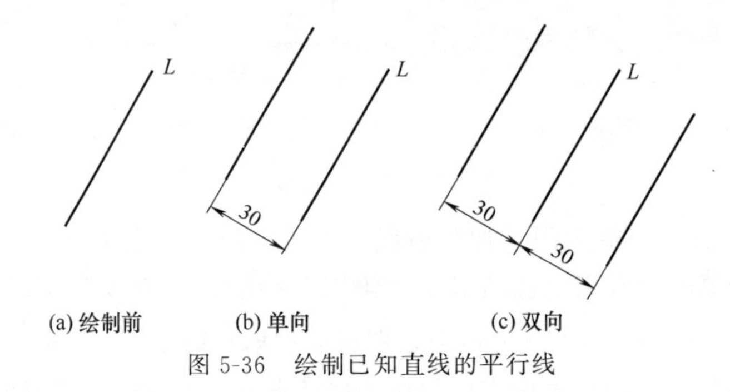

图 5-36　绘制已知直线的平行线

5.3.3 绘制圆

绘制圆是指按照各种给定参数绘制圆。为了适应各种情况下圆的绘制，CAXA CAM 数控车 2020 提供了“圆心 _ 半径”“两点”“三点”和“两点 _ 半径”等几种绘制方式，通过立即菜单选择圆生成方式及参数即可。另外，每种圆生成方式都可以单独执行，以便提高绘图效率。

单击“绘图”主菜单中的“圆”命令，或单击“常用”选项卡中“绘图”面板内的“”按钮，或在命令行中执行“circle”命令，即可执行绘制圆命令，系统弹出如图 5-37 所示的立即菜单。

根据不同的绘图要求，还可在绘图过程中通过立即菜单选取圆上是否带有中心线，系统默认为无中心线。

立即菜单 ×
1. 三点 2. 无中心线
圆心_半径
两点
三点
两点_半径

图 5-37　“圆”立即菜单

(1) 绘制已知圆心和半径的圆

根据给定的圆心和半径来绘制圆，这是最常用的绘制圆的方式。

1）调用方式

单击“绘图”主菜单下“圆”子菜单中的“圆心_半径”命令，或单击“常用”选项卡中“绘图”面板内“圆”功能按钮下拉菜单下的按钮，或在命令行中执行“cir”命令，即可执行“圆心_半径”命令，系统弹出如图 5-38（a）所示立即菜单。也可通过调用“圆”功能并在立即菜单中选择“圆心_半径”方式来调用“圆心_半径”命令，其立即菜单如图 5-38（b）所示。

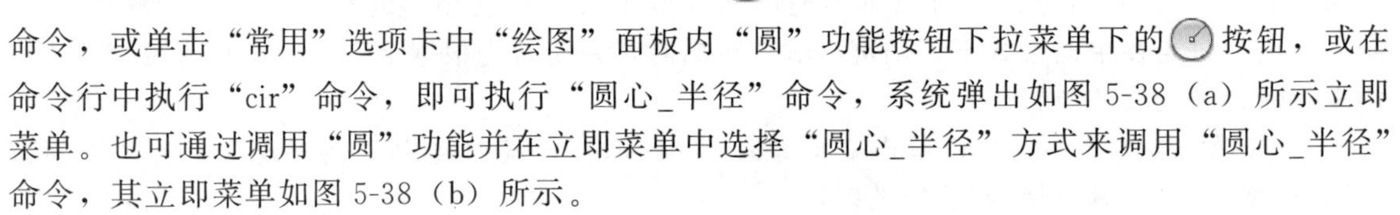

2）说明

① 执行“圆心_半径”命令后，系统提示“圆心点”，按提示要求输入圆心；系统提示变为“输入半径或圆上一点”，此时，可以直接由键盘输入所需半径数值，并按回车键；也可以移动光标，确定圆上的一点，并单击鼠标左键。

② 单击立即菜单“1. 半径”，则显示内容变为“直径”，在输入完圆心以后，系统提示变为“输入直径或圆上一点”，用户由键盘输入的数值为圆的直径。

③ 单击立即菜单“2. 无中心线”，则显示内容变为“有中心线”，同时可以输入中心线的延伸长度，如图 5-39 所示。

此命令可以重复进行，按键盘 Esc 键可以退出此命令。

3）示例

(a) (b)

图 5-38 “圆心_半径”立即菜单

图 5-39 “有中心线”立即菜单

在边长为 40mm 正方形的中心绘制半径为 10mm 的圆，如图 5-40（a）所示。

绘图步骤如下：

启动执行命令:"圆"

圆心点：(捕捉边长为 40mm 正方形的中心)

输入半径或圆上一点：10（输入圆的半径值 10）

单击鼠标右键或者按键盘上的 Esc 键即可退出此命令，绘图结果如图 5-40（b）所示。

(2) 绘制两点圆

绘制两点圆，指的是通过两个已知点绘制圆，这两个已知点之间的距离就是直径。

1）调用方式

单击“绘图”主菜单下“圆”子菜单中的“两点”命令，或单击“常用”选项卡中“绘图”面板内“圆”功能按钮下拉菜单下的按钮，或在命令行中执行“cppl”命令，即可执行绘制“两点”圆命令，系统弹出如图 5-41（a）所示立即菜单。也可通过调用“圆”命令并在立即菜单中选择“两点”方式来调用“两点”圆命令，其立即菜单如图 5-41（b）所示。根据提示输入第一点、第二点，一个完整的圆即被绘制出来。

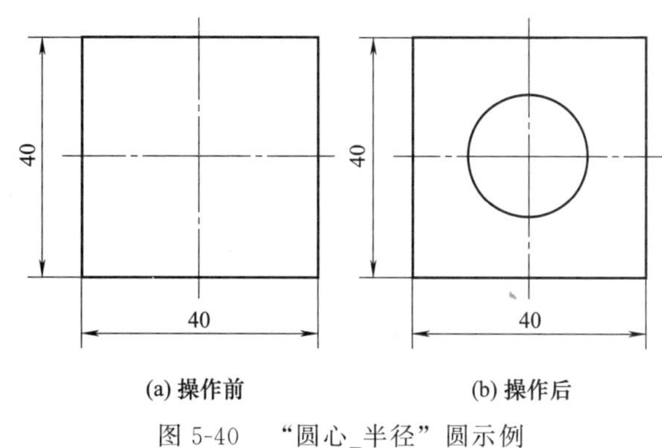

(a) 操作前 (b) 操作后

图 5-40 “圆心_半径”圆示例

2）示例

绘制以图 5-42 所示长方形两长边中点为切点的内切圆。

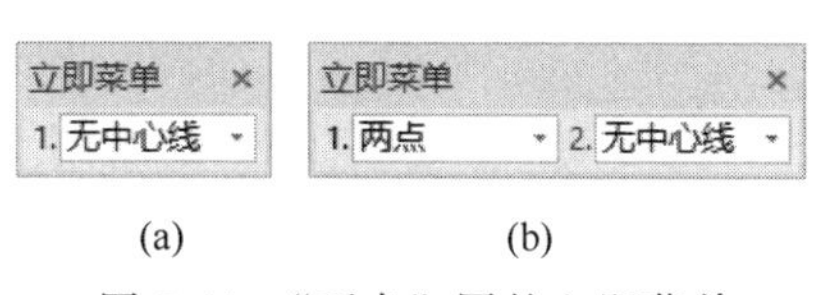

(a) (b)

图 5-41 “两点”圆的立即菜单

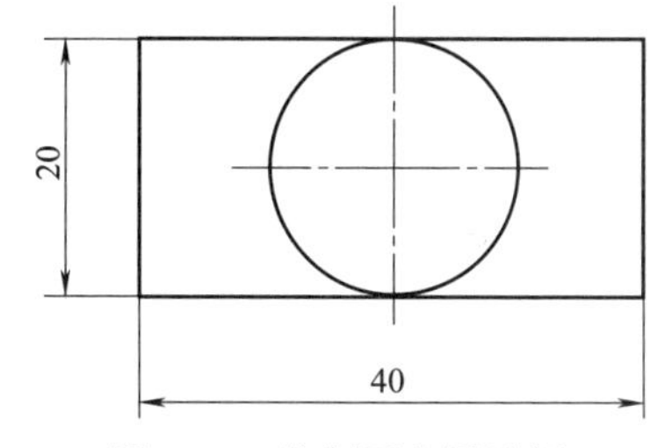

图 5-42 绘制两点圆示例

绘图步骤如下：

启动执行命令:"圆：两点"（将立即菜单中“无中心线”改为“有中心线”）

第一点：(捕捉矩形一长边的中点)

第二点：(捕捉矩形另一长边的中点)

绘图结果如图 5-42 所示。

(3) 绘制三点圆

绘制三点圆，指的是通过不在一条直线上的三个点绘制圆。

1）调用方式

单击“绘图”主菜单下“圆”子菜单中的“三点”命令，或单击“常用”选项卡中“绘图”面板内“圆”功能按钮下拉菜单下的按钮，或在命令行中执行“cppp”命令，即可执行绘制“三点”圆命令，其立即菜单如图 5-43（a）所示。也可通过调用“圆”功能并在立即菜单中选择“三点”方式来调用“三点”圆命令，其立即菜单如图 5-43（b）所示。按命令输入区提示，输入第一点、第二点和第三点后，一个完整的圆就被绘制出来。在输入点时可充分利用智能点、栅格点、导航点和工具点菜单。

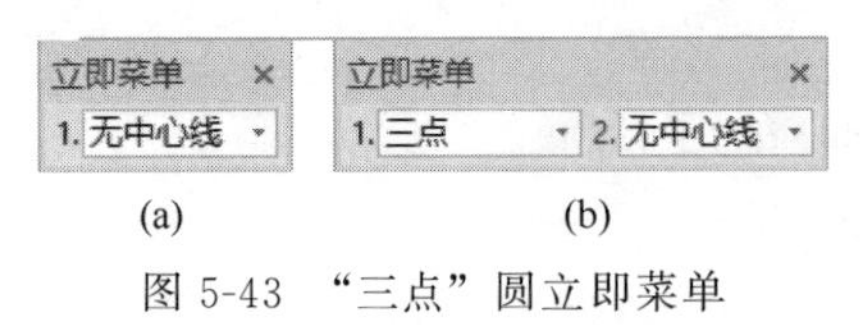

图 5-43 “三点”圆立即菜单

2）示例

利用“三点”圆命令和工具点菜单可以很容易地绘制出三角形的外接圆和内切圆，如图 5-44 所示。

（4）绘制已知两点和半径的圆

在 CAXA CAM 数控车 2020 中，可以过圆周上的两个已知点和给定的半径绘制圆。

1）调用方式

单击“绘图”主菜单下“圆”子菜单中的“两点_半径”命令，或单击“常用”选项卡中“绘图”面板内“圆”功能按钮下拉菜单下的按钮，或在命令行中执行“cppr”命令，即可执行“两点_半径”圆命令，其立即菜单如图 5-45（a）所示。也可通过调用“圆”命令并在立即菜单中选择“两点_半径”方式来调用“两点_半径”圆命令，其立即菜单如图 5-45（b）所示。按提示要求，输入第一点、第二点后，在合适位置输入第三点或由键盘输入一个半径值，一个完整的圆就被绘制出来。

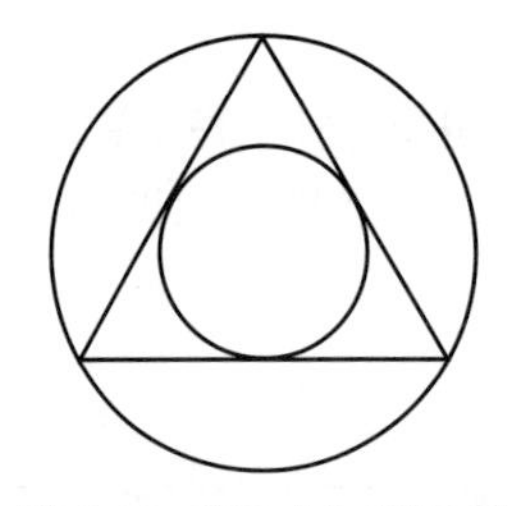
图 5-44 “三点”圆示例

图 5-45 “两点_半径”圆立即菜单

2）示例

已知两直径为 20mm 的圆，相距 40mm，如图 5-46（a）所示。现绘制与两圆相切且半径为 15mm 的外切圆。

绘制步骤如下：

启动执行命令:″圆：两点_半径″

第一点：（按空格键弹出工具点菜单，单击“切点”项，捕捉左侧圆的切点）

第二点：（按空格键弹出工具点菜单，单击“切点”项，捕捉右侧圆的切点）

第三点（半径）：15（输入外切圆的半径值 15）

绘图结果如图 5-46（b）所示。

5.3.4 绘制圆弧

绘制圆弧时，可以指定圆心、端点、起点、半径、角度等各种组合形式创建圆弧。单击“绘图”主菜单中的“圆弧”命令，或单击“常用”选项卡中“绘图”面板内的按钮，或在命令行中执行“arc”命令，即可执行“圆弧”命令，系统弹出如图 5-47 所示立即菜单。

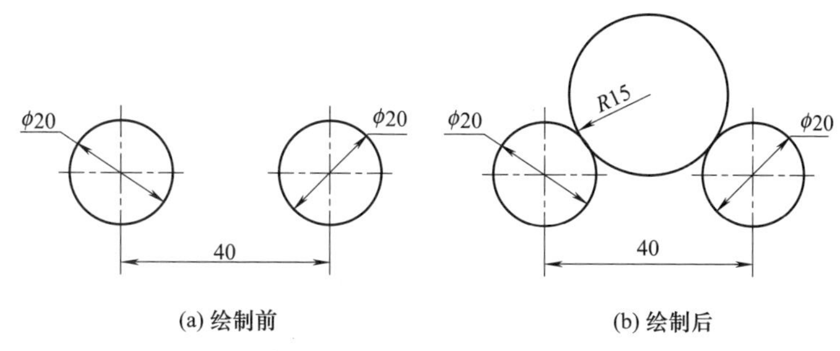

图 5-46　“两点_半径”圆示例

为了适应各种情况下圆弧的绘制，CAXA CAM 数控车 2020 提供了“三点圆弧”“圆心_起点_圆心角”“两点_半径”“圆心_半径_起终角”“起点_终点_圆心角”和“起点_半径_起终角”六种方式，通过立即菜单选择圆弧生成方式及参数即可。另外，每种圆弧生成方式都可以单独执行，以便提高绘图效率。

（1）绘制三点圆弧

绘制三点圆弧，指的是通过已知三点绘制圆弧。过已知三点绘制圆弧，其中第一点为起点，第三点为终点，第二点决定圆弧的位置和方向。

1）调用方式

单击“绘图”主菜单下“圆弧”子菜单中的“三点圆弧”命令，或单击“常用”选项卡中“绘图”面板内“圆弧”功能按钮下拉菜单下的按钮，或在命令行中执行 appp 命令，即可执行“三点圆弧”命令。也可通过调用“圆弧”功能并在立即菜单中选择“三点圆弧”方式来调用“三点圆弧”命令，其立即菜单如图 5-48 所示。

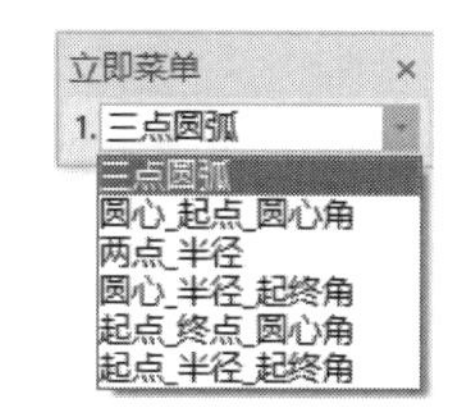

图 5-47　“圆弧”立即菜单

图 5-48　“三点圆弧”立即菜单

2）说明

按系统提示要求，指定第一点和第二点，此时，一条过上述两点及过光标所在位置的三点圆弧已经被显示在画面上，移动光标，正确选择第三点位置，并单击左键，则一条圆弧线被绘制出来。在选择这三个点时，可灵活运用工具点、智能点、导航点、栅格点等工具，也可以直接用键盘输入点坐标。

3）示例

三角形如图 5-49（a）所示，依次选择 *A*、*C*、*B* 三点画弧，结果如图 5-49（b）所示。

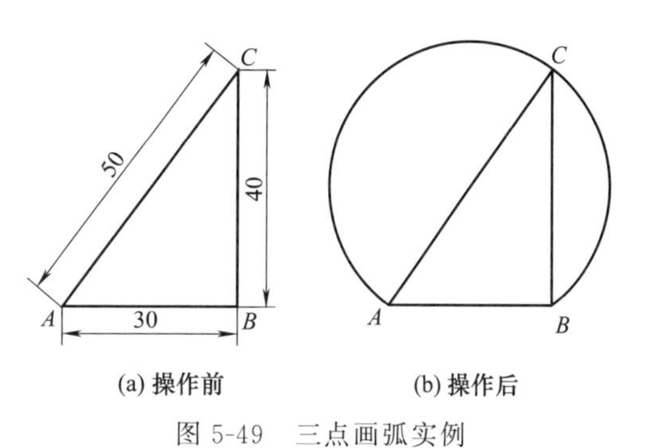

图 5-49　三点画弧实例

（2）绘制已知圆心、起点、圆心角的圆弧

在 CAXA CAM 数控车 2020 中，可以利用已知的圆心、起点、圆心角（或终点）绘制圆弧。

1）调用方式

单击“绘图”主菜单下“圆弧”子菜单中的“圆心_起点_圆心角”命令，或单击“常用”

选项卡中“绘图”面板内“圆弧”功能按钮下拉菜单下的按钮，或调用“圆弧”功能并在立即菜单中选择“圆心_起点_圆心角”方式，或在命令行中执行 acsa 命令，即可执行“圆心_起点_圆心角”圆弧命令。当通过调用“圆弧”功能并在立即菜单中选择“圆心_起点_圆心角”方式时，系统弹出如图 5-50 所示立即菜单。

2）说明

按系统提示要求，输入圆心和圆弧起点，提示又变为“圆心角或终点”，输入一个圆心角数值或输入终点，则一个圆弧被绘制出来，也可以用鼠标拖动进行选取。

3）示例

以图 5-51 中点 1 为圆心，点 2 为起点，当圆心角为 60°时，则绘制出如图 5-51（a）所示圆弧；当圆心角为−60°时，则绘制出如图 5-51（b）所示圆弧。

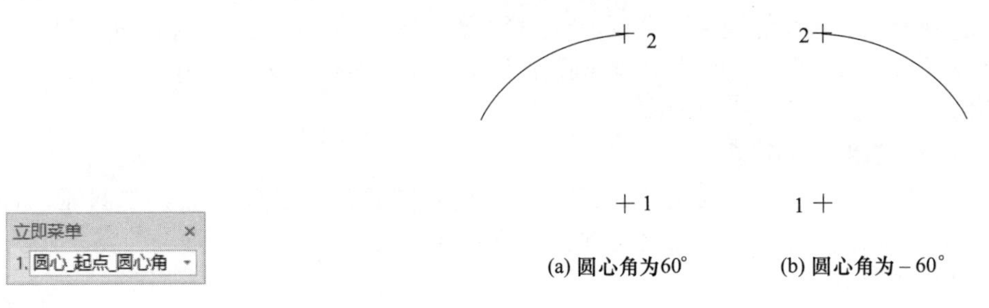

图 5-50 “圆心_起点_圆心角”圆弧立即菜单

图 5-51 “圆心_起点_圆心角”圆弧实例

（3）绘制已知两点、半径的圆弧

在 CAXA CAM 数控车 2020 中，可以利用已知两点及圆弧半径来绘制圆弧。

1）调用方式

单击“绘图”主菜单下“圆弧”子菜单中的“两点_半径”命令，或单击“常用”选项卡中“绘图”面板内“圆弧”功能按钮下拉菜单下的按钮，或调用“圆弧”功能并在立即菜单中选择“两点_半径”方式，或在命令行中执行 appr 命令，即可执行“两点_半径”圆弧命令。当通过调用“圆弧”功能并在立即菜单中选择“两点_半径”方式时，系统弹出如图 5-52 所示立即菜单。

图 5-52 “两点_半径”圆弧立即菜单

2）说明

按系统提示要求输入第一点和第二点后，系统提示又变为“第三点（半径）”。此时如果输入一个半径值，则系统首先根据十字光标当前的位置判断绘制圆弧的方向，判定规则是：十字光标当前位置处在第一、二两点所在直线的哪一侧，则圆弧就绘制在哪一侧，如图 5-53 所示。

应用该命令时，如果在输入第二点以后移动鼠标，则在画面上出现一段由输入的两点及光标所在位置点构成的三点圆弧。移动光标，圆弧发生变化，在确定圆弧大小后，单击鼠标左键，结束本操作。

3）实例

以图 5-53 所示 *A* 点为第一点，*B* 点为第二点，16mm 为半径绘制圆弧。

调用“两点_半径”命令时，按提示要求拾取第一点 *A* 和第二点 *B* 后，系统提示又变为“第三点（半径）”，向上移动光标，输入半径值 16 并确定，则绘制出如图 5-53（a）所示图形；若在提示输入“第三点（半径）”时，向下移动光标，输入半径值 16 并确定，则绘制出如图 5-53（b）所示图形。若移动光标时形成的圆弧大于 180°，再输入半径值，则绘制的圆弧是大于 180°的优弧，如图 5-53（c）所示。

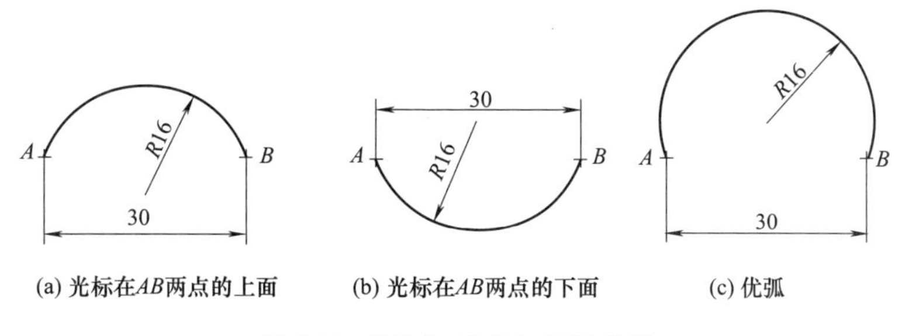

(a) 光标在AB两点的上面　(b) 光标在AB两点的下面　(c) 优弧

图 5-53 “两点_半径”圆弧实例

(4) 绘制已知圆心、半径、起终角的圆弧

在 CAXA CAM 数控车 2020 中，可以利用已知的圆心、半径和起终角绘制圆弧。

1) 调用方式

单击“绘图”主菜单下“圆弧”子菜单中的“圆心_半径_起终角”命令，或单击“常用”选项卡中“绘图”面板内“圆弧”功能按钮下拉菜单下的按钮，或调用“圆弧”功能并在立即菜单中选择“圆心_半径_起终角”方式，或在命令行中执行“acra”命令，即可执行“圆心_半径_起终角”圆弧命令。当通过调用“圆弧”功能并在立即菜单中选择“圆心_半径_起终角”方式时，系统弹出如图 5-54 所示立即菜单。

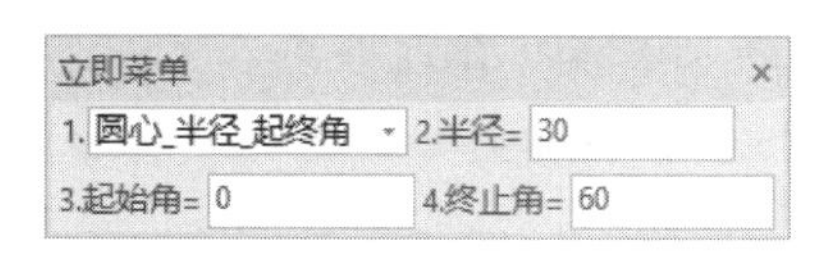

图 5-54 “圆心_半径_起终角”圆弧立即菜单

2) 说明

① 单击立即菜单中的“2. 半径”，其中编辑框内数值为默认值，可按要求重新输入半径值。

② 单击立即菜单中的“起始角”或“终止角”，可输入起始角或终止角的数值。起始角的数值范围为 [0，360]。注意：起始角和终止角均是从 X 正半轴开始，逆时针旋转为正，顺时针旋转为负。

立即菜单表明了待绘制圆弧的条件。按提示要求输入圆心点，此时，一段圆弧随光标的移动而移动。圆弧的半径、起始角、终止角均为用户设定的值，待选好圆心点位置后，单击左键，则该圆弧被显示在画面上。

3) 示例

对图 5-55 所示的 60°粗实线圆弧，就可采用“圆心_半径_起终角”方式绘制。绘制时，圆心选择两直线的交点，半径设为 30，起始角为 0°，终止角为 60°。

(5) 绘制已知起点、终点、圆心角的圆弧

在 CAXA CAM 数控车 2020 中，可以利用已知的起点、终点和圆心角绘制圆弧。

1) 调用方式

单击“绘图”主菜单下“圆弧”子菜单中的“起点_终点_圆心角”命令，或单击“常用”选项卡中“绘图”面板内“圆弧”功能按钮下拉菜单下的按钮，或调用“圆弧”功能并在立即菜单中选择“起点_终点_圆心角”方式，或在命令行中执行“asea”命令，即可执行“起点_终点_圆心角”圆弧命令。当通过调用“圆弧”功能并在立即菜单中选择“起点_终点_圆心角”方式时，系统弹出如图 5-56 所示立即菜单。

2) 说明

① 圆心角的数值范围是 [0，360]。

② 按系统提示输入起点和终点，则一条从起点到终点的逆时针圆弧被显示在屏幕上。

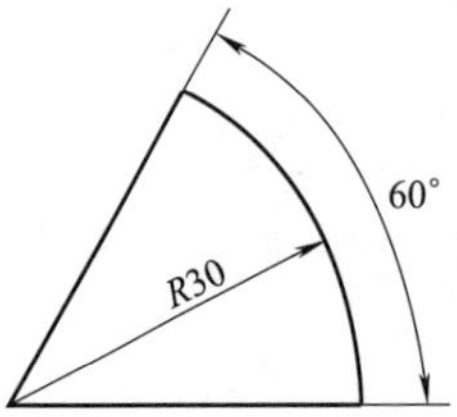

图 5-55 “圆心_半径_起终角”圆弧示例

图 5-56 “起点_终点_圆心角”圆弧立即菜单

(6) 绘制已知起点、半径、起终角的圆弧

在 CAXA CAM 数控车 2020 中，可以利用已知起点、半径、起终角绘制圆弧。

1）调用方式

单击“绘图”主菜单下“圆弧”子菜单中的“起点_半径_起终角”命令，或单击“绘图”常用选项卡中的“圆弧”功能按钮下拉菜单下的按钮，或调用“圆弧”功能并在立即菜单中选择“起点_半径_起终角”方式，或在命令行中执行“asra”命令，即可执行“起点_半径_起终角”圆弧命令。当通过调用“圆弧”功能并在立即菜单中选择“起点_半径_起终角”方式时，系统弹出如图 5-57 所示立即菜单。

2）说明

① 单击立即菜单中的“2. 半径”，可按要求输入半径值。

② 单击立即菜单中的“3. 起始角”或“4. 终止角”，可以根据作图的需要分别输入起始角或终止角的数值。起始角与终止角的数值范围为 [0,360]。

立即菜单表明了待绘制圆弧的条件。按提示要求输入一个起点，则按照前面设定要求的圆弧被绘制出来。起点可由鼠标或键盘输入。

5.3.5 绘制椭圆和椭圆弧

在 CAXA CAM 数控车中，应用椭圆命令可绘制椭圆和椭圆弧。

单击“绘图”主菜单中的按钮，或单击“常用”选项卡中“绘图”面板内的按钮，或单击“绘图工具”工具条上的按钮，或在命令行中执行 ellipse 命令，即可执行椭圆命令，系统弹出如图 5-58 所示立即菜单。立即菜单中“1”有“给定长短轴”“轴上两点”“中心点_起点”三个选项，分别对应绘制椭圆的三种方法。

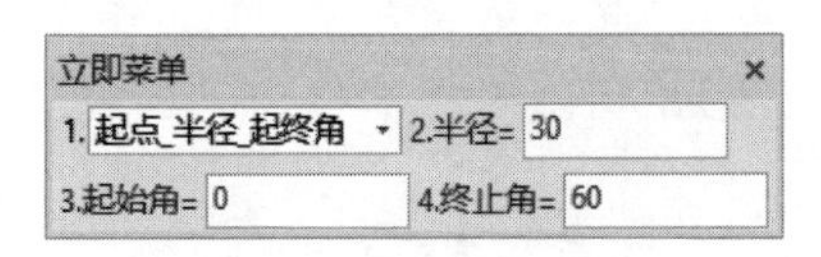

图 5-57 “起点_半径_起终角”圆弧立即菜单

图 5-58 “椭圆”立即菜单

(1) 用给定长短轴方式绘制椭圆

1）操作步骤

① 执行“椭圆”命令，单击立即菜单 1，选择“给定长短轴”方式，弹出如图 5-59 所示立即菜单。该立即菜单的含义：以定位点为中心绘制一个旋转角为 0°，长半轴为 100mm，短半轴为 50mm 的整个椭圆。

② 系统提示“基准点”，此时，用鼠标或键盘输入一个定位点，上述定义的椭圆即被绘制出来。用户会发现，在移动鼠标确定定位点时，一个长半轴为 100mm，短半轴为 50mm 的椭圆随光标的移动而移动。

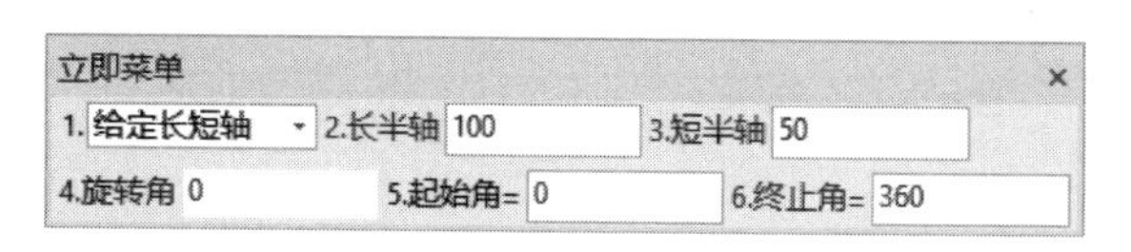

图 5-59 “给定长短轴”方式立即菜单

③ 单击立即菜单中的“2. 长半轴”或“3. 短半轴”，可重新定义待画椭圆的长、短轴的半径值。

④ 单击立即菜单中的“4. 旋转角”，可输入旋转角度，以确定椭圆的方向。

⑤ 单击立即菜单中的“5. 起始角”和“6. 终止角”，可输入椭圆的起始角和终止角，当起始角为 0°、终止角为 360°时，所画的为整个椭圆，当改变起、终角时，所画的为一段从起始角开始，到终止角结束的椭圆弧。

2）示例

图 5-60 为按上述步骤所绘制的椭圆和椭圆弧。图 5-60（a）是旋转角为 60°、长半轴为 50mm、短半轴为 25mm 的整个椭圆，图 5-60（b）是起始角为 60°、终止角为 220°、长半轴为 50mm、短半轴为 25mm 的一段椭圆弧。

(2) 用轴上两点方式绘制椭圆

若选择“轴上两点”方式，则系统提示输入一个轴的两端点，然后输入另一个半轴的长度，也可用鼠标拖动来决定椭圆的形状。

(3) 用中心点和起点方式绘制椭圆

若选择“中心点_起点”方式，则应输入椭圆的中心点和一个轴的端点（即起点），然后输入另一个半轴的长度，也可用鼠标拖动来决定椭圆的形状。

(4) 综合示例

绘制如图 5-61 所示图形。绘图步骤见表 5-2。

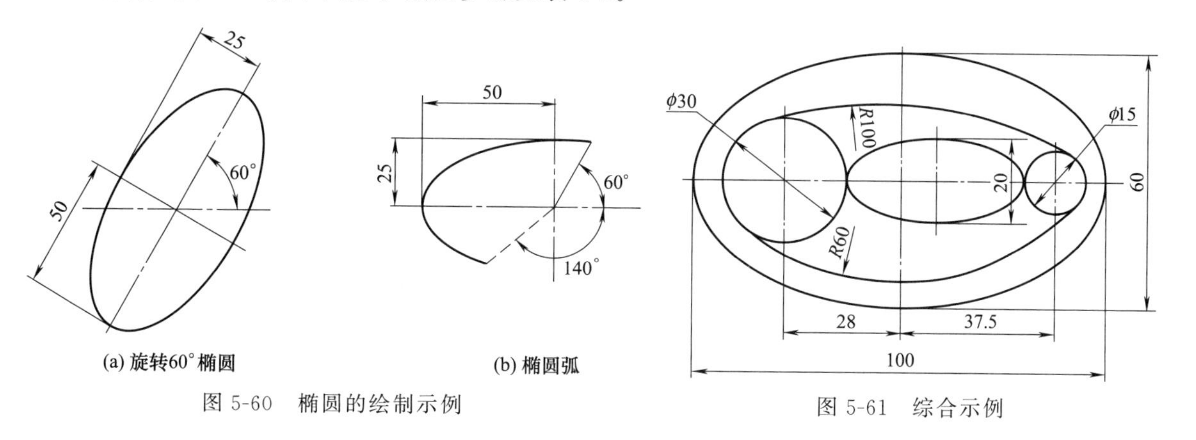

(a) 旋转60°椭圆　(b) 椭圆弧

图 5-60 椭圆的绘制示例

图 5-61 综合示例

表 5-2 综合示例绘图步骤

操作步骤	图示
(1)绘制水平和垂直中心线 将图层设置为“中心线层”，绘制水平和垂直中心线	

续表

操作步骤	图示
(2)绘制 ϕ30mm 和 ϕ15mm 圆 将图层设置为“粗实线层”。 1)绘制 ϕ30mm 圆 启动执行命令:"圆:圆心_半径"(将立即菜单中“2. 无中心线”改为“2. 有中心线”) 圆心点:28(以两中心线交点向左导航,输入圆心距离) 输入半径或圆上一点:15(输入圆弧半径) 2)绘制 ϕ15mm 圆 启动执行命令:"圆:圆心_半径" 圆心点:37.5(以两中心线交点向右导航,输入圆心距离) 输入半径或圆上一点:7.5(输入半径值)	
(3)绘制 100mm×60mm 和 43mm×20mm 椭圆 1)绘制 100mm×60mm 椭圆 启动执行命令:"椭圆"(选择“给定长短轴”方式,旋转角为 0°、长半轴为 50、短半轴为 30、起始角为 0°,终止角为 360°) 基准点:(捕捉两中心线交点) 2)绘制 43mm×20mm 椭圆 启动执行命令:"椭圆"(选择“轴上两点”方式) 轴上第一点:(捕捉 ϕ30mm 圆与水平中心线的右交点) 轴上第二点:(捕捉 ϕ15mm 圆与水平中心线的左交点) 另一半轴的长度: 10(输入短半轴长度)	
(4)绘制 R100 和 R60 圆弧 1)绘制 R100 圆弧 启动执行命令:"圆弧:两点_半径" 第一点:(按空格键弹出工具点菜单,单击“切点”项,捕捉 ϕ30mm 圆上的切点) 第二点:(按空格键弹出工具点菜单,单击“切点”项,捕捉 ϕ15mm 圆上的切点) 第三点(半径):100(光标向上移动,输入圆弧半径) 2)绘制 R60 圆弧 启动执行命令:"圆弧:两点_半径" 第一点:(按空格键弹出工具点菜单,单击“切点”项,捕捉 ϕ30mm 圆上的切点) 第二点:(按空格键弹出工具点菜单,单击“切点”项,捕捉 ϕ15mm 圆上的切点) 第三点(半径):60(光标向下移动,输入圆弧半径)	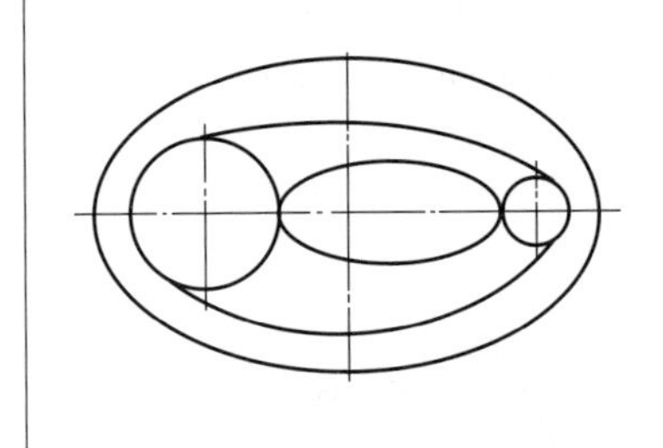

5.3.6 绘制孔/轴

CAXA CAM 数控车 2020 提供了“孔/轴”功能，可以在给定位置绘制出带有中心线的轴和孔或绘制出带有中心线的圆锥孔和圆锥轴。

单击“绘图”主菜单中的“孔/轴”命令，或单击“常用”选项卡中“绘图”面板上的按钮，或单击“绘图工具Ⅱ”工具条上的按钮，或在命令行中执行 hoax 命令，即可执行孔/轴命令，系统弹出如图 5-62 所示立即菜单。

(1) 绘制轴

1）操作步骤

① 执行“孔/轴”命令，单击立即菜单“1.”，选择“轴”选项。

② 选择立即菜单 2 中的“直接给出角度”选项，可以在立即菜单“3. 中心线角度”中输入一个角度值，以确定待绘制轴的倾斜角度，角度的数值范围是 [−360，360]。

③ 系统提示“插入点”，按提示要求，移动鼠标或用键盘输入一个插入点，这时在立即菜单处出现一个新的立即菜单，如图 5-63 所示。立即菜单列出了待绘制轴的起始直径、终止直径、有无中心线和中心线延伸长度。

图 5-62　“孔/轴”立即菜单

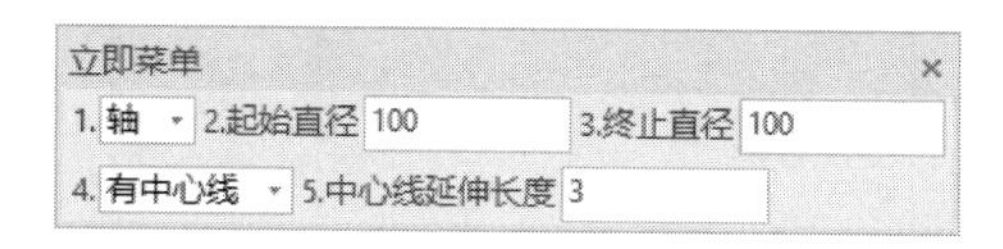

图 5-63　绘制“轴”立即菜单

④ 同时，系统提示“轴上一点或轴的长度”，移动鼠标会发现，一个按设定起始直径和终止直径的轴被显示出来（绿色），该轴是以插入点为起点，其长度随鼠标的移动而变化。

⑤ 单击立即菜单中的“2. 起始直径”或“3. 终止直径”，用户可以输入新值以重新确定轴的直径，如果起始直径与终止直径不同，则画出的是圆锥轴。

⑥ 立即菜单“4. 有中心线”表示在轴绘制完后，会自动添加上中心线，如果单击“无中心线”方式则不会添加上中心线。

⑦ 当立即菜单中的所有内容设定完后，用鼠标确定轴上一点，或由键盘输入轴的长度。一旦输入结束，一个带有中心线的轴就被绘制出来。

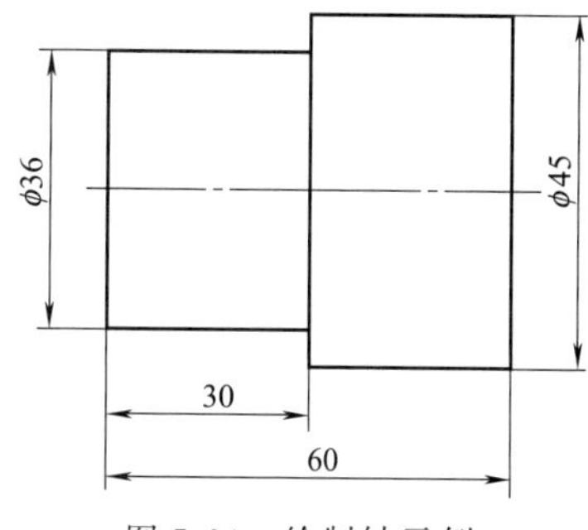

图 5-64　绘制轴示例

2）示例

应用孔/轴命令，绘制如图 5-64 所示图形。

操作步骤如下：

启动执行命令："孔/轴"

插入点：（用鼠标左键在绘图区确定轴的起点）

轴上一点或轴的长度：30（在孔/轴立即菜单中，设置起始和终止直径为 36mm，有中心线，中心线延伸长度为 3mm，设置完毕后，在命令提示区输入轴的长度 30）

轴上一点或轴的长度：30（在孔/轴立即菜单中，设置起始和终止直径为 45mm，有中心线，中心线延伸长度为 3mm，设置完毕后，在命令提示区输入轴的长度 30）

轴上一点或轴的长度：（按确认键或鼠标右键退出孔/轴命令）

（2）绘制孔

绘制孔和绘制轴的步骤基本相同，只是在立即菜单“1.”中选择“孔”。绘制结果的不同之处只是在于，在绘制孔时省略两端的端面线。

图 5-65（a）、（b）分别为用“孔/轴”命令所绘制的孔和轴。但在实际绘图过程中孔应绘制在实体中，图 5-65（c）为阶梯轴和孔的综合示例。

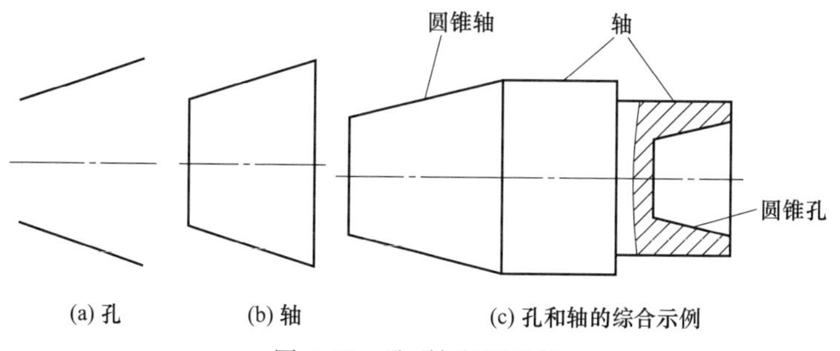

图 5-65　孔/轴应用示例

(3) 综合示例

应用孔/轴命令，绘制如图 5-66 所示图形。

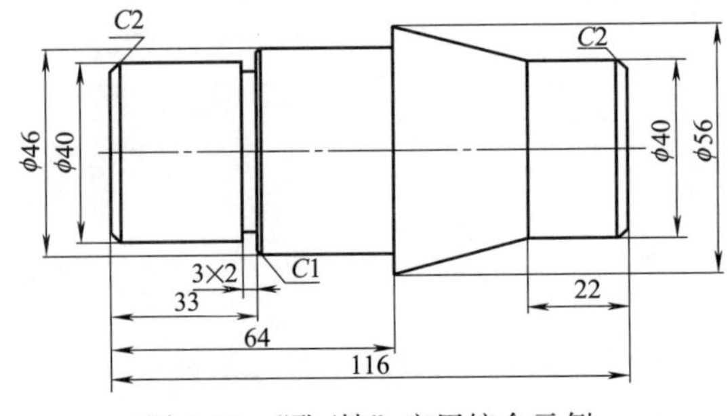

图 5-66 “孔/轴”应用综合示例

绘图步骤见表 5-3。

表 5-3 “孔/轴”应用综合示例绘图步骤

绘图步骤	图示
(1)绘制左侧 $C2$ 倒角 启动执行命令:"孔/轴" 插入点:(用鼠标左键确定起点) 轴上一点或轴的长度:2(将立即菜单中的起始直径设为 36,终止直径设为 40,并在提示栏中输入长度值 2)	
(2)绘制 ϕ40mm×28mm 圆柱 轴上一点或轴的长度:28(将立即菜单中的起始直径设为 40,终止直径设为 40,并在提示栏中输入长度值 28)	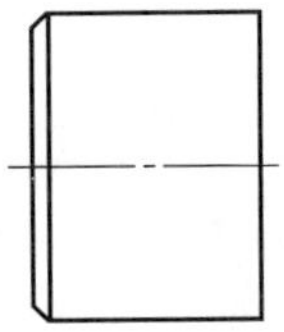
(3)绘制 3mm×2mm 槽 轴上一点或轴的长度:3(将立即菜单中的起始直径设为 36,终止直径设为 36,并在提示栏中输入长度值 3)	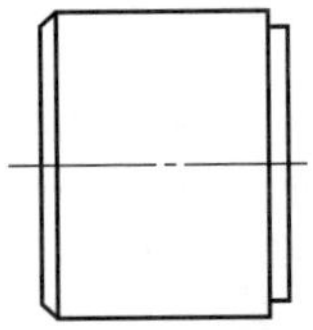
(4)绘制 $C1$ 倒角 轴上一点或轴的长度:1(将立即菜单中的起始直径设为 44,终止直径设为 46,并在提示栏中输入长度值 1)	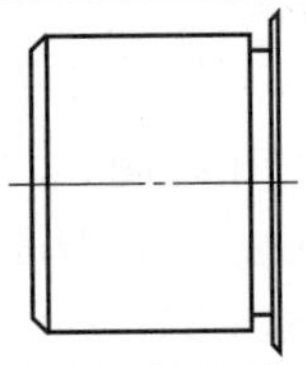
(5)绘制 ϕ46mm×30mm 圆柱 轴上一点或轴的长度:30(将立即菜单中的起始直径设为 46,终止直径设为 46,并在提示栏中输入长度值 30)	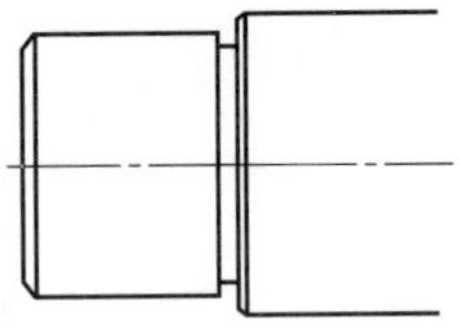
(6)绘制锥体 轴上一点或轴的长度:30(将立即菜单中的起始直径设为 56,终止直径设为 40,并在提示栏中输入长度值 30)	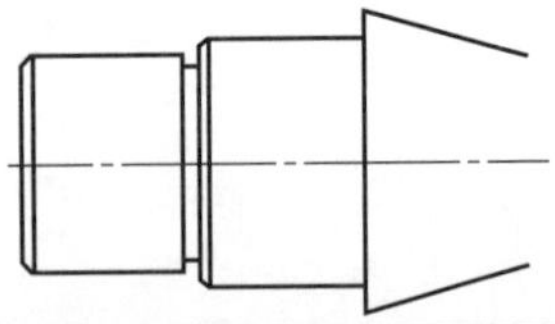

续表

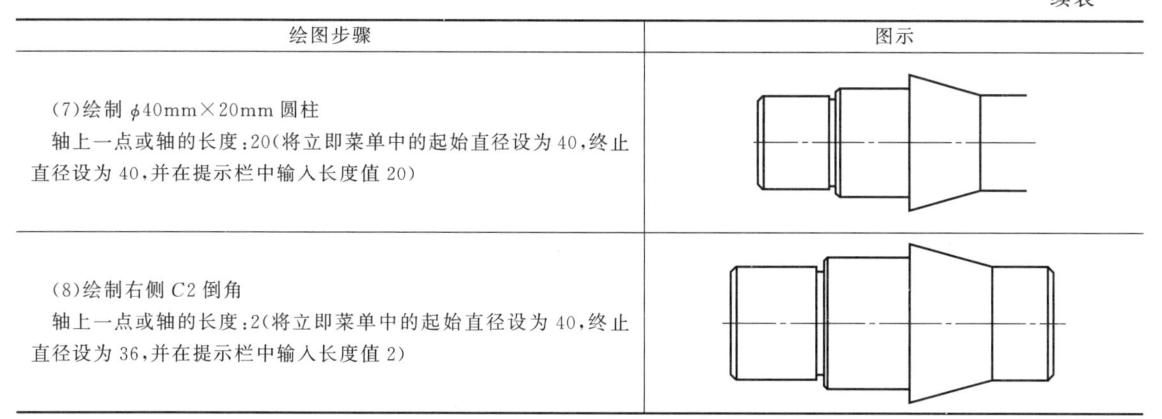

绘图步骤	图示
(7)绘制 ϕ40mm×20mm 圆柱 轴上一点或轴的长度：20(将立即菜单中的起始直径设为 40，终止直径设为 40，并在提示栏中输入长度值 20)	
(8)绘制右侧 $C2$ 倒角 轴上一点或轴的长度：2(将立即菜单中的起始直径设为 40，终止直径设为 36，并在提示栏中输入长度值 2)	

5.3.7　绘制样条曲线

样条曲线是通过或接近一系列给定点的平滑曲线。绘制样条曲线时，点的输入可以由鼠标输入或由键盘输入，也可以从外部样条数据文件中直接读取样条。

(1) 调用“样条”命令

单击“绘图”主菜单中的“样条”按钮，或单击“常用”选项卡中“绘图”面板上的按钮，或单击“绘图工具”工具条上的按钮，或在命令行中执行 spline 命令，即可执行样条命令，系统弹出如图 5-67 所示的立即菜单。

图 5-67　“样条”立即菜单

(2) 说明

① 若在立即菜单“1.”中选取“直接作图”，则按提示用鼠标或键盘输入一系列控制点，一条光滑的样条曲线自动画出。

② 若在立即菜单“1.”中选取“从文件读入”，则屏幕弹出“打开样条数据文件”对话框，从中可选择数据文件，单击“确认”后，系统可根据文件中的数据绘制出样条。

③ 绘制样条曲线时，可通过“3. 开曲线”选项进行开曲线和闭合曲线间的切换。

(3) 示例

调用样条功能后，依次输入绝对坐标值（0，0）、（10，20）、（20，0）、（30，−20）、（40，0）、（50，20）、（60，0），则绘制出如图 5-68 所示样条曲线。

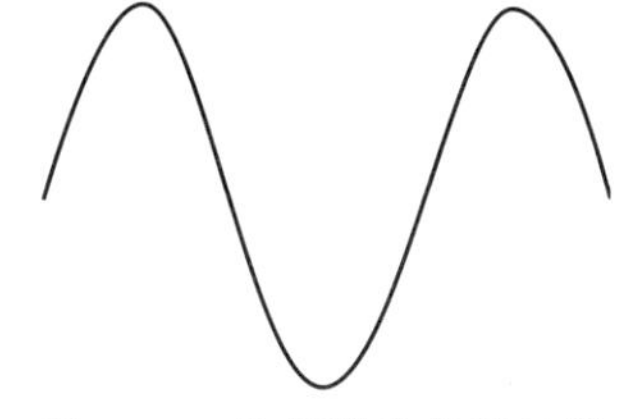

图 5-68　绘制样条曲线示例

5.3.8　绘制公式曲线

在 CAXA 电子图板中，应用公式曲线命令，可根据数学公式或参数表达式快速绘制出相应的数学曲线。给出的公式既可以是直角坐标形式，也可以是极坐标形式。公式曲线为用户提供了一种更方便、更精确的作图手段，以适应某些精确型腔、轨迹线形的作图设计。用户只要交互输入数学公式，给定参数，系统便会自动绘制出该公式描述的曲线。

(1) 调用“公式曲线”命令

单击“绘图”主菜单中的“公式曲线”按钮，或单击“常用”选项卡中“绘图”面板上的按钮，或单击“绘图工具”工具条上的按钮，或在命令行中执行“fomul”命令，即可执行公式曲线命令，系统弹出如图5-69所示对话框。

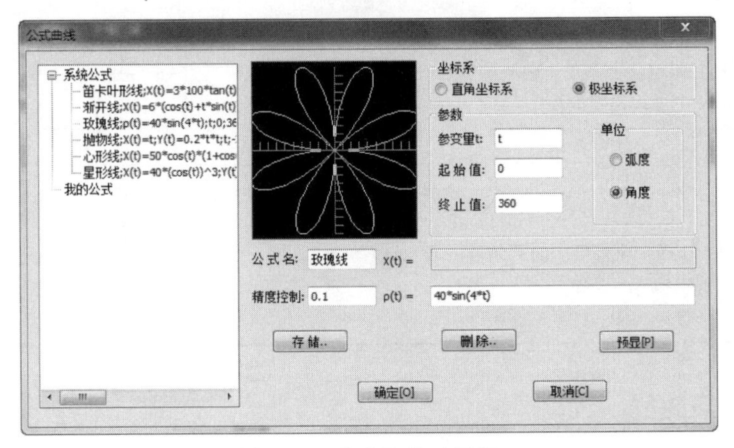

图5-69　公式曲线对话框

（2）说明

① 调用“公式曲线”功能后，用户首先在对话框中选择是在直角坐标系下还是在极坐标系下输入公式。

② 接下来是填写需要给定的参数：变量名、起终值（指变量的起终值，即给定变量范围）。并选择变量的单位。

③ 在编辑框中输入公式名、公式及精度。单击“预显”按钮，在预览框中可以看到设定的曲线。

④ 对话框中还有“储存”“删除”两个按钮，“储存”是针对当前曲线而言，保存当前曲线；“删除”是对已存在的曲线进行删除操作，系统默认公式不能被删除。

设定完曲线后，单击“确定”，按照系统提示输入定位点以后，一条公式曲线就被绘制出来了。

（3）示例

例1　已知双曲线：$\frac{x^2}{20^2}-\frac{y^2}{10^2}=1$。其极坐标参数方程是：$\rho=\frac{p}{1-e\cos\theta}$。

其中，$p=\frac{10^2}{20}=5$，$e=\sqrt{10^2+20^2}/20=\sqrt{5}/2$。

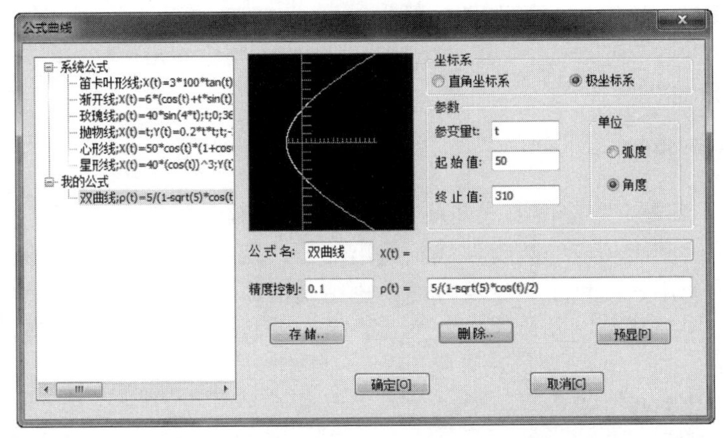

图5-70　双曲线的公式表达和预显结果

则参数方程为：

$z(t)=0$

$\rho(t)=5/[1-\mathrm{sqrt}(5)\times\cos(t)/2]$

t 的取值范围为 50°～310°。

最后预显结果如图 5-70 所示。

例 2　轴类零件如图 5-71（a）所示，图样右端为余弦曲线 $Z=10\times\cos[(\pi/21)\times X]$。

由于 CAXA 电子图板采用的坐标系为 XY 直角坐标系，数控车床采用的为 XZ 直角坐标系，绘制该余弦曲线时，要注意两种坐标的转换。图 5-71（a）中的余弦曲线采用公式曲线绘制，其参数设置如图 5-71（b）所示。

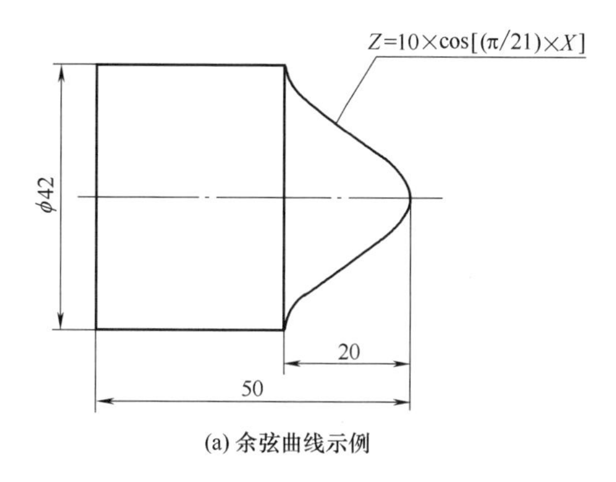

(a) 余弦曲线示例

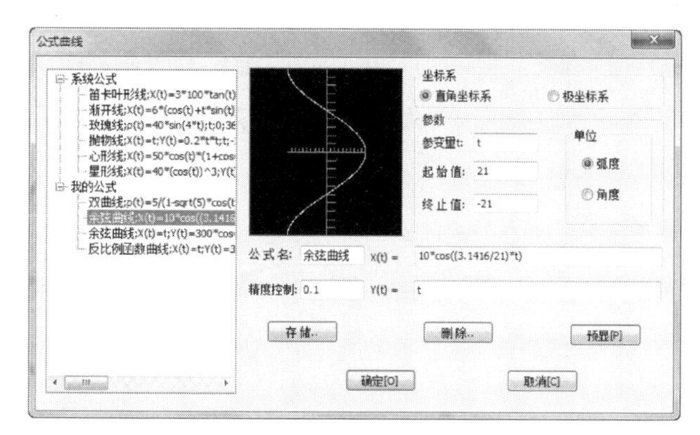

(b) 参数设置及结果显示

图 5-71　余弦曲线的公式表达和结果显示

5.4　曲线编辑

5.4.1　裁剪

裁剪是指对给定曲线（称为被裁减线）进行修剪，裁剪掉不需要的部分，得到新曲线的一种编辑方法。CAXA CAM 数控车 2020 中的裁剪操作分为快速裁剪、拾取边界裁剪和批量裁剪等 3 种方式。

单击“修改”主菜单中的“裁剪”按钮，或单击“常用”选项卡中“修改”面板上的按钮，或单击“编辑工具”工具条上的按钮，或在命令行中执行“trim”命令，即可执行裁剪命令，系统弹出如图 5-72 所示立即菜单。

立即菜单 ×
1. 批量裁剪

图 5-72 “裁剪”立即菜单

(1) 快速裁剪

快速裁剪是指用鼠标直接拾取被裁剪的曲线，系统自动判断边界并做出裁剪响应。快速裁剪时，允许用户在各交叉曲线中进行任意裁剪的操作。其操作方法是直接用光标拾取要被裁剪掉的线段，系统根据与该线段相交的曲线自动确定出裁剪边界，待单击鼠标左键后，将被拾取的线段裁剪掉。

快速裁剪在相交较简单的边界情况下可发挥巨大的优势，它具有很强的灵活性，应通过实践过程熟练掌握它，以便提高绘图效率。

执行“裁剪”命令，并通过立即菜单选择“快速裁剪”，然后直接点击要裁剪的对象即可，按 Esc 键可退出裁剪命令，也可以点击立即菜单选择其他裁剪方式。

例 1 图 5-73 中的几个实例说明，在快速裁剪操作中，拾取同一曲线的不同位置，将产生不同的裁剪结果。

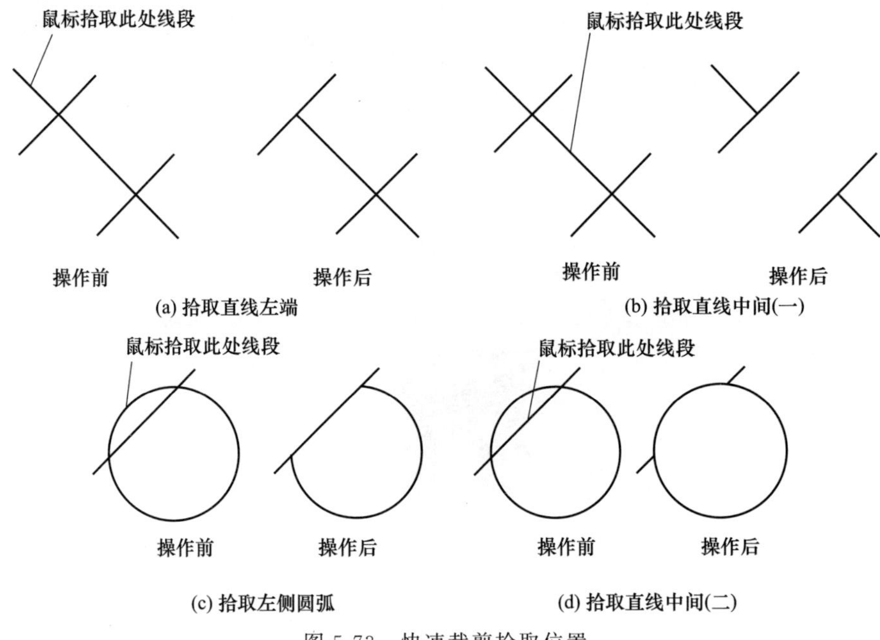

图 5-73 快速裁剪拾取位置

例 2 图 5-74 为快速裁剪直线实例。

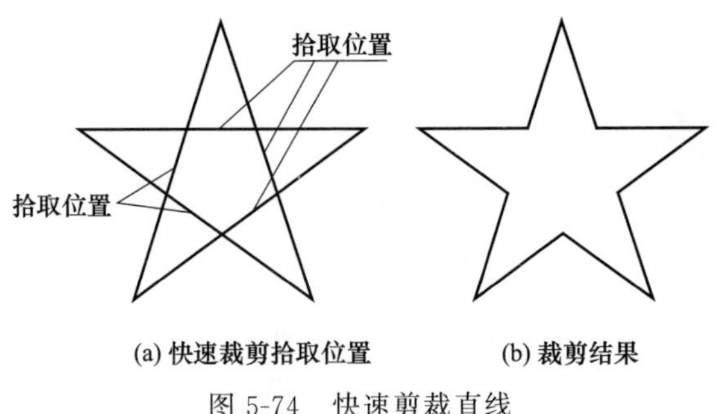

图 5-74 快速剪裁直线

例 3 图 5-75 为快速裁剪圆弧实例。

(2) 拾取边界裁剪

拾取边界裁剪是指拾取一条或多条曲线作为剪刀线，构成裁剪边界，对一系列被裁剪的曲

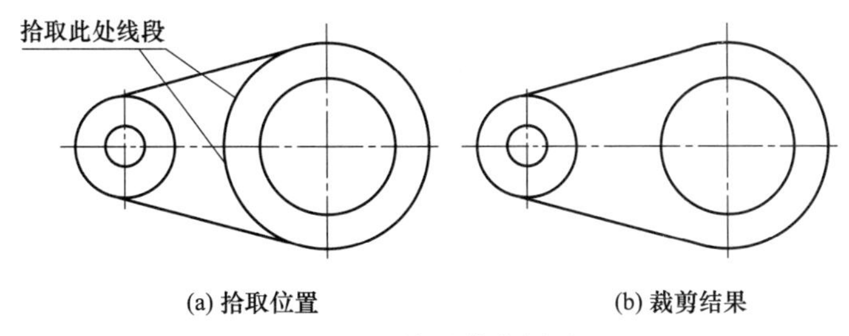

图 5-75　快速裁剪圆弧

线进行裁剪。系统将裁剪掉所拾取到的曲线段，保留在剪刀线另一侧的曲线段。

执行“裁剪”命令，并通过立即菜单选择“拾取边界”，系统提示“拾取剪刀线”，用鼠标拾取一条或多条曲线作为剪刀线，然后单击鼠标右键确认。此时，操作提示变为“拾取要裁剪的曲线”，用鼠标拾取要裁剪的曲线，系统将根据用户选定的边界做出响应，并裁剪掉拾取的曲线段至边界部分，保留边界另一侧的部分。

拾取边界裁剪方式可以在选定边界的情况下对一系列的曲线进行精确的裁剪。此外，拾取边界裁剪与快速裁剪相比，省去了计算边界的时间，因此执行速度比较快，这一点在边界复杂的情况下更加明显。

例 1　图 5-76 所示为拾取圆弧作边界裁剪圆的实例。

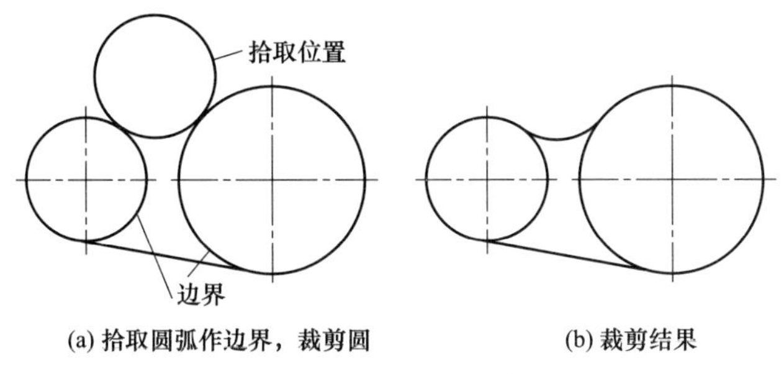

图 5-76　边界裁剪实例一

例 2　图 5-77 所示为拾取圆弧和直线作边界裁剪圆的实例。

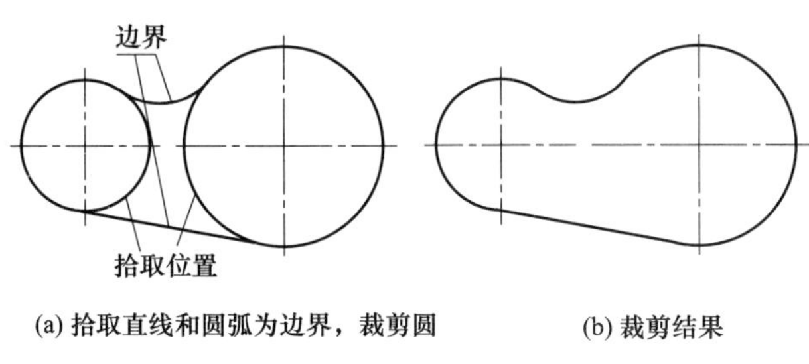

图 5-77　边界裁剪实例二

(3) 批量裁剪

如果需要进行裁剪的曲线较多，可对曲线或曲线组执行批量裁剪操作。

执行“裁剪”命令，并通过立即菜单选择“批量裁剪”，系统提示“拾取剪刀链”，按提示拾取剪刀链后，系统提示拾取要裁剪的曲线，用窗口拾取或单个拾取要裁剪的曲线，单击右键确认，系统弹出裁剪方向，选择要裁剪的方向，裁剪完成。剪刀链可以是一条曲线，也可以是首尾相连的多条曲线。

图 5-78 所示为批量裁剪示例。执行批量裁剪，拾取圆作为剪刀链，拾取三条直线为被裁

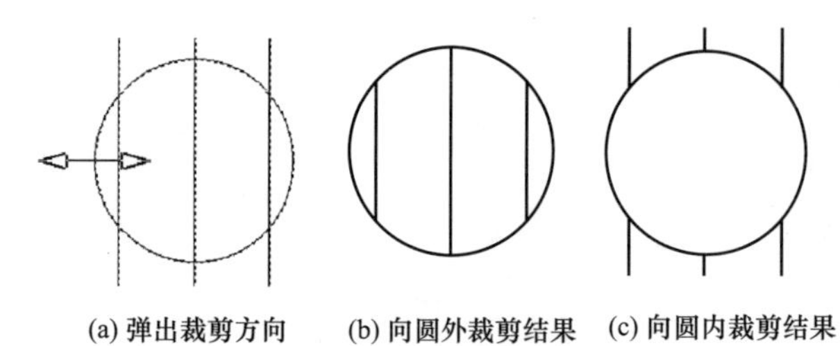

图 5-78 批量裁剪示例

剪对象，单击右键确认，系统弹出裁剪方向，如图 5-78（a）所示；若选择向圆外裁剪，裁剪结果如图 5-78（b）所示；若选择向圆内裁剪，裁剪结果如图 5-78（c）所示。

5.4.2 过渡

在 CAXA CAM 数控车 2020 中，过渡命令用来修改对象，使其以圆角、倒角等方式连接。过渡方式分为圆角、多圆角、倒角、外倒角和内倒角、多倒角和尖角等多种。

单击“修改”主菜单中的“过渡”命令，单击“常用”选项卡中“修改”面板上的按钮，或单击“编辑工具”工具条上的按钮，或在命令行中执行 corner 命令，即可执行过渡命令，系统弹出如图 5-79 所示立即菜单。

（1）圆角过渡

圆角过渡用于在两曲线（包括直线、圆弧或圆）之间用圆角进行光滑过渡。

1）调用“圆角”命令

单击“修改”主菜单中“过渡”子菜单中的“圆角”命令，或单击“常用”选项卡中“过渡”功能子菜单的按钮，或单击“过渡”工具条上的按钮，或在命令行中执行 fillet 命令，即可执行“圆角”过渡命令，系统弹出如图 5-80 所示的立即菜单。

图 5-79 “过渡”命令立即菜单

图 5-80 “圆角”立即菜单

2）说明

① 单击立即菜单“1. 裁剪”，弹出“裁剪”“裁剪起始边”“不裁剪”三种裁剪方式，可用鼠标单击进行切换。“裁剪”表示圆角时裁剪掉过渡后所有边的多余部分；“裁剪起始边”表示圆角时只裁剪掉起始边的多余部分，起始边也就是拾取的第一条曲线；“不裁剪”表示执行圆角过渡操作以后，原线段保留原样，不被裁剪。图 5-81 所示为圆角过渡中的三种裁剪方式。

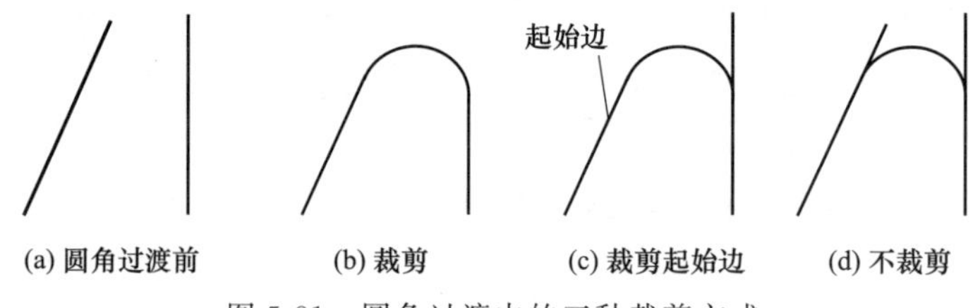

图 5-81 圆角过渡中的三种裁剪方式

② 单击“2. 半径”后，可输入过渡圆弧的半径值。

③ 设置好裁剪方式和过渡圆角半径值后，用鼠标拾取待过渡的第一条曲线，被拾取到的曲线呈虚线显示，而操作提示变为“拾取第二条曲线”。再用鼠标拾取第二条曲线以后，则可在两条曲线之间用一个圆弧光滑过渡。

注意：用鼠标拾取的曲线位置不同，会得到不同的结果，而且，过渡圆弧半径的大小应合适，否则也将得不到正确的结果，如图 5-82 所示。

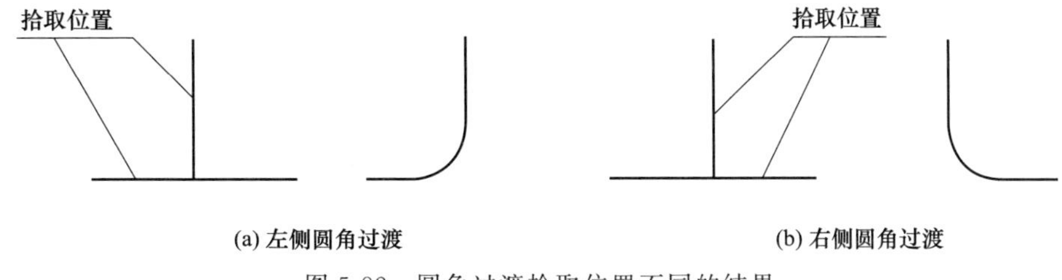

图 5-82 圆角过渡拾取位置不同的结果

(2) 多圆角过渡

多圆角过渡主要用于对多条首尾相连的直线进行圆角过渡。

1）调用“多圆角”命令

单击“修改”主菜单中“过渡”子菜单中的“多圆角”命令，或单击“常用”选项卡中“过渡”功能子菜单的按钮，或单击“过渡”工具条上的按钮，或在命令行中执行“fillets”命令，即可执行多圆角过渡命令，系统弹出如图 5-83 所示立即菜单。

图 5-83 “多圆角”立即菜单

2）说明

① 单击立即菜单中的“2. 半径”，可设定过渡圆弧的半径。

② 系统提示“拾取首尾相连的直线”，用鼠标拾取待过渡的一系列首尾相连的直线中的一条，即可完成多圆角过渡。这一系列首尾相连的直线可以是封闭的，也可以是不封闭的，如图 5-84 所示。

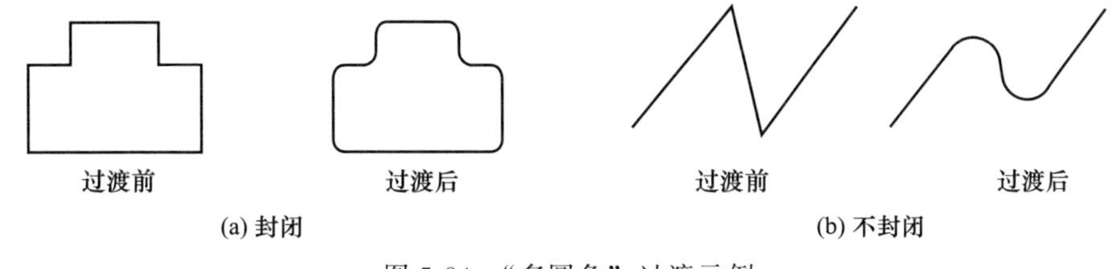

图 5-84 “多圆角”过渡示例

(3) 倒角过渡

倒角过渡用于在两直线之间进行直线倒角过渡。直线可被裁剪或向角的方向延伸。

1）调用“倒角”命令

单击“修改”主菜单中“过渡”子菜单中的“倒角”命令，或单击“常用”选项卡中“过渡”功能子菜单的按钮，或单击“过渡”工具条上的按钮，或在命令行中执行 chamfer 命令，即可执行“倒角”命令，系统弹出如图 5-85 所示立即菜单。

图 5-85 “倒角过渡”立即菜单

2）说明

① 单击立即菜单“1.”，可以在“长度和角度方式”和“长度和宽度方式”间转换。“长度”表示倒角的轴向长度，“宽度”表示倒角的径向长度，“角度”是指倒角线与所拾取第一条直线的夹角，其数值范围是 [0, 180]，如图 5-86 所示。“长度和角度方式”就是以给出倒角

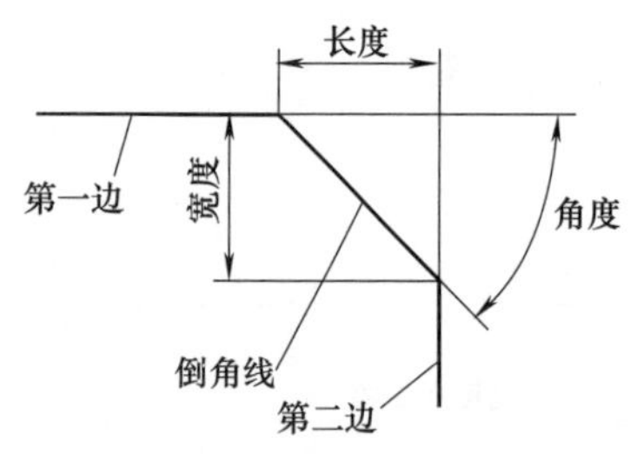

图 5-86 长度、宽度与角度的定义

的轴向长度和倒角角度的方式进行倒角；“长度和宽度方式”就是以给出倒角的轴向长度和径向长度的方式进行倒角。

② 单击立即菜单项 2，可选择裁剪的方式，操作方法及各选项的含义与“圆角过渡”中相同。

③ 需倒角的两直线已相交（即已有交点），则拾取两直线后，立即作出一个由给定长度、给定角度确定的倒角，如图 5-87（a）所示。如果待作倒角过渡的两条直线没有相交（即尚不存在交点），则拾取完两条直线以后，系统会自动计算出交点的位置，并将直线延伸，而后作出倒角，如图 5-87（b）所示。

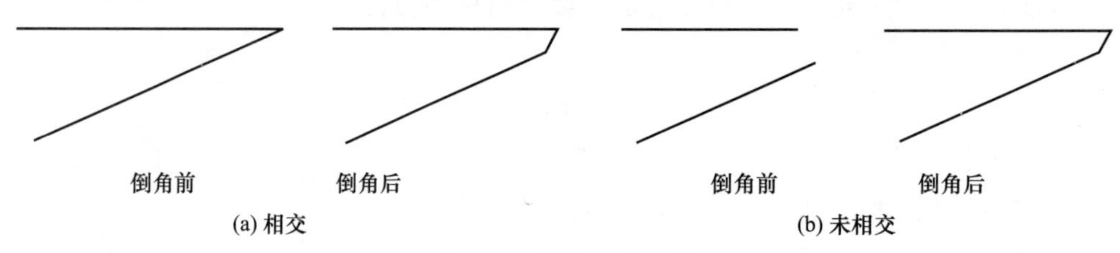

图 5-87 倒角过渡示例

3）示例

从图 5-88 中可以看出，轴向长度均为 3，角度均为 60°的倒角，由于拾取直线的顺序不同，倒角的结果也不同。

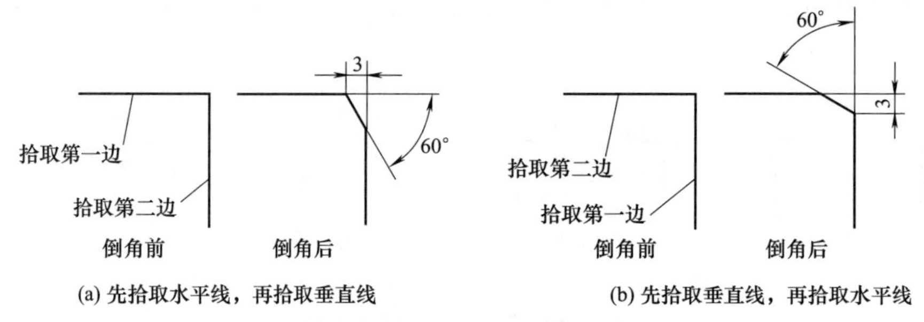

图 5-88 直线拾取的顺序与倒角的关系

（4）多倒角过渡

多倒角过渡用于对多条首尾相连的直线进行倒角过渡。具体操作方法与“多圆角”的操作方法十分相似，图 5-89 所示为多倒角实例。

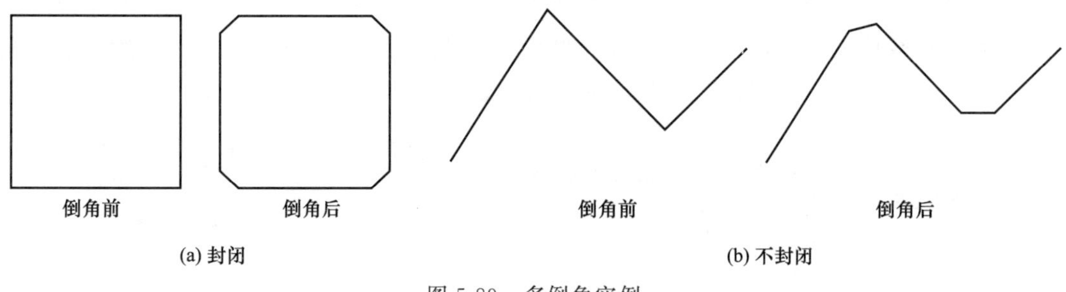

图 5-89 多倒角实例

（5）内倒角过渡

内倒角过渡是指拾取一对平行线及其垂线分别作为两条母线和端面线生成内倒角的过渡。

1）调用“内倒角”命令

单击“修改”主菜单中“过渡”子菜单中的“内倒角”命令，或单击“常用”选项卡中“过渡”功能子菜单的按钮，或单击“过渡”工具条上的按钮，或在命令行中执行chamferinside命令，即可执行内倒角命令，系统弹出如图5-90所示立即菜单。

2）说明

① 内倒角方式有“长度和角度方式”和“长度和宽度方式”两种。长度、宽度和角度的含义与倒角中的含义相同，可根据需要设定长度值、角度（或宽度）。

② 内倒角过渡时，系统提示选择三条相互垂直的直线，这三条相互垂直的直线是指类似于图5-91所示的三条直线，即直线 a、b 同垂直于 c，并且在 c 的同侧。

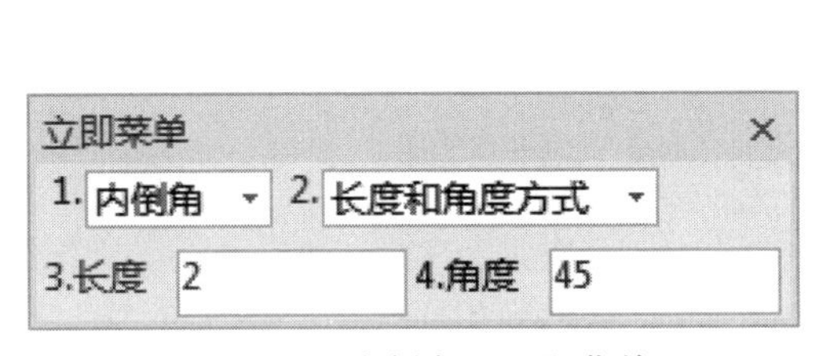

图5-90　“内倒角”立即菜单

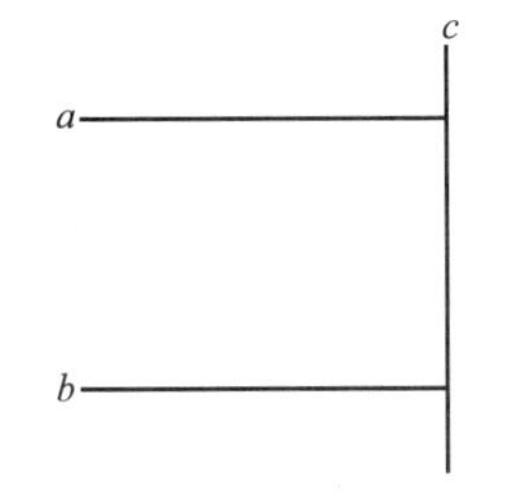

图5-91　相互垂直的直线

③ 内倒角的结果与三条直线拾取的顺序无关，只决定于三条直线的相互垂直关系，如图5-92所示。

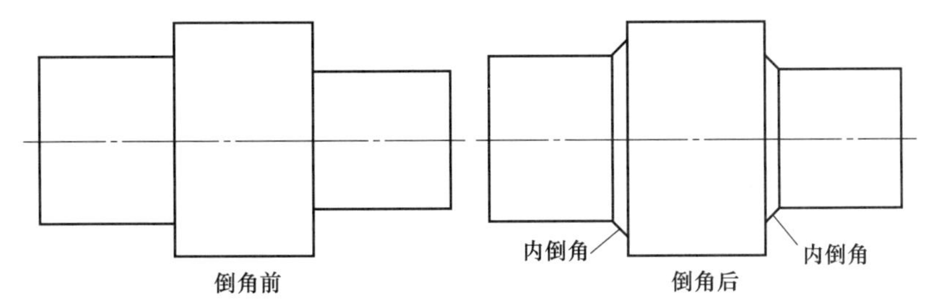

图5-92　内倒角实例

（6）外倒角过渡

外倒角过渡是指拾取一对平行线及其垂线分别作为两条母线和端面线生成外倒角的过渡。外倒角功能的使用方法与内倒角功能十分类似，图5-93所示为外倒角实例。

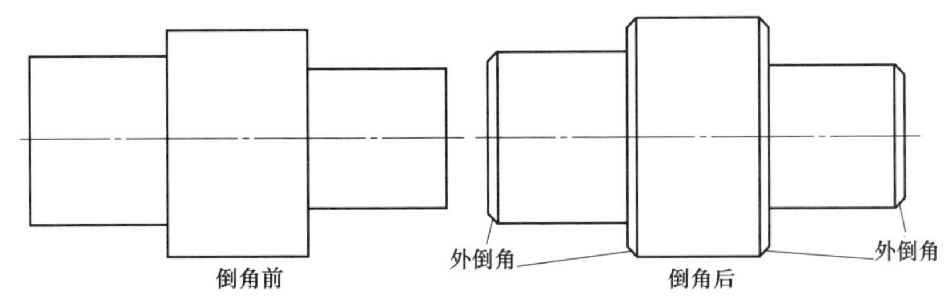

图5-93　外倒角实例

（7）尖角过渡

尖角过渡是指在两条曲线（直线、圆弧、圆等）的交点处，形成尖角的过渡。两曲线若有交点，则以交点为界，多余部分被裁剪掉；两曲线若无交点，则系统首先计算出两曲线的交点，再将两曲线延伸至交点处。

1）调用“尖角”命令

单击“修改”主菜单中“过渡”子菜单中的“尖角”按钮，单击“常用”选项卡中“过渡”功能子菜单的按钮，或单击“过渡”工具条上的按钮，或在命令行中执行sharp命令，即可执行尖角命令。

2）说明

执行尖角过渡命令，按提示要求连续拾取第一条曲线和第二条曲线以后，即可完成尖角过渡的操作。

注意：鼠标拾取的位置不同，将产生不同的结果。

3）示例

图5-94为尖角过渡的4个实例，其中图5-94（a）和（b）为由于拾取位置的不同而结果不同的实例，图5-94（c）和（d）为两曲线已相交和尚未相交的实例。

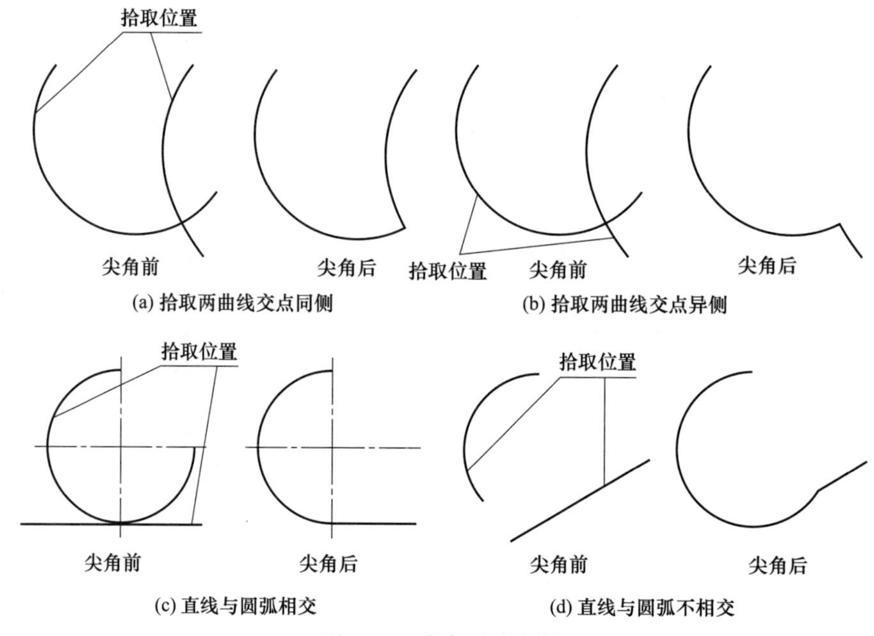

图5-94　尖角过渡实例

5.4.3 延伸

延伸是指以一条曲线为边界对一系列曲线进行裁剪或延伸。

（1）调用“延伸”命令

单击“修改”主菜单中的“延伸”命令，或单击“常用选项卡”中“修改面板”上的按钮，或单击“编辑工具”工具条上的按钮，或在命令行中执行“edge”命令，即可执行延伸命令，系统弹出如图5-95所示立即菜单。

图5-95　“延伸”立即菜单

（2）说明

① 单击立即菜单“1. 齐边”，可实现“齐边”与“延伸”切换。“齐边”是将拾取的第一条曲线作为剪刀线，对后面拾取的曲线进行裁剪或延伸。“延伸”是将线段、曲线等对象延伸到一个边界对象，使其与边界对象相交，或者按Shift键裁剪与其相交的对象。

②“齐边”时，如果拾取的曲线与边界曲线有交点，则系统按“裁剪”功能进行操作，系统将裁剪所拾取的曲线至边界为止。如果拾取的曲线与边界曲线没有交点，那么，系统将把曲

线按其本身的趋势（如直线的方向、圆弧的圆心和半径均不发生改变）延伸至边界。图5-96为齐边实例。

注意：圆或圆弧可能会有例外，这是因为它们无法向无穷远处延伸，它们的延伸范围是以半径为限的，而且圆弧只能以拾取的一端开始延伸，不能两端同时延伸（见图5-96最左侧的圆弧）。

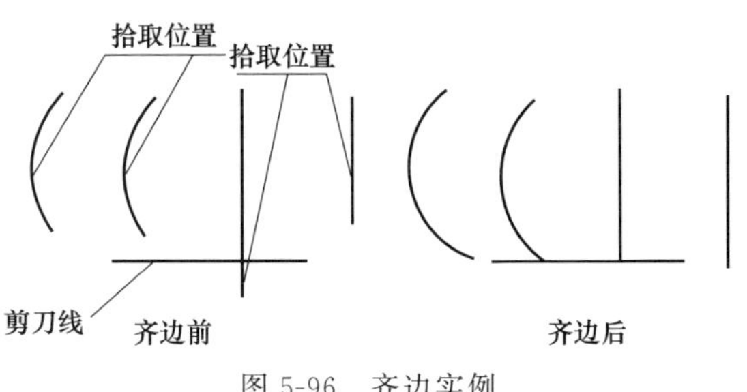

图5-96　齐边实例

(3) 示例

图5-97为延伸实例。启动执行延伸命令，系统提示“选择对象或<全部选择>”，选择水平线作为边界，并按鼠标右键结束拾取；系统提示“选择要延伸的对象，或按住Shift键选择要裁剪的对象”，拾取左侧的圆弧，该圆弧延伸至水平线下方与其相交；拾取第二条圆弧，该圆弧延伸至边界线；拾取与边界线相交的直线，没有变化，但按住Shift键，可以应用边界线裁剪该直线；拾取最右侧的直线，因其延伸后不能与边界线相交，所以该直线没有变化。

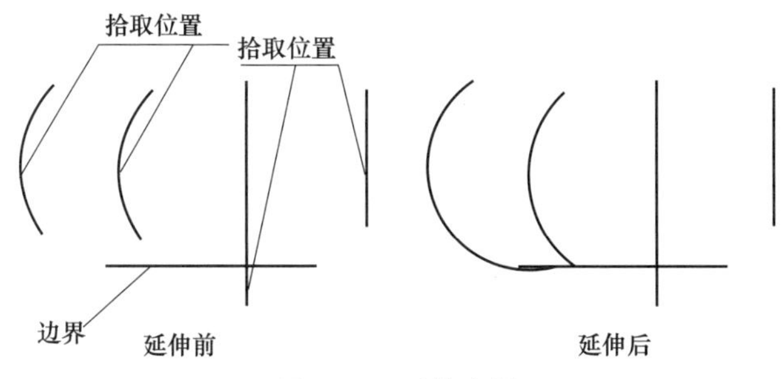

图5-97　延伸实例

5.4.4 打断

打断是将一条指定曲线在指定点处打断成两条曲线，以便于其他操作。打断有一点打断和两点打断两种形式。

单击“修改”主菜单中的“打断”按钮，或单击“常用”选项卡中“修改面板”上的按钮，或单击“编辑工具”工具条上的按钮，或在命令行中执行break命令，即可执行打断命令，系统弹出如图5-98所示立即菜单。

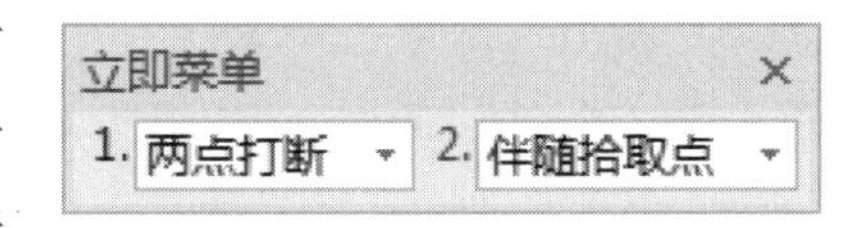

图5-98　“打断”立即菜单

(1) 一点打断

1）操作步骤

执行“打断”命令后，单击立即菜单“1.”，切换为“一点打断”，即使用一点打断模式。此时，系统提示“拾取曲线”，用鼠标拾取一条待打断的曲线。拾取后，该曲线呈虚线显示。这时，命令行提示变为“选取打断点”。根据当前作图需要，移动鼠标在曲线上选取打断点，选中后单击鼠标左键，曲线即被打断。打断点也可由键盘输入。曲线被打断后，在屏幕上所显示的与打断前并没有什么两样。但实际上，原来的一条曲线已经变成了两条互不相干的独立的曲线。

注意：打断点最好选在需打断的曲线上，为作图准确，可充分利用智能点、栅格点、导航点以及工具点菜单。

2）说明

为了方便用户更灵活地使用此功能，CAXA CAM 数控车 2020 也允许用户把点设在曲线外，使用规则是：

① 若欲打断线为直线，则系统自动从用户选定点向直线作垂线，设定垂足为打断点。

② 若欲打断线为圆弧或圆，则从圆心向用户设定点作直线，该直线与圆弧交点被设定为打断点。

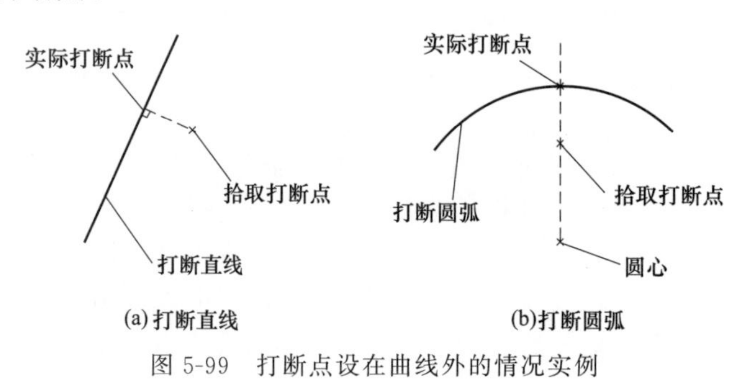

图 5-99 打断点设在曲线外的情况实例

3）示例

图 5-99 所示为打断点设在曲线外的情况实例。

（2）两点打断

执行“打断”命令后，单击立即菜单“1.”，切换为“两点打断”，即使用两点打断模式。“两点打断”有“伴随拾取点”和“单独拾取点”两种打断点拾取模式。

① 如果选择“伴随拾取点”，则执行“两点打断”时，首先拾取需打断的曲线，在拾取完毕后，直接将拾取点作为第一打断点，并提示选择第二打断点。

② 如果选择“单独拾取点”，则执行“两点打断”时，同样首先拾取需打断的曲线，在拾取完毕后，命令输入区会提示分别拾取两个打断点。

无论使用哪种打断点拾取模式，拾取两个打断点后，被打断曲线会从两个打断点处被打断，同时两点间的曲线会被删除。

注意：如果被打断的曲线是封闭曲线，则被删除的曲线部分是从第一点以逆时针方向指向第二点的那部分。

5.4.5 拉伸

拉伸是指对已存在的单个曲线或曲线组进行拉伸或缩短处理。拉伸的作用在于对已存在的曲线进行变形处理。拉伸分为对单条曲线拉伸和对曲线组拉伸两种。

（1）调用“拉伸”命令

单击“修改”主菜单中的“拉伸”命令，或单击“常用”选项卡中“修改”面板上的按钮，或单击“编辑工具”工具条上的按钮，或在命令行中执行 stretch 命令，即可执行拉伸命令。

（2）单条曲线拉伸

单条曲线拉伸是用“单个拾取”选项拾取直线、圆、圆弧或者样条曲线进行拉伸。执行拉伸命令后，单击立即菜单“1.”，选择“单个拾取”方式，如图 5-100（a）所示。

1）拉伸直线

按提示要求拾取所要拉伸的直线的一端，其立即菜单变为图 5-100（b）所示，此时，可将直线在任意方向上拉伸或缩短。单击立即菜单“2. 任意拉伸”选项，可切换到“2. 轴向拉伸”方式，如图 5-100（c）所示。单击立即菜单“3. 点方式”，可切换到“3. 长度方式”。若选择“3. 点方式”，可按鼠标给出的点沿直线原方向拉伸或缩短直线。若选“3. 长度方式”，立即菜单变为图 5-100（d）所示，单击立即菜单的“4. 增量”可切换至“4. 绝对”。绝对是指所拉伸直线的整个长度，增量是指在原图素基础上增加的长度，如图 5-101 所示。

2）拉伸圆弧

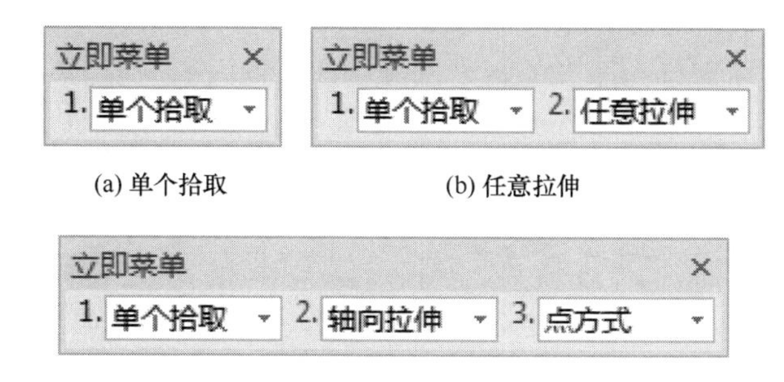

(a) 单个拾取　　(b) 任意拉伸

(c) 点方式轴向拉伸

(d) 长度方式轴向拉伸

图 5-100　单个拾取拉伸立即菜单

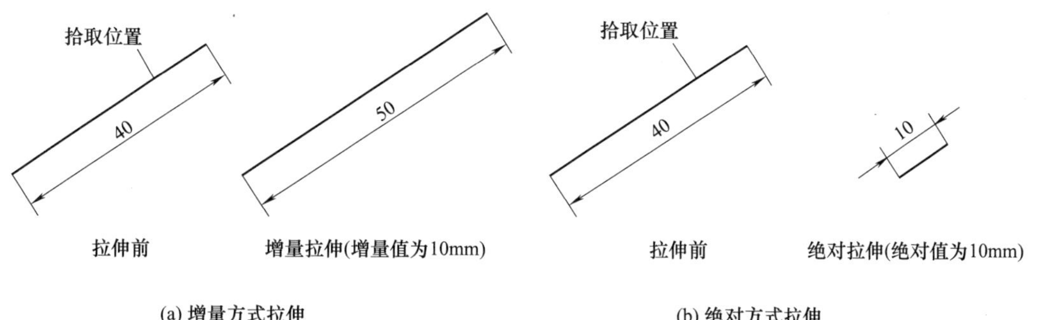

(a) 增量方式拉伸　　(b) 绝对方式拉伸

图 5-101　拉伸直线

按提示要求拾取所要拉伸的圆弧的一端，其立即菜单变为图 5-102 所示，单击立即菜单“2. 弧长拉伸”项，可选择“弧长拉伸”“角度拉伸”“半径拉伸”或“自由拉伸”。弧长和角度拉伸时，圆心和半径不变，圆心角改变，用户可以用键盘输入新的圆心角。半径拉伸时，圆心和圆心角不变，半径改变，用户可以输入新的半径值。自由拉伸时，圆心、半径和圆心角都可以改变。除了自由拉伸外，以上所述的拉伸量都可以通过立即菜单“3.”来选择是“绝对”值还是“增量”值。“绝对”是指所拉伸图素的整个长度或者角度，“增量”是指在原图素基础上增加的长度或者角度。图 5-103 所示为圆弧拉伸实例。

图 5-102　“弧长拉伸”立即菜单

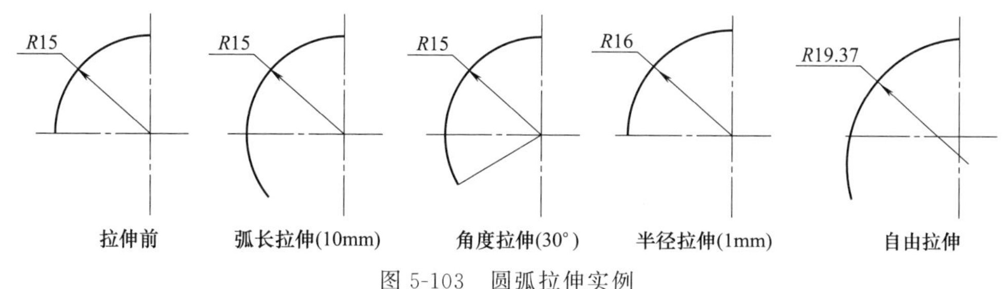

图 5-103　圆弧拉伸实例

本命令可以重复操作，按 ESC 键可结束操作。

(3) 曲线组拉伸

曲线组拉伸是将移动窗口内图形的指定部分（即窗口内的图形）一起进行拉伸。操作步骤如下：

图 5-104 “曲线组拉伸”立即菜单

① 执行拉伸命令后，单击立即菜单“1.”，切换至“窗口拾取”方式，如图 5-104 所示。

② 按提示要求用鼠标指定待拉伸曲线组窗口中的第一角点，则提示变为“对角点”。再拖动鼠标选择另一角点，则一个窗口形成。注意：这里窗口的拾取必须从右向左，即第二角点的位置必须位于第一角点的左侧，这一点至关重要，如果窗口不是从右向左选取，则不能实现曲线组的全部拾取。

③ 拾取完成后，单击立即菜单“2. 给定两点”，切换至“2. 给定偏移”，提示又变为“X、Y 方向偏移量或位置点”。此时，再移动鼠标，或从键盘输入一个位置点，窗口内的曲线组被拉伸。注意：“X、Y 方向偏移量”是指相对基准点的偏移量，这个基准点是由系统自动给定的。一般来说，直线的基准点在中点处，圆、圆弧、矩形的基准点在中心，而组合实体、样条曲线的基准点在该实体的包容矩形的中心处。图 5-105（b）、（c）中显示出了拾取窗口、基准点等概念。

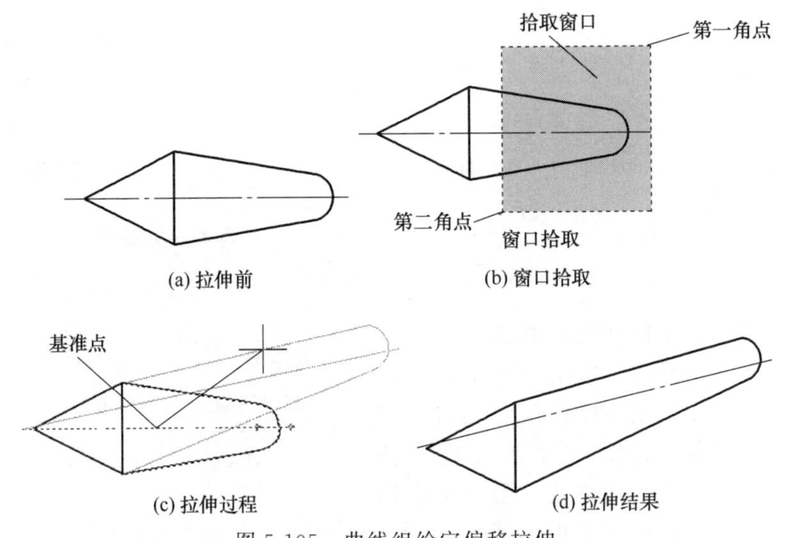

图 5-105 曲线组给定偏移拉伸

④ 单击立即菜单“2. 给定偏移”，切换为“2. 给定两点”。操作提示变为“拾取添加”。在这种状态下，用窗口拾取曲线组并按右键确定，当出现“第一点”时，用鼠标指定一点，提示又变为“第二点”，再移动鼠标时，曲线组被拉伸拖动，当确定第二点以后，曲线组被拉伸。如图 5-106 所示，拉伸长度和方向由两点连线的长度和方向所决定。

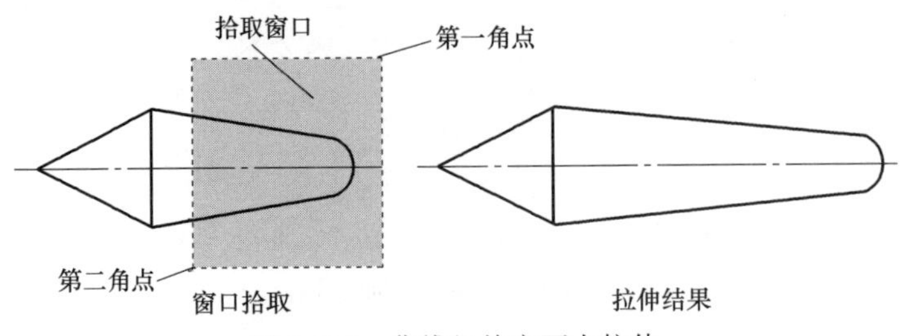

图 5-106 曲线组给定两点拉伸

5.4.6 平移

平移图形是以指定的角度和方向移动拾取到的图形对象。

(1) 调用“平移”命令

单击“修改”主菜单中的“平移”命令，或单击“常用”选项卡中“修改”面板上的按钮，或单击“编辑工具”工具条上的按钮，或在命令行中执行 move 命令，即可执行平移命令，系统弹出如图 5-107 所示立即菜单。

图 5-107 “平移”立即菜单

(2) 说明

1) 偏移方式

单击立即菜单“1.”，可设定“给定两点”或“给定偏移”方式平移对象。

① 给定两点方式。拾取图形后，通过键盘输入或鼠标点击确定第一点和第二点位置，完成平移操作。

② 给定偏移方式。拾取图形后，系统自动给出一个基准点（一般来说，直线的基准点定在中点处，圆、圆弧、矩形的基准点定在中心处，其他如样条曲线的基准点也定在中心处），系统提示“X 和 Y 方向偏移量”，通过键盘或鼠标确定平移量，即可完成平移操作。

2) 图形状态

单击立即菜单“2.”，可根据需要设置图形移动后的状态（“保持原态”或“平移为块”）。

3) 旋转角

在图形进行平移时，允许指定图形的旋转角度。

4) 比例

进行平移操作之前，允许用户指定被平移图形的缩放系数。

使用坐标、栅格捕捉、对象捕捉或动态输入等工具可以精确移动对象，并且可以切换为正交、极轴等操作状态。“平移”功能支持先拾取后操作，即先拾取对象再执行此命令。

5.4.7 旋转

旋转命令是对拾取到的图形进行旋转或旋转复制。

(1) 调用“旋转”命令

单击“修改”主菜单中的“旋转”命令，或单击“常用”选项卡中“修改”面板上的旋转按钮，或单击“编辑工具”工具条上的按钮，或在命令行中执行 rotate 命令，即可执行旋转命令，系统弹出如图 5-108 所示立即菜单。

图 5-108 “旋转”立即菜单

(2) 说明

① 按系统提示拾取要旋转的图形，可单个拾取，也可用窗口拾取，拾取到的图形呈虚线显示，拾取完成后单击鼠标右键加以确认。

② 这时操作提示变为“基点”，用鼠标指定一个旋转基点。操作提示变为“旋转角”，此时，可以由键盘输入旋转角度，也可以用鼠标移动来确定旋转角。由鼠标确定旋转角时，拾取的图形随光标的移动而旋转。当确定了旋转位置之后，单击鼠标左键，旋转操作结束。还可以通过动态输入旋转角度。

③ 单击立即菜单“1.”，切换“给定角度”为“起始终止点”，首先按立即菜单提示选择旋转基点，然后通过鼠标移动来确定起始点和终止点，完成图形的旋转操作。

④ 单击立即菜单中的“2. 旋转”，则该项内容变为“2. 拷贝”，用户按这个菜单内容能够

进行旋转复制操作。旋转复制的操作方法与过程和旋转操作完全相同，只是旋转复制后原图不消失。

（3）示例

例 1 图 5-109 是一个只旋转不复制的示例，它要求将有键槽的轴的断面图旋转 90°放置。

例 2 图 5-110 为旋转复制示例。

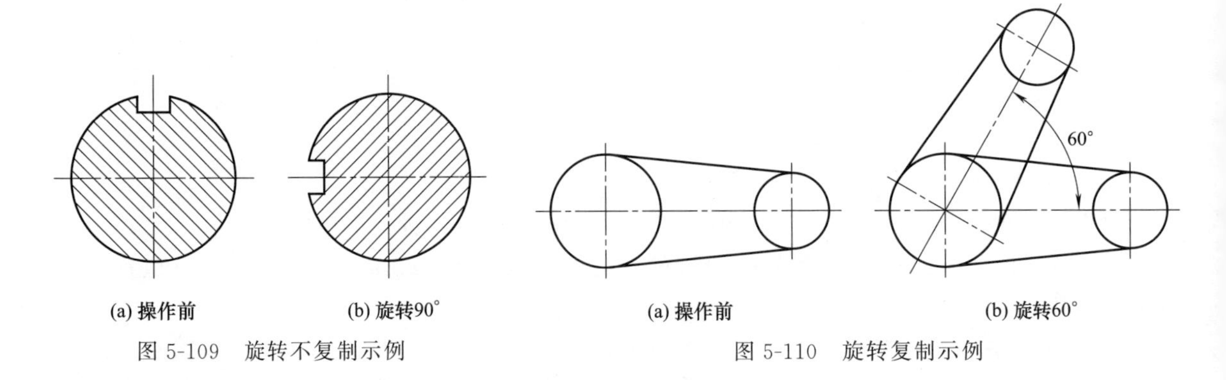

图 5-109 旋转不复制示例

图 5-110 旋转复制示例

5.4.8 镜像

镜像是将拾取到的图素以某一条直线为对称轴，进行对称镜像或对称复制。

（1）调用“镜像”命令

单击“修改”主菜单中的“镜像”命令，或单击“常用”选项卡中“修改”面板上的按钮，或单击“编辑工具”工具条上的按钮，或在命令行中执行 mirror 命令，即可执行镜像命令，系统弹出如图 5-111 所示立即菜单。

图 5-111 镜像立即菜单

（2）说明

① 按系统提示“拾取元素”，拾取要镜像的图素（可单个拾取，也可用窗口拾取），拾取到的图素呈虚线显示，拾取完成后单击鼠标右键加以确认。

② 这时操作提示变为“选择轴线”，用鼠标拾取一条作为镜像操作的对称轴线，一个以该轴线为对称轴的新图形显示出来，同时原来的实体即刻消失。

③ 如果用鼠标单击立即菜单“1. 选择轴线”，则该项内容变为“1. 给定两点”。其含义为允许用户指定两点，两点连线作为镜像的对称轴线，其他操作与前面相同。

④ 如果用鼠标单击立即菜单中的“2. 镜像”，则该项内容变为“2. 拷贝”，用户按这个菜单内容能够进行拷贝操作。拷贝操作的方法与操作过程和镜像操作完全相同，只是拷贝后原图不消失。

（3）示例

例 1 以对称轴线镜像图 5-112（a）所示图形。

操作如下：

启动执行命令:"镜像"（立即菜单中“1.”设为“选择轴线”，“2.”设为“镜像”）

拾取元素：[拾取所要镜像对象，如图 5-112（a）所示，按右键确认]

拾取轴线：（拾取对称轴线）

操作结果如图 5-112（b）所示。

例 2 以 1、2 点镜像拷贝图 5-113（a）所示图形。

操作步骤如下：

启动执行命令:"镜像"(立即菜单中“1.”设为“选择两点”,“2.”设为“拷贝”)
拾取元素:(拾取所要镜像对象,按右键确认)
第一点:(拾取镜像 1 点)
第二点:(拾取镜像 2 点)
操作结果如图 5-113(b)所示,镜像前的对象保留在原位置。

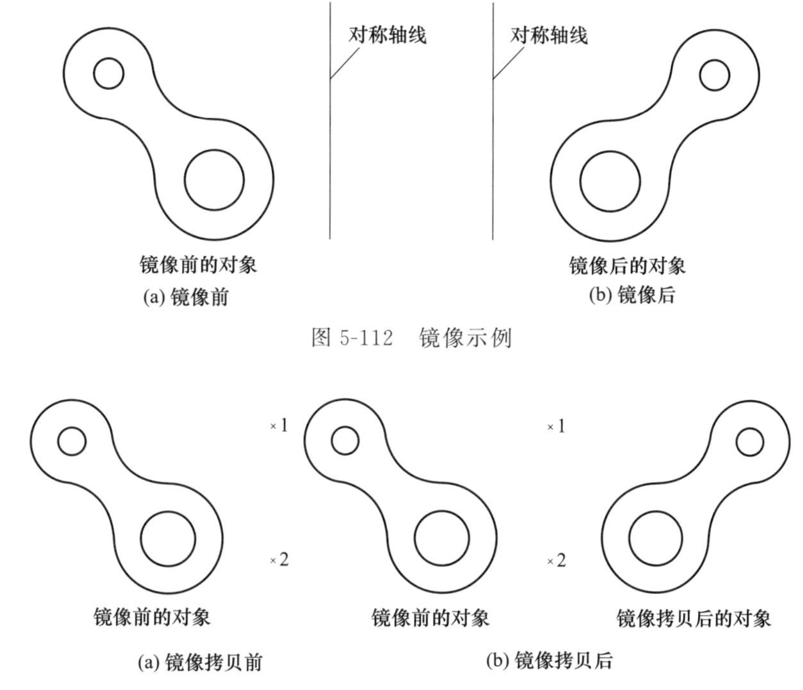

图 5-112 镜像示例

图 5-113 镜像拷贝示例

5.5 数控车设置

5.5.1 概述

数控加工就是将加工数据和工艺参数输入到机床,机床的控制系统对输入信息进行运算与控制,并不断地向直接指挥机床运动的机电功能转换部件——机床的伺服机构发送脉冲信号,伺服机构对脉冲信号进行转换与放大处理,然后由传动机构驱动机床,从而加工零件。所以,数控加工的关键是加工数据和工艺参数的获取,即数控编程。

数控加工一般包括以下几个方面的内容:

① 对图纸进行分析,确定需要数控加工的部分。

② 利用图形软件对需要数控加工的部分造型。

③ 根据加工条件,选合适加工参数生成加工轨迹(包括粗加工、半精加工、精加工轨迹等)。

④ 轨迹的仿真检验。

⑤ 传给机床加工。

用 CAXA CAM 数控车 2020 实现加工的过程:

① 必须配置好机床,这是正确输出代码的关键;

② 看懂图纸,用曲线表达工件;

③ 根据工件形状,选择合适的加工方式,生成刀位轨迹;

④ 生成G代码，传给机床。

5.5.2　重要术语

（1）两轴加工

在CAXA CAM数控车2020中，机床坐标系的 Z 轴即是绝对坐标系的 X 轴，平面图形均指投影到绝对坐标系的 XOY 面的图形。

（2）轮廓

轮廓是一系列首尾相接曲线的集合，如图5-114所示。

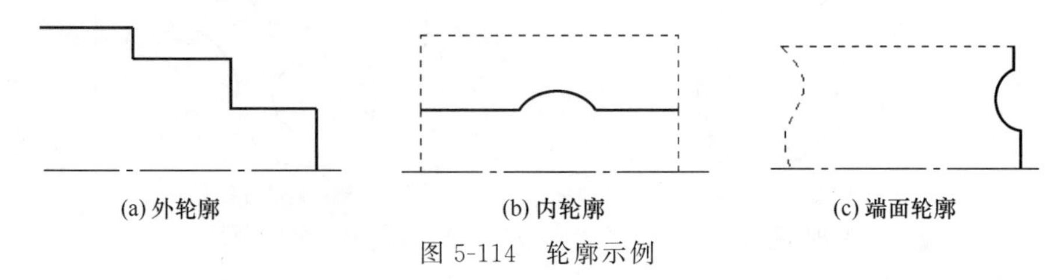

图5-114　轮廓示例

（3）毛坯轮廓

针对粗车，需要制定被加工体的毛坯。毛坯轮廓是一系列首尾相接曲线的集合，如图5-115所示。

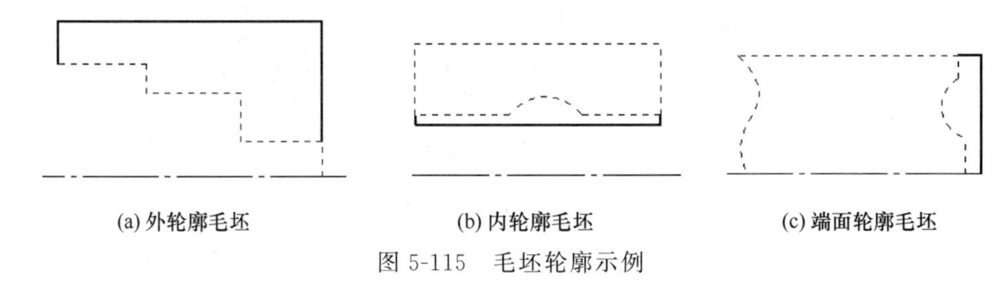

图5-115　毛坯轮廓示例

在进行数控编程，交互指定待加工图形时，常常需要用户指定毛坯的轮廓，用来界定被加工的表面或被加工的毛坯本身。如果毛坯轮廓是用来界定被加工表面的，则要求指定的轮廓是闭合的；如果加工的是毛坯轮廓本身，则毛坯轮廓也可以不闭合。

（4）机床参数

数控车床的一些速度参数，包括主轴转速、接近速度、进给速度和退刀速度，如图5-116所示。主轴转速是切削时机床主轴转动的角速度；进给速度是正常切削时刀具行进的线速度（r/mm）；接近速度为从进刀点到切入工件前刀具行进的线速度，又称进刀速度；退刀速度为刀具离开工件回到退刀位置时刀具行进的线速度。

这些速度参数的给定一般依赖于用户的经验，原则上讲，它们与机床本身、工件的材料、刀具材料、工件的加工精度和表面光洁度要求等相关。

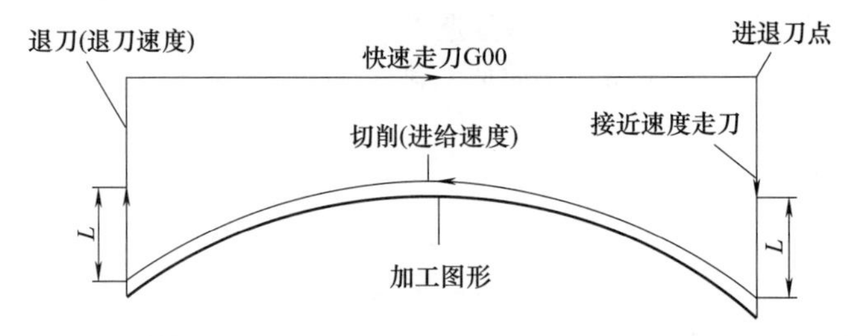

图5-116　数控车床中各种速度示意（L＝慢速下刀/快速退刀距离）

(5) 刀具轨迹和刀位点

刀具轨迹是系统按给定工艺要求生成的对给定加工图形进行切削时刀具行进的路线，如图5-117所示。系统以图形方式显示。刀具轨迹由一系列有序的刀位点和连接这些刀位点的直线（直线插补）或圆弧（圆弧插补）组成。

本系统的刀具轨迹是按刀尖位置来显示的。

(6) 加工余量

车加工是一个去余量的过程，即从毛坯开始逐步除去多余的材料，以得到需要的零件。这种过程往往由粗加工和精加工构成，必要时还需要进行半精加工，即需经过多道工序的加工。在前一道工序中，往往需给下一道工序留下一定的余量。实际的加工模型是指定的加工模型按给定的加工余量进行等距的结果，如图5-118所示。

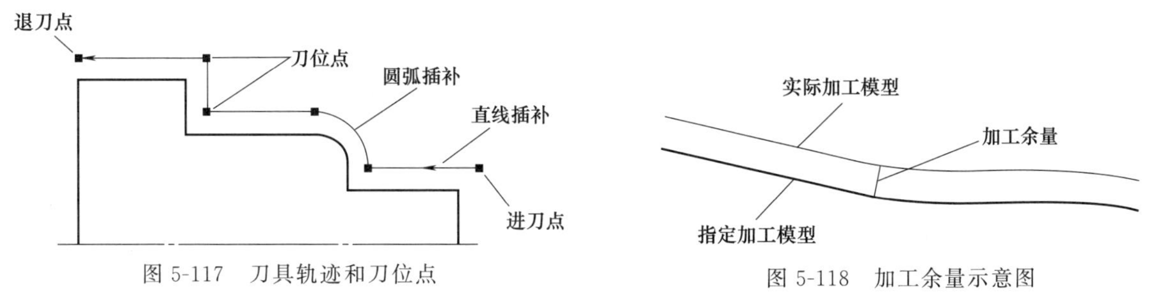

图5-117　刀具轨迹和刀位点

图5-118　加工余量示意图

(7) 加工误差

刀具轨迹和实际加工模型的偏差即加工误差。用户可通过控制加工误差来控制加工的精度。

用户给出的加工误差是刀具轨迹同加工模型之间的最大允许偏差，系统保证刀具轨迹与实际加工模型之间的偏离不大于加工误差。

用户应根据实际工艺要求给定加工误差，如在进行粗加工时，加工误差可以较大，否则加工效率会受到不必要的影响；而进行精加工时，需根据表面要求等给定加工误差。

在两轴加工中，对于直线和圆弧的加工不存在加工误差，加工误差指对样条线进行加工时用折线段逼近样条的误差，如图5-119所示。

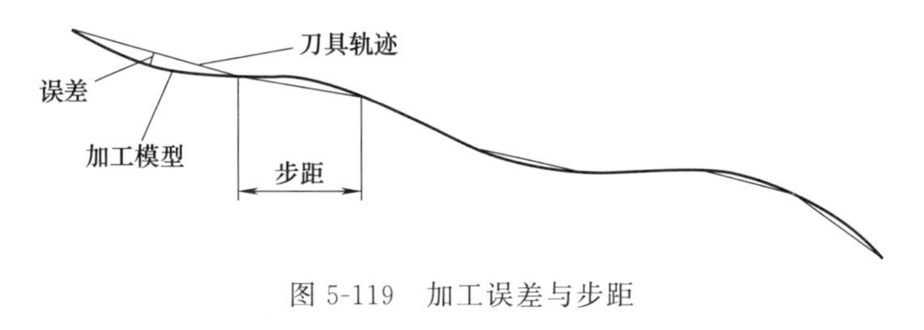

图5-119　加工误差与步距

(8) 加工干涉

切削被加工表面时，如刀具切到了不应该切的部分，则称为出现干涉现象，或者叫作过切。在CAXA CAM数控车2020系统中，干涉分为以下两种情况：

① 被加工表面中存在刀具切削不到的部分时的过切现象。

② 切削时，刀具与未加工表面存在的过切现象。

5.5.3　刀库与车削刀具

该功能定义和确定刀具的有关数据，以便于用户从刀具库中获取刀具信息和对刀具库进行维护。该功能可以创建轮廓车刀、切槽刀具、螺纹车刀、钻孔刀具等刀具类型。

(1) 操作方法

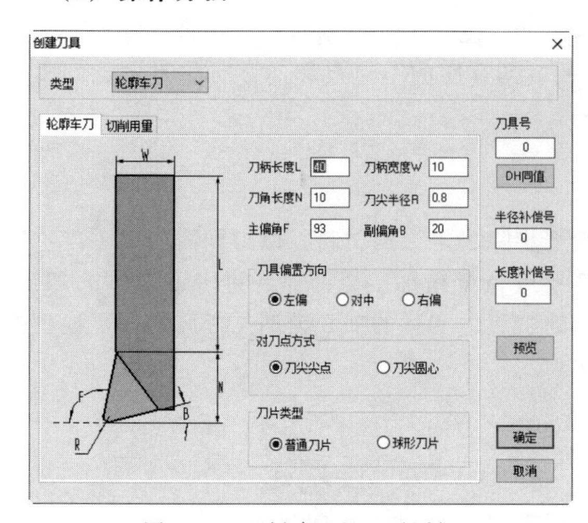

图 5-120 “创建刀具”对话框

① 在菜单区“数控车”子菜单中选取“创建刀具”菜单项，系统弹出“创建刀具”对话框，如图 5-120 所示。用户可按自己的需要添加新的刀具。新创建的刀具列表会显示在绘图区左侧的管理树刀库节点下。

② 双击刀库节点下的刀具节点，可以弹出“编辑刀具”对话框，来改变刀具参数。

③ 在刀库节点右键单击后弹出的菜单中选取“导出刀具”菜单项，可以将所有刀具的信息保存到一个文件中。

④ 在刀库节点右键单击后弹出的菜单中选取“导入刀具”菜单项，可以将保存到文件中的刀具信息全部读入到文档中，并添加到刀库节点下。

⑤ 需要指出的是，刀具库中的各种刀具只是同一类刀具的抽象描述，并非符合国家标准或其他标准的详细刀具库。所以只列出了对轨迹生成有影响的部分参数，其他与具体加工工艺相关的刀具参数并未列出。例如，将各种外轮廓，内轮廓，端面粗、精车刀均归为轮廓车刀，对轨迹生成没有影响。

(2) 参数说明

1) 轮廓车刀

轮廓车刀参数对话框如图 5-120 所示，其参数的含义见表 5-4。

表 5-4 轮廓车刀参数含义

参数名称	参数含义
刀具号	刀具的系列号，用于后置处理的自动换刀指令。刀具号唯一，并对应机床的刀库
半径补偿号	刀具半径补偿值的序列号，其值对应于机床的数据库
长度补偿号	刀具长度补偿值的序列号，其值对应于机床的数据库
刀柄长度 L	刀具可夹持段的长度
刀柄宽度 W	刀具可夹持段的宽度
刀角长度 N	刀具可切削段的长度
刀尖半径 R	刀尖部分用于切削的圆弧的半径
主偏角 F	刀具主切削刃与工件旋转轴的夹角
副偏角 B	刀具副切削刃与工件旋转轴的夹角

2) 切槽刀具

切槽刀具参数对话框如图 5-121 所示，其参数的含义见表 5-5。

表 5-5 切槽刀具参数含义

参数名称	参数含义
刀具号	刀具的系列号，用于后置处理的自动换刀指令。刀具号唯一，并对应机床的刀库
半径补偿号	刀具半径补偿值的序列号，其值对应于机床的数据库
长度补偿号	刀具长度补偿值的序列号，其值对应于机床的数据库
刀具长度 L	刀具的总体长度
刀具宽度 W	刀具宽度
刀刃宽度 N	刀具切削刃的宽度
刀尖半径 R	刀尖部分用于切削的圆弧的半径
刀具引角 A	刀具切削段两侧边与垂直于切削方向的夹角

续表

参数名称	参数含义
刀柄宽度 W1	刀具可夹持段的宽度
刀具位置 L1	切槽刀具在切槽刀柄中的位置

3）钻孔刀具

钻孔刀具参数对话框如图 5-122 所示，其参数含义见表 5-6。

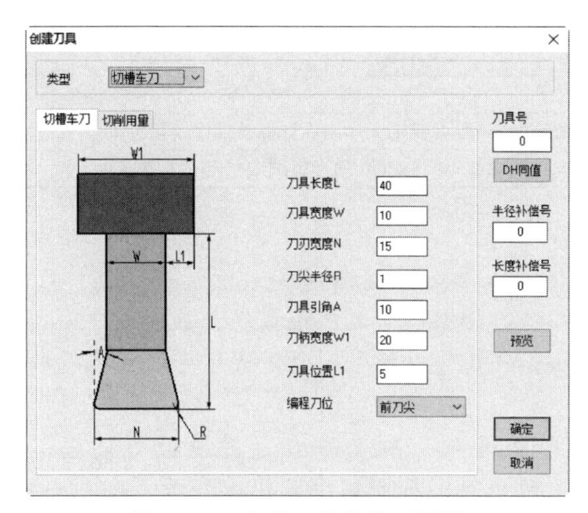

图 5-121 切槽刀具参数对话框

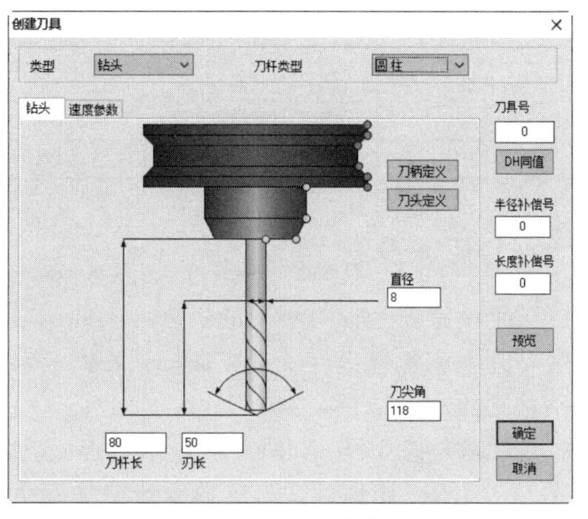

图 5-122 钻孔刀具参数对话框

表 5-6 钻孔刀具参数含义

参数名称	参数含义
刀具号	刀具的系列号，用于后置处理的自动换刀指令。刀具号唯一，并对应机床的刀库
半径补偿号	刀具半径补偿值的序列号，其值对应于机床的数据库
长度补偿号	刀具长度补偿值的序列号，其值对应于机床的数据库
直径	刀具的直径
刀尖角	钻头前段尖部的角度
刃长	刀具的刀杆可用于切削部分的长度
刀杆长	刀尖到刀柄之间的距离。刀杆长度应大于刀刃有效长度

4）螺纹车刀

螺纹车刀参数对话框如图 5-123 所示，其参数含义见表 5-7。

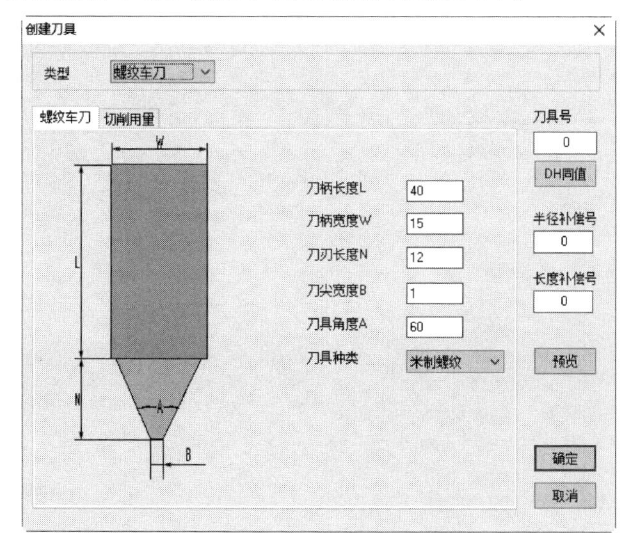

图 5-123 螺纹车刀参数对话框

表 5-7 螺纹车刀参数含义

参数名称	参数含义
刀具号	刀具的系列号，用于后置处理的自动换刀指令。刀具号唯一，并对应机床的刀库
半径补偿号	刀具半径补偿值的序列号，其值对应于机床的数据库
长度补偿号	刀具长度补偿值的序列号，其值对应于机床的数据库
刀柄长度 L	刀具可夹持段的长度
刀柄宽度 W	刀具可夹持段的宽度
刀刃长度 N	刀具切削刃顶部的宽度。对于三角螺纹车刀，刀刃宽度等于 0
刀尖宽度 B	螺纹齿底宽度
刀具角度 A	刀具切削段两侧边与垂直于切削方向的夹角，该角度决定了车削出的螺纹的螺纹角
刀具种类	可以选择螺纹刀具的种类，如米制螺纹、英制螺纹、矩形螺纹、梯形螺纹或自定义螺纹类型

5.5.4 后置设置

后置设置就是针对不同的机床，不同的数控系统，设置特定的数控代码、数控程序格式及参数，并生成配置文件。生成数控程序时，系统根据该配置文件的定义生成用户所需要的特定代码格式的加工指令。

在“数控车”子菜单区中选取“后置设置”功能项，系统弹出后置设置对话框，如图 5-124 所示。用户可按自己的需求增加新的或更改已有的控制系统和机床配置。按“确定”按钮可将用户的更改保存，“取消”则放弃已做的更改。

后置设置给用户提供了一种灵活方便的设置系统配置的方法。对不同的机床进行适当的配置，具有重要的实际意义。通过设置系统配置参数，后置处理所生成的数控程序可以直接输入数控机床或加工中心进行加工，而无需进行修改。如果已有的机床类型中没有所需的机床，可增加新的机床类型以满足使用需求，并可对新增的机床进行设置。后置设置的对话框见图 5-124，左侧的上下两个列表中分别列出了现有的控制系统与机床配置文件，在中间的各个标签页中对相关参数进行设置，右侧的测试栏中，可以选中轨迹，并点击生成代码按钮，可以在代码标签页中看到当前的后置设置下选中轨迹所生成的 G 代码，便于用户对照后置设置的效果。

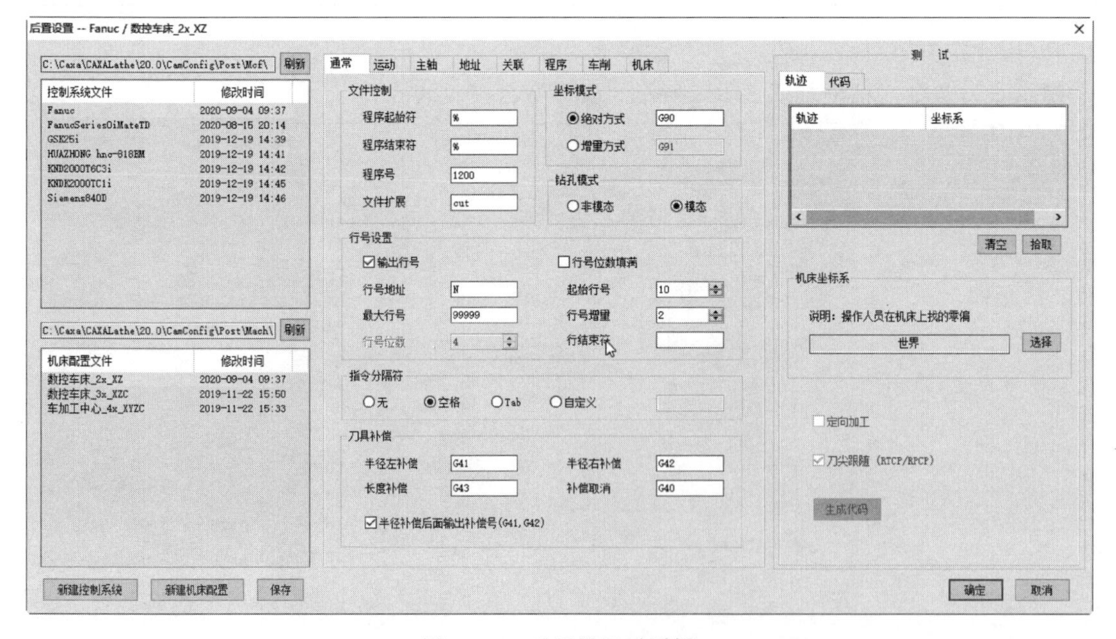

图 5-124 后置设置对话框

(1)“通常”设置

在后置设置对话框中间部分的“通常”标签页（图 5-125）中，可以对 G 代码的基本格式进行设置。

① 文件控制。设定 G 代码的起始和结束符号，设定程序号和文件扩展名。

② 坐标模式。设定按绝对坐标和相对上一点增量坐标两种坐标模式的 G 代码指令。

③ 行号设置。设定是否输出行号、行号位数是否填满，设置行号地址、起始行号、最大行号、行号增量和行结束符。

④ 指令分隔符。设定数控指令之间的分隔符号。

⑤ 刀具补偿。设定各种刀具补偿模式的 G 代码指令。

(2)“运动”设置

在后置设置对话框中间部分的“运动”标签页（图 5-126）中，可以对 G 代码中与刀具运动相关的参数进行设置。

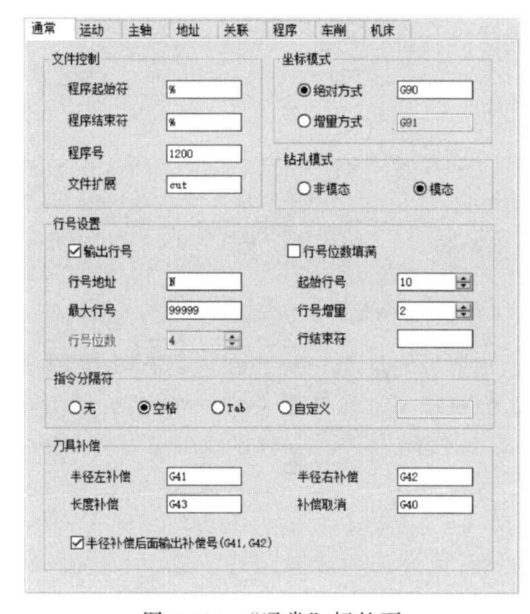

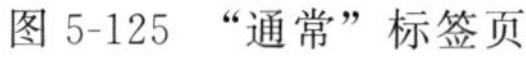
图 5-125 “通常”标签页

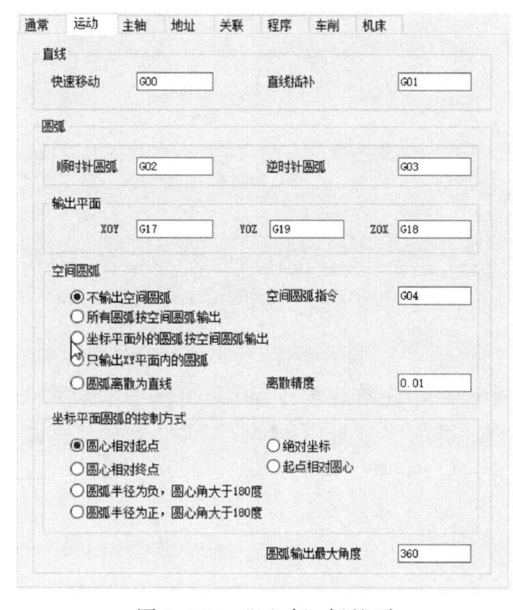

图 5-126 “运动”标签页

① 直线。设置刀具快速移动和做直线插补运动的 G 代码指令。

② 圆弧。对刀具圆弧插补各项参数做设置。

a. 代码。设置刀具做顺时针、逆时针圆弧插补运动的 G 代码指令。

b. 输出平面。设置平面圆弧插补时，圆弧所在不同平面的 G 代码指令。

c. 空间圆弧。设置空间圆弧插补的处理方式。

d. 坐标平面圆弧的控制方式。设置圆弧插补段的 G 代码中，圆心点（I，J，K）坐标的含义。

(3)“主轴”设置

在后置设置对话框中间部分的“主轴”标签页（图 5-127）中，可以对 G 代码中的机床主轴行为进行设置。

① 主轴。设置主轴正转、反转、停转的 M 代码指令。

② 速度。设置主轴转速的输出方式。

③ 切削液。设置开关切削液的 M 代码指令。

④ 程序代码。设置程序暂停和终止的 M 代码指令。

(4)“地址”设置

在后置设置对话框中间部分的“地址”标签页（图 5-128）中，可以对 G 代码的各指令地址的输出格式进行设置。标签页左侧的指令地址列表列出了所有可用的地址符，常用的有 X、Y、Z、I、J、K、G、M、F、S 等。在右侧的格式定义中可以修改每个地址符的格式。

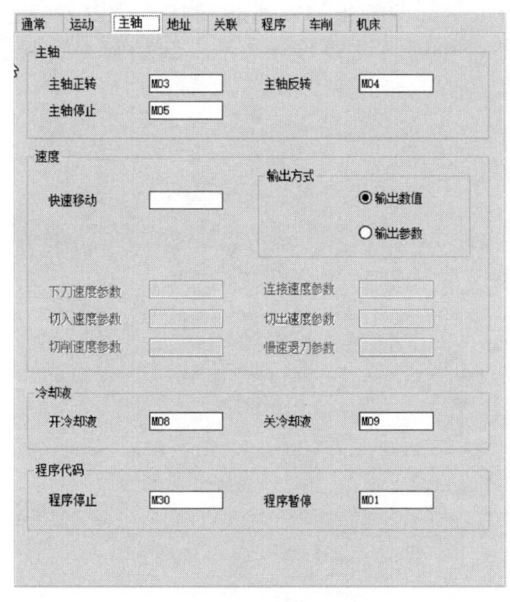

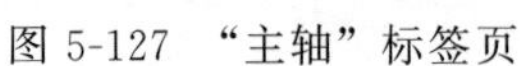
图 5-127 “主轴”标签页

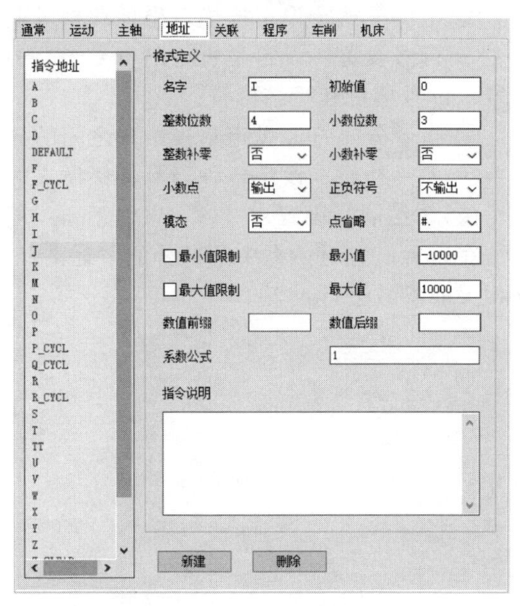

图 5-128 “地址”标签页

① 名字。直接控制 G 代码中输出的地址文字。通常与地址符自身相同，但有时需要特别设置。例如在数控车中的 G 代码中，轴向坐标往往会输出 Z，而在轨迹中，轴向为 *X* 方向，因此，可以将地址 X 的名字设置为 Z，这样在输出的 G 代码中，所有轨迹点的 *X* 坐标将用 Z 来进行输出。

② 模态。指令地址在输出前会判断当前输出的数值是否与上次输出的数值相同，若不同则必须在 G 代码中进行此次指令输出，若相同，则只有模态选项选择“是”时，才会在 G 代码中进行此次指令输出。例如 X，Y，Z，I，J，K 这样的用于输出坐标的指令地址，往往模态设置为否，这样，当当前点 *X* 坐标与上一个点相同，*Y* 坐标不同时，此次指令在输出时将只输出新的 *Y* 坐标。

③ 系数公式。对指令地址输出的数值进行变换。例如，当将 X 指令地址的公式设置为“*（－1）”时，所有刀位点的 *X* 坐标将会乘以－1 后再输出。该项目提供了一种统一修改 G 代码输出数值的可能性，但是会影响到整个 G 代码中所有该指令地址输出的数值，因此使用时务必谨慎。

(5)“关联”设置

在后置设置对话框中间部分的“关联”标签页（图 5-129）中，可以对 G 代码中各项数值输出时使用的指令地址进行设置。在左侧的变量列表中列出了部分可以修改指令地址的数值变量。

(6)“程序”设置

在后置设置对话框中间部分的“程序”标签页（图 5-130）中，可以对各段加工过程的 G 代码函数进行设置。

左侧的列表中列出了所有可用的函数名称，右侧的“函数体”标签页显示了选中函数的输出格式。

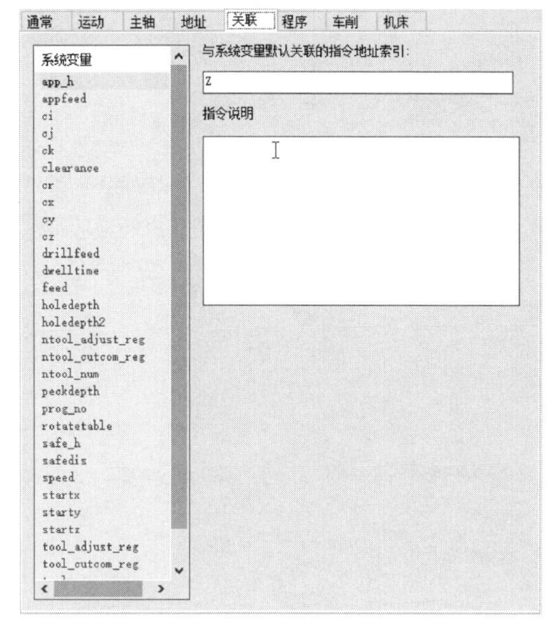

图 5-129 “关联”标签页

图 5-130 “程序”标签页

例如，latheLine 函数用于输出直线插补加工段的 G 代码，其函数体内容为：

＄seq，＄speedunit，＄sgcode，＄cx，＄cz，＄feed，＄eob，@

其中各变量的含义如下：

seq：行号。

speedunit：进给速度单位。一般情况下，G98 代表每分进给（mm/min），G99 代表每转进给（mm/r）。

sgcode：进给指令。直线插补指令一般为 G01。

cx：径向坐标值。

cz：轴向坐标值。

feed：进给速度。

eob：结束符，表示该函数结束。

按照以上定义，若刀具需要以直线进给的方式前进到点（50，20），进给速度为 20mm/min，则这段加工过程输出的 G 代码为：

N10 G98 G01 X50.0 Z20.0 F20

(7)“车削”设置

在后置设置对话框中间部分的“车削”标签页（图 5-131）中，可以对 G 代码中车削特有的一些参数进行设置。

① 端点坐标径向分量使用直径。轨迹中的径向坐标值使用的是半径值，但是在 G 代码中往往需要以直径值来输出。勾上此选项后，G 代码中即以直径值来输出径向坐标。例如轨迹中的径向坐标为 20，勾上此选项后 G 代码中会输出 X40.0。

② 圆心坐标径向分量使用直径。与直线插补一样，轨迹中圆弧插补段的圆心坐标使用的也是半径值，若需要在 G 代码中以直径输出圆心坐标，可以勾选此选项。勾上后，若轨迹中圆心径向坐标为 20，则输出的 G 代码为 I40.0。

(8)“机床”设置

在后置设置对话框中间部分的“机床”标签页中，可以对机床信息进行设置。如图 5-132

所示，当前选择的3轴车削加工中心，可以设置两个线性轴和一个旋转轴相关信息，如线性轴的初始坐标和最大、最小坐标值。

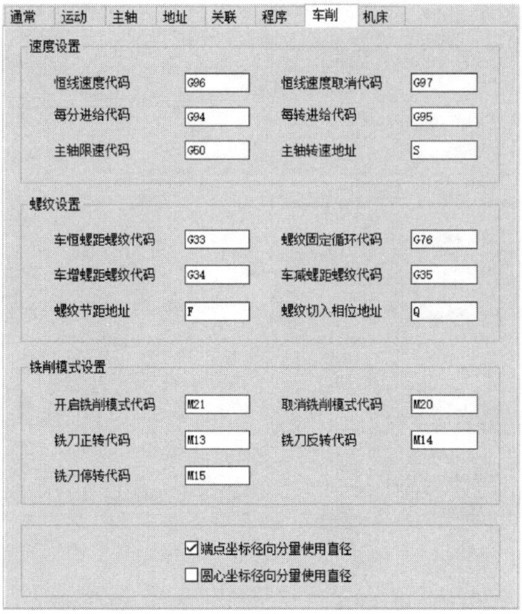

通常 运动 主轴 地址 关联 程序 车削 机床
速度设置
恒线速度代码 G96 恒线速度取消代码 G97
每分进给代码 G94 每转进给代码 G95
主轴限速代码 G50 主轴转速地址 S
螺纹设置
车恒螺距螺纹代码 G33 螺纹固定循环代码 G76
车增螺距螺纹代码 G34 车减螺距螺纹代码 G35
螺纹节距地址 F 螺纹切入相位地址 Q
铣削模式设置
开启铣削模式代码 M21 取消铣削模式代码 M20
铣刀正转代码 M13 铣刀反转代码 M14
铣刀停转代码 M15
☑端点坐标径向分量使用直径
☐圆心坐标径向分量使用直径

图 5-131 “车削”标签页

图 5-132 “机床”标签页

5.6 生成轨迹

5.6.1 车削粗加工

该功能用于实现对工件外轮廓表面、内轮廓表面和端面的粗车加工，用来快速切除毛坯的多余部分。

轮廓粗车时要确定被加工轮廓和毛坯轮廓，被加工轮廓就是加工结束后的工件表面轮廓，毛坯轮廓就是加工前毛坯的表面轮廓。被加工轮廓和毛坯轮廓两端点相连，两轮廓共同构成一个封闭的加工区域，在此区域的材料将被加工去除。被加工轮廓和毛坯轮廓不能单独闭合或自相交。

(1) 操作步骤

① 单击“数控车”功能区“二轴加工”选项卡中的“车削粗加工”命令，系统弹出“车削粗加工”对话框，如图5-133所示。在对话框中首先要确定被加工的是外轮廓表面，还是内轮廓表面或端面，接着按加工要求确定其他各加工参数。

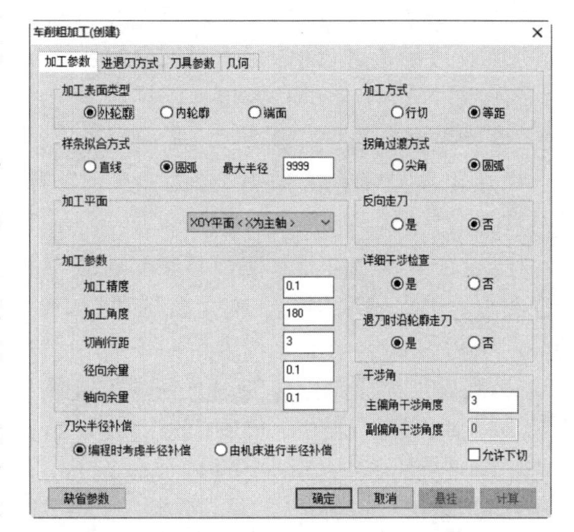

图 5-133 “车削粗加工”对话框

② 确定参数后拾取被加工轮廓和毛坯轮廓，此时可使用系统提供的轮廓拾取工具，对于多段曲线组成的轮廓使用“限制链拾取”将极大地方便拾取。采用“链拾取”和“限制链

拾取”时的拾取箭头方向与实际的加工方向无关。

③ 确定进退刀点。指定一点为刀具加工前和加工后所在的位置。按鼠标右键可忽略该点的输入。

完成上述步骤后即可生成加工轨迹。单击“数控车”功能区“后置处理”选项卡中的“G 后置处理”命令，拾取刚生成的刀具轨迹，即可生成加工指令。

（2）参数说明

1）加工参数

点击图 5-133 对话框中的“加工参数”标签即进入加工参数表。加工参数表主要用于对粗车加工中的各种工艺条件和加工方式进行限定。各加工参数含义说明如下：

① 加工表面类型：

外轮廓：采用外轮廓车刀加工外轮廓，此时缺省加工方向角度为 180°。

内轮廓：采用内轮廓车刀加工内轮廓，此时缺省加工方向角度为 180°。

端面：此时缺省加工方向应垂直于系统 X 轴，即加工角度为－90°或 270°。

② 加工参数：

加工精度：用户可按需要来控制加工的精度。对轮廓中的直线和圆弧，机床可以精确地加工；对由样条曲线组成的轮廓，系统将按给定的精度把样条转化成直线段来满足用户所需的加工精度。

加工角度：刀具切削方向与机床 Z 轴（软件系统 X 轴）正方向的夹角。

切削行距：行间切入深度，两相邻切削行之间的距离。

径向余量：加工结束后，被加工表面径向没有加工的部分的剩余量。

轴向余量：加工结束后，被加工表面轴向没有加工的部分的剩余量。

③ 拐角过渡方式：

圆弧：在切削过程中遇到拐角时，刀具从轮廓的一边到另一边的过程中，以圆弧的方式过渡。

尖角：在切削过程中遇到拐角时，刀具从轮廓的一边到另一边的过程中，以尖角的方式过渡。

④ 样条拟合方式：

直线：对加工轮廓中的样条线根据给定的加工精度用直线段进行拟合。

圆弧：对加工轮廓中的样条线根据给定的加工精度用圆弧段进行拟合。

⑤ 反向走刀：

否：刀具按缺省方向走刀，即刀具从机床 Z 轴正向向 Z 轴负向移动。

是：刀具按与缺省方向相反的方向走刀。

⑥ 详细干涉检查：

否：假定刀具前后干涉角均为 0°，对凹槽部分不做加工，以保证切削轨迹无前角及底切干涉。

是：加工凹槽时，用定义的干涉角度检查加工中是否有刀具前角及底切干涉，并按定义的干涉角度生成无干涉的切削轨迹。

⑦ 退刀时沿轮廓走刀：

否：刀位行首末直接进退刀，不加工行与行之间的轮廓。

是：两刀位行之间如果有一段轮廓，在后一刀位行之前、之后增加对行间轮廓的加工。

⑧ 刀尖半径补偿：

编程时考虑半径补偿：在生成加工轨迹时，系统根据当前所用刀具的刀尖半径进行补偿计算（按假想刀尖点编程）。所生成代码即为已考虑半径补偿的代码，无需机床再进行刀尖半径补偿。

由机床进行半径补偿：在生成加工轨迹时，假设刀尖半径为 0，按轮廓编程，不进行刀尖半径补偿计算。所生成代码在用于实际加工时应根据实际刀尖半径由机床指定补偿值。

⑨ 干涉角：

主偏角干涉角度：做前角干涉检查时，确定干涉检查的角度。

副偏角干涉角度：做底切干涉检查时，确定干涉检查的角度。当勾选“允许下切”选项时可用。

2）进退刀方式

单击图 5-133 对话框中的“进退刀方式”标签即进入“进退刀方式”参数表，如图 5-134 所示。该参数表用于对加工中的进退刀方式进行设定。

① 进刀方式：

每行相对毛坯进刀方式：用于指定对毛坯部分进行切削时的进刀方式。

每行相对加工表面进刀方式：用于指定对加工表面部分进行切削时的进刀方式。

与加工表面成定角：指在每一切削行前加入一段与轨迹切削方向夹角成一定角度的进刀段，刀具垂直进刀到该进刀段的起点，再沿该进刀段进刀至切削行。角度定义该进刀段与轨迹切削方向的夹角，长度定义该进刀段的长度。

垂直：指刀具直接进刀到每一切削行的起始点。

矢量：指在每一切削行前加入一段与系统 X 轴（机床 Z 轴）正方向成一定夹角的进刀段，刀具进刀到该进刀段的起点，再沿该进刀段进刀至切削行。角度定义矢量（进刀段）与系统 X 轴正方向的夹角，长度定义矢量（进刀段）的长度。

② 退刀方式：

每行相对毛坯退刀方式：用于指定对毛坯部分进行切削时的退刀方式。

每行相对加工表面退刀方式：用于指定对加工表面部分进行切削时的退刀方式。

与加工表面成定角：指在每一切削行后加入一段与轨迹切削方向夹角成一定角度的退刀段，刀具先沿该退刀段退刀，再从该退刀段的末点开始垂直退刀。角度定义该退刀段与轨迹切削方向的夹角，长度定义该退刀段的长度。

垂直：指刀具直接退刀到每一切削行的起始点。

矢量：指在每一切削行后加入一段与系统 X 轴（机床 Z 轴）正方向成一定夹角的退刀段，刀具先沿该退刀段退刀，再从该退刀段的末点开始垂直退刀。角度定义矢量（退刀段）与系统

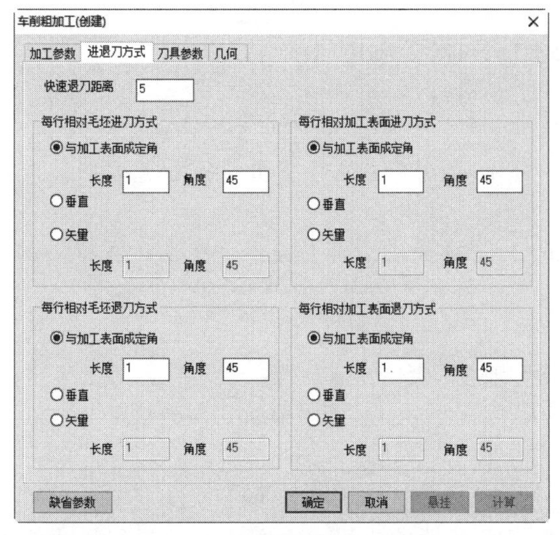

图 5-134 “进退刀方式”标签

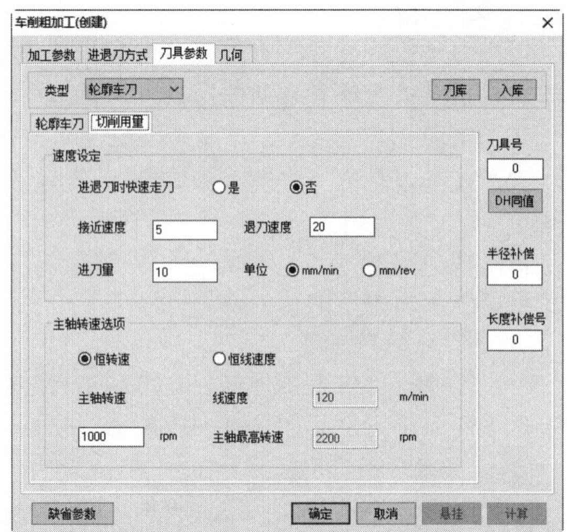

图 5-135 “切削用量”标签

X 轴正方向的夹角，长度定义矢量（退刀段）的长度。

快速退刀距离：以给定的退刀速度回退的距离（相对值），在此距离上以机床允许的最大进给速度 G0 退刀。

3）切削用量

在每种刀具轨迹生成时，都需要设置一些与切削用量及机床加工相关的参数。单击“刀具参数”标签并在子标签中选择“切削用量”标签（图 5-135）可进入切削用量参数设置。

① 速度设定：

进退刀时快速走刀：设置进退刀时是否快速走刀。

接近速度：设置刀具接近工件时的进给速度。

退刀速度：设置刀具离开工件的速度。

进刀量：设置切削时的进给速度。进给速度单位有 mm/min 和 mm/r 两种。

② 主轴转速选项：

恒转速：切削过程中按指定的主轴转速保持主轴转速恒定，直到下一指令改变该转速。选用恒转速时，可设置主轴转速。

恒线速度：切削过程中按指定的线速度值保持线速度恒定。选用恒线速度时，需要设置主轴最高转速。

4）轮廓车刀

点击“刀具参数”标签并在子标签中选择“轮廓车刀”标签（图 5-136），可进入轮廓车刀设置。具体参数说明请参阅第 5.5.3 节“刀库与车削刀具”中的说明。

（3）示例

图 5-137（a）为车削粗加工示例零件图，图 5-137（b）为毛坯图。

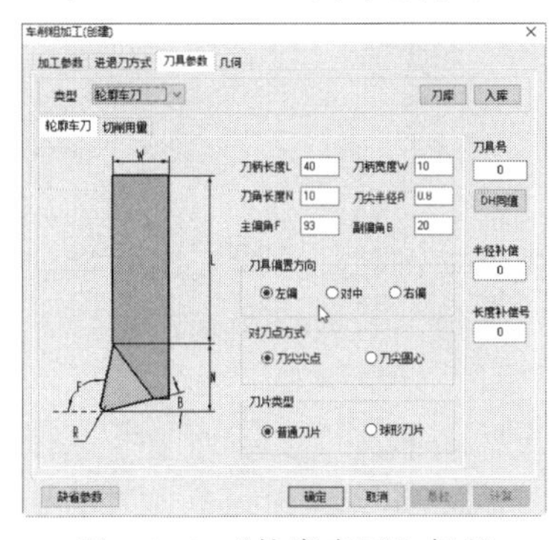

图 5-136 “轮廓车刀”标签

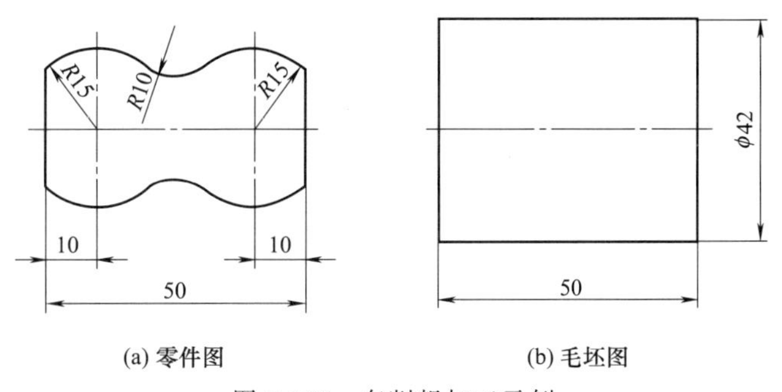

图 5-137 车削粗加工示例

① 绘制加工和毛坯轮廓线。生成轨迹时，只需画出由要加工出的外轮廓和毛坯轮廓的上半部分组成的封闭区域（需切除部分）即可，其余线条不用画出，如图 5-138 所示。

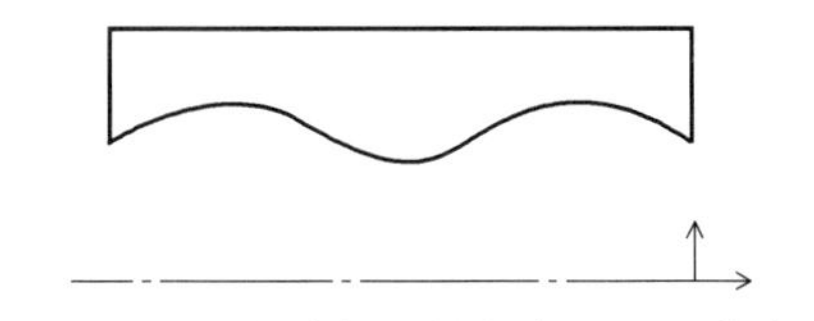

图 5-138 绘制待加工外轮廓和毛坯轮廓的上半部分组成的封闭区域

② 填写车削粗加工参数。在“车削粗加工”对话框中填写参数表，填写完参数后，单击“确认”按钮。

③ 拾取车削粗加工轮廓线。系统提示“拾取轮廓曲线，单击右键结束拾取”，用户用鼠标左键拾取轮廓曲线，完毕后单击鼠标右键结束拾取。系统提供了三种拾取方式，即链拾取、单个拾取和限制链拾取，如图 5-139 所示，单击立即菜单“1. 链拾取”可以选择拾取方式。

当拾取第一条轮廓线后，此轮廓线变为红色，如图 5-140 所示。系统给出“选择方向”提示，要求用户选择一个方向，此方向只表示拾取轮廓线的方向，与刀具的加工方向无关。

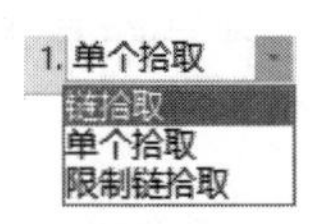

图 5-139 选择拾取方式

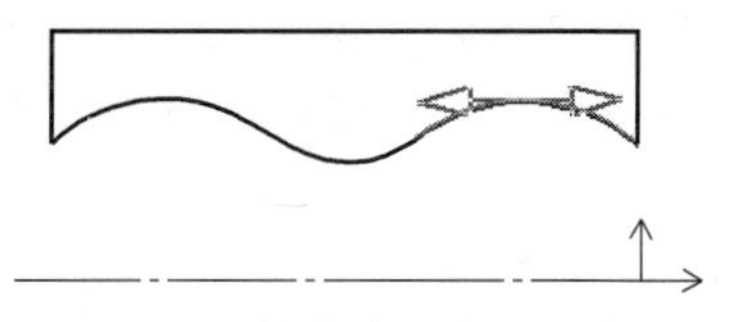

图 5-140 轮廓拾取方向示意图

选择方向后，如果采用的是链拾取方式，则系统自动拾取首尾连接的轮廓线，如果采用单个拾取，则系统提示继续拾取轮廓线。如果采用限制链拾取则系统自动拾取该曲线与限制曲线之间连接的曲线。若加工轮廓与毛坯轮廓首尾相连，采用链拾取会将加工轮廓与毛坯轮廓混在一起，采用限制链拾取或单个拾取则可以将加工轮廓与毛坯轮廓区分开。

④ 拾取毛坯轮廓。拾取方法与上述方法类似。

⑤ 确定进退刀点。指定一点为刀具加工前和加工后所在的位置。

⑥ 生成刀具轨迹。确定进退刀点之后，系统生成绿色的刀具轨迹，如图 5-141 所示。

注意：为便于采用链拾取方式，可以将加工轮廓与毛坯轮廓绘成相交，系统能自动求出其封闭区域，如图 5-142 所示。

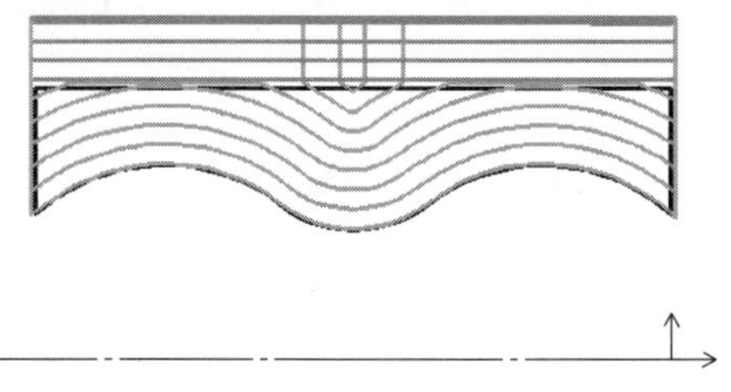

图 5-141 生成的粗加工刀具轨迹

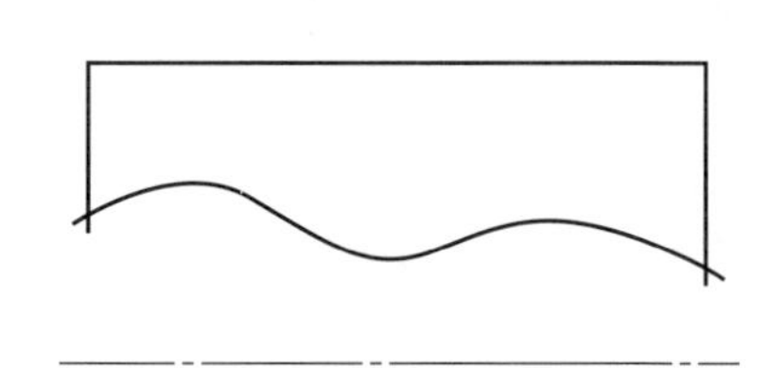

图 5-142 由相交的待加工外轮廓和毛坯轮廓组成的封闭区域

5.6.2 车削精加工

实现对工件外轮廓表面、内轮廓表面和端面的精车加工。进行车削精加工时要确定被加工轮廓，被加工轮廓就是加工结束后的工件表面轮廓，被加工轮廓不能闭合或自相交。

(1) 操作步骤

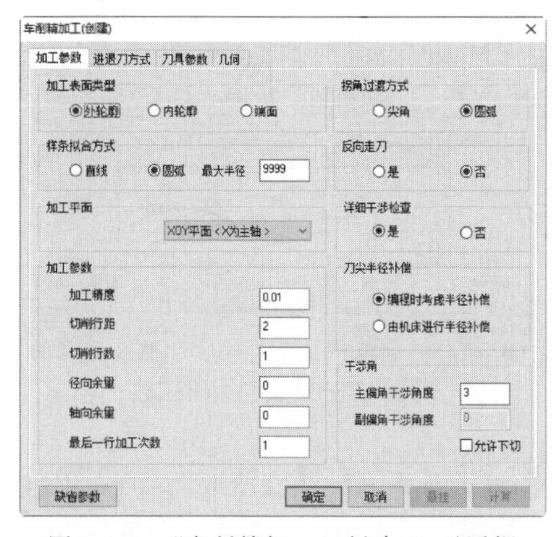

图 5-143 “车削精加工（创建）”对话框

① 单击“数控车”功能区“二轴加工”选项卡中的“车削精加工”命令，系统弹出“车削精加工（创建）”对话框，如图 5-143 所示。在对话框中首先要确定被加工的是外轮廓表面，还是内轮廓表面或端面，接着按加工要求确定其他各加工参数。

② 确定参数后拾取被加工轮廓，此时可使用系统提供的轮廓拾取工具。

③ 选择完轮廓后确定进退刀点，指定一点为刀具加工前和加工后所在的位置。

完成上述步骤后即可生成精车加工轨迹。单击“数控车”功能区“后置处理”选项卡中的“后置处理”命令，拾取刚生成的刀具轨迹，即可生成加工指令。

(2) 参数说明

加工参数主要用于对车削精加工中的各种工艺条件和加工方式进行限定，其含义可参看轮廓粗车。

(3) 示例

车削精加工图 5-137（a）所示零件。车削粗加工时，在径向上留 0.3mm 的精加工余量。

① 绘制精加工轮廓。生成车削精加工轨迹时，只需绘制要加工出的外轮廓的上半部分即可，其余线条不用画出，如图 5-144 所示。

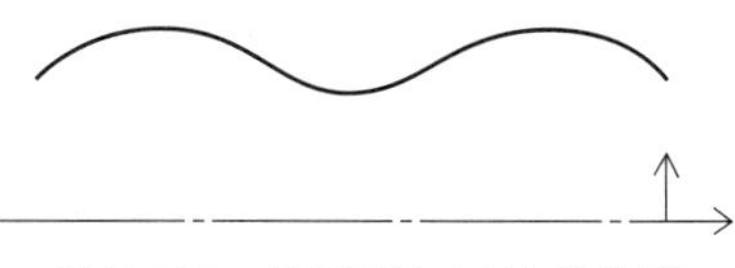

图 5-144　绘制要加工的外轮廓

② 填写参数表。在“车削精加工”对话框中填写完参数后，单击对话框中的“确认”按钮。

③ 拾取轮廓。系统提示用户选择轮廓线。当拾取第一条轮廓线后，此轮廓线变为红色。系统给出提示：选择方向。要求用户选择一个方向，此方向只表示拾取轮廓线的方向，与刀具的加工方向无关，如图 5-145 所示。

选择方向后，如果采用的是链拾取方式，则系统自动拾取首尾连接的轮廓线，如果采用单个拾取，则系统提示继续拾取轮廓线。由于只需拾取一条轮廓线，采用链拾取的方法较为方便。

④ 确定进退刀点。指定一点为刀具加工前和加工后所在的位置。

⑤ 生成刀具轨迹。确定进退刀点之后，系统生成绿色的刀具轨迹，如图 5-146 所示。

注意：被加工轮廓不能闭合或自相交。

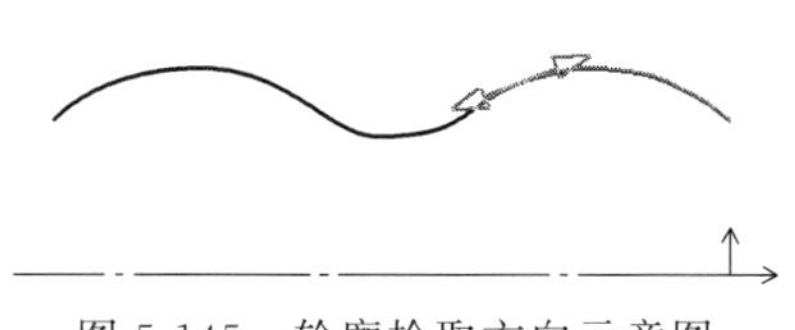

图 5-145　轮廓拾取方向示意图

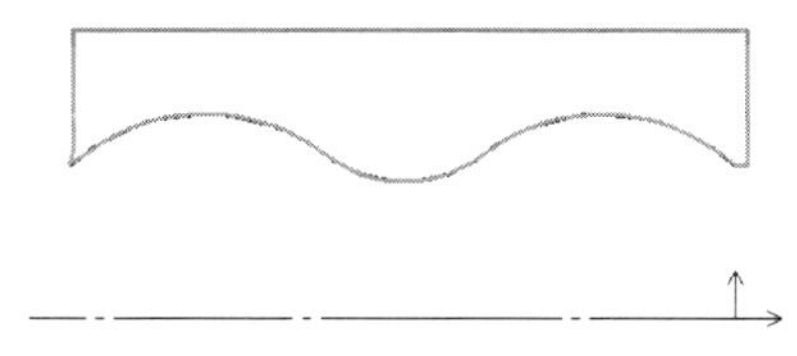

图 5-146　生成的精加工轨迹

5.6.3　车削槽加工

该功能用于在工件外轮廓表面、内轮廓表面和端面切槽。切槽时要确定被加工轮廓，被加工轮廓就是加工结束后的工件表面轮廓，被加工轮廓不能闭合或自相交。

(1) 操作步骤

① 单击“数控车”功能区“二轴加工”选项卡中的“车削槽加工”命令，系统弹出“车削槽加工（创建）”对话框，如图 5-147 所示。在参数表中首先要确定被加工的是外轮廓表面，还是内轮廓表面或端面，接着按加工要求确定其他各加工参数。

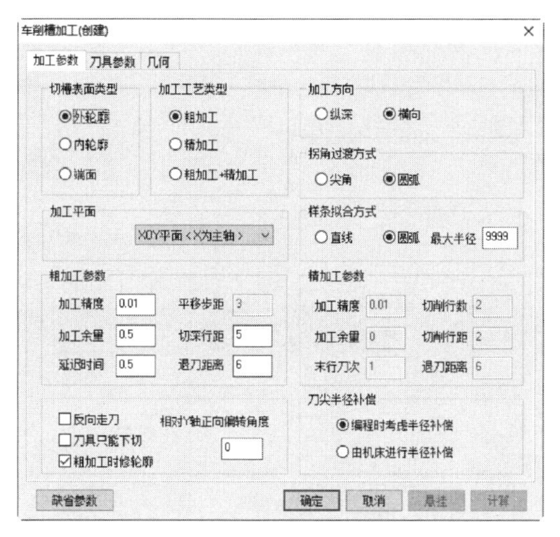

图 5-147　“车削槽加工（创建）”对话框

② 确定参数后拾取被加工轮廓，此时可使用系统提供的轮廓拾取工具。

③ 选择完轮廓后确定进退刀点。指定一点为刀具加工前和加工后所在的位置。

完成上述步骤后即可生成车削槽加工轨迹。单击“数控车”功能区“后置处理”选项卡中的“后置处理”命令，拾取刚生成的刀具轨迹，即可生成加工指令。

(2) 参数说明

1）加工参数

加工参数主要用于对车削槽加工中各种工艺条件和加工方式进行限定。各加工参数含义说明如下：

① 切槽表面类型：

外轮廓：外轮廓切槽，或用切槽刀加工外轮廓。

内轮廓：内轮廓切槽，或用切槽刀加工内轮廓。

端面：端面切槽，或用切槽刀加工端面。

② 加工工艺类型：

粗加工：对槽只进行粗加工。

精加工：对槽只进行精加工。

粗加工＋精加工：对槽进行粗加工之后接着做精加工。

③ 拐角过渡方式：

圆弧：在切削过程中遇到拐角时，刀具从轮廓的一边到另一边的过程中，以圆弧的方式过渡。

尖角：在切削过程中遇到拐角时，刀具从轮廓的一边到另一边的过程中，以尖角的方式过渡。

④ 粗加工参数：

加工精度：粗加工槽时所达到的精度。

加工余量：粗加工槽时，被加工表面未加工部分的预留量。

延迟时间：粗加工槽时，刀具在槽的底部停留的时间。

切深行距：粗加工槽时，刀具每一次纵向切槽的切入量（机床 X 向）。

平移步距：粗加工槽时，刀具切到指定的切深平移量后进行下一次切削前的水平平移量（机床 Z 向）。

退刀距离：粗车槽中进行下一行切削前退刀到槽外的距离。

⑤ 精加工参数：

加工精度：精加工槽时所达到的精度。

加工余量：精加工时，被加工表面未加工部分的预留量。

末行刀次：精车槽时，为提高加工的表面质量，最后一行常常在相同进给量的情况下进行多次车削，该处定义多次切削的次数。

切削行数：精加工刀位轨迹的加工行数，不包括最后一行的重复次数。

切削行距：精加工行与行之间的距离。

退刀距离：精加工中切削完一行之后，进行下一行切削前退刀的距离。

2）切削用量

切削用量参数表的说明请参考第 5.6.1 节“车削粗加工”中的说明。

3）切槽车刀

切槽刀具参数设置请参考第 5.5.3 节“刀库与车削刀具”中的说明。

（3）示例

如图 5-148 所示，螺纹退刀槽为要加工出的轮廓。

① 绘制切槽轮廓。根据图 5-148 所示尺寸，绘制如图 5-149 所示轮廓。

② 填写参数表。按图 5-148 所示尺寸及实际加工情况确定槽加工参数。

③ 拾取槽加工轮廓。填写完参数，单击“车削槽加工”对话框中的“确定”按钮，系统提示“拾取轮廓曲

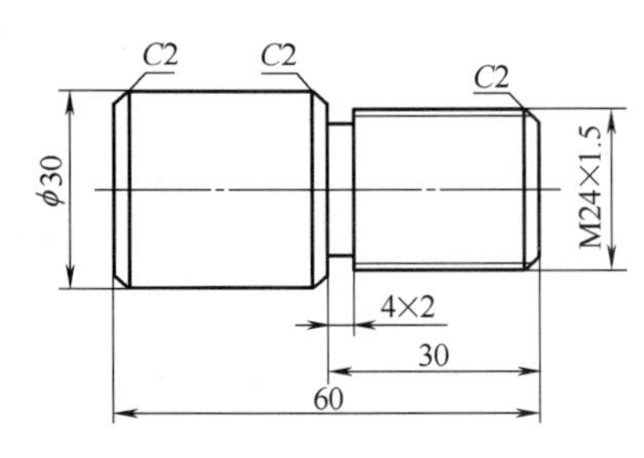

图 5-148 槽加工示例

线，单击右键结束拾取”。当拾取第一条轮廓线后，此轮廓线变为红色的虚线。系统给出提示“选择方向”，要求用户选择一个方向，此方向只表示拾取轮廓线的方向，与刀具的加工方向无关，如图 5-150 所示。

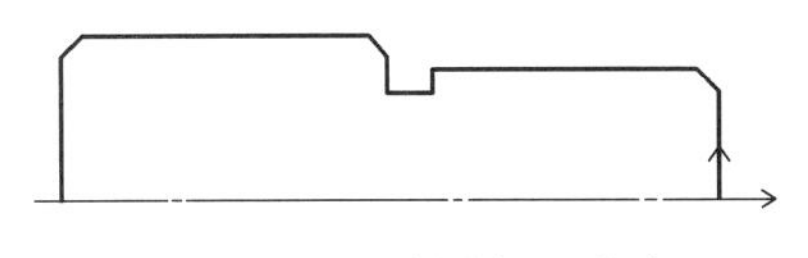

图 5-149 绘制槽加工轮廓

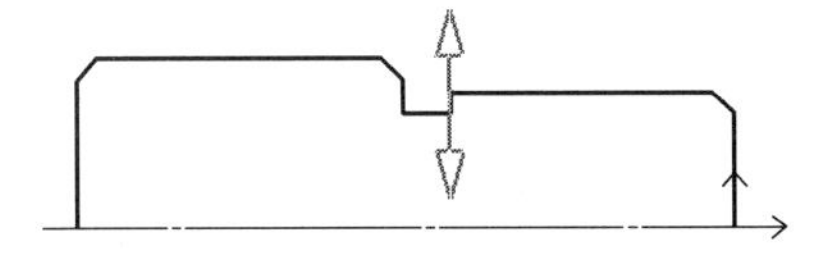

图 5-150 轮廓拾取方向示意图

选择方向后，应用“单个拾取”方式拾取槽加工轮廓线，拾取的轮廓线变成红色，如图 5-151 所示。也可采用限制链拾取槽加工轮廓线，先拾取凹槽右侧轮廓线，再拾取凹槽左侧轮廓线即可。

④ 确定进退刀点。指定一点为刀具加工前和加工后所在的位置。

⑤ 生成刀具轨迹。确定进退刀点之后，系统生成槽加工的刀具轨迹，如图 5-152 所示。

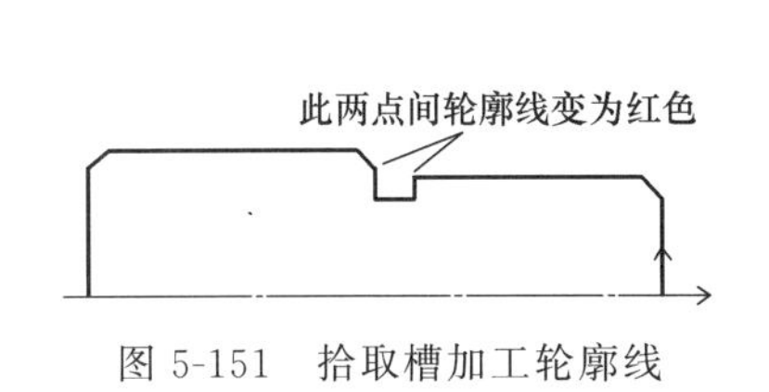

图 5-151 拾取槽加工轮廓线

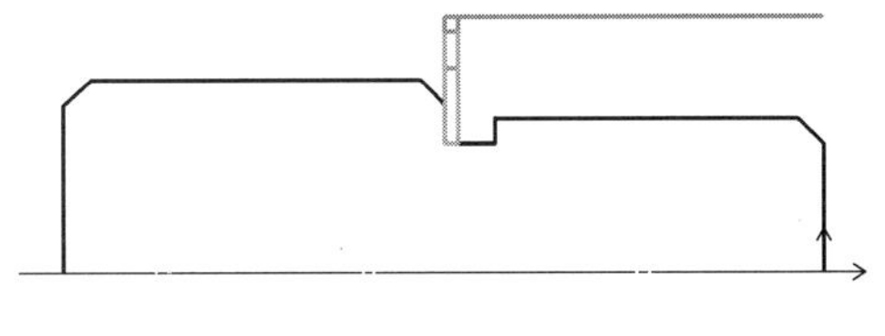

图 5-152 生成的切槽加工轨迹

注意：

① 被加工轮廓不能闭合或自相交。

② 生成轨迹与切槽刀刀角半径、刀刃宽度等参数密切相关。

③ 可按实际需要只绘出退刀槽的上半部分。

5.6.4 车螺纹加工

该功能为以非固定循环方式加工螺纹，可对螺纹加工中的各种工艺条件、加工方式进行更为灵活的控制。

(1) 操作步骤

① 单击“数控车”功能区“二轴加工”选项卡中的“车螺纹加工”命令，系统弹出“车螺纹加工（创建）”对话框，如图 5-153 所示，用户可在该对话框中确定各加工参数。

② 拾取螺纹起点、终点和进退刀点。

③ 参数填写完毕，单击“确认”按钮，即生成螺纹车削刀具轨迹。

④ 单击“数控车”功能区“后置处理”选项卡中的“后置处理”命令，拾取刚生成的刀具轨迹，即可生成加工指令。

(2) 参数说明

1）螺纹参数

“螺纹参数”对话框如图 5-153 所示，它主要包含了与螺纹性质相关的参数，如螺纹深度、节距、头数等。各螺纹参数含义说明如下。

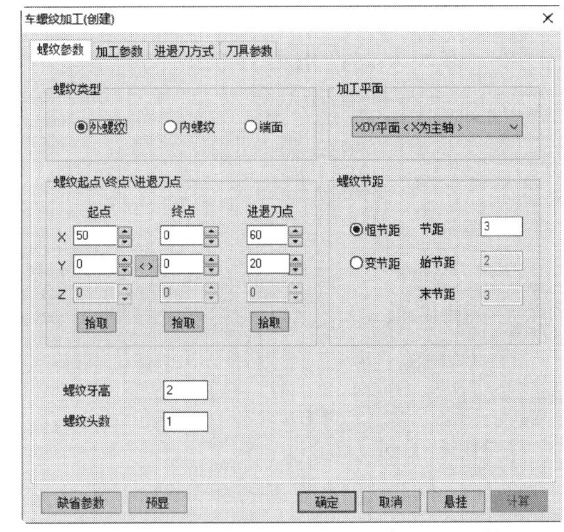

图 5-153 “车螺纹加工（创建）”对话框

① 螺纹类型。设置车螺纹的类型：外螺纹、内螺纹或端面螺纹。

② 螺纹起点\终点\进退刀点：

起点：拾取车螺纹的起始点。

终点：拾取车螺纹的终止点。

进退刀点：拾取车螺纹的进退刀点。

③ 螺纹牙高。设置螺纹牙的高度。

④ 螺纹头数。螺纹起始点到终止点之间的牙数。

⑤ 螺纹节距：

恒节距：两个相邻螺纹轮廓上对应点之间的距离为恒定值。在"节距"后面的方框内设置恒定节距值。

变节距：两个相邻螺纹轮廓上对应点之间的距离为变化的值。在"始节距"后面的方框内设置起始端螺纹的节距值，在"末节距"后面的方框内设置终止端螺纹的节距值。

2）加工参数

"加工参数"对话框则用于对螺纹加工中的工艺条件和加工方式进行设置，如图 5-154 所示。各螺纹加工参数含义说明如下：

① 加工工艺：

粗加工：指直接采用粗切方式加工螺纹。

粗加工＋精加工：指根据指定的粗加工深度进行粗切后，再采用精切方式（如采用更小的行距）切除剩余余量（精加工深度）。

② 参数：

末行走刀次数：为提高加工质量，最后一个切削行有时需要重复走刀多次，此时需要指定重复走刀次数。

螺纹总深：螺纹粗加工和精加工总的切削深度。

粗加工深度：螺纹粗加工的切削深度。

精加工深度：螺纹精加工的切削深度。

③ 粗加工参数：

每行切削用量：设置每行切削用量方式为恒定行距还是恒定切削面积。

恒定行距：加工时沿恒定的行距进行加工。

恒定切削面积：为保证每次切削的切削面积恒定，各次背吃刀量将逐步减小，直至等于最小行距。用户需指定第一刀行距及最小行距。吃刀深度规定如下：第 n 刀的背吃刀量为第一刀的背吃刀量的$\sqrt{n}$倍。

每行切入方式：指刀具在螺纹始端切入时的切入方式。刀具在螺纹末端的退出方式与切入方式相同。"沿牙槽中心线"是指切入时沿牙槽中心线；"沿牙槽右侧"是指切入时沿牙槽右侧；"左右交替"是指切入时沿牙槽左右交替。

④ 精加工参数与粗加工参数含义相同，在此不再赘述。

3）进退刀方式

点击"进退刀方式"标签即进入"进退刀方式"对话框，如图 5-155 所示。该对话框用于对加工中的进退刀方式进行设定。

① 快速退刀距离。以给定的退刀速度回退的距离（相对值），在此距离上以机床允许的最大进给速度 G00 退刀。

② 粗加工进刀方式：

垂直：指刀具直接进刀到每一切削行的起始点。

矢量：指在每一切削行前加入一段与系统 X 轴（机床 Z 轴）正方向成一定夹角的进刀段，

刀具进刀到该进刀段的起点，再沿该进刀段进刀至切削行。

长度：定义矢量（进刀段）的长度。

角度：定义矢量（进刀段）与系统 X 轴正方向的夹角。

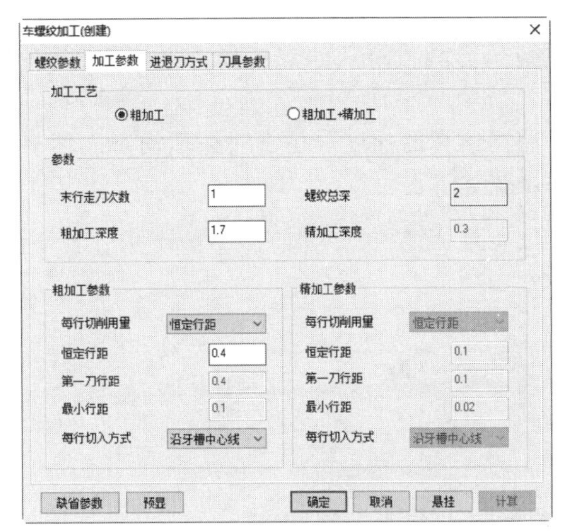

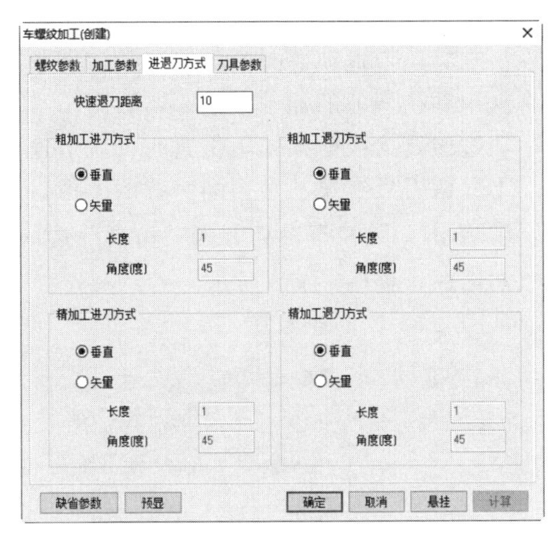

图 5-154 “加工参数”对话框

图 5-155 “进退刀方式”对话框

③ 粗加工退刀方式：

垂直：指刀具直接退刀到每一切削行的起始点。

矢量：指在每一切削行后加入一段与系统 X 轴（机床 Z 轴）正方向成一定夹角的退刀段，刀具先沿该退刀段退刀，再从该退刀段的末点开始垂直退刀。

长度：定义矢量（退刀段）的长度。

角度：定义矢量（退刀段）与系统 X 轴正方向的夹角。

④ 精加工进刀和退刀方式中的参数说明参照粗加工进刀和退刀方式中的参数。

4）切削用量

切削用量参数表的说明请参考第 5.6.1 节“车削粗加工”中的说明。

5）螺纹车刀

螺纹车刀参数设置具体请参考第 5.5.3 节“刀库与车削刀具”中的说明。

5.6.5 轨迹编辑

对生成的轨迹不满意时可以用参数修改功能对轨迹的各种参数进行修改，以生成新的加工轨迹。

（1）操作步骤

在绘图区左侧的管理树中，双击轨迹下的加工参数节点，将弹出该轨迹的对话框供用户修改。参数修改完毕后选取“确定”按钮，即依据新的参数重新生成该轨迹。

（2）轮廓拾取工具

轮廓拾取工具提供三种拾取方式：单个拾取，链拾取和限制链拾取。其中：

“单个拾取”需用户挨个拾取需批量处理的各条曲线，适用于曲线条数不多且不适合使用“链拾取”的情形。

“链拾取”需用户指定起始曲线及链搜索方向，系统按起始曲线及搜索方向自动寻找所有首尾搭接的曲线，适用于需批量处理的曲线数目较大且无两根以上曲线搭接在一起的情形。

“限制链拾取”需用户指定起始曲线、搜索方向和限制曲线，系统按起始曲线及搜索方向自动寻找首尾搭接的曲线至指定的限制曲线，适用于避开有两根以上曲线搭接在一起的情形，以正确地拾取所需要的曲线。

5.6.6 线框仿真

对已有的加工轨迹进行加工过程模拟，以检查加工轨迹的正确性。对系统生成的加工轨迹，仿真时用生成轨迹时的加工参数，即轨迹中记录的参数；对从外部反读进来的刀具轨迹，仿真时用系统当前的加工参数。

轨迹仿真为线框模式，仿真时可调节速度条来控制仿真的速度。仿真时模拟动态的切削过程，不保留刀具在每一个切削位置的图像。其操作步骤如下：

① 单击“数控车”功能区“仿真”选项卡中的“线框仿真”命令，系统弹出“线框仿真”对话框，如图 5-156 所示。

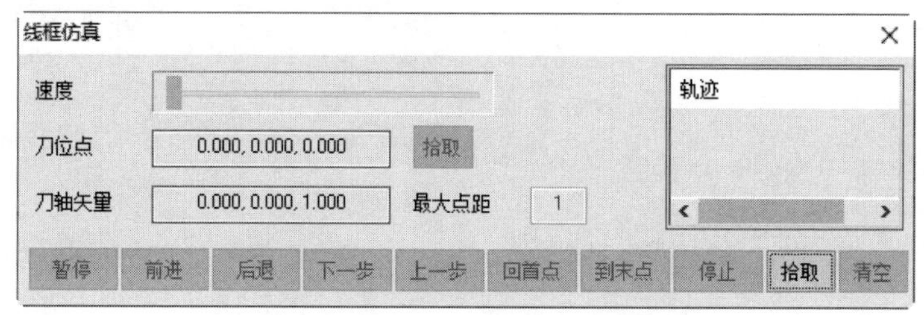

图 5-156 “线框仿真”对话框

② 单击轨迹下面的“拾取”按钮，拾取要仿真的加工轨迹。

③ 按鼠标右键结束拾取，系统弹出仿真对话框，按“前进”按钮开始仿真。仿真过程中可进行暂停、前进、上一步、下一步、回首点、到末点和停止等操作。

④ 仿真结束，可以按回首点键重新仿真，或者关闭仿真对话框终止仿真。

5.6.7 后置处理

生成代码就是按照当前机床类型的配置要求，把已经生成的加工轨迹转化生成 G 代码数据文件，即 CNC 数控程序，有了数控程序就可以直接输入机床进行数控加工。后置处理操作步骤如下：

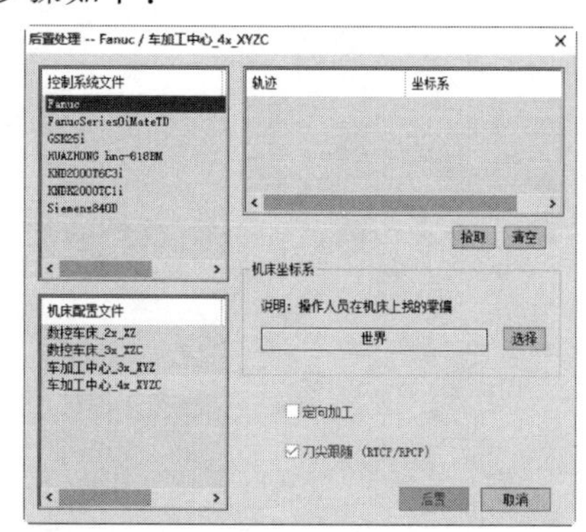

图 5-157 “后置处理”对话框

① 单击“数控车”功能区“后置处理”选项卡中的“后置处理”命令，则弹出如图 5-157 所示“后置处理”对话框。用户需选择生成的数控程序所适用的数控系统和机床系统信息，它表明目前所调用的机床配置和后置设置情况。

② 拾取加工轨迹。被拾取到的轨迹名称和编号会显示在列表中，单击鼠标右键结束拾取。

③ 按“后置”按钮即可弹出“编辑代码”对话框，如图 5-158 所示。对话框左侧为被拾取轨迹的程序代码，生成的先后顺序与拾取的先后顺序相同。用户可以手动修改代码，设定代码文件名称与后缀名，并保存代码，也可单击“另存文件”按钮，将生成的加工程序保存在指定位置。在右侧的备注框中可以看到轨迹与代码的相关信息。

5.6.8 反读轨迹

反读轨迹就是把生成的 G 代码文件反读进来，生成刀具轨迹，以检查生成的 G 代码的正确性。如果反读的刀位文件中包含圆弧插补，需用户指定相应的圆弧插补格式。否则可能得到错误的结果。当后置文件中的坐标输出格式为整数，且机床分辨率不为 1 时，反读的结果是不对的。亦即系统不能读取坐标格式为整数且分辨率不为 1 的情况。

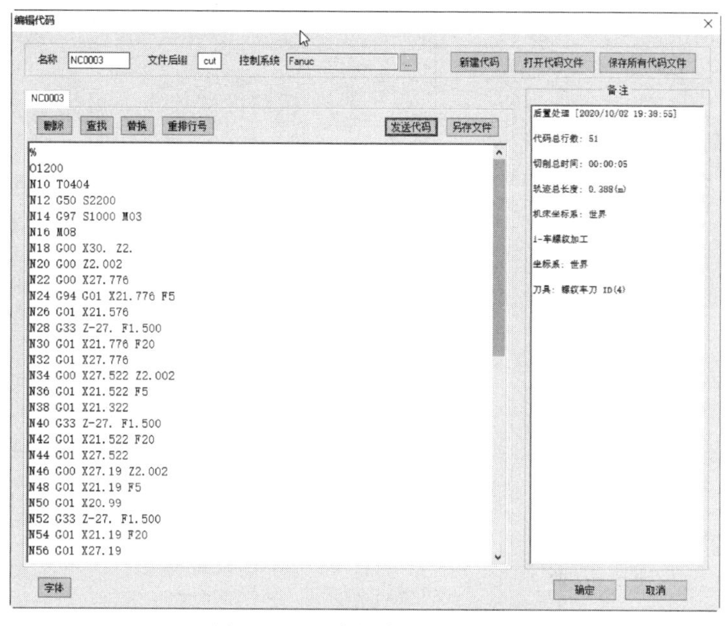

图 5-158 “编辑代码”对话框

(1) 操作步骤

单击“数控车”功能区“后置处理”选项卡中的“反读轨迹”命令，则弹出如图 5-159 所示“反读轨迹（创建）”对话框。系统要求用户选取需要校对的 G 代码程序。拾取到要校对的数控程序后，系统根据程序 G 代码立即生成刀具轨迹。

(2) 注意事项

① 刀位校核只用来对 G 代码的正确性进行检验，由于精度等方面的原因，用户应避免将反读出的刀位重新输出，因为系统无法保证其精度。

② 校对刀具轨迹时，如果存在圆弧插补，则系统要求选择圆心的坐标编程方式，如图 5-159 所示，其含义可参考后置设置中的说明。用户应正确选择对应的形式，否则会导致错误。

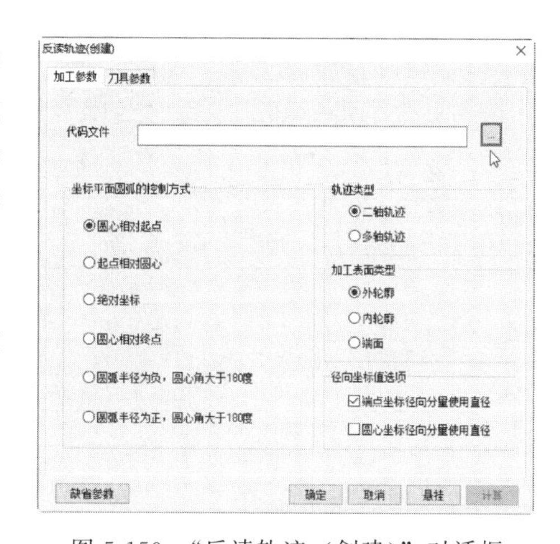

图 5-159 “反读轨迹（创建）”对话框

5.7 自动编程加工实例

如图 5-160 所示，毛坯为 ϕ65mm×82mm（预留 ϕ20mm 孔），材料为 45 钢。试分析加工工艺，用自动编程生成加工程序。

5.7.1 分析加工工艺过程

(1) 零件图的工艺分析

该零件由内外圆柱面、圆锥面、圆弧、螺纹等构成，其中直径尺寸与轴向尺寸没有尺寸精

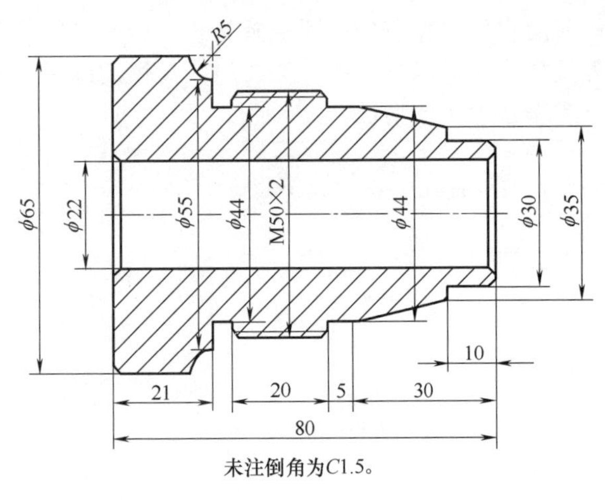

图 5-160　典型轴

度和表面粗糙度的要求。零件材料为45钢，切削加工性能较好，没有热处理和硬度要求。

通过上述分析，采取以下几点工艺措施：

① 零件图上面没有公差尺寸和表面粗糙度的要求，可完全看成是理想化的状态，在安排工艺时不必考虑零件的粗、精加工，故在零件建模的时候就直接按照零件图上面的尺寸建模即可。

② 工件右端面为轴向尺寸的设计基准，按相应工序加工前，用手动方式先将右端面车出来。

③ 采用一次装夹完成工件的全部尺寸加工。

(2) 确定机床和装夹方案

根据零件的尺寸和加工要求，选择配置四刀位刀架的数控车床，采用三爪自动定心卡盘对工件进行定位夹紧。

(3) 确定加工顺序及走刀路线

加工顺序的正确安排，按照由内到外、由粗到精、由近到远的原则确定，在一次加工中尽可能加工出较多的表面。进给路线设计不考虑最短进给路线或者最短空行程路线，外轮廓表面车削进给路线可沿着零件轮廓顺序进行。

(4) 刀具的选择

根据零件的形状和加工要求选择刀具见表 5-8。

表 5-8　数控加工刀具卡片

<table>
<tr><td colspan="2">产品名称或代号</td><td colspan="2">×××</td><td colspan="2">零件名称</td><td colspan="2">典型轴</td><td>零件图号</td><td>×××</td></tr>
<tr><td>序号</td><td>刀具号</td><td colspan="2">刀具规格名称</td><td>数量</td><td colspan="3">加工表面</td><td>刀尖半径/mm</td><td>备注</td></tr>
<tr><td>1</td><td>T01</td><td colspan="2">93°车刀</td><td>1</td><td colspan="3">车外轮廓</td><td>0.2</td><td>20×20</td></tr>
<tr><td>2</td><td>T02</td><td colspan="2">93°内孔车刀</td><td>1</td><td colspan="3">车内孔表面</td><td>0.2</td><td>16×16</td></tr>
<tr><td>3</td><td>T03</td><td colspan="2">3mm 切槽车刀</td><td>1</td><td colspan="3">切槽</td><td></td><td>20×20</td></tr>
<tr><td>4</td><td>T04</td><td colspan="2">60°螺纹车刀</td><td>1</td><td colspan="3">车 M50×2 螺纹</td><td>0.2</td><td>20×20</td></tr>
<tr><td colspan="2">编制</td><td>×××</td><td>审核</td><td colspan="2">×××</td><td>批准</td><td>×××</td><td>共　页</td><td>第　页</td></tr>
</table>

(5) 切削用量的选择

切削用量一般根据毛坯的材料、转速、进给速度、刀具的刚度等因素选择。

(6) 数控加工工艺卡的制作

将前面分析的各项内容综合成数控加工工艺卡片，在这里就不做详细的介绍。

5.7.2 加工建模

(1) 启动 CAXA CAM 数控车 2020

双击桌面上的“CAXA CAM 数控车 2020”图标进入 CAXA CAM 数控车 2020 的操作界面。

(2) 绘制零件轮廓

根据图 5-160 所示尺寸，绘制如图 5-161 所示轮廓。

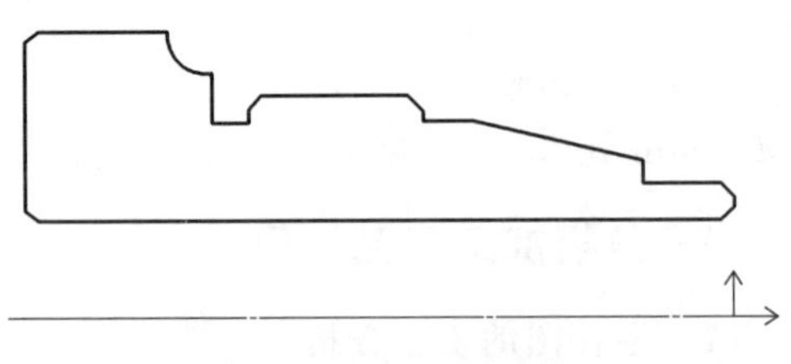
图 5-161　绘制直线轮廓

5.7.3　加工轨迹的生成

（1）创建刀具

单击主菜单中的“数控车”→“创建刀具”菜单项或单击“数控车”功能区中的“创建刀具”按钮，系统弹出“创建刀具”对话框。

（2）创建93°外圆车刀和93°内孔车刀

单击“创建刀具”对话框中“类型”选择“轮廓车刀”，填入刀具参数，如图5-162（a）所示，然后单击“确定”，完成93°外圆车刀的创建。使用同样方法，完成93°内孔车刀创建，如图5-162（b）所示。

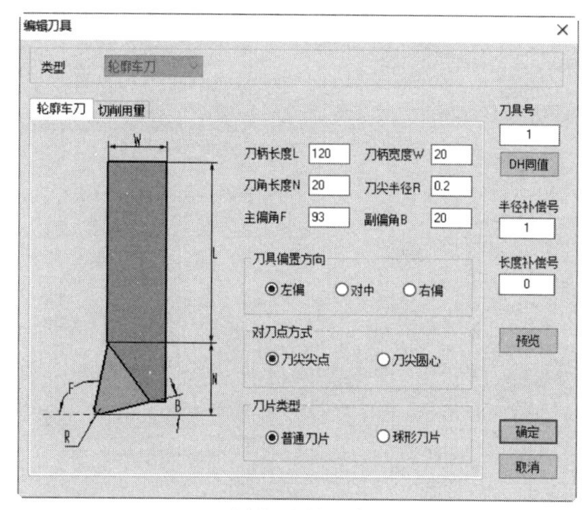

(a) 创建93° 外圆车刀

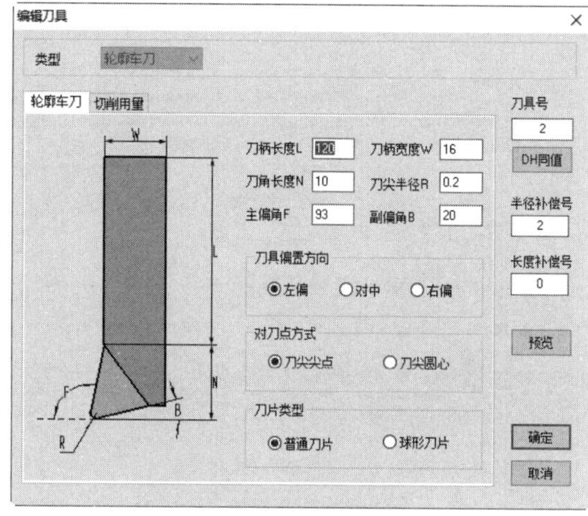

(b) 创建93° 内孔车刀

图5-162　创建93°外圆车刀和93°内孔车刀

（3）创建3mm切槽车刀

单击“创建刀具”对话框中“类型”选择“切槽车刀”，填入刀具参数，如图5-163所示，然后单击“确定”，完成3mm切槽车刀的创建。

（4）创建60°外螺纹车刀

单击“创建刀具”对话框中“类型”选择“螺纹车刀”，填入刀具参数，如图5-164所示，然后单击“确定”，完成60°外螺纹车刀的创建。

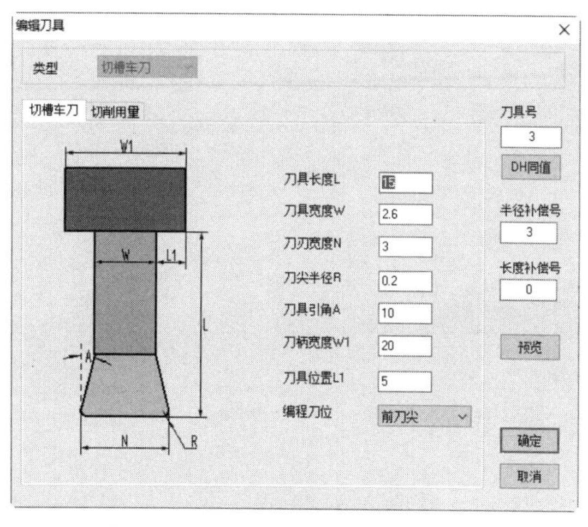

图5-163　创建3mm切槽车刀

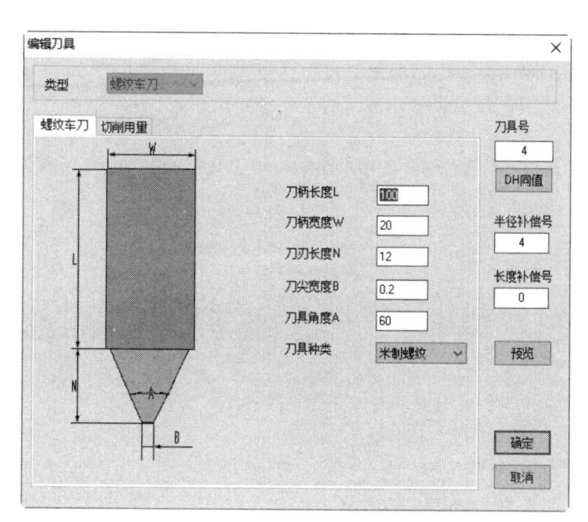

图5-164　创建60°外螺纹车刀

（5）生成零件的右端加工轨迹

1）生成车外圆的粗、精加工轨迹

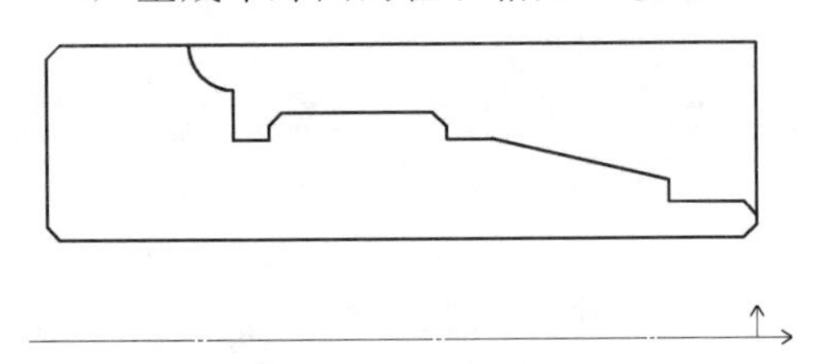

图 5-165 绘制右端毛坯轮廓

① 根据所给零件毛坯尺寸，绘制零件右端毛坯轮廓，如图 5-165 所示。

② 单击“数控车”功能区“二轴加工”选项卡中的“车削粗加工”命令，系统弹出“车削粗加工”对话框。根据实际加工需要设置加工参数［图 5-166（a）］和进退刀方式［图 5-166（b）］。单击“刀具参数”标签中的“刀库”按钮，从刀库中选择 93°外圆车刀为加工刀具。在“切削用量”标签中设置切削用量，如图 5-166（c）所示。

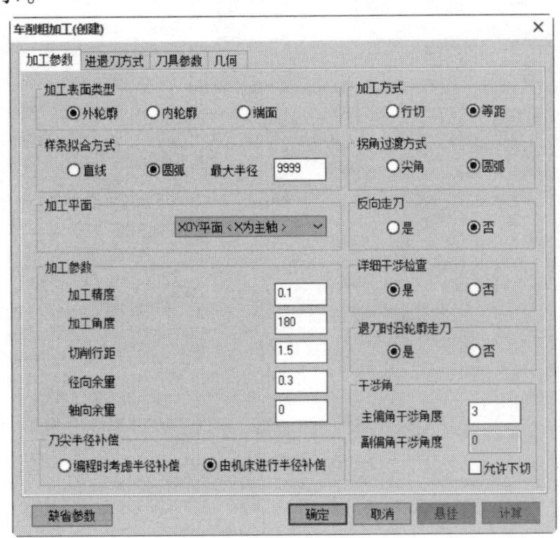

(a) 设置加工参数

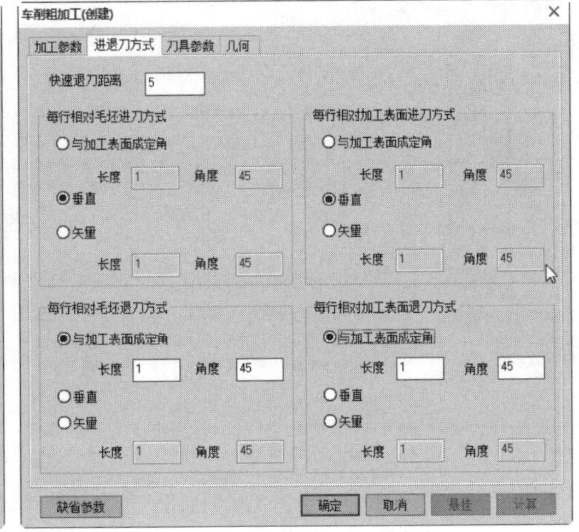

(b) 设置进退刀方式

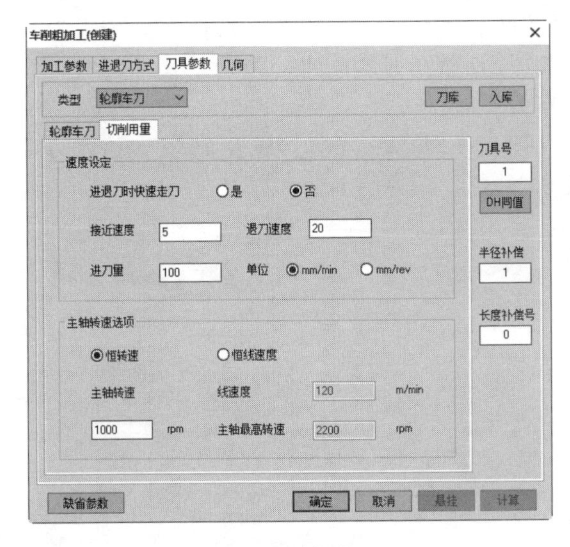

(c) 设置切削用量

图 5-166 设置车削粗加工参数

③ 设置参数完毕后，单击“确定”按钮，系统提示“拾取轮廓曲线，单击右键结束拾取”。单击立即菜单“1”，选择“单个拾取”方式进行拾取。当拾取第一条轮廓线后，此轮廓

线变成红色，系统给出提示“确定链搜索方向，单击右键结束拾取”，确定链搜索方向后，顺序拾取加工轮廓线并右键确定。状态栏提示“拾取毛坯轮廓曲线，单击右键结束拾取”，顺序拾取毛坯的轮廓线并确定。状态栏提示“输入进退刀点，或键盘输入点坐标”，输入坐标（2，40）后回车确认，生成如图 5-167 所示车削粗加工轨迹。

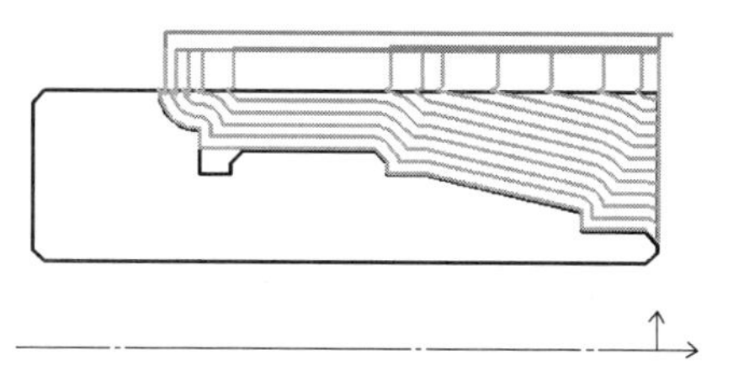

图 5-167 车削粗加工轨迹

④ 单击“数控车”功能区“二轴加工”选项卡中的“车削精加工”命令，系统弹出“车削精加工”对话框。各项参数按图 5-168 所示进行设置。

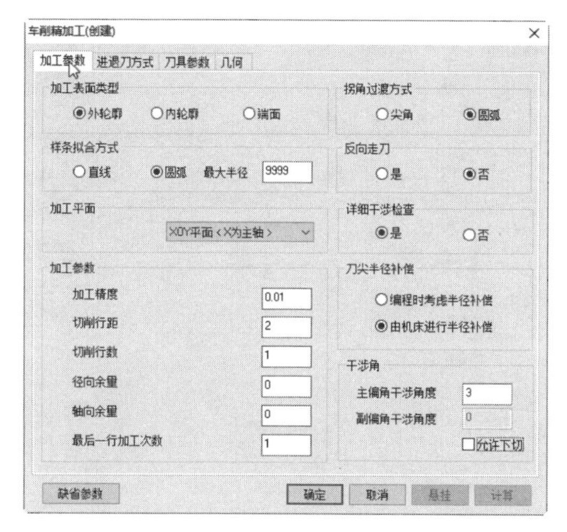

(a) 设置加工参数

(b) 设置进退刀方式

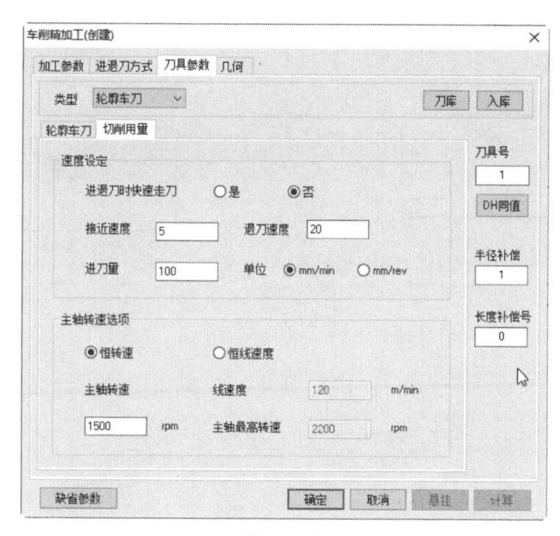

(c) 设置切削用量

图 5-168 设置车削精加工参数

⑤ 根据系统提示“拾取轮廓曲线，单击右键结束拾取”，按方向拾取加工轮廓曲线并右键确定。系统提示“输入进退刀点，或键盘输入点坐标”，输入起始点坐标（2，40）并回车确认，生成如图 5-169 所示加工轨迹。

2）生成车削槽加工轨迹

① 单击“数控车”功能区“二轴加工”选项卡中的“车削槽加工”命令，系统弹出

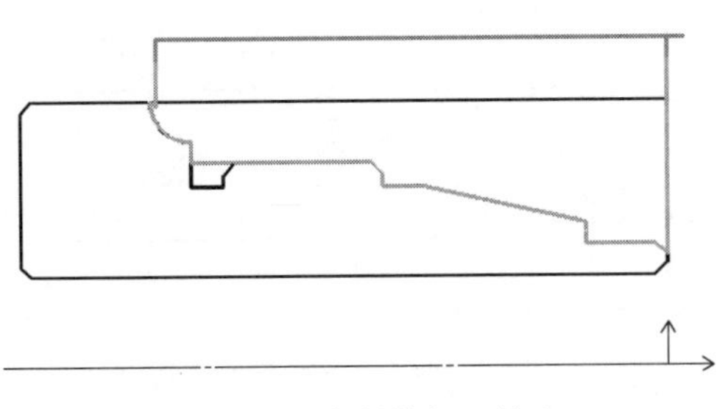

图 5-169 车削精加工轨迹

“车削槽加工（创建）”对话框，各项参数按图 5-170 所示进行设置。

② 根据系统提示，拾取加工轮廓线，按箭头方向顺序完成。输入进退刀点坐标（2，40）并回车确定，生成如图 5-171 所示加工轨迹。

3）生成车螺纹加工轨迹

① 轮廓建模。设置螺纹升速进刀段 4mm，螺纹降速退刀段 2mm，车螺纹加工建模如图 5-172 所示。

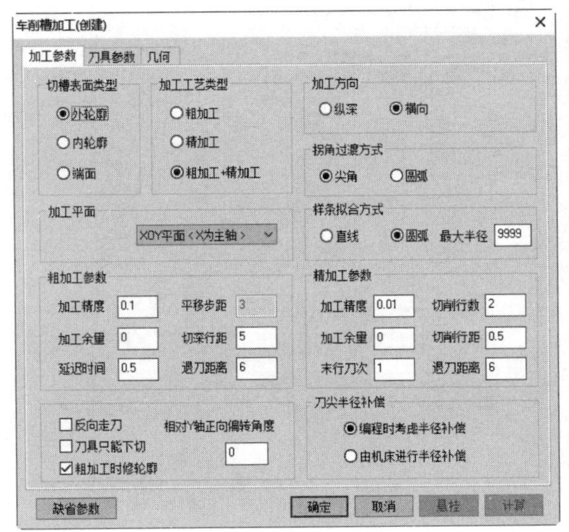

(a) 设置切槽加工参数

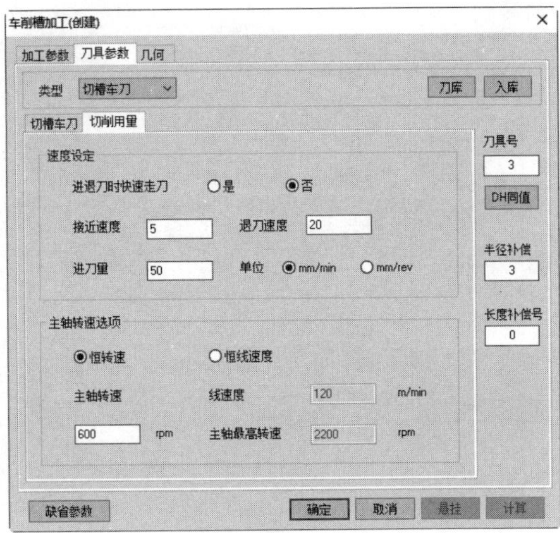

(b) 设置切槽切削用量

图 5-170 设置切槽参数

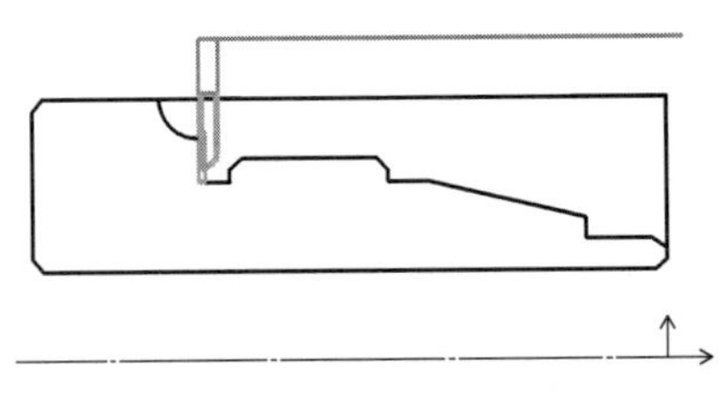

图 5-171 车削槽加工轨迹

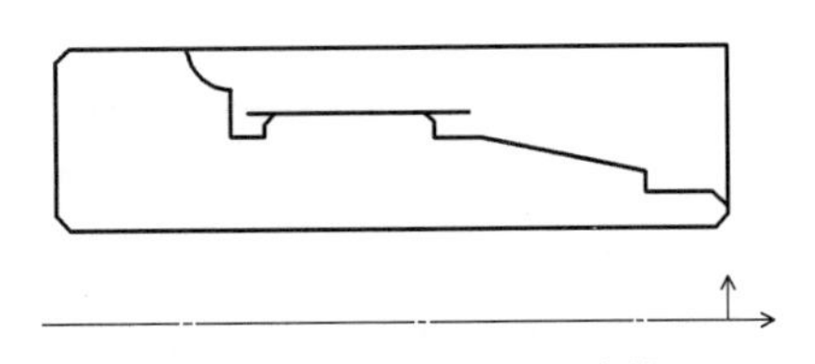

图 5-172 车螺纹加工建模

② 单击“数控车”功能区“二轴加工”选项卡中的“车螺纹加工”命令，系统弹出“车螺纹加工（创建）”对话框，各项参数按图 5-173 所示进行设置。

③ 单击“确定”按钮，系统生成如图 5-174 所示加工轨迹。

4）生成车内孔加工轨迹

① 轮廓建模。根据预留内孔直径，绘制内孔毛坯轮廓，如图 5-175 所示。

② 单击“数控车”功能区“二轴加工”选项卡中的“车削粗加工”命令，系统弹出“车削粗加工（创建）”对话框。各项参数按图 5-176 所示进行设置。

③ 根据系统提示“拾取轮廓曲线，单击右键结束拾取”，拾取加工轮廓线并右键确定。状态栏提示“拾取毛坯轮廓曲线，单击右键结束拾取”，拾取毛坯的轮廓线并确定。系统提示“输入进退刀点，或键盘输入点坐标”，输入刀具的起始点坐标（2，8）并回车确认，生成如图 5-177 所示加工轨迹。

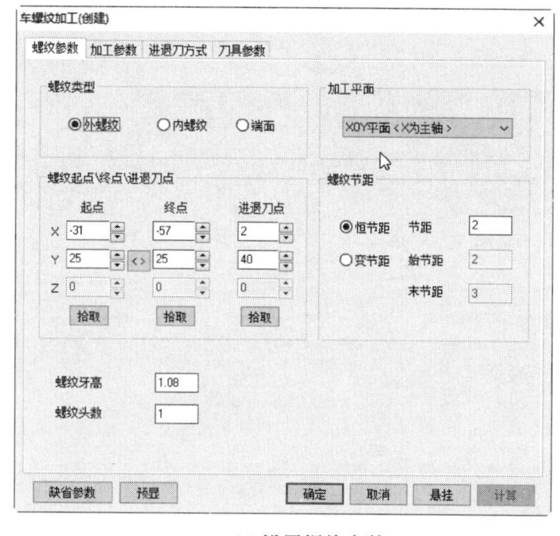

(a) 设置螺纹参数

(b) 设置螺纹加工参数

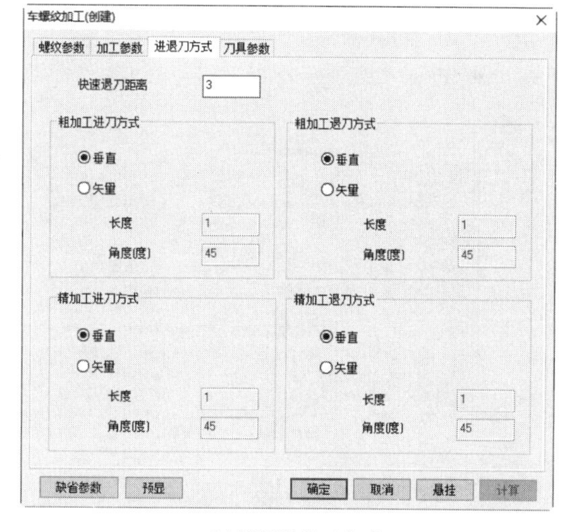

(c) 设置进退刀方式

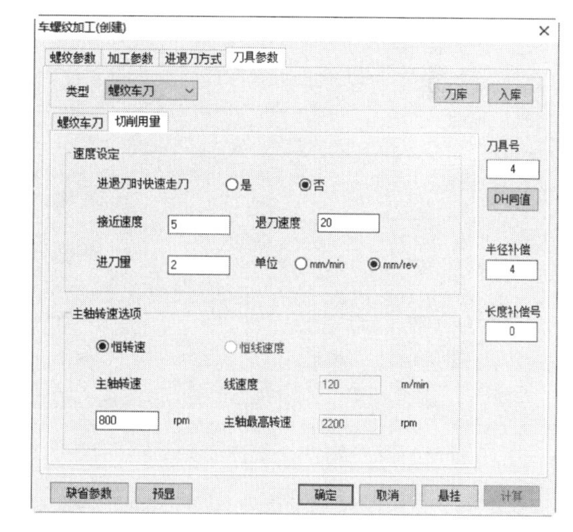

(d) 设置切削用量

图 5-173　设置车螺纹参数

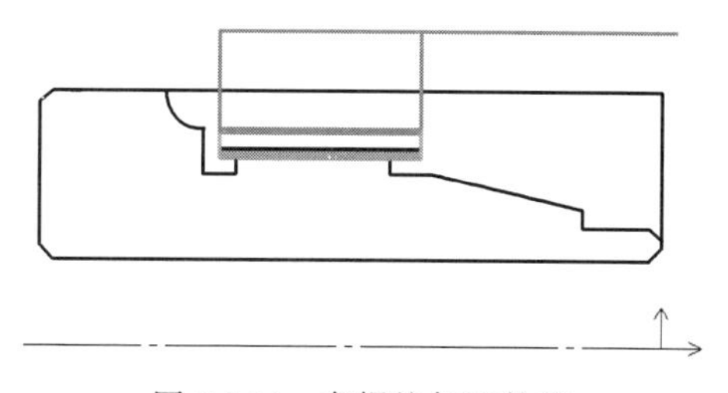

图 5-174　车螺纹加工轨迹

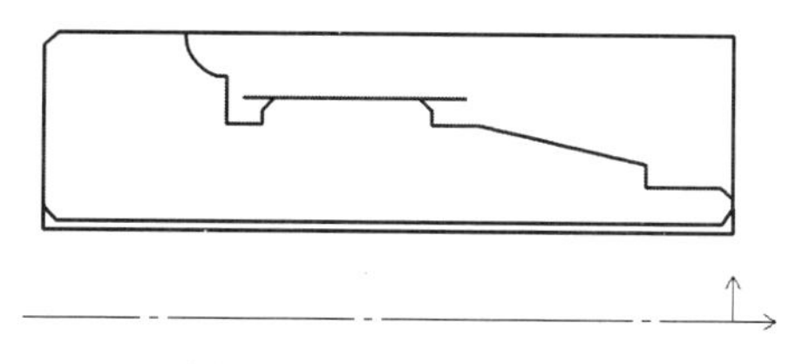

图 5-175　内孔加工建模

注：零件右端外轮廓及内孔倒角加工轨迹由读者完成，在此不再赘述。

5.7.4　机床设置与后置处理

(1) 机床设置

现以 FANUC 0i 数控系统的指令格式进行说明。

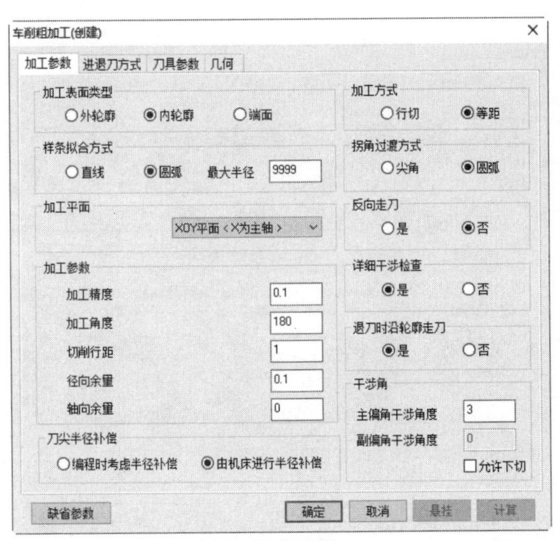

(a) 设置加工参数

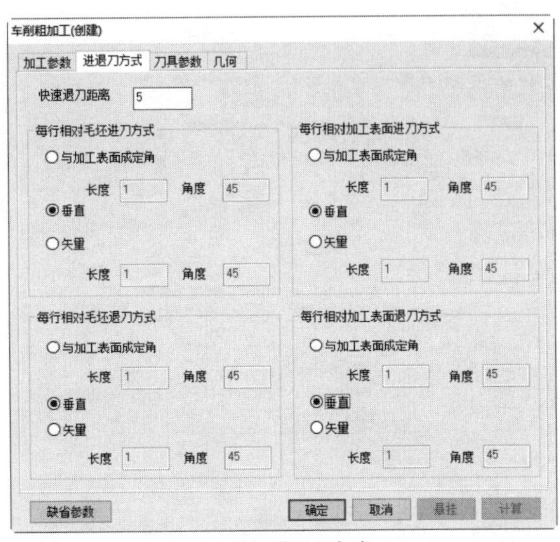

(b) 设置进退刀方式

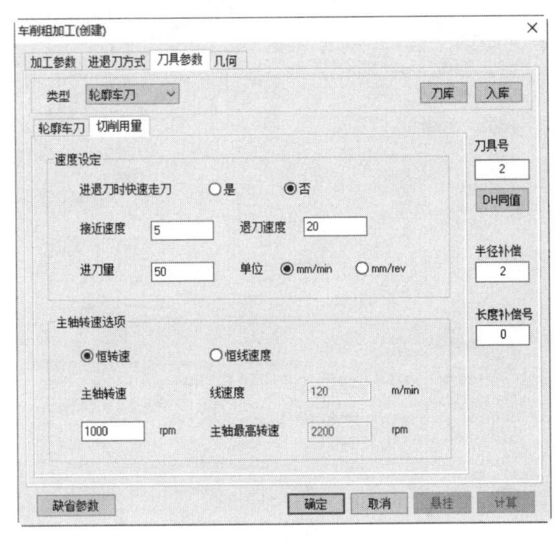

(c) 设置切削用量

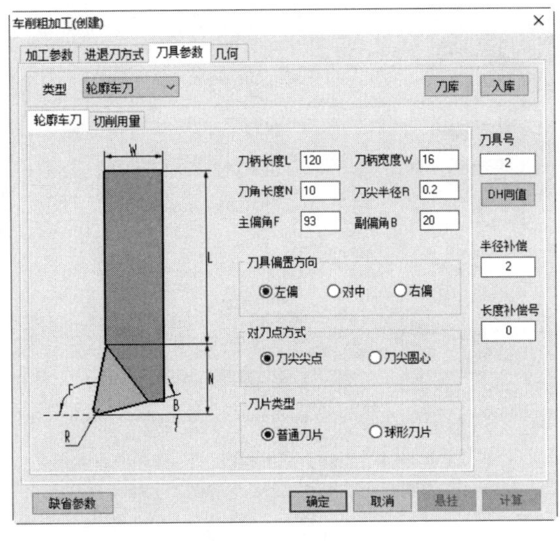

(d) 设置93°内孔刀为当前刀

图 5-176 设置内孔粗车参数

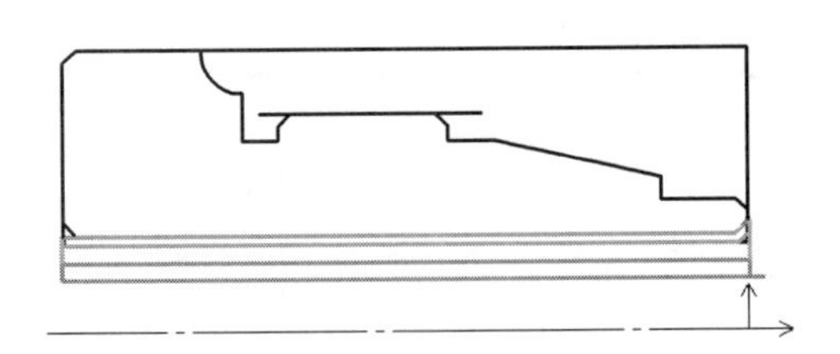

图 5-177 车内孔加工轨迹

① 单击“数控车”功能区“后置处理”选项卡中的“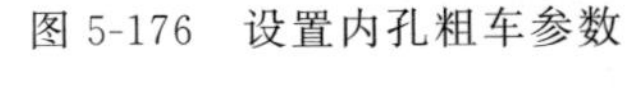后置设置”命令，系统弹出“后置设置”对话框，单击左下角的“新建控制系统”按钮，系统弹出如图 5-178 所示对话框，输入“Fanuc 0i”并确定。

② 单击“后置处理”对话框中“新建机床配置”，系统弹出如图 5-179 所示对话框，输入“数控车床_2x_XZ”并确定。

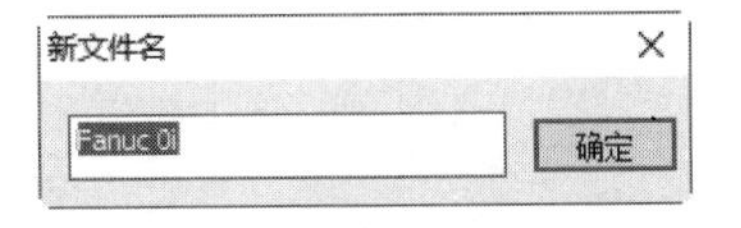

图 5-178 “新文件名”对话框

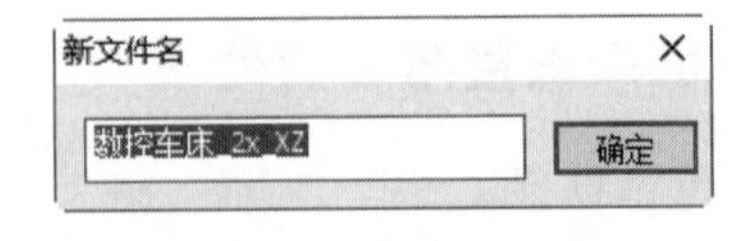

图 5-179 增加新机床

③ 按照 FANUC 0i 数控系统的编程指令格式，填写各项参数，如图 5-180 所示。

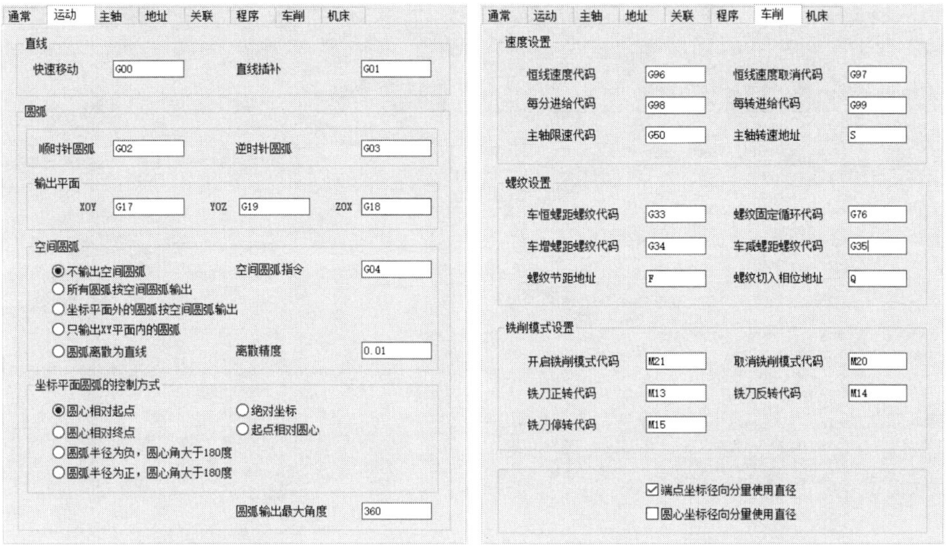

通常 运动 主轴 地址 关联 程序 车削 机床

直线

快速移动 G00 直线插补 G01

圆弧

顺时针圆弧 G02 逆时针圆弧 G03

输出平面

XOY G17 YOZ G19 ZOX G18

空间圆弧

◉不输出空间圆弧 空间圆弧指令 G04

○所有圆弧按空间圆弧输出

○坐标平面外的圆弧按空间圆弧输出

○只输出XY平面内的圆弧

○圆弧离散为直线 离散精度 0.01

坐标平面圆弧的控制方式

◉圆心相对起点 ○绝对坐标

○圆心相对终点 ○起点相对圆心

○圆弧半径为负，圆心角大于180度

○圆弧半径为正，圆心角大于180度

圆弧输出最大角度 360

(a) 设置运动指令

通常 运动 主轴 地址 关联 程序 车削 机床

速度设置

恒线速度代码 G96 恒线速度取消代码 G97

每分进给代码 G98 每转进给代码 G99

主轴限速代码 G50 主轴转速地址 S

螺纹设置

车恒螺距螺纹代码 G33 螺纹固定循环代码 G76

车增螺距螺纹代码 G34 车减螺距螺纹代码 G35

螺纹节距地址 F 螺纹切入相位地址 Q

铣削模式设置

开启铣削模式代码 M21 取消铣削模式代码 M20

铣刀正转代码 M13 铣刀反转代码 M14

铣刀停转代码 M15

☑端点坐标径向分量使用直径

☐圆心坐标径向分量使用直径

(b) 设置车削指令

图 5-180 设置 FANUC 0i 系统编程指令

(2) 后置处理

单击“数控车”功能区“后置处理”选项卡中的“后置处理”命令，系统弹出如图 5-181 所示对话框，选择 FANUC 0i 系统。单击轨迹“拾取”按钮，依次拾取车削粗加工、车削精加工、车削槽加工、车螺纹加工、内孔粗加工等轨迹，如图 5-182 所示。单击“后置”按钮，系统弹出“编辑代码”对话框，如图 5-183 所示。对话框左侧为所拾取加工轨迹的程序代码，用户可以对其进行编辑修改。在对话框右侧的备注框中可以看到轨迹与代码的相关信息。

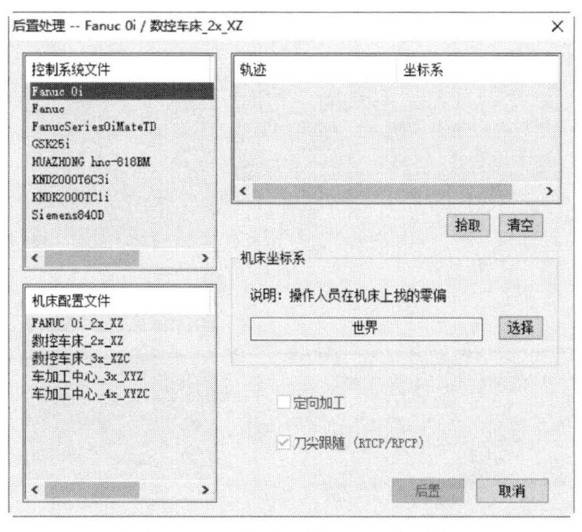

图 5-181 “后置处理”对话框

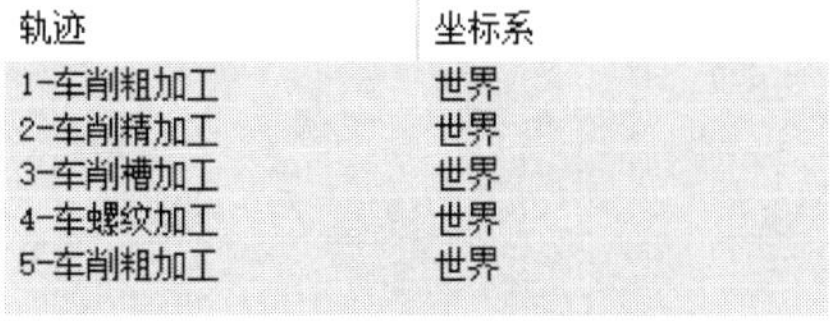

轨迹	坐标系
1-车削粗加工	世界
2-车削精加工	世界
3-车削槽加工	世界
4-车螺纹加工	世界
5-车削粗加工	世界

图 5-182 拾取加工轨迹

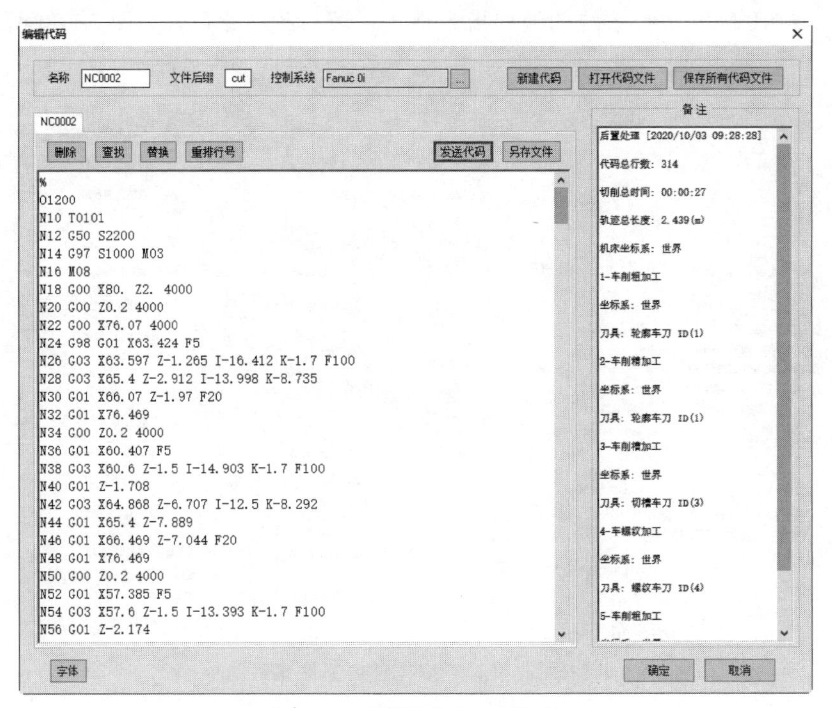

图 5-183 “编辑代码”对话框

第6章 数控车床的故障与维修

6.1 数控车床故障诊断

6.1.1 数控车床的故障概述

数控车床是高度机电一体化的设备，它与传统的机械设备相比，故障内容上虽然也包括机械、电气、液压与气动方面的故障，但数控车床的故障诊断和维修侧重于机械、电子系统、气动乃至光学等方面装置的交接点上。数控系统种类繁多，结构各异，形式多变，给测试和监控带来了许多困难。

(1) 数控车床的故障分类

数控车床的故障多种多样，按其故障的性质和故障产生的原因及分类方式的不同可划分为不同的故障（见表6-1）。

表 6-1 数控车床故障的分类

分类方式	分类	说明	举例
按故障出现的必然性和偶然性分类	系统性故障	是指只要满足一定的条件，机床或数控系统就必然出现的故障	1. 网络电压过高或过低，系统就会产生电压过高报警或电压过低报警 2. 切削用量安排得不合适，就会产生过载报警等
	随机故障	1. 是指在同样的条件下，只偶尔出现一次或两次的故障 2. 想要人为地再使其出现同样的故障则是不太容易的，有时很长时间也难再遇到一次 3. 这类故障的诊断和排除都是很困难的 4. 一般情况下，这类故障往往与机械结构的局部松动、错位，数控系统中部分元件工作特性的漂移、机床电气元件可靠性下降有关 5. 有些数控车床采用电磁离合器变挡，离合器剩磁也会产生类似的现象 6. 排除此类故障应该经过反复实验，综合判断	一台数控车床本来正常工作，突然出现主轴停止时产生漂移，停电后再送电，漂移现象仍不能消除。调整零漂电位器后现象消失，这显然是工作点漂移造成的

续表

<table>
<tr><th>分类方式</th><th colspan="2">分类</th><th>说明</th><th>举例</th></tr>
<tr><td rowspan="2">按故障产生时有无破坏性分类</td><td colspan="2">破坏性故障</td><td>1. 故障产生时会对机床和操作者造成侵害导致机床损坏或人身伤害
2. 有些破坏性故障是人为造成的
3. 维修人员在进行故障诊断时，绝不允许重现故障，只能根据现场人员的介绍，经过检查来分析，排除故障
4. 这类故障的排除技术难度较大且有一定风险，故维修人员应非常慎重</td><td>有一台数控转塔车床，为了试车而编制一个只车外圆的小程序，结果造成刀具与卡盘碰撞。事故分析的结果是操作人员对刀错误</td></tr>
<tr><td colspan="2">非破坏性故障</td><td>1. 大多数的故障属于此类故障，这种故障往往通过“清零”即可消除
2. 维修人员可以重现此类故障，通过现象进行分析、判断</td><td></td></tr>
<tr><td rowspan="2">按故障发生的原因分类</td><td colspan="2">数控车床自身故障</td><td>1. 是由数控车床自身的原因引起的，与外部使用环境条件无关
2. 数控车床所发生的绝大多数故障均属此类故障
3. 有些故障并非由机床本身原因而是由外部原因所造成的，对此应予以区别</td><td></td></tr>
<tr><td colspan="2">数控车床外部故障</td><td>这类故障是由外部原因造成的。例如：
1. 数控车床的供电电压过低，波动过大，相序不对或三相电压不平衡
2. 周围的环境温度过高，有害气体、潮气、粉尘侵入
3. 外来振动和干扰
4. 还有人为因素所造成的故障</td><td>1. 电焊机所产生的电火花干扰等均有可能使数控车床发生故障
2. 操作不当，手动进给过快造成超程报警，自动切削进给过快造成过载报警等</td></tr>
<tr><td rowspan="3">以故障产生时有无自诊断显示来区分</td><td rowspan="2">有报警显示故障</td><td>硬件报警显示的故障</td><td>1. 硬件报警显示通常是指各单元装置上的报警灯（一般由 LED 发光管或小型指示灯组成）的指示
2. 借助相应部位上的报警灯均可大致分析判断出故障发生的部位与性质
3. 维修人员日常维护和排除故障时应认真检查这些报警灯的状态是否正常</td><td>控制操作面板、位置控制印制线路板、伺服控制单元、主轴单元、电源单元等部位以及光电阅读机、穿孔机等的报警灯亮</td></tr>
<tr><td>软件报警显示的故障</td><td>1. 软件报警显示通常是指 CRT 显示器上显示出来的报警号和报警信息
2. 由于数控系统具有自诊断功能，一旦检测到故障，即按故障的级别进行处理，同时在 CRT 上以报警号形式显示该故障信息
3. 数控车床上少则几十种，多则上千种报警显示
4. 软件报警有来自 NC 的报警和来自 PLC 的报警。可参阅相关的说明书</td><td>存储器报警、过热报警、伺服系统报警、轴超程报警、程序出错报警、主轴报警、过载报警以及断线报警等</td></tr>
<tr><td colspan="2">无报警显示故障</td><td>1. 无任何报警显示，但机床却是在不正常状态
2. 往往是机床停在某一位置上不能正常工作，甚至连手动操作都失灵
3. 维修人员只能根据故障产生前后的现象来分析判断
4. 排除这类故障是比较困难的</td><td>美国 DYNAPATH 10 系统在送电之后一切操作都失灵，再停电、再送电，不一定哪一次就恢复正常了
这个故障一直没有得到解决，后来在剖析软件时才找到答案。原来是系统通电“清零”时间设计较短，元件性能稍有变化，就不能完成整机的通电“清零”过程</td></tr>
</table>

续表

分类方式	分类	说明		举例
按故障发生在硬件上还是软件上来分类	软件故障	程序编制错误	1. 故障排除比较容易，只要认真检查程序和修改参数就可以解决 2. 参数的修改要慎重，一定要搞清参数的含义以及与其相关的其他参数方可改动，否则顾此失彼还会带来更大的麻烦	
		参数设置不正确		
	硬件故障		指只有更换已损坏的器件才能排除的故障，这类故障也称“死故障”。比较常见的是输入/输出接口损坏，功放元件得不到指令信号而丧失功能。解决方法只有两种： 1. 更换接口板 2. 修改 PLC 程序	
机床品质下降故障			1. 机床可以正常运行，但表现出的现象与以前不同 2. 加工零件往往不合格 3. 无任何报警信号显示，只能通过检测仪器来检测和发现 4. 处理这类故障应根据不同的情况采用不同的方法	噪声变大、振动较强、定位精度超差、反向死区过大、圆弧加工不合格、机床启停有振荡等

（2）机械故障

所谓机械故障，就是指机械系统（零件、组件、部件、整台设备乃至一系列的设备组合）因偏离其设计状态而丧失部分或全部功能的现象。数控车床机械故障的分类如表 6-2 所示，故障部位见表 6-3。

表 6-2　数控车床机械故障的分类

标准	分类	说明
故障发生的原因	磨损性故障	正常磨损而引发的故障，对这类故障形式，一般只进行寿命预测
	错用性故障	使用不当而引发的故障
	先天性故障	由于设计或制造不当而造成机械系统中存在某些薄弱环节而引发的故障
故障性质	间断性故障	只是短期内丧失某些功能，稍加修理调试就能恢复，不需要更换零件
	永久性故障	某些零件已损坏，需要更换或修理才能恢复
故障发生后的影响程度	部分性故障	功能部分丧失的故障
	完全性故障	功能完全丧失的故障
故障造成的后果	危害性故障	会对人身、生产和环境造成危险或危害的故障
	安全性故障	不会对人身、生产和环境造成危险或危害的故障
故障发生的快慢	突发性故障	不能靠早期测试检测出来的故障。对这类故障只能进行预防
	渐发性故障	故障的发展有一个过程，因而可对其进行预测和监视
故障发生的频率	偶发性故障	发生频率很低的故障
	多发性故障	经常发生的故障
故障发生、发展规律	随机故障	故障发生的时间是随机的
	有规则故障	故障的发生比较有规则

表 6-3　数控车床机械故障部位

故障部位	说明
进给传动链故障	1. 运动品质下降 2. 修理常与运动副预紧力、松动环节和补偿环节有关 3. 定位精度下降、反向间隙过大，机械爬行，轴承噪声过大
主轴部件故障	可能出现故障的部分有自动换刀部分的刀杆拉紧机构、自动换挡机构及主轴运动精度的保持装置等

续表

故障部位	说明
自动换刀装置(ATC)故障	1. 自动换刀装置用于加工中心等设备,目前50%的机械故障与它有关 2. 故障主要是刀库运动故障、定位误差过大、机械手夹持刀柄不稳定和机械手运动误差过大等。这些故障最后大多数都造成换刀动作卡住,使整机停止工作等
行程开关压合故障	压合行程开关的机械装置可靠性及行程开关本身品质特性都会大大影响整机的故障发生概率及排除故障的工作

6.1.2 数控车床故障产生的规律

(1) 机床性能或状态

数控车床在使用过程中，其性能或状态随着使用时间的推移而逐步下降，呈现如图 6-1 所示的曲线。很多故障发生前会有一些预兆，即所谓潜在故障，其可识别的物理参数表明一种功能性故障即将发生。功能性故障表明机床丧失了规定的性能标准。

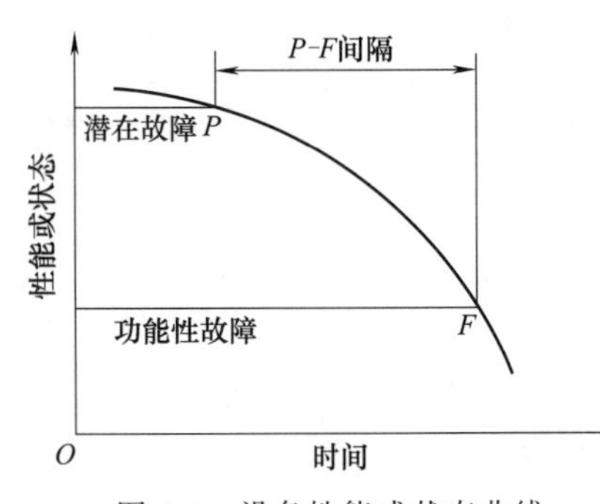

图 6-1 设备性能或状态曲线

图 6-1 中“P”点表示性能已经恶化，并发展到可识别潜在故障的程度，这可能表明金属疲劳的一个裂纹将导致零件折断；可能是振动，表明即将发生轴承故障；可能是一个过热点，表明电动机将损坏；可能是一个齿轮齿面过多的磨损等。“F”点表示潜在故障已变成功能性故障，即它已质变到损坏的程度。P-F 间隔，就是从潜在故障的显露到转变为功能性故障的时间间隔，各种故障的 P-F 间隔差别很大，可由几秒到好几年不等，突发故障的 P-F 间隔就很短。较长的间隔意味着有更多的时间来预防功能性故障的发生，此时如果积极主动地寻找潜在故障的物理参数，以采取新的预防技术，就能避免功能性故障，获得较长的使用时间。

(2) 机械磨损故障

数控车床在使用过程中，由于运动机件相互产生摩擦，表面产生刮削、研磨，加上化学物质的侵蚀，就会造成磨损。磨损过程大致为下述三个阶段。

1）初期磨损阶段

多发生于新设备启用初期，主要特征是摩擦表面的凸峰、氧化皮、脱碳层很快被磨去，使摩擦表面更加贴合，这一过程时间不长，而且对机床有益，通常称为“磨合”，如图 6-2 所示的 Oa 段。

2）稳定磨损阶段

磨合的结果使运动表面工作在耐磨层，而且相互贴合，接触面积增加，单位接触面上的应力减小，因而磨损增加缓慢，可以持续很长时间，如图 6-2 所示的 ab 段。

3）急剧磨损阶段

随着磨损逐渐积累，零件表面抗磨层的磨耗超过极限程度，磨损速率急剧上升。理论上将正常磨损的终点作为合理磨损的极限。

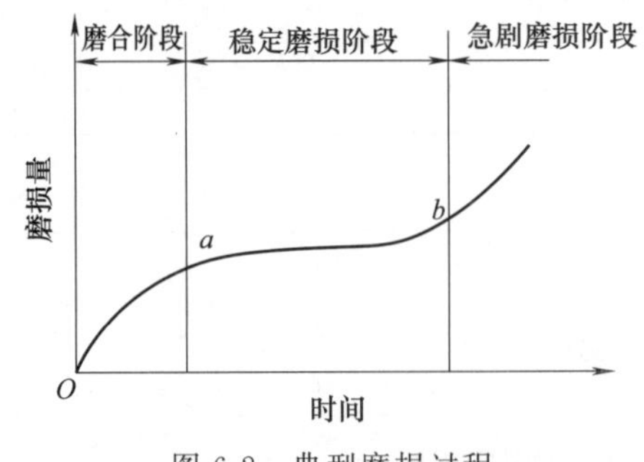

图 6-2 典型磨损过程

根据磨损规律，数控车床的修理以安排在稳定磨损终点 b 处为宜。这时，既能充分利用原零件性能，又能防止急剧磨损出现，也可稍有提前，以预防急剧磨损，但不可拖后。若使机床带病工作，势必带来更大的损坏，造成不必要的经济损失。在正常情况下，b 点的时间一般为 7～10 年。

(3) 数控车床故障率曲线

与一般设备相同，数控车床的故障率随时间变化的规律可用如图 6-3 所示的浴盆曲线（也称失效率曲线）表示。整个使用寿命期，根据数控车床的故障频率大致分为 3 个阶段，即早期故障期、偶发故障期和耗损故障期。

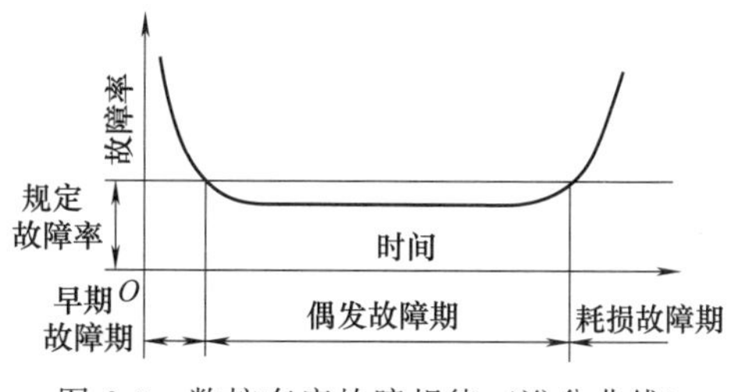

图 6-3 数控车床故障规律（浴盆曲线）

1）早期故障期

这个时期数控车床故障率高，但随着使用时间的增加迅速下降。这段时间的长短，随产品、系统的设计与制造质量而异，约为 10 个月。数控车床使用初期之所以故障频繁，原因大致如下。

① 机械部分。机床虽然在出厂前进行过磨合，但时间较短，而且主要是对主轴和导轨进行磨合。由于零件的加工表面存在着微观的和宏观的几何形状偏差，部件的装配可能存在误差，因而，在机床使用初期会产生较大的磨合磨损，使设备相对运动部件之间产生较大的间隙，导致故障的发生。

② 电气部分。数控车床的控制系统使用了大量的电子元器件，这些元器件虽然在制造厂经过了严格的筛选，但在实际运行时，由于电路的发热，交变负荷、浪涌电流及反电势的冲击，性能较差的某些元器件经不住考验，因电流冲击或电压击穿而失效，或特性曲线发生变化，从而导致整个系统不能正常工作。

③ 液压部分。出厂后运输及安装阶段的时间较长，使得液压系统中某些部位长时间无油，气缸中润滑油干涸，而油雾润滑又不可能立即起作用，可能造成油缸或气缸产生锈蚀。此外，新安装的空气管道若清洗不干净，一些杂物和水分也可能进入系统，造成液压气动部分的初期故障。

除此之外，还有元件、材料等原因会造成早期故障，这个时期一般在保修期以内。因此，购买数控车床后，应尽快使用，使早期故障尽量发生在保修期内。

2）偶发故障期

数控车床在经历了初期的各种老化、磨合和调整后，开始进入相对稳定的偶发故障期——正常运行期。正常运行期约为 7～10 年。在这个阶段，故障率低而且相对稳定，近似常数。偶发故障是由偶然因素引起的。

3）耗损故障期

耗损故障期出现在数控车床使用的后期，其特点是故障率随着运行时间的增加而升高。出现这种现象的基本原因是数控车床的零部件及电子元器件经过长时间的运行，由于疲劳、磨损、老化等原因，使用寿命已接近完结，从而处于频发故障状态。

数控车床故障率曲线变化的三个阶段，真实地反映了从磨合、调试、正常工作到大修或报废的故障率变化规律，加强数控车床的日常管理与维护保养，可以延长偶发故障期。准确地找出拐点，可避免过剩修理或修理范围扩大，以获得最佳的投资效益。

6.1.3 数控车床的故障诊断

数控车床是机电一体化紧密结合的典范，是一个庞大的系统，涉及机、电、液、气、电子、光等各项技术，在运行使用中不可避免地要产生各种故障，关键的问题是如何迅速诊断，确定故障部位，及时排除解决故障，保证正常使用，提高生产率。

(1) 设备故障诊断技术的含义和应用

1）设备诊断技术的含义

设备诊断技术是当前在国内外发展迅速、用途广泛、效果良好的一项重要的设备工程新技术。其起源和命名与仿生学有关。

设备诊断技术起源于军事需要，人们逐步开发了一些检测方法和监测手段，后来随同可靠性技术、电子光学技术以及计算机数据处理技术的发展，状态监测和故障诊断技术更加完善。

设备诊断技术从军用移植到民用并取得更大发展，主要是工业现代化的结果。机械设备的连续化、高速化、自动化和数字化带来生产率的提高、成本的降低，以及能源和人力的节约，然而一旦发生故障，就会造成远非过去可比的经济损失。因此工业部门普遍要求能减少故障，并采取预测、预报的有效措施。

所谓设备故障诊断技术，就是“在设备运行中或基本不拆卸全部设备的情况下，掌握设备运行状态，判定产生故障的部位和原因，并预测、预报未来状态的技术”。因此，它是防止事故的有效措施，也是设备维修的重要依据。

任何一个运行的设备系统，都会产生机械的、温度的、电磁的种种信号，通过这些信号可以识别设备的技术状况，而当其超过常规范围，即被认为存在异常或故障。设备只有在运行中才可能产生这些信号，这就是要强调在动态下进行诊断的重要原因。在我国推广设备诊断技术的积极意义，是有利于实行现代设备管理，进行维修体制改革，克服“过剩维修”及“维修不足”，从而达到设备寿命周期费用最经济和设备综合效率最高的目标。

2）应用设备故障诊断技术的目的

采用设备故障诊断技术，至少可以达到以下目的：

① 保障设备安全，防止突发故障；

② 保障设备精度，提高产品质量；

③ 实施状态维修，节约维修费用；

④ 避免设备事故造成的环境污染；

⑤ 给企业带来较大的经济效益。

(2) 设备诊断技术的技术基础

可以用于设备诊断的技术有很多种，但基本技术主要是以下 4 种。

1）检测技术

它是根据不同的诊断目的，选择适用的检查测量技术手段，以及对诊断对象最便于诊断的状态信号，进行检测采集的一项基本技术。由于设备状态信号是设备异常或故障信息的载体，因此能否真实、充分地检测到反映设备情况的状态信号，是这项技术的关键。

2）信号处理技术

它是从伴有环境噪声和其他干扰的综合信号中，把能反映设备状态的特征信号提取出来的一项基本技术。为此需要排除或削弱噪声干扰，保留或增强有用信号，进行压缩、滤波和形式变换，以精化故障特征信息，达到提高诊断灵敏度和可靠性的目的。

3）模式识别技术

它是对经过处理的状态信号的特征进行识别和判断，据以对是否存在故障，以及其部位、原因和严重程度予以确定的一项基本技术。设备状态的识别实际是一个分类问题。它是从不相干的背景下提取输入信号的有意义的特征，并将其变为可辨识的类别，以进行分类工作。

4）预测技术

它是对未发生或目前还不够明确的设备状态进行预估和推测，据以判断故障可能的发展过程，以及何时将进入危险范围的一项基本技术。在设备诊断中，预测技术除主要用于分析故障的传播和发展外，还要对设备的劣化趋势及剩余寿命做出预报。

(3) 设备诊断技术的工作原理和工作手段

设备诊断技术的基本原理及工作程序如图 6-4 所示，它包括信息库和知识库的建立及信号检测、特征提取、状态识别和预报决策等 4 个工作程序。

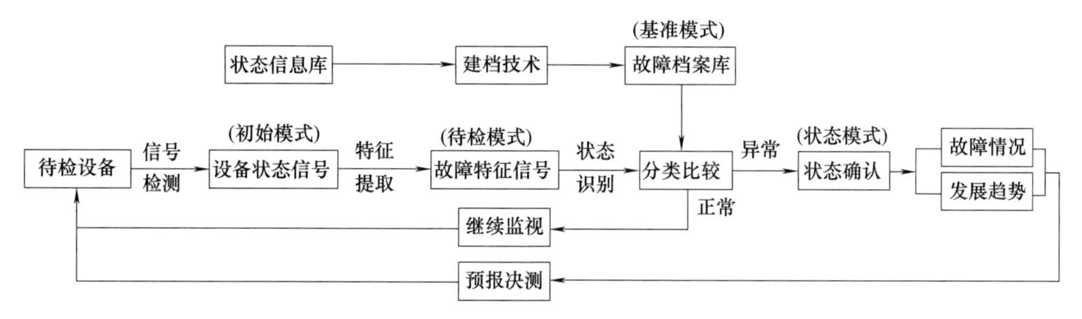

图 6-4　设备诊断技术的基本原理及工作程序图

1）信号检测

按照不同诊断目的和对象，选择最便于诊断的状态信号，使用传感器、数据采集器等技术手段，加以监测与采集。由此建立起来的是状态信号的数据库，属于初始模式。

2）特征提取

将初始模式的状态信号通过信号处理，进行放大或压缩、形式变换、去除噪声干扰，以提取故障特征，形成待检模式。

3）状态识别

根据理论分析，结合故障案例，并采用数据库技术所建立起来的故障档案库为基准模式。把待检模式与基准模式进行比较和分类，即可区别设备的正常与异常。

4）预报决策

经过判别，对属于正常状态的可继续监视，重复以上程序；对属于异常状态的，则要查明故障情况，做出趋势分析，估计今后发展和可继续运行的时间，以及根据问题所在提出控制措施和维修决策。

(4) 机械故障诊断

所谓机械故障诊断，就是对机械系统所处的状态进行监测，判断其是否正常。

1）机械故障诊断的任务

① 诊断引起机械系统的劣化或故障的主要原因。

② 掌握机械系统劣化、故障的部位、程度及原因等情况。

③ 了解机械系统的性能、强度、效率。

④ 预测机械系统的可靠性及使用寿命。

2）机械故障诊断的分类

数控车床机械故障诊断的分类见表 6-4。

表 6-4　数控车床机械故障诊断的分类

分类方式	分类	说明
按目的划分	功能诊断	对新安装或刚维修好的机械系统需要诊断它的功能是否正常，并根据诊断和检查的结果对它进行调整
	运行诊断	对正常运行的机械系统则进行状态的诊断，监视其故障的发生和发展
按方式划分	定期诊断	定期诊断是指间隔一定时间对工作的机床进行一次检查和诊断，也叫巡回检查和诊断，简称巡检
	在线监测	在线监测是采用现代化仪表和计算机信号处理系统对机器或设备的运行状态进行连续监测和控制

续表

分类方式	分类	说明
按提取信息的方式划分	直接诊断	1. 直接根据关键零件的信息确定这些零部件的状态 2. 如通过检测齿轮的安装偏心和运动偏心等参数判断齿轮运转是否正常
	间接诊断	1. 通过二次诊断信息间接地得到有关运行工作状况 2. 间接诊断方法往往要汇集多方面的信息，反复分析验证，才能避免误诊 3. 如通过检测箱体的振动来判断齿轮箱中的齿轮是否正常等
按诊断所要求的机械运行工况条件划分	常规诊断	机械正常运行条件下进行的诊断
	特殊诊断	创造特殊的工作条件才能进行的诊断
按诊断过程划分	简易诊断	对机械系统的状态作出相对粗略的判断
	精密诊断	在简易诊断基础上更为细致的诊断，需详细地分析出故障原因、故障部位、故障程度及其发展趋势等一系列问题的诊断

3）机械故障诊断的步骤

机械故障诊断基本步骤见表 6-5。

表 6-5 数控车床机械故障诊断的步骤

步骤	说明
确定运行状态监测的内容	1. 确定合适的监测方式、合适的监测部位及监测参数等 2. 监测的具体内容主要取决于故障形式，同时也要考虑被监测对象的结构、工作环境等因素以及现有的测试条件
建立测试系统	选取合适的传感器及配套设施组成测试系统
特征提取	1. 对测试系统获取的信号进行加工，包括滤波、异常数据的剔除以及各种算法分析等 2. 从有限的信号中获得尽可能多的关于被诊断对象状态的信息，即进行有效的状态特征提取 3. 是故障诊断过程的关键环节之一，也是机械故障诊断的核心
制定决策	1. 机械故障诊断的最终目的 2. 对被诊断对象的未来发展趋势进行预测 3. 要作出调整、控制、维修等干预决策

（5）数控车床机械故障诊断技术

维修人员使用感觉器官对机床进行问、看、听、触、嗅等的诊断，称为“实用诊断技术”，实用诊断技术有时也称为“直观诊断技术”。

1）问

弄清故障是突发的，还是渐发的，以及机床开动时有哪些异常现象。对比故障前后工件的精度和表面粗糙度，以便分析故障产生的原因。“问”的内容包括：传动系统是否正常，出力是否均匀，背吃刀量和进给量是否减小等；润滑油品牌号是否符合规定，用量是否适当；机床何时进行过保养检修等。

2）看

① 看转速。观察主传动速度的变化。如：带传动的线速度变慢，原因可能是传动带过松或负荷太大。对主传动系统中的齿轮，主要看它是否跳动、摆动。对传动轴主要看它是否弯曲或晃动。

② 看颜色。主轴和轴承运转不正常，就会发热。长时间升温会使机床外表颜色发生变化，大多呈黄色。油箱里的油也会因温升过高而变稀，颜色变样；有时也会因久不换油、杂质过多或油变质而变成深墨色。

③ 看伤痕。机床零部件碰伤损坏部位很容易发现，当发现裂纹时，应作记号，隔一段时间后再比较它的变化情况，以便进行综合分析。

④ 看工件。若车削后的工件表面粗糙度 Ra 数值大，则原因可能是主轴与轴承之间的间隙过大，溜板、刀架等压板楔铁有松动以及滚珠丝杠预紧松动等。若磨削后的表面粗糙度 Ra

数值大，则原因可能是主轴或砂轮动平衡差，机床出现共振以及工作台爬行等。若工件表面出现波纹，则看波纹数与机床主轴传动齿轮的齿数是否相等，如果相等，则表明主轴齿轮啮合不良是故障的主要原因。

⑤ 看变形。观察机床的传动轴、滚珠丝杠是否变形，直径大的带轮和齿轮的端面是否跳动。

⑥ 看油箱与冷却箱。主要观察油或切削液是否变质，确定其能否继续使用。

3）听

一般运行正常的机床，其声响具有一定的音律和节奏，并保持持续的稳定。机械运动发出的正常声音见表6-6，异常声音见表6-7。异响主要是由机件的磨损、变形、断裂、松动和腐蚀等原因，致使在运行中发生碰撞、摩擦、冲击或振动所引起的。有些异响，表明机床中某一零件产生了故障；还有些异响，则是机床可能发生更大事故性损伤的预兆。其诊断见表6-8。异响与其他故障征象的关系见表6-9。

表6-6 机械运动发出的正常声音

机械运动部件	正常声音
一般做旋转运动的机件	1. 在运转区间较小或处于封闭系统时，多发出平静的“嘤嘤”声 2. 当处于非封闭系统或运行区较大时，多发出较大的蜂鸣声 3. 各种大型机床则产生低沉而振动声浪很大的轰隆声
正常运行的齿轮副	1. 一般在低速下无明显的声响 2. 链轮和齿条传动副一般发出平稳的“唧唧”声 3. 直线往复运动的机件，一般发出周期性的“咯噔”声 4. 常见的凸轮顶杆机构、曲柄连杆机构和摆动摇杆机构等，通常都发出周期性的“嘀嗒”声 5. 多数轴承副一般无明显的声响，借助传感器（通常用金属杆或螺钉旋具）可听到较为清晰的“嘤嘤”声
各种介质的传输设备	1. 气体介质多为“呼呼”声 2. 流体介质为“哗哗”声 3. 固体介质发出“沙沙”声或“呵罗呵罗”声响

表6-7 异常声音

声音	特征	原因
摩擦声	声音尖锐而短促	两个接触面相对运动的研磨。如：带打滑或主轴轴承及传动丝杠副之间缺少润滑油，均会产生这种异常声音
冲击声	音低而沉闷	一般是由螺栓松动或内部有其他异物碰撞引起
泄漏声	声小而长，连续不断	如漏风、漏气和漏液等
对比声	用手锤轻轻敲击来鉴别零件是否缺损。有裂纹的零件敲击后发出的声音就不那么清脆	

表6-8 异常声音的诊断

过程	说明
确定应诊的异响	1. 新机床运转过程中一般无杂乱的声响，一旦由某种原因引起异响，便会清晰而单纯地暴露出来 2. 旧机床运行期间声音杂乱，应当首先判明，哪些异响是必须予以诊断并排除的
确诊异响部位	根据机床的运行状态，确定异响部位
确诊异响零件	机床的异响，常因产生异响零件的形状、大小、材质、工作状态和振动频率不同而声响各异
根据异响与其他故障的关系进一步确诊或验证异响零件	1. 同样的声响，其高低、大小、尖锐、沉重及脆哑等不一定相同 2. 每个人的听觉也有差异，所以仅凭声响特征确诊机床异响的零件，有时还不够确切 3. 根据异响与其他故障征象的关系，对异响零件进一步确诊与验证（如表6-9所示）

表 6-9 异响与其他故障征象的关系

故障征象	说明
振动	1. 振动频率与异响的声频将是一致的。据此便可进一步确诊和验证异响零件 2. 如对于动不平衡引起的冲击声，其声响次数与振动频率相同
爬行	在液压传动机构中，若液压系统内有异响，且执行机构伴有爬行，则可证明液压系统混有空气。这时，如果在液压泵中心线以下还有“吱嗡、吱嗡”的噪声，就可进一步确诊是液压泵吸空导致液压系统混入空气
发热	1. 有些零件产生故障后，不仅有异响，而且发热 2. 某一轴上有两个轴承。其中有一个轴承产生故障，运行中发出“隆隆”声，这时只要用手一摸，就可确诊，发热的轴承即为损坏了的轴承

4）触

① 温升。人的手指触觉是很灵敏的，能相当可靠地判断各种异常的温升，其误差可准确到 3～5℃。不同温度的感觉见表 6-10。

表 6-10 不同温度的感觉

机床温度	感觉
0℃左右	手指感觉冰凉，长时间触摸会产生刺骨的痛感
10℃左右	手感较凉，但可忍受
20℃左右	手感到稍凉，随着接触时间延长，手感潮温
30℃左右	手感微温有舒适感
40℃左右	手感如触摸高烧病人
50℃左右	手感较烫，如掌心扪的时间较长可有汗感
60℃左右	手感很烫，但可忍受 10s 左右
70℃左右	手有灼痛感，且手的接触部位很快出现红色
80℃以上	1. 瞬时接触手感“麻辣火烧”，时间过长，可出现烫伤 2. 为了防止手指烫伤，应注意手的触摸方法，一般先用右手并拢的食指、中指和无名指指背中节部位轻轻触及机件表面，断定对皮肤无损害后，才可用手指肚或手掌触摸

② 振动。轻微振动可用手感鉴别，至于振动的大小可找一个固定基点，用一只手去同时触摸便可以比较出。

③ 伤痕和波纹。肉眼看不清的伤痕和波纹，若用手指去摸则可很容易地感觉出来。摸的方法是：对圆形零件要沿切向和轴向分别去摸；对平面则要左右、前后均匀去摸；摸时不能用力太大，只轻轻把手指放在被检查面上接触便可。

④ 爬行。用手摸可直观地感觉出来。

⑤ 松或紧。用手转动主轴或摇动手轮，即可感到接触部位的松紧是否均匀适当。

5）嗅

剧烈摩擦或电气元件绝缘破损短路，使附着的油脂或其他可燃物质发生氧化蒸发或燃烧产生油烟气、焦煳气等异味，应用嗅觉诊断的方法可收到较好的效果。

6.2 数控车床电气故障与维修

6.2.1 常见电气故障分类

数控车床的电气故障可按故障的性质、表象、原因或后果等分类。

(1) 硬件故障和软件故障

按故障发生的部位，分为硬件故障和软件故障。硬件故障是指电子、电气元件或印制电路板、电线电缆、接插件等的不正常状态甚至损坏，这时需要修理甚至更换才可排除故障。而软件故障一般是指 PLC 逻辑控制程序中产生的故障，需要输入或修改某些数据甚至修改 PLC 程序方可排除故障。零件加工程序故障也属于软件故障。最严重的软件故障则是数控系统软件的缺损甚至丢失，这就只有与生产厂商或其服务机构联系解决了。

(2) 有诊断指示故障和无诊断指示故障

按故障出现时有无指示，分为有诊断指示故障和无诊断指示故障。当今的数控系统大多设计有近乎完美的自诊断程序，实时监控整个系统的软、硬件性能，一旦发现故障则会立即报警或者还有简要文字说明在屏幕上显示出来，结合系统配备的诊断手册不仅可以找到故障发生的原因、部位，而且还有排除的方法提示。机床制造者也会针对具体机床设计相关的故障指示及诊断说明书。上述这两部分有诊断指示的故障加上各电气装置上的各类指示灯使得绝大多数电气故障的排除较为容易。无诊断指示的故障一部分是上述两种诊断程序的不完整性所致（如开关不闭合、接插松动等）。对这类故障则要依靠维修人员对机床的熟悉程度和技术水平对产生故障前的工作过程和故障现象及后果加以分析，进而排除故障。

(3) 破坏性故障和非破坏性故障

按故障出现时有无破坏性，分为破坏性故障和非破坏性故障。对于破坏性故障，损坏工件甚至机床的故障，维修时不允许重演，这时只能根据产生故障时的现象进行相应的检查、分析来排除之，技术难度较高且有一定风险。如果可能损坏工件，则可卸下工件，试着重现故障过程，但应十分小心。

(4) 系统性故障和随机性故障

按故障出现的必然性与偶然性，分为系统性故障和随机性故障。系统性故障是指只要满足一定的条件则一定会产生的确定的故障。而随机性故障是指在相同的条件下偶尔发生的故障，对这类故障的分析较为困难，通常多与机床机械结构的局部松动错位、部分电气工件特性漂移或可靠性降低、电气装置内部温度过高等有关。此类故障的分析需经反复试验、综合判断才可能排除。

(5) 运动特性下降的故障

以机床的运动品质特性来衡量，则是机床运动特性下降的故障。在这种情况下，机床虽能正常运转却加工不出合格的工件。例如机床定位精度超差、反向死区过大、坐标运行不平稳等。对这类故障必须使用检测仪器确诊产生误差的机、电环节，然后通过对机械传动系统、数控系统和伺服系统的最佳化调整来排除。

此处故障的分类是为了便于故障的分析排除，而一种故障的产生往往是多种类型的混合，这就要求维修人员具体分析，参照上述分类采取相应的分析、排除法。

6.2.2 故障的调查与分析

这是故障排除的第一阶段，是非常关键的阶段，主要应做好下列工作：

(1) 发生故障时的处理

1) 询问调查

在接到机床现场出现故障要求排除的信息时，首先应要求操作者尽量保持现场故障状态，不做任何处理，这样有利于迅速精确地分析故障原因。同时仔细询问故障指示情况、故障表象及故障产生的背景情况，依此作出初步判断，以便确定现场故障排除所应携带的工具、仪表、图纸资料、备件等，减少往返时间。

2) 现场检查

到达现场后，首先要验证操作者提供的各种情况的准确性、完整性，从而核实初步判断的准确度。由于操作者的水平所限，对故障状况描述不清甚至完全不准确的情况不乏其例，因此到现场后仍然不要急于动手处理，而应重新仔细调查各种情况，以免破坏了现场，使故障排除增加难度。

3）故障分析

根据已知的故障状况按上述故障分类办法分析故障类型，从而确定故障排除原则。由于大多数故障是有指示的，所以在一般情况下，对照机床配套的数控系统诊断手册和使用说明书，可以列出产生该故障的多种可能的原因。

4）确定原因

对多种可能的原因进行排查并从中找出本次故障的真正原因，对维修人员来讲，这是一种对该机床熟悉程度、知识水平、实践经验和分析判断能力的综合考验。

5）故障排除准备

有些故障的排除方法可能很简单，有些故障则往往较复杂，需要做一系列的准备工作，例如工具仪表的准备、局部的拆卸、零部件的修理，元器件的采购甚至故障排除计划步骤的制定，等等。

（2）常用的故障诊断方法

数控车床电气系统故障的调查、分析与诊断的过程也就是故障的排除过程，一旦查明了原因，故障也就几乎等于排除了。因此故障分析诊断的方法也就变得十分重要。多年来，广大维修人员在大量的数控车床维修实践中摸索出不少可快速找出故障原因的检验方法，这里仅对一些常用的一般性方法加以介绍，在实际的故障诊断中，对这些方法要综合运用。

1）直观检查法

这是故障分析之初必用的方法，就是利用感官的检查。

① 询问。向故障现场人员仔细询问故障产生的过程、故障表象及故障后果，并且在整个分析判断过程中可能要多次询问。

② 目视。总体查看机床各部分工作状态是否处于正常状态（例如各坐标轴位置、主轴状态、刀库、机械手位置等），各电控装置（如数控系统、温控装置、润滑装置等）有无报警指示，局部查看有无保险丝烧断，元器件烧焦、开裂、电线电缆脱落，各操作元件位置正确与否，等等。

③ 触摸。在整机断电条件下可以通过触摸各主要电路板的安装状况、各插头座的插接状况、各功率及信号导线（如伺服与电机接触器接线）的连接状况等来发现出现故障的可能原因。

④ 通电。这是指为了检查有无冒烟、打火，有无异常声音、气味以及触摸有无过热电动机和元件存在而通电，一旦发现立即断电分析。

2）仪器检查法

使用常规电工仪表，对各组交、直流电源电压，对相关直流及脉冲信号等进行测量，从中找寻可能的故障。例如用万用表检查各电源情况，及对某些电路板上设置的相关信号状态测量点的测量，用示波器观察相关的脉动信号的幅值、相位甚至有无，用 PLC 编程器查找 PLC 程序中的故障部位及原因等。

3）信号与报警指示分析法

① 硬件报警指示。这是指包括数控系统、伺服系统在内的各电子、电气装置上的各种状态和故障指示灯，结合指示灯状态和相应的功能说明便可获知指示内容及故障原因与排除方法。

② 软件报警指示。如前所述的系统软件、PLC 程序与加工程序中的故障通常都设有报警显示，依据显示的报警号对照相应的诊断说明手册便可获知可能的故障原因及故障排除方法。

4）接口状态检查法

现代数控系统多将 PLC 集成于其中，而 CNC 与 PLC 之间则以一系列接口信号形式相互通信连接。有些故障是与接口信号错误或丢失相关的，这些接口信号有的可以在相应的接口板和输入/输出板上有指示灯显示，有的可以通过简单操作在CRT屏幕上显示，而所有的接口信号都可以用PLC编程器调出。这种检查方法要求维修人员既要熟悉本机床的接口信号，又要熟悉PLC编程器的应用。

5）参数调整法

数控系统、PLC及伺服驱动系统都设置有许多可修改的参数以适应不同机床、不同工作状态的要求。这些参数不仅能使各电气系统与具体机床相匹配，而且更是使机床各项功能达到最佳化所必需的。因此，任何参数的变化（尤其是模拟量参数）甚至丢失都是不允许的；而随机床的长期运行所产生的力学或电气性能的变化会打破最初的匹配状态和最佳化状态。对此类故障需要重新调整相关的一个或多个参数方可排除。这种方法对维修人员的要求是很高的，维修人员不仅要对具体系统主要参数十分了解，即知晓其地址、熟悉其作用，而且要有较丰富的电气调试经验。

6）备件置换法

当故障分析结果集中于某一印制电路板上时，由于电路集成度的不断扩大而要把故障落实于其上某一区域乃至某一元件是十分困难的，为了缩短停机时间，在有相同备件的条件下可以先将备件换上，然后再去检查修复故障板。

关于备件板的更换要注意以下问题：

① 更换任何备件都必须在断电情况下进行。

② 许多印制电路板上都有一些开关或短路棒的设定以匹配实际需要，因此在更换备件板时一定要记录下原有的开关位置和设定状态，并将新板做好同样的设定，否则会产生报警而不能工作。

③ 更换某些印制电路板时还需在更换后进行某些特定操作以完成其中软件与参数的建立。关于这一点需要仔细阅读相应电路板的使用说明。

④ 有些印制电路板是不能轻易拔出的，例如含有工作存储器的板，或者备用电池板，拔出它们会丢失有用的参数或者程序。更换时也必须遵照有关说明操作。

鉴于以上条件，在拔出旧板更换新板之前一定要先仔细阅读相关资料，弄懂要求和操作步骤之后再动手，以免造成更大的故障。

7）交叉换位法

当发现故障板或者不能确定是否为故障板而又没有备件的情况下，可以将系统中相同或相兼容的两个板互换检查，例如两个坐标的指令板或伺服板的交换，从中判断故障板或故障部位。使用这种交叉换位法时应特别注意，不仅要正确交换硬件接线，还要将一系列相应的参数交换，否则不仅达不到目的，反而会产生新的故障，造成思维的混乱。一定要事先考虑周全，设计好软、硬件交换方案，准确无误再进行交换检查。

8）特殊处理法

当今的数控系统已进入PC基、开放化的发展阶段，其中软件含量越来越丰富，有系统软件、机床制造者软件，甚至还有使用者自己的软件。软件逻辑的设计中不可避免的一些问题会使得有些故障状态无从分析，例如死机现象。对于这种故障现象则可以采取特殊手段来处理，比如整机断电，稍作停顿后再开机，有时则可能将故障消除。维修人员可以在自己的长期实践中摸索其规律或者其他有效的方法。

6.2.3　电气故障的排除

这是故障排除的第二阶段，是实施阶段。如前所述，电气故障的分析过程也就是故障的排除过程，此处列举几个常见电气故障做一简要介绍，供维修者参考。

(1) 电源

电源是数控系统乃至整个机床正常工作的能量来源，它的失效或者故障轻者会丢失数据、造成停机，重者会毁坏系统局部甚至全部。发达国家由于电力充足，电网质量高，因此其电气系统的电源设计考虑较少，这对于我国所拥有的较大波动和高次谐波的电力供电网来说就略显不足，再加上某些人为的因素，难免出现由电源引起的故障。在设计数控车床的供电系统时应尽量做到：

① 提供独立的配电箱而不与其他设备串用。

② 电网供电质量较差的地区应配备三相交流稳压装置。

③ 电源始端有良好的接地。

④ 进入数控车床的三相电源应采用三相五线制，中线（N）与接地（PE）严格分开。

⑤ 电柜内电器件的布局和交、直流电线的敷设要相互隔离。

(2) 数控系统位置环故障

1）位置环报警

可能原因是位置测量回路开路、测量元件损坏、位置控制建立的接口信号不存在等。

2）坐标轴在没有指令的情况下产生运动

可能原因是漂移过大，位置环或速度环接成正反馈，反馈接线开路，测量元件损坏。

(3) 机床坐标找不到零点

可能原因是零方向在远离零点；编码器损坏或接线开路；光栅零点标记移位；回零减速开关失灵。

(4) 振动

机床动态特性变差，工件加工质量下降，甚至在一定速度下机床发生振动。这其中有很大一种可能是机械传动系统间隙过大甚至磨损严重或者导轨润滑不充分甚至磨损造成的；对于电气控制系统来说则可能是速度环、位置环和相关参数已不在最佳匹配状态，应在机械故障基本排除后重新进行最佳化调整。

(5) 偶发性停机故障

这里有两种可能的情况：一种情况是如前所述的相关软件设计中的问题造成在某些特定的操作与功能运行组合下的停机故障，一般情况下机床断电后重新通电故障便会消失；另一种情况是由环境条件引起的，如强力干扰（电网或周边设备）、温度过高、湿度过大等。这种环境因素往往被人们所忽视，例如南方地区将机床置于普通厂房甚至靠近敞开的大门附近，电柜长时间开门运行，附近有大量产生粉尘、金属屑或水雾的设备，等等。这些因素不仅会造成故障，严重的还会损坏系统与机床，务必注意改善。

6.2.4 电气维修中应注意的事项

① 从整机上取出某块线路板时，应注意记录其相对应的位置、连接的电缆号，对于固定安装的线路板，还应按前后取下相应的压接部件及螺钉做记录。拆卸下的压件及螺钉应放在专门的盒内，以免丢失，装配后，盒内的东西应全部用上，否则装配不完整。

② 电烙铁应放在顺手的前方，远离维修线路板。烙铁头应做适当的修整，以适应集成电路的焊接，并避免焊接时碰伤别的元器件。

③ 测量线路间的电阻值时，应切断电源。测电阻值时应用红黑表笔互换测量两次，以电阻值大的为参考值。

④ 线路板上大多刷有阻焊膜，因此测量时应找到相应的焊点作为测试点，不要铲除焊膜，有的板子全部刷有绝缘层，则只在焊点处用刀片刮开绝缘层。

⑤ 不应随意切断印刷线路。有的维修人员具有一定的家电维修经验，习惯断线检查，但

数控设备上的线路板大多是双面金属孔板或多层孔化板，印刷线路细而密，一旦切断不易焊接，且切线时易切断相邻的线，再则对于有的点，在切断某一根线时，并不能使其和线路脱离，需要同时切断几根线才行。

⑥ 不应随意拆换元器件。有的维修人员在没有确定故障元件的情况下只是凭感觉判断出哪一个元件坏了，就立即拆换，这样误判率较高，拆下的元件人为损坏率也较高。

⑦ 拆卸元件时应使用吸锡器及吸锡绳，切忌硬取。同一焊盘不应长时间加热及重复拆卸，以免损坏焊盘。

⑧ 更换新的器件，其引脚应做适当的处理，焊接中不应使用酸性焊油。

⑨ 记录线路上的开关，跳线位置，不应随意改变。进行两极以上的对照检查时，或互换元器件时注意标记各板上的元件，以免错乱，致使好板亦不能工作。

⑩ 查清线路板的电源配置及种类，根据检查的需要，可分别供电或全部供电。应注意高压，有的线路板直接接入高压，或板内有高压发生器，需适当绝缘，操作时应特别注意。

6.2.5 维修故障排除后的总结与提高工作

对数控车床电气故障进行维修和分析排除后的总结与提高工作是故障排除的第三阶段，也是十分重要的阶段，应引起足够重视。总结提高工作的主要内容包括：

① 详细记录从故障的发生、分析判断到排除全过程中出现的各种问题，采取的各种措施，涉及的相关电路图、相关参数和相关软件，其间错误分析和故障排除方法也应记录，并记录其无效的原因。除填入维修档案外，内容较多者还要另文详细书写。

② 有条件的维修人员应该从较典型的故障排除实践中找出具有普遍意义的内容作为研究课题进行理论性探讨，写出论文，从而达到提高的目的。特别是在有些故障的排除中并未经由认真系统的分析判断而是带有一定偶然性地排除了故障，这种情况下的事后总结研究就更加必要。

③ 总结故障排除过程中所需要的各类图样、文字资料，若有不足应事后想办法补齐，而且在随后的日子里研读，以备将来之需。

④ 从故障排除过程中发现自己欠缺的知识，制订学习计划，力争尽快补课。

⑤ 查找工具、仪表、备件是否齐备，条件允许时补齐。

总结提高工作的好处是：

① 迅速提高维修者的理论水平和维修能力。

② 提高重复性故障的维修速度。

③ 利于分析设备的故障率及可维修性，改进操作规程，提高机床寿命和利用率。

④ 可改进机床电气原设计之不足。

⑤ 资源共享。总结资料可作为其他维修人员的参数资料、学习培训教材。

6.3 数控系统硬件故障检查与维修

6.3.1 数控系统硬件故障检查与分析

故障检查过程因故障类型而异，以下所述方法无先后次序之分，可穿插进行，综合分析，逐个排除。

(1) 常规检查

1）外观检查

系统发生故障后，首先进行外观检查。运用自己的感官感受并判断明显的故障，有针对性地检查有怀疑部分的元器件，看断路器是否脱扣，接触器是否跳闸，熔丝是否熔断，印制线路板上有无元件破损、断裂、过热，连接导线是否断裂、划伤，插接件是否脱落，等等；若有检修过的电路板，还得检查开关位置、电位器设定、短路棒选择、线路更改是否与原来状态相符；注意观察故障出现时的噪声、振动、焦煳味、异常发热、冷却风扇转动异常等现象。

2）连接电缆、连接线检查

针对故障有关部分，用一些简单的维修工具检查各连接线、电缆是否正常。尤其注意检查机械运动部位的接线及电缆，这些部位的接线易因受力、疲劳而断裂。

3）连接端及接插件检查

针对故障有关部位，检查接线端子、单元接插件。这些部件容易松动、发热、氧化、电化腐蚀而断线或接触不良。

4）恶劣环境下工作的元器件检查

针对故障有关部位，检查在恶劣环境下工作的元器件。这些元器件容易受热、受潮、受振动、粘灰尘或油污而失效或老化。受冷却水及油污染，光栅中的标尺光栅和指示光栅都变脏。清洗后，故障消失。

5）易损部位的元器件检查

元器件易损部位应按规定定期检查。直流伺服电动机电枢电刷及整流子、测速发电机电刷及整流子都容易磨损及粘污物，前者易造成转速下降，后者易造成转速不稳。纸带阅读机光电读入部件光学元件透明度降低，发光元件及光敏元件老化都会造成读带出错。

6）定期保养的部件及元器件的检查

有些部件、元器件按规定应及时清洗润滑，否则容易出现故障。冷却风扇如果不及时清洗风道等处，则易造成过负荷。如果不及时检查轴承，则在轴承润滑不良时，易通电后转不动。

7）电源电压检查

电源电压正常是机床控制系统正常工作的必要条件，电源电压不正常，一般会造成故障停机，有时还造成控制系统动作紊乱。硬件故障出现后，检查电源电压不可忽视！检查步骤可参考调试说明，方法是参照上述电源系统，从前（电源侧）向后检查各种电源电压。应注意到电源组功耗大、易发热，容易出故障。多数情况下电源故障是由负载引起，因此更应在仔细检查后继环节后再进行处理。检查电源时，不仅要检查电源自身馈电线路，还应检查由它馈电的无电源部分是否获得了正常的电压。不仅要注意到正常时的供电状态，还要注意到故障发生时电源的瞬时变化。

（2）故障现象分析法

故障分析是寻找故障的特征。最好组织机械、电气技术人员及操作者会诊，捕捉出现故障时机器的异常现象，分析产品检验结果及仪器记录的内容，必要（会出现故障发生时刻的现象）和可能（设备还可以运行到这种故障再现而无危险）时可以让故障再现，经过分析可能找到故障规律和线索。

（3）面板指示灯显示与模块 LED 显示分析法

数控车床控制系统多配有面板显示器、指示灯。面板显示器可把大部分被监控的故障识别结果以报警的方式给出。对于各个具体的故障，系统有固定的报警号和文字显示给予提示。特别是彩色 CRT 的广泛使用及反衬显示的应用使故障报警更为醒目。出现故障后，系统会根据故障情况、故障类型，提示或者同时中断运行而停机。对于加工中心运行中出现的故障，必要时，系统会自动停止加工过程，等待处理。指示灯只能粗略地提示故障部位及类型等。在维修人员未到现场前，操作者尽量不要破坏面板显示状态、机床故障后的状态，并向维修人员报告自己发现的面板瞬时异常现象。维修人员应抓住故障信号及有关信息特征，分析故障原因。故障出现的程序段可能有指令执行不彻底而应答。故障出现的坐标位置可能有位置检测元件故障、机械阻力太大等现象发生。维修人员和操作者要熟悉本机床报警目录，对有些针对性不强、含义比较广泛的报警要不断总结经验，掌握这类故障报警发生的具体原因。

下面列举两例 LED 报警显示。

1）数控系统故障 LED 报警显示

FANUC 0i 系统数控装置上共有七个 LED 发光管，用于显示系统状态和报警（见图 6-5）。当 CNC 出现故障时，可以通过发光管的状态，判断系统运行时的状态和出现故障的范围。其中上一行中的四个 LED 显示 CNC 系统运行的状态，表 6-11 所示为电源接通时的这四个 LED 亮度变化所代表的含义；下一行的三个 LED 为 CNC 出现故障时的报警显示，表 6-12 中罗列了报警显示状态及报警含义。

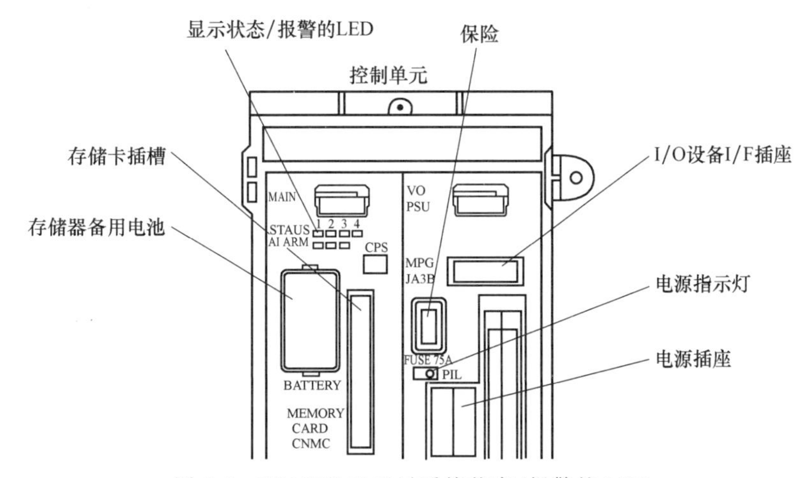

图 6-5　FANUC 0i 显示系统状态/报警的 LED

表 6-11　电源接通时 LED 显示的系统状态（○：灯灭；●：灯亮）

绿色 LED 显示	含义
○○○○	电源没有接通的状态
●●●●	电源接通后，软件装载到 DRAM 中。或因错误，CPU 处于停止状态
●○●●	等待系统内各处理器的 ID 设定
○○●●	系统内各处理器 ID 设定完成
●●○●	FANUC BUS 初始化完成
○●○●	PMC 初始化完成
●○○●	系统内各印制板的硬件配置信息设定完
●●●○	PMC 梯形图程序的初始化执行完
○●●○	等待数字伺服的初始化
●○○○	初始设定完成，正常运行中

表 6-12　CNC 系统报警时的 LED 显示（○：灯灭；●：灯亮）

LED 显示	报警含义
STATUS ○●○○ ALARM ●●○	主 CPU 板上出现电池报警
STATUS ○●○○ ALARM ○●●	出现伺服报警（看门狗报警）
STATUS ○●○○ ALARM ○●○	出现其他系统方面的报警

2）用个人计算机连接到 HSSB 的直接运行故障 LED 报警显示

FANUC 0i 系统通过高速接口板与计算机通信连接，如图 6-6 所示。高速接口板 HSSB 安装在 CNC 装置上。

图 6-6　FANUC 0i 系统与计算机通信连接图

将 PC 计算机与数控系统（CNC）的 HSSB 接口连接，在存储器（自动）运行方式下，使直接运行的选择信号置“1”，可以启动自动运行，从计算机磁盘上阅读程序并运行程序加工工件。直接运行选择信号是“G042＃7”，即参数“G042”的第 7 位。

HSSB 接口 CNC 一侧的接口板如图 6-7 所示，此接口板的外形如图 6-8 所示。该板上有两个“AL-”LED 显示灯和四个“ST-”LED 显示灯。其中两个“AL-”LED 显示灯所显示的状态如表 6-13 所示；四个“ST-”LED 显示灯所显示的状态如表 6-14 所示。

HSSB 接口 PC 计算机一侧的接口板如图 6-9 所示，该板上的显示灯 LEDl 和 LED2 所表示的状态见表 6-13。

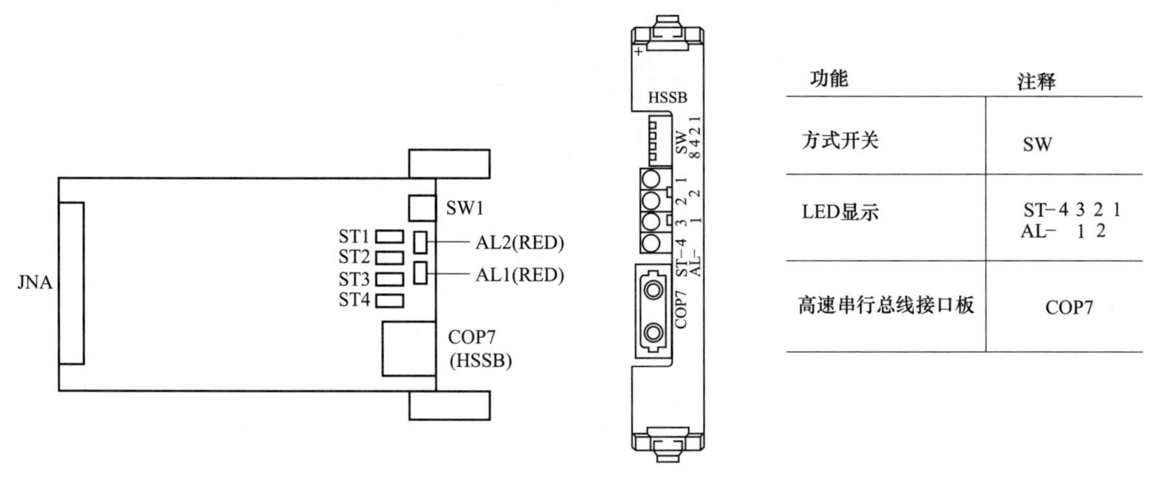

图 6-7　HSSB 接口 CNC 一侧的接口板

图 6-8　HSSB 接口板的外形

(4) 系统分析法

查找系统存在故障的部位时，可对控制系统方框图中的各方框单独考虑。根据每一方框的功能，将方框划分为一个个独立的单元。在对具体单元内部结构了解不透彻的情况下，可不管单元内容如何，只考虑其输入和输出。这样就简化了系统，便于维修人员排除故障。

表 6-13　HSSB 接口所用接口板的规格及状态指示

接口板名称	接口板规格	LED 名			LED 显示状态
		RED	RED	GRGGN	
CNC 侧(图 6-7、图 6-8)	A20B-2002-211	AL1	AL2		
PC 计算机侧(图 6-9)	A20B-8001-0690 0691	LED1		LED2	
		亮	—	—	高速串行总线通信中断
		—	亮	—	CNC 侧的公共 RAM 出现奇偶报警
		—	—	亮	CNC 状态正常

表 6-14 HSSB 接口 PC 计算机一侧的接口板上 LED 状态显示（○：灯灭；●：灯亮）

LED 显示状态(ST4～ST1)	状态说明
●●●●	电源接通后的状态
●●●○	高速串行总线板初始化中
●●○●	PC 机正执行 BOOT 操作
●●○○	PC 机侧屏幕显示 CNC 界面
●○○○	启动正常，系统处于正常操作状态
○●●○	智能终端，因过热出现温度报警
○●○●	通信中断
○●○○	CNC 侧的公共 RAM 出现奇偶报警
○○●●	出现通信错误
○○●○	智能终端，出现电池报警

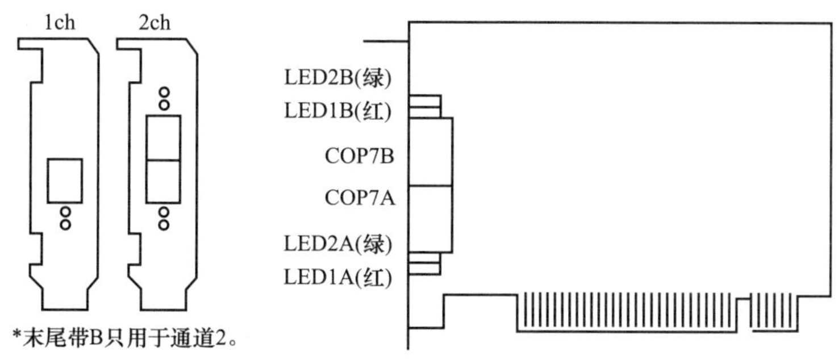

图 6-9 HSSB 接口 PC 计算机一侧的接口板（PCI 总线用）

首先检查被怀疑单元的输入，如果输入中有一个不正常，该单元就可能不正常。这时应追查提供给该输入的上一级单元；在输入都正常的情况下而输出不正常，那么故障即在本单元内部。在把该单元输入和输出与上下有关单元脱开后，可提供必要输入电压，观察其输出结果(亦请注意到有些配合方式把相关单元脱开后，给该单元供电会造成本单元损坏)。当然在使用这种方法时，要求了解该单元输入/输出点的电信号性质、大小、不同运行状态信号状态及它们的作用。用类似的方法可找出独立单元中某一故障部件，把怀疑部分由大缩到小，逐步缩小故障范围，直至把故障定位于元件。

在维修的初步阶段及有条件时，对怀疑单元可采用换件诊断修理法。但要注意，换件时应该检查备件的型号、规格、各种标记、电位器调整位置、开关状态、跳线选择、线路更改及软件版本是否与怀疑单元相同，并确保不会由于上下级单元损坏造成的故障而损坏新单元，此外还要考虑到可能要重调新单元的某些电位器，以保证该新单元与怀疑单元性能相近。一点细微的差异都可能导致失败或造成损失。

(5) 信号追踪法

信号追踪法是指按照控制系统方框图从前往后或从后向前地检查有关信号的有无、性质、大小及不同运行方式的状态，与正常情况比较，看有什么差异或是否符合逻辑。如果线路由各元件“串联”组成，则出现故障时，“串联”的所有元件和连接线都值得怀疑。在较长的“串联”电路中，适宜的做法是将电路分成两半，从中间开始向两个方向追踪，直到找到有问题的元件（单元）为止。

两个相同的线路，可以对它们部分地交换试验。这种方法类似于把一个电动机从其电源上拆下，接到另一个电源上试验，类似地，在其电源上另接一电动机测试电源，这样可以判断出电动机有问题还是电源有问题。但对数控车床来讲，问题就没有这么简单，交换一个单元一定要保证该单元所处大环节（如位置控制环）的完整性，否则可能导致闭环受到破坏，保护环节失效，I 调节器输入得不到平衡。例如改用 Y 轴调节器驱动 X 轴电动机，若只换接 X 轴电动机及转速传感器，而 X 轴位置传感器不动，这时 X 轴各限位开关失效，且 X 轴移动无位置反馈，可能机床一启动即产生 X 轴测量回路硬件故障报警，且 X 轴各限位开关不起作用。

1）接线系统（继电器-接触器系统）信号追踪法

硬接线系统具有可见接线、接线端子、测试点。故障状态可以用试电笔、万用表、示波器等简单测试工具测量电压与电流信号大小、性质、变化状态，以及电路的短路、断路、电阻值变化等，从而判断出故障的原因。举两个简单的例子加以说明：有一个继电器线圈 K 在指定工作方式下，其控制线路为经 X、Y、Z 三个触点接在电源 P、N 之间，在该工作方式中 K 应得电，但无动作，经检查 P、N 间有额定电压，再检查 X-Y 接点与 N 间有无电压，若有，则向下测 Y-Z 接点与 N 间有无电压，若无，则说明 Y 触点可能不通，其余类推，可找出各触点、接线或 K 本身的故障；再如控制板上的一个三极管元件，若 C 极、E 极间有电源电压，B 极、E 极间有可使其饱和的电压，接法为射极输出，如果 E 极对地间无电压，就说明该三极管有问题。当然对一个比较复杂的单元来讲，问题就会更复杂一些，影响它的因素要多一些，关联单元相互间的制约要多一些，但道理是一样的。

2）NC、PMC 系统状态显示法

机床面板和显示器可以进行状态显示，显示其输入、输出及中间环节标志位等的状态，用于判别故障位置。但由于 NC、PMC 功能很强而较复杂，因此要求维修人员熟悉具体控制原理、PMC 使用的汇编语言。如 PMC 程序中多有触发器支持。有的置位信号和复位信号维持时间都不长，有些环节动作时间很短，不仔细观察，很难发现已起过作用但状态已经消失的过程。

3）硬接线系统的强制方法

在追踪中也可以在信号线上输入正常情况的信号，以测试后继线路，但这样做是很危险的，因为这无形之中忽略了许多联锁环节。因此要特别注意：

① 要把涉及前级的线断开，避免所加电源对前级造成损害；

② 要将可动的机床部件移动到可以较长时间运动而不至于触限位的位置，以免飞车碰撞；

③ 弄清楚所加信号是什么类型，例如是直流还是脉冲，是恒流源还是恒压源等；

④ 设定的信号要尽可能小些（因为有时运动方式和速度与设定关系很难确定）；

⑤ 密切注意忽略的联锁可能导致的后果；

⑥ 要密切观察运动情况，避免飞车超程。

（6）静态测量法

静态测量法主要是用万用表测量元器件的在线电阻及晶体管上的 PN 结电压；用晶体管测试仪检查集成电路块等元件的好坏。

例如：一台加工中心的 X 轴交流伺服单元接通电源后，出现停机现象。维修人员把 X 轴控制电压线路接到其他轴伺服单元供给控制电压，其他调节器正常并没有故障发生，这说明供电的电源没有故障。拆下 X 轴伺服单元进行测量，直流电压＋15V，在 X 轴伺服单元中有短路现象，＋15V 与 0V 之间电阻为 0。继续检查，查出＋15V 与 0V 之间有一个 47μF 50V 电容被击穿，更换该电容后，再检查＋15V 不再短路，伺服单元恢复正常。

（7）动态测量法

动态测量法是通过直观检查和静态测量后，根据电路图在印制电路板上加上必要的交直流电压、同步电压和输入信号，然后用万用表、示波器等对印制电路板的输出电压、电流及波形等全面诊断并排除故障。动态测量法有：电压测量法、电流测量法、信号注入及波形观察法。

电压测量法是对可疑电路的各点电压进行普遍测量，根据测量值与已知值或经验值进行比较，再应用逻辑推理方法判断出故障所在。

电流测量法是通过测量晶体管、集成电路的工作电流、各单元电路电流和电源板负载电流来检查印制电路板的常规方法。

信号注入及波形观察法是利用信号发生器或直流电源在待查回路中的输入信号，用示波器观察输出波形。

6.3.2 系统硬件更换方法

下面以 FANUC 0i 数控系统为例，讲解系统硬件的更换。

(1) 更换单元模块的注意事项

当从 CNC 中更换控制单元内的印制电路板及模块，如主印制电路板、PMC 控制模块、存储器和主轴模块、FROM&SRAM 模块、伺服模块时，需要按下述关于更换方法的说明进行。另外需要注意的两点如下。

① 更换 PMC 控制模块、存储器、主轴模块和伺服模块之前，必须备份 SRAM 区域中的参数和 NC 程序。这些模块中虽没有 SRAM 区域，但应考虑到更换模块时可能会出错，有可能破坏 SRAM 区域中的数据。

② 当用分离型绝对脉冲编码器或直线尺保存电动机的绝对位置，更换主印制电路板及其印制电路板上安装的模块时，将 JF21-JF25 上连接的电缆从主印制电路板上拆下后，电动机的绝对位置就不能保存了，更换后将显示要求返回原点。所以要执行返回原点的操作，才能在系统中重新建立参考点的绝对坐标位置。

(2) 更换电路板、模块的方法

1）FANUC 0i 系统印刷电路板及模块规格

当更换控制单元内的印刷电路板及模块时，应使用规定规格的电路板。电路板的规格如表 6-15 所示。更换印制电路板及模块之前必须备份 SRAM 区域中的参数和 NC 程序。

表 6-15 FANUC 0i 数控系统电路板、模块更换规格

名称	规格号	备注
主板	A16B-3200-0362	
PMC 控制模板	A20B-2900-0142	*
	A20B-2901-0660	*
存储器和主轴模块	A20B-2902-0642	
	A20B-2902-0643	
	A20B-2902-0644	*
	A20B-2902-0645	*
FROM&SRAM 模板	A20B-2902-0341	
伺服模块	A20B-2902-0290	*

注：标“*”的模块中虽没有 SRAM 区域，但因考虑到更换模块时会出错，有可能破坏 SRAM 区域中的数据，所以更换前必须备份 SRAM 区域内的数据。

2）更换印制电路板的方法

① 拆卸方法。用手指将上下钩子拨开，钩子打开后将印制电路板取出。

② 安装方法。每个控制单元的框架上都有导槽。对准该导槽插入印制电路板，一直到使上下钩子挂上为止。

3）更换模块的方法

在 CNC 上更换模块或模块板时，不要用手触摸模块或模块板上的部件，以免因放电等因素造成元件的损坏。

① 从 CNC 主机上取出模块的方法：

a. 向外拉插座的挂销，如图 6-10（a）所示；

b. 向上拔模块，如图 6-10（b）所示。

② 往 CNC 主机上安装模块的方法：

a. B 面（B-SIDE）向外插入模块，如图 6-10（b）所示，此时应确认模块是否插到插座的底部；

b. 竖起模块直到模块被锁住为止，如图 6-10（c）所示。用手指下压模块上部的两边，不要压模块的中间部位。

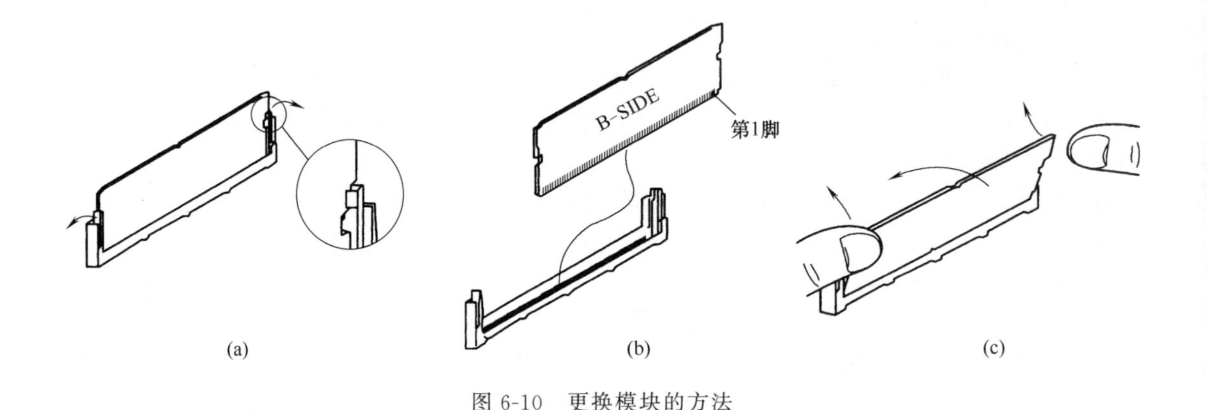

图 6-10 更换模块的方法

(3) 更换控制部分（CNC）电源单元的保险丝

更换电源单元保险丝时，先要排除引起保险丝熔断的原因，然后才可以更换。一定要确认熔断的保险丝规格，更换时要使用相同规格的电源保险丝，切忌搞错保险丝规格。应由受过正规维修、安全培训的人进行操作。当打开柜门更换保险丝时要小心，不要触摸高电压电路部分。如果盖子脱落，触摸了高压电路部分，有可能发生触电事故。保险丝的更换步骤如下：

① 保险丝熔断了，要先查明并排除熔断的原因，再更换保险丝；

② 将旧的保险丝向上拔出；

③ 将新的保险丝装入原来的位置。

(4) 更换电池的方法

一般数控系统常用的电池有 CNC 存储器备份用电池及绝对脉冲编码器用电池。

1）CNC 存储器备份用电池的更换

CNC 中存储器备份用的电池用于保存零件程序数据、偏置数据、系统参数等数据。当电池电压低时，画面上会显示“BAT”符号的报警。当显示该符号时，请在一周内更换电池，如果不更换电池，存储器中的内容会丢失。

零件程序、偏置数据及系统参数都保存在控制单元中的 CMOS 存储器中，CMOS 存储器的电能是由装在控制单元前板上的锂电池提供的，即使切断了主电源，以上的数据也不会丢失，因为备份电池是装在控制单元上出厂的。备份电池可将存储器中的数据保存 1 年。当电池电压变低时，CRT 画面上将显示“BAT”报警信息，同时电池报警信号被输出给 PMC。当显示这个报警时，就应该尽快更换电池，通常可在两周或三周内更换电池。究竟能使用多久，因系统配置而异。

如果电池电压很低，则存储器不能再备份数据，在这种情况下，如果接通控制单元的电源，因存储器中的内容丢失，会引起 910 系统报警（SRAM 奇偶报警），更换电池后，需全部清除存储器内容，重新装入数据。一定要注意的是，更换电池时控制单元电源必须接通。如果控制单元电源关断，拆下电池，存储器中的内容会丢失。

使用锂电池时要注意：电池更换不正确，将引起爆炸；更换电池要使用指定的锂电池（A02B-0177-K106）。安装锂电池的电池盒位于控制单元上。更换电池步骤如下：

① 准备锂电池（选用系统规定的锂电池）；

② 接通 CNC 的电源；

③ 参照机床厂家发行的说明书，打开装有 CNC 控制器的电柜门；

④ 存储器使用的备份电池装在主板的前面。捏住电池盒盖的上、下部，向外拉，将电池盒盖取出，如图 6-11（a）所示；

⑤ 向外取下电池的连接插头，如图 6-11（b）所示；

⑥ 更换电池，将新电池电缆插头插入主板上；

⑦ 将电池装入盒内，再将电池盒装上去；

⑧ 关上机床的电柜门，关断 CNC 系统的电源。

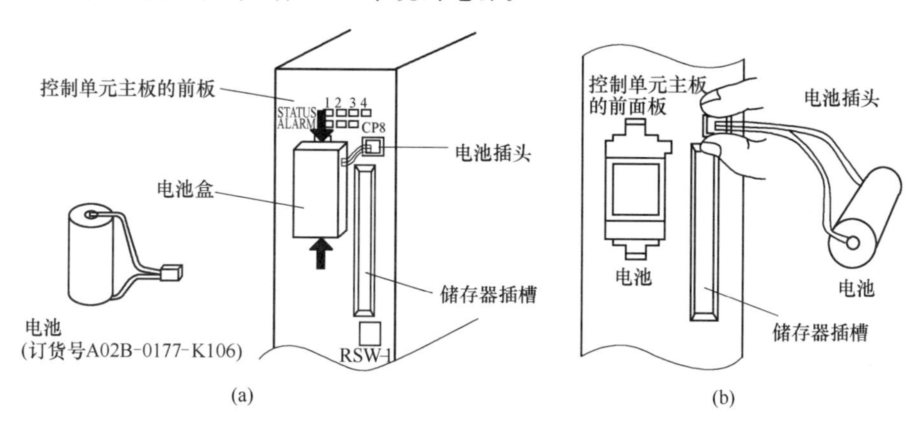

图 6-11 更换存储器备份用电池

2）脉冲编码器用电池

当机床装备有绝对脉冲编码器、绝对直线尺等绝对编码器时，除安装存储器备份用的电池，还要装绝对编码器用的电池。一个电池单元能够将 6 个绝对脉冲编码器的现在位置数据保存一年，当电池电压低时，CRT 上显示 APC 报警 306～308，当出现 APC307 报警时，应尽快更换电池，剩余电量通常可维持 2～3 周，究竟能使用多久，取决于脉冲编码器的个数。

如果电池电压较低，编码器的当前位置将不再保持。在这种状态下，控制单元通电时，将出现 APC300 报警（要求返回参考点的报警），更换电池后，需返回参考点。

按以下的顺序更换电池：

① 准备四节商业用干电池。

② 接通 CNC 的电源。如果在断电的情况下更换电池，将使存储的机床绝对位置丢失，换完电池后必须回原点。

③ 松开电池盒盖上的螺钉，将其移出，参照机床厂家发行的说明书确定电池盒的安装位置。

④ 更换盒中的电池，注意更换电池的方向，插入电池，如图 6-12 所示，有两个头向前，有两个向后。

⑤ 更换完电池后，盖上电池盒盖。操作过程完成。

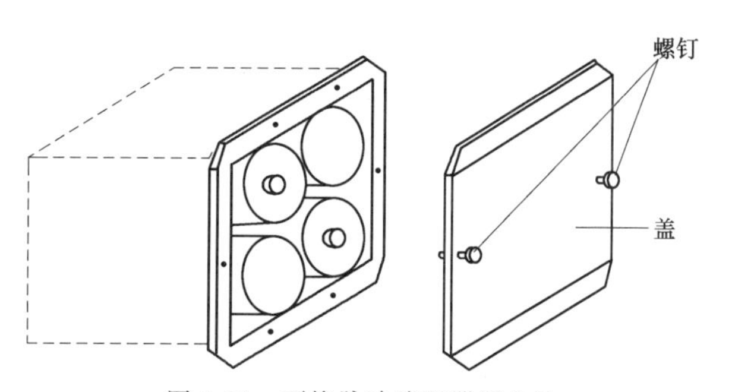

图 6-12 更换脉冲编码器用电池

3）更换绝对脉冲编码器的电池（α 系列伺服放大器模块）

使用 α 系列伺服放大器时，绝对脉冲编码器用的电池不是放在分离型电池盒中，而是放置在 α 系列伺服放大器上。在这种情况下用的电池不是碱性电池，而是锂电池 A06B-6073-K001。

使用锂电池要按规定操作，电池更换不正确，有可能引起爆炸，所以一定要更换指定的电池。绝对脉冲编码器电池的更换步骤如下：

① 接通机床的电源。为了安全，更换电池时要在急停状态，以防止在更换电池时机床溜车。如果在断电状态下更换电池，存储的绝对位置数据将丢失，所以需返回原点。

② 取下 α 系列伺服放大器前面板上的电池盒，握住电池盒上下部，向前拉，可以把电池盒移出，如图 6-13 所示。

③ 取下电池插头。

④ 更换电池，接好插头。

⑤ 装上电池盒。

⑥ 关上机床（CNC）的电源。

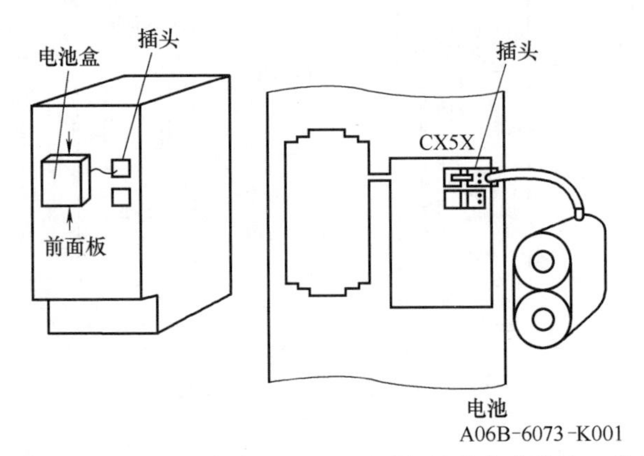

图 6-13　更换绝对脉冲编码器（α 系列伺服放大器模块）的电池

(5) 更换控制单元的风扇电动机

① 取下要更换的风扇电动机下面控制部的电路板。

② 在插槽内侧有一个基板，风扇电动机的电缆从上面连到基板上。用手抓住装在基板上的电缆插头的左、右侧，将其移出。

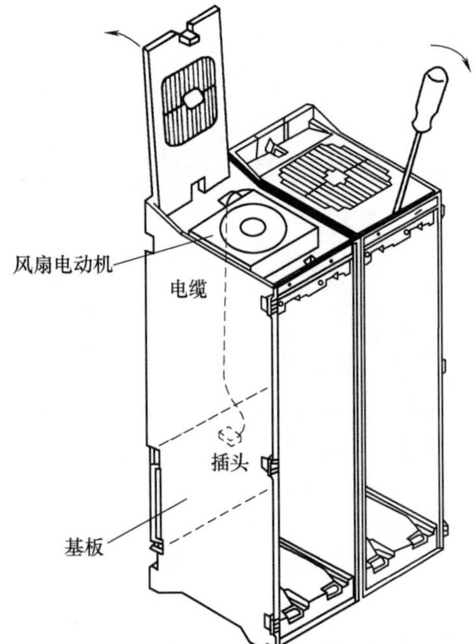

图 6-14　更换控制单元的风扇电动机

③ 打开控制部架体上部的盖子，将一字旋具插入上盖前方中间部的孔中，按图 6-14 所示方向拧动，可打开固定盖子的止动销。

④ 将上盖打开，取出风扇电动机，由于风扇没有用螺钉紧固，所以很容易取出。

⑤ 装入新的电动机，把电动机电缆通过穿孔，装到框架上。

⑥ 盖上盖子，锁紧止动销。

⑦ 将风扇电缆接到基板的插头上，接着把电缆的中间部分挂到框架背后的挂钩上。

⑧ 插上移出的印制电路板。

(6) 液晶显示器（LCD）的调整

液晶显示器（LCD）的液晶显示，有视频信号微调整用的设定。如图 6-15 所示，用此设定，补偿 NC 装置及其使用电缆引起的微小误差。现场调整或维修时，更换 NC 侧的显示电路硬件、显示单元或电缆中的任意一项时，需要调整本视频信号。

1）闪烁的消除

液晶显示中，出现闪烁时，将 TM1 的设定开关调到另一侧。通常这两种设定的其中一种，可消除闪烁。

2）水平方向位置调整

液晶显示中，调整设定开关 SW1。

① 画面能够以一个点位为单位水平方向移动；

② 调整各个位置使其全屏显示。最佳位置只有一个。在调整中不要改变上述以外的设定及电位器，若改变上述以外的设定，画面会出现异常。

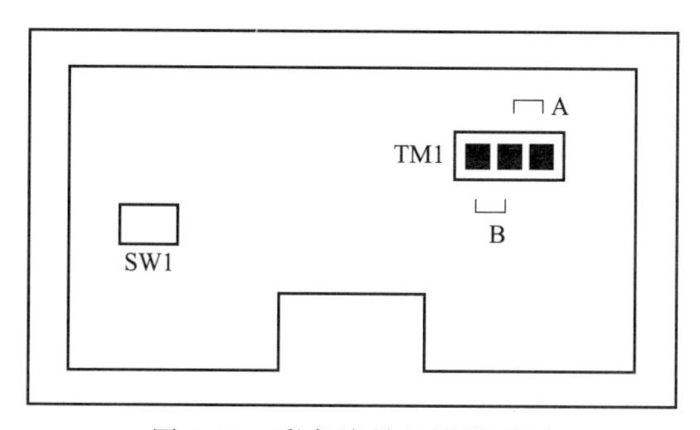

图 6-15 彩色液晶显示器后面

参考文献

[1] 沈建峰，虞俊．数控车工（高级）[M]．北京：机械工业出版社，2007.
[2] 中国就业培训技术指导中心．数控车工（高级）[M]．北京：中国劳动社会保障出版社，2011.
[3] 劳动和社会保障部教材办公室．数控车工（高级）[M]．北京：中国劳动社会保障出版社，2007.
[4] 杨嘉杰．数控机床编程与操作：车床分册 [M]．北京：中国劳动社会保障出版社，2000.
[5] 韩鸿鸾．数控加工工艺学 [M]．4 版．北京：中国劳动社会保障出版社，2018.
[6] 崔兆华．数控加工基础 [M]．4 版．北京：中国劳动社会保障出版社，2018.
[7] 崔兆华．数控机床的操作 [M]．北京：中国电力出版社，2008.
[8] 崔兆华．数控车床编程与操作（广数系统）习题册 [M]．北京：中国劳动社会保障出版社，2012.
[9] 崔兆华．数控车工（中级）[M]．北京：机械工业出版社，2016.
[10] 崔兆华．数控车工（高级）[M]．北京：机械工业出版社，2018.
[11] 崔兆华．SIEMENS 系统数控机床的编程 [M]．北京：中国电力出版社，2008.
[12] 崔兆华．数控车工（中级）操作技能鉴定实战详解 [M]．北京：机械工业出版社，2012.
[13] 崔兆华．数控加工工艺 [M]．济南：山东科学技术出版社，2005.
[14] 沈建峰．数控机床编程与操作：数控铣床 加工中心分册 [M]．4 版．北京：中国劳动社会保障出版社，2018.